再 版 前 言

本书第一版自出版以来，经过两年多的使用，得到了同行和有关专家的一致肯定，普遍认为结构合理、体系新颖、层次分明，并且认为理论和深度都适合于现代高等数学的教学要求，同时也提出了许多修改意见. 本次再版，充分吸纳了这些建议，对部分例题的顺序进行了调整，删减了一些冗余内容，增加了个别典型例题和习题，修正了第一版中出现的错误. 在此，对同行及有关专家的支持和批评表示衷心的感谢，特别对同仁严定琪、陆凡、庞忠、牛明飞、苏志勇等给予的具体帮助表示衷心感谢. 恳请各位专家、同行和使用者进一步批评指正，以使本教材日臻完美.

编 者

2008年 6月于兰州大学

普通高等教育“十一五”国家级规划教材

丛书主编　钟承奎

理工科（一类数学与基地班教程）

高等数学

第一册　一元微积分

张志强　编著

兰州大学出版社

第二版

图书在版编目(CIP)数据

一元微积分/张志强编著. —2版. —兰州:兰州大学出版社,2008.8(2024.1重印)

(高等数学/钟承奎主编)

ISBN 978-7-311-02792-6

Ⅰ.一… Ⅱ.张… Ⅲ.微积分—高等学校—教材 Ⅳ.0172

中国版本图书馆CIP数据核字(2008)第121264号

责任编辑 陈红升 魏春玲
封面设计 张友乾

书　　名	高等数学(理工科〈一类数学与基地班教程〉) 第一册 一元微积分(第2版)
作　　者	张志强 编著
出版发行	兰州大学出版社 (地址:兰州市天水南路222号 730000)
电　　话	0931-8912613(总编办公室) 0931-8617156(营销中心)
网　　址	http://press.lzu.edu.cn
电子信箱	press@lzu.edu.cn
印　　刷	西安日报社印务中心
开　　本	787 mm×1092 mm 1/16
印　　张	27.5(插页4)
字　　数	424千
版　　次	2008年8月第2版
印　　次	2024年1月第10次印刷
书　　号	ISBN 978-7-311-02792-6
定　　价	38.00元

总　序

《高等数学》系列教材为教育部“普通高等教育‘十一五’国家级规划教材”,共四册:《一元微积分》、《多元微积分》、《线性代数》、《概率论与数理统计》。主要供非数学专业对数学要求更高一些的专业(需要一类数学的专业)与基地班的本科大学生使用,其他专业与班级在使用本套教材时可对教材内容进行适当选择。

关于数学在其他科学中的重要作用,有一些人常用“数学是科学的工具”这样的术语来描述,其实这样的描述并不确切,有的人甚至把这句话理解为数学只不过是科学发展的一个居于次要的、仆从地位的、可用可不用的工具而已,这就更大错特错了。现代科学(尤其是物理学)发展中的许多事例已经确凿地表明,如果一定要说“数学是科学的工具”,那么数学也是科学发展中特别重要的、不可或缺与不可替代的,而且在很多时候占据主导地位与起着决定性作用的工具。其实这里我们想说的是,数学不是科学的一个一般的、普通的工具,数学对于科学的重要性,无论给予多么高的评价都不会过分。现代科学的发展史同样也表明,对于科学的发展来说,不光数学理论是重要的,而且数学特有的思维方法也特别重要。在一定意义上可以说,每门学科的发展史都是该学科的数学化程度逐渐提高的历史。我们看到,当今数学化程度最高的一些学科已经和数学密不可分,并逐渐和数学融为一体。在这些学科中的伟大的科学家无一例外地同时也是数学家,数学和科学的统一必将是个大趋势。对于非数学专业的大学生而言,数学素养是专业素养中的重要组成部分。另外,数学还是一种文化,学习数学对于促进人的全面发展与人格的完善具有积极的意义。总之,数学不仅是一种工具,而且是一种思维模式;不仅是一种知识,而且是一种素养;不仅是一种科学,而且是一种文化。作为非数学专业的大学生一定要下决心努力学好高等数学这门课程。因为数学对于同学们在校期间的专业课程的学习和本科毕业后的继续学习、工作以及生活都是非常重要的。

我们编写这套教材的目的和任务就是,要使同学们能较好地掌握各相关专业所必需的高等数学领域中的最基本、最重要的理论知识,并且能较好地掌握其中所体现的一些重要的数学思想和方法,使同学们在获取数学知识的同时切实提高数学素养,特别是增强数学思维能力与创新意识,从而为后续专业课程的学习与深造以及今后的工作打下坚实的数学知识与思维方法方面的基础。

一部好的教材无疑会对教学效果起到十分重要的作用。本套教材是在吸收和借鉴国内外同类教材,特别是近几年出版的一批“面向二十一世纪课程”教材和国家“十五”规划教材以及我校出版的四套高等数学教材优点的基础上,结合教学实际情况,按照新的教学要求和教学任务,组织具有较高学术水平且有丰富教学经验的教师认真编写而成的。在编写中我们特别注意了以下几个方面。

第一,与时俱进,与数学和其他学科的发展现状相适应。例如,由于很多学科对数学知识内容需求的扩大,以前仅限于微积分内容的传统的高等数学教材显然不能满足现在的需要,因此本套教材中增加了线性代数和概率论与数理统计的内容;再如,微积分学是牛顿和莱布尼兹等人于17世纪末创立的,属于经典数学的范畴,对于这些内容,本教材力求用现代数学的思想观点去统帅与处理,这样可以使同学们能够站在更高的层次上对这些内容的本质与作用有更深入一些的理解,也便于与现代数学的衔接;还有,计算机的诞生和迅速发展对各门学科均有很大影响,数学更是首当其冲,高等数学应当作出相应的响应。

第二,重点突出,各学科所需要的数学知识实在是太多了,把它们全写入教材,既不可能也无必要。一方面,在知识内容上重点突出,我们力求选择那些最基本、最重要、最有用的内容编入教材,并把这些重点内容下大力气写好;另一方面,使学生能较好地掌握一些重要的数学思想和方法。因此在教材的编写中结合有关的具体内容突出重点并力求写好,这方面在帮助学生理解诸如“数学家是怎样抽象出这些重要的数学概念的?”、“数学家是怎样猜想出这些定理的?”、“这些定义和定理究其实质是怎么回事?”等问题方面能起到画龙点睛的作用。

第三,深入浅出,通俗易懂,便于自学。对于重要的数学概念与定理,除了解释清楚它们的物理意义与几何意义外,还从多种角度出发并用通俗易懂形象直观的语言揭示出它们的本质。此外,教材中的例题和习题的选取与配备适应了教学目的的需要。例题有典型性与启发性,习题难易得当、类型多样,能适应不同的需要,特别是增加了一些有助于较高水平的学生提高分析与解决问题能力和创新能力的思考题。

在这里我们还要特别强调一下的是,虽然在兰州大学相关专业试用本套教材的本科生考研过关率有较大的提高,但是我们认为,在本科生教材的编写与使用上一定不要按照应试教育那一套去片面追求考研率。否则就会舍本求末，高分低能，后患无穷。本套教材重在培养厚基础与高素质的人才，至于考研率的提高，只不过是一种水到渠成的副产品而已。我们希望并相信绝大多数使用本教材的本科生在毕业后能够实现考取研究生的愿望，而且是高分高能、后劲十足，将来能成为有较大作为的栋梁之材。

虽然本套教材的编写人员尽了最大的努力，但难免还会存在不足之处，敬请各位专家、同行和读者批评指正。

兰州大学《高等数学》系列教材编审委员会

2006 年 8 月于兰州大学

前　言

《高等数学》系列教材的微积分部分是在吸收和借鉴国内外同类教材优点的基础上，结合教学实际情况，按照新的教学要求和教学任务编写的. 在教材的编写过程中，特别注意了下面几点：

1. 以数学修养和素质教育为中心 本教材突出数学思想和方法教育，突出思维、推理、建模和创新能力教育，突出对实际问题的分析、解决和组织能力教育，积极渗透现代数学思想方法和数学成就，以更合理更科学的章节和时间安排来组织教材，力求内容更新，重点突出，难点通俗. 对于有些问题，采用了多观点和多方法处理. 加大了数学应用问题和综合分析问题的介绍力度.

本教材按照了解、掌握、精通和强化四个层次安排和设计，对于涉及数学主流和数学发展的一些深层次理论做了必要的介绍，希望学生有机会了解更多的数学思想和方法. 强化部分按照基地班和考研需要编写，一方面加强了例题数量和难度，另一方面扩大了综合程度和应用广度，对于计算方法和计算技巧，应用方法和应用技巧等都有适当强化.

2. 以全面提高数学教学质量为目标 为了更有效地提高教学质量，一方面对于代表数学主流的东西尽可能地讲深、讲透；另一方面切实贴近考研，对于有利于考研的内容尽可能地拓展、强化.

例题以提供课堂讲授、习题指导和学生自学内容三个层次编写，按照简单、综合和应用三个次序排列. 有些内容，任课教师可根据自己的教学情况和时间，合理选择，灵活掌握.

在习题选择和设计方面，尽量优化结构，分层分类，学用配套，兼顾考研. A 类习题按基本教学要求编写，习题数量、难度、题型和综合性都有严格控制. B 类习题按考研要求编写，习题的难度、深度、广度和题型以及综合性、多样性、层次性和灵活性等都做了系统考虑和精心安排，为优秀学生提供了更深入学习高等数学的良好机会和优越环境.

尽可能排除次要因素对主要内容的干扰，在保证严格数学语言的前提下，更多地采用了形象用语，对于许多难点和抽象问题给出了独特的通俗解释.

3. 按照教学计划整体优化教材结构 一元微积分按照 108 学时设计，多元微积分按照 90 学时设计. 一元微积分的基本授课时间设计为 92 学时，机动时间为 16 学时. 具体安排如下：

第一章	极限理论	17 学时
	§1.1 函数与数列 (2)	§1.2 数列的极限 (4)
	§1.3 函数的极限 (3)	§1.4 无穷小与无穷大 (5)
	§1.5 连续函数 (3)	
第二章	导数与微分	10 学时
	§2.1 导数的概念 (2)	§2.2 求导法则 (2)
	§2.3 高阶导数与隐式导数 (4)	§2.4 函数微分 (2)
第三章	中值定理及其应用	15 学时
	§3.1 微分中值定理 (3)	§3.2 罗必达法则 (2)
	§3.3 泰勒公式 (4)	§3.4 导数的应用 (6)
第四章	定积分与不定积分	13 学时
	§4.1 定积分概念 (3)	§4.2 微积分基本定理 (2)
	§4.3 积分方法 (6)	§4.4 变限积分与分段积分 (2)
第五章	分类积分与积分应用	13 学时
	§5.1 积分的分类计算 (4)	§5.2 定积分的应用 (6)
	§5.3 广义积分 (3)	
第六章	无穷级数	14 学时
	§6.1 数项级数 (4)	§6.2 函数项级数 (2)
	§6.3 幂级数 (5)	§6.4 傅立叶级数 (3)
第七章	常微分方程 I	10 学时
	§7.1 微分方程的基本概念 (2)	§7.2 一阶微分方程 (3)
	§7.3 高阶微分方程 (5)	

本书为教育部“普通高等教育‘十一五’国家级规划教材”，业已经过试用修改，同时根据试用意见，增加了配套习题解答《高等数学强化与考研教程》，书中不妥之处，恳请各位专家、同行和读者继续批评指正.

编　者

2006年 8月于兰州大学

目 录

引论　微积分的起源、发展与应用

高等数学是一门数学综合性课程，内容涉及微积分学，空间解析几何，常微分方程，线性代数和概率统计等多门数学分支．虽然说它是理科各专业的重要基础课，也是进一步学习其它数学分支的必备基础，但仍然有许许多多的同学不断地问这样或类似的问题，例如：我不是学数学专业的，为什么一定要必修高等数学？不学高等数学行不行？学习高等数学以后究竟有没有作用？学习高等数学与所学专业到底有多大关系？高等数学是一门什么样的课程？我怎样才能学好这门课程？高等数学很深奥、很难学吗？

高等数学的应用范围越来越广泛，对于大家所关心的问题，不可能有一个人人满意的完全回答，但我们还是想从微积分的起源、发展与应用三个方面给予部分解答．

高等数学之所以成为理科各专业的必修基础课，不是为了竞争需要，而是因为各专业的深入发展对高等数学的要求越来越高，特别是社会对高等数学的深度、广度、系统性和理论完备性提出了越来越苛刻的要求，对综合应用高等数学的思想、方法、理论和知识去解决实际问题的分析能力、思维能力、建模能力和组织能力的修炼和培养表现出了前所未有的热情、渴望、关注和重视．如果你是一个努力向上的人，是一个希望将来有所作为的人，那你就必须学习高等数学，而且要学好高等数学，有时间的话，还要进一步学习有关的现代数学．不仅高等数学的知识对你的专业很重要，而且高等数学分析问题、处理问题的数学思想和数学方法对你的专业也很重要，甚至更为重要．现代社会离不开高等数学，高等数学是科学计算、科学表达和科学思维的重要工具，也是许多创新思想的灵感源泉．可以说牛顿力学是用微积分建立的加速度与引力模型； Maxwell 方程是用微积分建立的电磁场模型；相对论是用流形上的微积分建立的引力场模型；各种各样的天体运动方程、大气运动方程、流体运动方程等都是建立在高等数学基础上的科学模型．高等数学与经济学的结合产生了经济数学；高等数学与金融学的结合产生了金融数学；高等数学与生态学的结合产生了生态数学；高等数学与计算机的结合，从开始到现在从来就没有停止过，计算机的程序或操作，本质上就是编写函数和调用函数；神经网络也是人们用高等数学建立的人脑模型；大型数学软件 Matlab 更是把高等数学的应用推到了一个极点。自动控制理论、数字信号处理、时间序列分析、人工智能、动态系统仿真、科学建模、算法分析、数据分析及可视化等都需要高等数学的支持. 社会对高等数学的要求越来越高，理科各专业必修高等数学自然是顺应潮流，势在必行.

前面非常肤浅地谈了一点儿学习高等数学的必要性，相信大家对高等数学或多或少地有了一些新的看法. 下面我们将从历史角度，追踪一下微积分产生的三大问题——速度问题、切线问题和面积问题，希望大家对高等数学有一个更全面的了解.

一 速度问题

在高中物理中，我们遇到的质点运动都是匀速运动. 而现实中的运动大多是变速的，一会儿快，一会儿慢，一会儿加速，一会儿减速. 在这种情况下，如果还是用路程关于时间的比值来表示速度的话，那么结果会与真实运动背道而驰.

考察自由落体运动 $S=\dfrac{1}{2}gt^2$, 其中 S 是物体的下落路程， t 是下落时间. 开始时，物体运动得很慢，过一会儿，物体运动得很快. 为了对物体运动的快慢程度有一个准确的刻划，我们必须借助于一个依赖于时间的函数 $v(t)$ 来表示物体在任意时刻 t 的快慢程度，换句话说，我们必须引入物体的瞬时速度 $v(t)$. 如何定义瞬时速度，人们想到了时间间隔 $[t,t+\Delta t]$ 上的平均速度

$$\frac{\Delta S}{\Delta t}=\frac{\frac{1}{2}g(t+\Delta t)^2-\frac{1}{2}gt^2}{\Delta t}=gt+\frac{1}{2}g\Delta t,$$

并把物体在 t 时刻的瞬时速度定义为 gt. 瞬时速度的这一定义与实验结果吻合得很好，从而有力地推动了微积分的发展. 但随着应用范围的不断扩大，人们对无穷小的取舍变得越来越困惑，甚至不可思议，无穷小也因此蒙上了神秘的面纱. 如何从理论上合理地解释无穷小现象变得日益迫切和重要. 人们经过好长时间的不懈努力终于解决了这一问题，即什么是无穷小量？怎样计算和判定无穷小量？一个无穷小量在什么时候可以忽略，在什么时候不能忽略？对这些问题的最终回答导致了极限理论的建立. 有了极限理论，微积分才有了理论基础，才从实验和神秘变成了真正意义上的科学，才有了飞速的发展.

二　切线问题

无穷小问题，同样在几何上存在，这不是一个偶然现象，而是一个普遍存在，正因为如此，微积分才会变得越来越重要，生命力才会变得越来越强大. 为了计算一条曲线 $y=f(x)$ 在 x 点的切线斜率，人们想到了用割线斜率

$$\frac{\Delta y}{\Delta x}=\frac{f(x+\Delta x)-f(x)}{\Delta x}$$

来逼近切线斜率，但很快发现，有些斜率很容易计算，有些则不知所措. 比如，当 $f(x)=x^2$ 时，人们可以将 $f(x)$ 在 x 点的切线斜率定义为 $2x$, 但当 $f(x)=\mathrm{e}^{x^2}$ 时，就不知道该怎么计算了. 主要原因也是因为极限理论没有形成.

三　面积问题

速度问题、切线问题是一类变化率问题，即相对变化的极限问题. 解决变化率问题的数学工具和数学模型便是我们即将要学习的微分、导数和求导运算，微分的基本观点就是从局部和微观角度分析问题和处理问题. 一个宏观上变化的量在微观意义下可以是一个不变的量，一个常量；一个宏观上弯曲的几何图形在微观意义下可以是一个平直的图形，一个多面体. 在非线性或非均匀变化的条件下，如果仅从宏观角度考虑问题，那么一般的初等定理和初等公式将不再成立；如果换一个想法，从微观角度来考虑问题，那么一般的初等理论仍然可以平移过来. 从宏观到微观，我们可以利用微分解决变化率问题；反过来，从微观到宏观，我们可以利用积分解决面积问题，即一类连续求和，无穷累积问题. 解决连续求和问题的数学工具和数学模型便是我们即将要学习的定积分、不定积分和积分计算.

从圆的面积计算到曲边梯形的面积计算，人们创立了用阶梯图形逼近曲边图形的重要思想和方法. 人们发现 $[0,1]$ 区间上由非负连续函数 $y=f(x)$ 构成的曲边梯形的面积可以用阶梯图形的面积

$$\frac{1}{n}\left(f(x_1)+f(x_2)+\cdots+f(x_n)\right)$$

来逼近，其中 $x_i=\dfrac{i}{n}, i=1,2,\cdots,n$. 在面积计算问题中，人们同样遇到了无穷小障碍，如何解决可积性问题，积分计算问题成了微积分的发展动力.

不同性质的问题表现出了惊人的相似，不能不说微积分问题具有难以估量的多样性和广泛性. 随着这些问题的不断解决，微积分也就走向了成熟和

辉煌，正是微积分的多样性和无所不在性推动着它一步一步地走向社会和大众.

最后，我们粗略地了解一下微积分思想对现代数学的影响.

(1) 对开区间、闭区间和连续思想的深入研究，人们发现了开集公理和闭集公理，以此为基础创立了点集拓扑学.

(2) 微积分的自身发展有 n 维空间上的微积分，流形上的微积分，无穷维空间上的微积分等.

(3) 人们对向量和向量空间的研究，提出了线性空间，线性拓扑空间，内积空间，赋范空间， Hilbert 空间和 Banach 空间等.

(4) 人们对可积性的深入研究发现了测度论以及在物理学和数学上都具有非常广泛应用的 Lebesgue 积分.

(5) 微积分沿微分方程方向的发展，也产生了许多与微分方程，偏微分方程，微分动力系统等有关的数学分支.

(6) 微积分沿极值方向的发展产生了变分学，临界点理论，最优规划，最优决策和最优控制等.

(7) 微积分沿分析方向的发展有实分析，复分析，凸分析，非线性分析和非光滑分析等.

(8) 微积分沿几何与代数方向的发展有微分几何，微分拓扑，黎曼几何，辛几何，李群与李代数，同伦与同调等.

微积分思想对现代数学的形成和发展具有深远的影响，不是简单几句所能说清楚的，一个人对数学知识的了解越深，他就会越感到微积分思想的伟大. 可以说没有微积分，就没有现代数学.

学习高等数学难不难，这要看你对它的兴趣、态度和投入时间. 只要你带着浓厚的兴趣，以积极主动的态度，投入必要的劳动时间，你一定会感到既轻松又愉快.

第一章　极限理论

极限理论是微积分的基础，导数和积分都是一种特殊的极限．以极限为工具来研究变化率问题就产生了微分学，以极限为工具来研究累积求和问题就产生了积分学．极限理论的主要内容包括数列极限、函数极限和连续函数．

§1.1　函数与数列

函数与数列是高等数学的主要研究对象，它不仅在数学中处于特别重要的地位，而且在自然科学和工程技术中有着十分广泛的应用．

§1.1.1　映射与函数

在实际问题中，一个变化过程常常需要用各种各样的量来刻划，如果撇开量的具体形态，那么量与量之间的数值关系就是函数．除了函数，实际问题中还需要考虑一种结构到另一种结构的变化，例如物体的形变、图象的变换等，数学上把这种更一般的对应称为映射．

1. **映射**

映射是自变量到因变量的单值对应．

定义 1.1　设 X, Y, f 为集合，如果对任意的 $x \in X$, 都唯一存在 $y \in Y$, 使得 $(x, y) \in f$, 则称 $f: X \to Y$ 是 X 到 Y 的映射，记作 $y = f(x)$ 或 $x \mapsto f(x)$. 并称 y 是 x 的象，x 是 y 的原象，集合 X 是映射 f 的定义域，$f(X) = \{f(x) \,|\, x \in X\}$ 是 f 的值域．

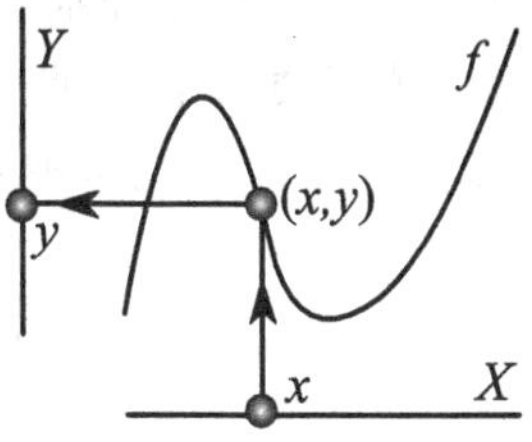

图 1.1

对于映射 $f: X \to Y$, 如果 $f(X) = Y$, 则称 f 为满射; 如果 $f(x) = f(y) \Rightarrow x = y$, 则称 f 为单射; 如果 f 既为满射又为单射, 则称 f 为双射或一一对应.

例 1.1　设 $f(x) = \tan x$, 则 $f: \left(-\dfrac{\pi}{2}, \dfrac{\pi}{2}\right) \to (-\infty, +\infty)$ 是一一对应.

例 1.2 设 $f(x)=\sin x$, 则

(i) $f:(-\infty,+\infty)\to[-1,1]$ 是满射但不是单射;

(ii) $f:\left[-\frac{\pi}{2},\frac{\pi}{2}\right]\to[-1,1]$ 是一一对应;

(iii) $f:\left[-\frac{\pi}{2},\frac{\pi}{2}\right]\to(-\infty,+\infty)$ 是单射但不是满射;

(iv) $f:(-\infty,+\infty)\to(-\infty,+\infty)$ 既非单射又非满射.

如果 $f:X\to Y$ 是一一对应，则对任意的 $y\in Y$, 唯一存在 $x\in X$, 使得 $y=f(x)$, 因此 $f(x)\mapsto x$ 是 Y 到 X 的映射，称这个映射为 f 的逆映射，记作 $f^{-1}:Y\to X$.

如果 $f:X\to Y$, $g:Y\to Z$ 是映射，则对任意的 $x\in X$, 唯一存在 $z\in Z$, 使得 $z=g(f(x))$, 因此 $x\mapsto g(f(x))$ 是一个映射，称这个映射为复合映射，记作 $g\circ f:X\to Z$.

2. **一元函数**

实数全集 $\mathbb{R}$ 也称为实数域，实数域的子集简称为数集. 从数集到数集的映射称为函数或一元函数. 常函数、幂函数、指数函数、对数函数、三角函数和反三角函数统称为基本初等函数. 由基本初等函数经过有限次四则运算和有限次复合运算得到的函数称为初等函数.

例如，$y=\mathrm{e}^{\sin x}$，$y=\cos(1+\ln x)$，$y=\sqrt{\arctan\dfrac{x^2}{1+x}}$ 等都是初等函数，高等数学中遇到的函数大多是初等函数，即使不是初等函数，大多也是分段初等函数.

如果 $f(x),g(x)$ 分别是不交数集 A,B 上的已知函数，那么唯一存在一个 $A\cup B$ 上的函数 $F(x)$, 使当 $x\in A$ 时，恒有 $F(x)=f(x)$; 而当 $x\in B$ 时，恒有 $F(x)=g(x)$. 按照这种方式定义的函数通常记作

$$F(x)=\begin{cases}f(x), & x\in A\\ g(x), & x\in B\end{cases}.$$

像这种由已知函数分组定义的新函数习惯上称为分段函数.

如果函数 $f(x)$ 的定义域为 X, 又 D 是 X 的非空子集，则唯一存在一个函数 $F(x)$, 使得 $F(x)$ 的定义域为 D, 且当 $x\in D$ 时，恒有 $F(x)=f(x)$. 按照这种方式定义的函数 $F(x)$ 称为 $f(x)$ 的限制函数. 记作 $f\big|_D(x)=F(x)$.

例 1.3　绝对值函数通常可以当作分段函数处理，例如 $y=|x|$ 等价于

$$y=\begin{cases}x, & x\geq 0\\ -x, & x<0\end{cases};$$

又如函数 $y=|\sin x|$ 等价于

$$y=\begin{cases}\sin x, & 2k\pi\leq x\leq 2k\pi+\pi\\ -\sin x, & (2k-1)\pi<x<2k\pi\end{cases}.$$

其中 k 为整数.

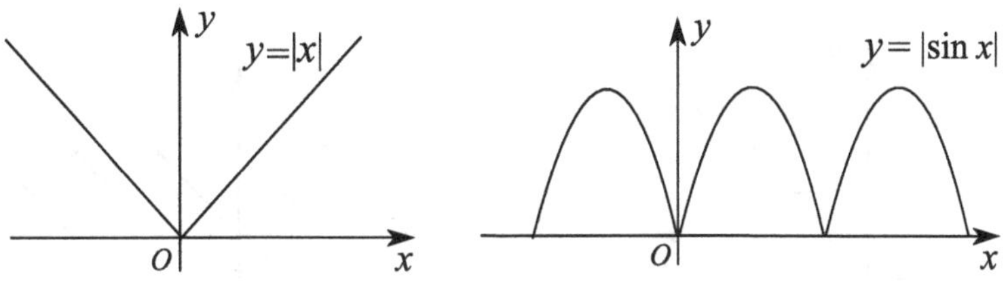

图 1.2

例 1.4　符号函数可分段表示为

$$y=\operatorname{sgn}x=\begin{cases}-1, & x<0\\ 0, & x=0\\ 1, & x>0\end{cases}.$$

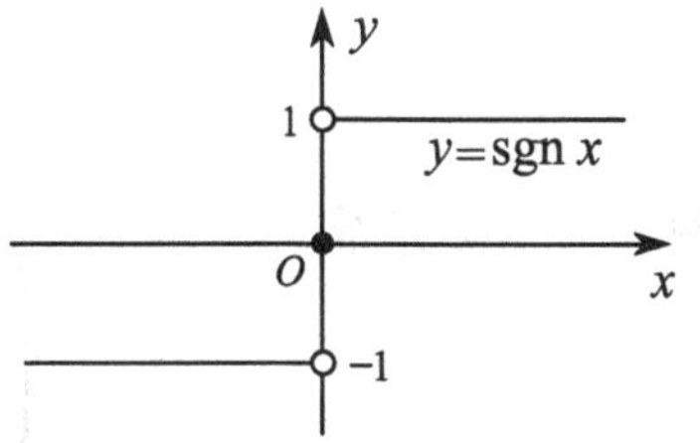

图 1.3

例 1.5　取大取小函数，例如 $y=\max(x^2,-x^2+1)$，$y=\min(\sin x,\cos x)$ 是一种分段函数.

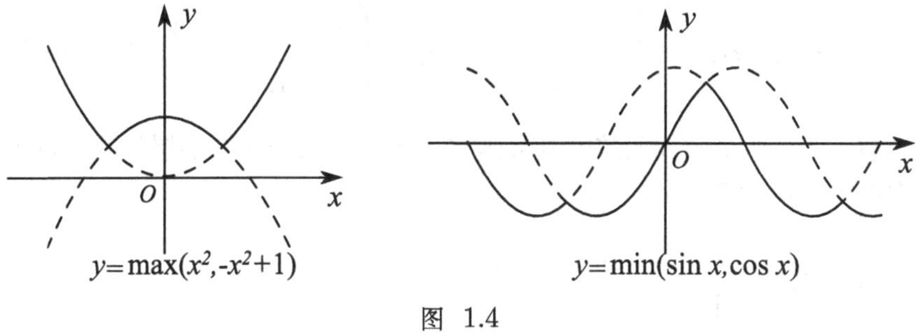

图 1.4

一般地，有

$$\max(f(x),g(x))=\begin{cases}f(x), & f(x)\geq g(x)\\ g(x), & f(x)<g(x)\end{cases},$$

$$\min(f(x),g(x))=\begin{cases}f(x), & f(x)\leq g(x)\\ g(x), & f(x)>g(x)\end{cases}.$$

例 1.6 取整取尾函数 $y=\lfloor x\rfloor$, $y=x-\lfloor x\rfloor$ 也是一种分段函数. 其中 $\lfloor x\rfloor$ 表示不大于 x 的最大整数.

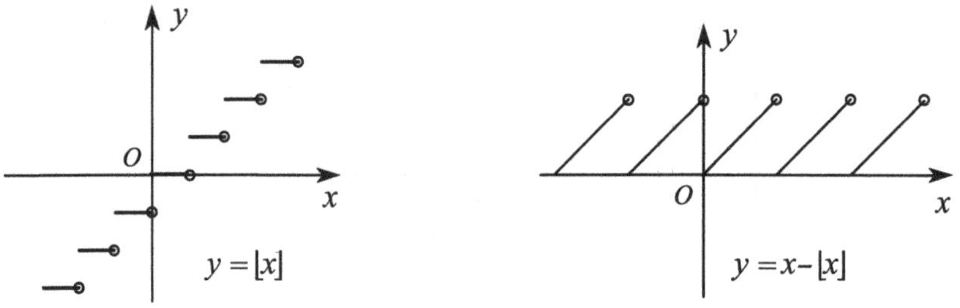

图 1.5

例 1.7 分段函数

$$D(x)=\begin{cases}1, & x\text{为有理数}\\ 0, & x\text{为无理数}\end{cases}$$

称为 Dirichlet(狄里克莱) 函数，其定义域为 $(-\infty,+\infty)$, 值域为 $\{0,1\}$. 当 r 为有理数时，必有 $D(x+r)=D(x)$; 当自变量从一个数连续变到另一个数时，因变量都会在 0 和 1 之间经历无数次振荡.

例 1.8 设 $f(x)=\begin{cases}\mathrm{e}^x, & x<1\\ x, & x\geq 1\end{cases}$, $g(x)=\begin{cases}x+2, & x<0\\ x^2-1, & x\geq 0\end{cases}$, 求 $f[g(x)]$.

解 计算两个分段函数的复合函数，既可以从外向内逐层计算，也可以从内向外逐层计算.

$$f\circ g(x)=\begin{cases}f(x+2), & x<0\\ f(x^2-1), & x\geq 0\end{cases}$$

$$=\begin{cases}e^{x+2}, & x<0,x+2<1\\ x+2, & x<0,x+2\geq 1\\ e^{x^2-1}, & x\geq 0,x^2-1<1\\ x^2-1, & x\geq 0,x^2-1\geq 1\end{cases}=\begin{cases}e^{x+2}, & x<-1\\ x+2, & -1\leq x<0\\ e^{x^2-1}, & 0\leq x<\sqrt{2}\\ x^2-1, & x\geq\sqrt{2}\end{cases}.$$

例 1.9 已知当 $x\neq 0,1$ 时, $f(x)+f(\frac{x-1}{x})=2x$, 求 $f(x)$.

解 先令 $t=\dfrac{x-1}{x}$, 再令 $x=t$, 则有 $f\left(\dfrac{1}{1-x}\right)+f(x)=\dfrac{2}{1-x}$. 此式与原式相减，有

$$f\left(\frac{x-1}{x}\right)-f\left(\frac{1}{1-x}\right)=2x-\frac{2}{1-x}.$$

令 $t=\dfrac{x-1}{x}$ 后再令 $x=t$, 则有 $f(x)-f\left(\dfrac{x-1}{x}\right)=\dfrac{2}{1-x}-\dfrac{2(x-1)}{x}$. 此式与原式相加，有

$$f(x)=x+\frac{1}{1-x}-\frac{x-1}{x}.$$

例 1.10 求 $y=\dfrac{1-\sqrt{1+4x}}{1+\sqrt{1+4x}}$ 的反函数.

解 令 $u=\sqrt{1+4x}$, 则 $y=\dfrac{1-u}{1+u}$ 或 $u=\dfrac{1-y}{1+y}$. 由此可知,

$$\sqrt{1+4x}=\frac{1-y}{1+y}.$$

解 x 得, $x=-\dfrac{y}{(1+y)^2}$, 即 $y=-\dfrac{x}{(1+x)^2}$.

例 1.11 设 $f(x)=\begin{cases}x, & -\infty<x<1\\ x^2, & 1\leq x\leq 4\\ 2^x, & 4<x<+\infty\end{cases}$, 求 $f^{-1}(x)$.

解 函数 $f(x)$ 依次将区间 $(-\infty,1),[1,4],(4,+\infty)$ 映射为区间 $(-\infty,1)$, $[1,16],(16,+\infty)$, 分段计算反函数可得

$$f^{-1}(x)=\begin{cases}x, & -\infty<x<1\\ \sqrt{x}, & 1\leq x\leq 16\\ \log_2 x, & 16<x<+\infty\end{cases}.$$

在工程技术领域中，经常用到一类特殊的初等函数，称为双曲函数. 双曲函数有双曲正弦、双曲余弦和双曲正切等.

(1) 双曲正弦与反双曲正弦

$$\operatorname{sh} x=\frac{\mathrm{e}^{x}-\mathrm{e}^{-x}}{2},\quad \operatorname{arsh} x=\ln(x+\sqrt{x^{2}+1}).$$

(2) 双曲余弦与反双曲余弦

$$\operatorname{ch} x=\frac{\mathrm{e}^{x}+\mathrm{e}^{-x}}{2},\quad \operatorname{arch} x=\ln(x+\sqrt{x^{2}-1})\ (x\geq 1).$$

(3) 双曲正切与反双曲正切

$$\operatorname{th} x=\frac{\mathrm{e}^{x}-\mathrm{e}^{-x}}{\mathrm{e}^{x}+\mathrm{e}^{-x}},\quad \operatorname{arth} x=\frac{1}{2}\ln\frac{1+x}{1-x}.$$

(4) 双曲函数之间的主要关系可概括如下:

$$\operatorname{ch}^{2}x-\operatorname{sh}^{2}x=1,\qquad \operatorname{sh}(x\pm y)=\operatorname{sh} x\operatorname{ch} y\pm\operatorname{ch} x\operatorname{sh} y,$$

$$1-\operatorname{th}^{2}x=\frac{1}{\operatorname{ch}^{2}x},\qquad \operatorname{ch}(x\pm y)=\operatorname{ch} x\operatorname{ch} y\pm\operatorname{sh} x\operatorname{sh} y,$$

$$\operatorname{sh}2x=2\operatorname{sh} x\operatorname{ch} x,\qquad \operatorname{sh} x+\operatorname{sh} y=2\operatorname{sh}\frac{x+y}{2}\operatorname{ch}\frac{x-y}{2},$$

$$\operatorname{ch}2x=\operatorname{ch}^{2}x+\operatorname{sh}^{2}x,\qquad \operatorname{ch} x-\operatorname{ch} y=2\operatorname{sh}\frac{x+y}{2}\operatorname{sh}\frac{x-y}{2}.$$

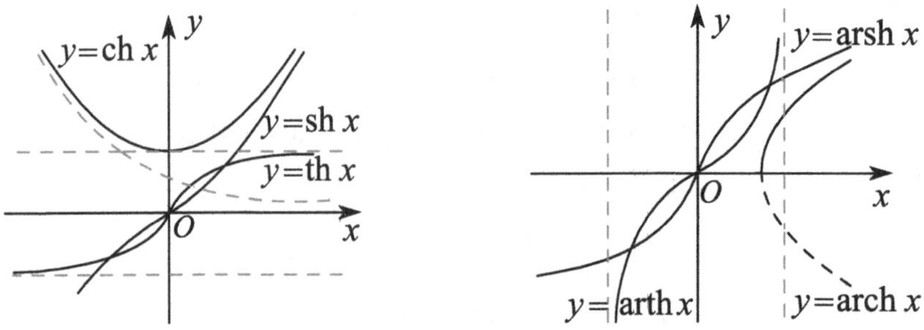

图 1.6

§1.1.2 函数的一些特性

函数的一些特性，例如奇偶性、单调性、周期性等在中学数学课程中已有叙述，这里主要介绍有界性.

1. **有界性**

定义 1.2 设函数 $f(x)$ 在 X 上有定义，称 $f(x)$ 在 X 上有界，如果存在 $M>0$, 使当 $x\in X$ 时，恒有 $|f(x)|\leq M$.

反过来，如果对任意的 $M>0$, 不等式 $|f(x)|>M$ 总是有解，即存在 $x_M\in X$, 使得 $|f(x_M)|>M$, 则称函数 $f(x)$ 在 X 上无界，或者说 $f(x)$ 是 X 上的无界函数.

函数 $f(x)$ 在 X 上有界等价于 $f(x)$ 在 X 上既有上界又有下界，即存在常数 m,M, 使当 $x\in X$ 时，恒有 $m\leq f(x)\leq M$.

函数 $f(x)$ 在区间 $[a,b]$ 上有界的几何意义是：函数 $y=f(x)$ 在 $[a,b]$ 上的图象位于两条水平线 $y=-M$ 与 $y=M$ 之间.

考察函数 $f(x)=\dfrac{1}{x}$. (i) 在区间 $(0,1)$ 内, 函数 $f(x)$ 是无界的. 因为对任意的 $M>1$, 只要取 $x_M=\dfrac{1}{2M}$, 则有 $x_M\in(0,1)$ 及 $f(x_M)=\dfrac{1}{x_M}=2M>M$. (ii) 在区间 $[a,b]\subset(0,1)$ 上，函数 $f(x)$ 是有界的. 因为只要取 $M=\dfrac{1}{a}$, 则对任意的 $x\in[a,b]$, 都有 $0<f(x)\leq f(a)=M$.

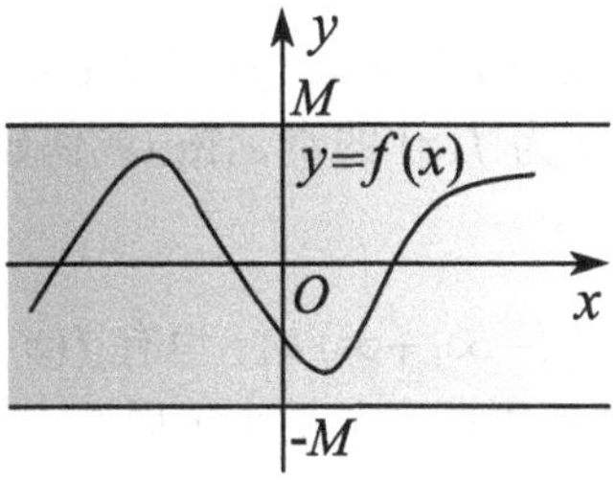

图 1.7

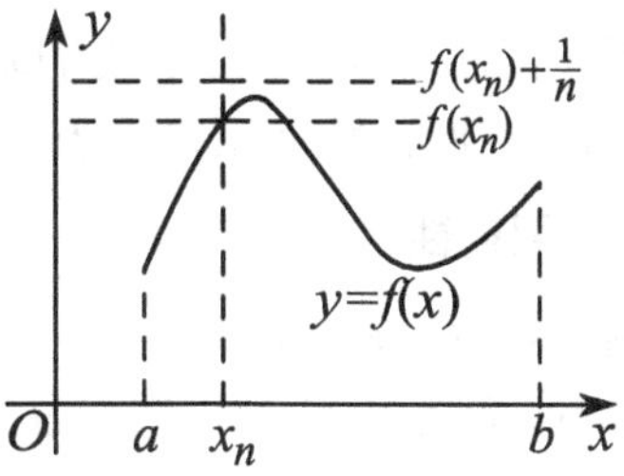

图 1.8

一个函数如果在某个点的一个邻域内有界时，通常称为局部有界. 严格地说，称函数 $f(x)$ 在 x_0 点局部有界或 $x\to x_0$ 时， $f(x)$ 有界，当且仅当存在 $M,\delta>0$, 使当 $0<|x-x_0|<\delta$ 时，恒有 $|f(x)|\leq M$.

例 1.12 设函数 $f(x)$ 在 X 上有界， n 为自然数，则存在 $x_n \in X$, 使得 $f(x_n)+\dfrac{1}{n}$ 是 $f(x)$ 的上界.

证 由于 $f(x)$ 有上界，所以取整函数 $\lfloor n\cdot f(x)\rfloor$ 有最大值点 $x_n \in X$. 由 $\lfloor n\cdot f(x)\rfloor \le n\cdot f(x_n)$ 可知， $f(x)\le f(x_n)+\dfrac{1}{n}$.

2. **单调性**

对于函数 $f(x)$, 如果 $f(x)$ 在区间 I 上有定义且 $x_1<x_2 \Rightarrow f(x_1)\le f(x_2)$ (或 $f(x_1)\ge f(x_2), f(x_1)<f(x_2), f(x_1)>f(x_2)$), 则称 $f(x)$ 在 I 上单调增 (或单调减，严格增，严格减).

从定义域到值域的严格单调函数必是一一对应. 一个函数可能在整个定义域上不单调，但在一些构成区间上单调，这样的区间通常称为函数的单调区间. 如果函数 $f(x)$ 在区间 I 上严格单调, 则反函数 $f^{-1}: f(I)\to I$ 存在. 例如函数 $f(x)=x^2$ 在 $[0,+\infty)$ 上严格增，所以反函数 $f^{-1}:[0,+\infty)\to[0,+\infty)$ 存在，其表达式为 $f^{-1}(x)=\sqrt{x}$; 同样函数 $f(x)=x^2$ 在 $(-\infty,0]$ 上有反函数 $f^{-1}(x)=-\sqrt{x}$.

3. **奇偶性**

如果函数 $f(x)$ 在原点对称集 X 上有定义且 $x\in X \Rightarrow f(-x)=-f(x)$ (或 $f(-x)=f(x)$), 则称 $f(x)$ 是 X 上的奇函数 (或偶函数).

一个函数 $f(x)$ 如果在对称区间 $(-a,a)$ 内有定义，那么 $f(x)-f(-x)$ 是 $(-a,a)$ 内的奇函数， $f(x)+f(-x)$ 是 $(-a,a)$ 内的偶函数. 特别 $\mathrm{sh}x, \mathrm{arsh}x$ 是奇函数， $\mathrm{ch}x$ 是偶函数.

对于区间 $(0,a)$ 上的函数 $f(x)$, 如果存在一个奇函数 (或偶函数)$g(x)$, 使当 $x\in(0,a)$ 时，恒有 $g(x)=f(x)$, 则称 $g(x)$ 为 $f(x)$ 的奇延拓 (或偶延拓).

4. **周期性**

对于函数 $f(x)$, 如果存在 $T>0$, 使当 $x\in(-\infty,+\infty)$ 时，恒有 $f(x+T)=f(x)$, 则称 T 为 $f(x)$ 的周期. 为了方便，常用周期表示最小正周期.

如果 T 为函数 $f(x)$ 的周期，则 $T/|a|$ 必为函数 $f(ax+b)$ 的周期. 如果 T_1,T_2 分别为函数 $f(x)$, $g(x)$ 的周期，则当 T 为 T_1,T_2 的正整数倍时， T 为 $f(x)+g(x)$ 的周期.

对于区间 $(0,T)$ 上的函数 $f(x)$, 如果存在一个以 T 为周期的函数 $g(x)$, 使当 $x\in(0,T)$ 时，恒有 $g(x)=f(x)$, 则称 $g(x)$ 为 $f(x)$ 的 T 周期延拓.

§1.1.3 数列与子列

按照自然顺序排列的实数串 $x_1, x_2, \cdots, x_n, \cdots$ 习惯上称为数列，简记为 $\{x_n\}$ 或 x_n. 数列中的每个数称为数列的项，第 n 项 x_n 叫做数列的通项.

由给定数列 $\{x_n\}$ 的部分项按照原有次序构成的新数列

$$x_{k_1}, x_{k_2}, \cdots, x_{k_n}, \cdots$$

称为子列. 常用的子列有奇数项子列 $\{x_{2n-1}\}$, 偶数项子列 $\{x_{2n}\}$, 截断子列

$$x_{k+1}, x_{k+2}, \cdots, x_{k+n}, \cdots,$$

单调子列和收敛子列等.

一个数列 $\{x_n\}$ 称为有界数列，意指存在实数 M, 使当 $n \geq 1$ 时，恒有 $|x_n| \leq M$. 类似地可定义有上界数列，有下界数列和无界数列等.

如果 $x_1 \leq x_2 \leq \cdots \leq x_n \leq \cdots$, 则称 $\{x_n\}$ 为单调增数列; 如果 $x_1 < x_2 < \cdots < x_n < \cdots$, 则称 $\{x_n\}$ 为严格增数列; 类似地可定义单调减数列和严格减数列.

利用单调数列可以研究复杂数列的结构，这是因为每个数列都是由一系列单调数列组合而成的，即

定理 1.1 (单调子列定理) *每个数列都有单调子列.*

证 * 假设 $\{x_n\}$ 是一个数列，如果 $\{x_n\}$ 没有严格增子列，则 $\{x_n\}$ 必有最大项 x_{k_1}, 同理截断子列 $x_{k_1+1}, x_{k_1+2}, \cdots, x_{k_1+n}, \cdots$ 必有最大项 x_{k_2}; 依次类推即可得到一个单调减子列 $x_{k_1}, x_{k_2}, \cdots, x_{k_n}, \cdots$.

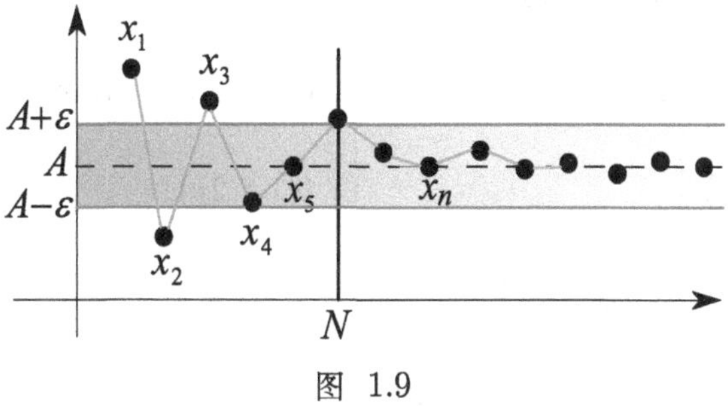

图 1.9

对于数列 $\{x_n\}$, 如果 n 无限增大时, x_n 无限地接近于一个常数 A, 例如数列 $x_n=\dfrac{1}{n}$, 当 n 无限增大时, x_n 无限地接近于 0, 则称 $\{x_n\}$ 是极限为 A 的收敛数列, 记作 $\lim\limits_{n\to\infty} x_n = A$ 或 $x_n \to A\,(n\to\infty)$. 严格地说, 有

定义 1.2 $\lim\limits_{n\to\infty} x_n = A \iff$ 对任意的 $\varepsilon>0$, 集合 $\{n:|x_n-A|\geq\varepsilon\}$ 都是有限集 $\iff$ 每个邻域 $(A-\varepsilon, A+\varepsilon)$ 都包含 $\{x_n\}$ 的某个截断子列.

收敛数列也称为有极限数列, 极限不存在的数列称为发散数列.

实数域是带有四则运算和大小关系的最大集合, 其最大性是实数域区别于其它有序数域的基本特征, 这一性质也称为实数域的完备性、连续性、连通性或紧致性, 它等价于单调有界原理, 即

单调有界原理 单调有界数列必有极限.

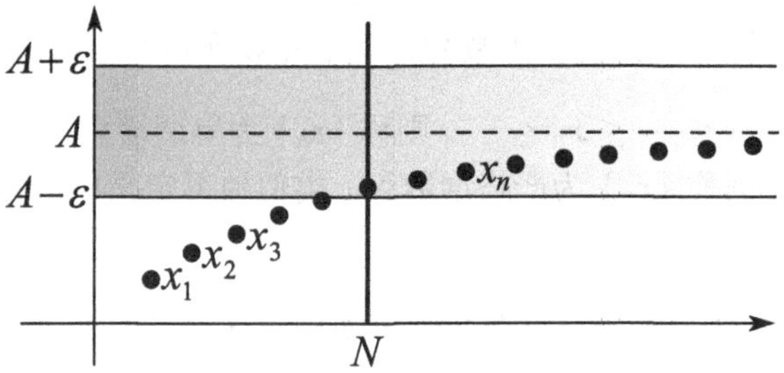

图 1.10

习 题 1.1 A

1. 求下列函数的定义域:

(1) $y=\sqrt{x+2}-\dfrac{1}{1-x^2}$;　　(2) $y=\log_{x-1}(16-x^2)$;

(3) $f(x+3)$;　　(4) $f(2x)$.

其中 $f(x)=\begin{cases}1, & 0\leq x\leq 1\\ -2, & 1<x\leq 2\end{cases}$.

2. 判断下列函数的奇偶性：

(1) $y=\ln(x+\sqrt{x^2+1})$;　　(2) $y=\dfrac{x\sin x}{2+\cos x}$;

(3) $y=\dfrac{2^x-2^{-x}}{2^x+2^{-x}}$;　　(4) $y=F(x)\Big(\dfrac{1}{2^x-1}+\dfrac{1}{2}\Big)$.

其中 $F(x)$ 为奇函数.

3. 选择题：

(1) 函数 $f(x)=\dfrac{x}{1+x^2}$ 在定义域内 ________.

(A) 有上界无下界；　　(B) 有下界无上界；

(C) 有界且 $-\dfrac{1}{2}\le f(x)\le\dfrac{1}{2}$;　　(D) 有界且 $-2\le f(x)\le 2$.

(2) 函数 $f(x)=\dfrac{\lg x}{x}$ 在定义区间 $[\dfrac{1}{2},1]$ 上 ________.

(A) 有上界无下界；　　(B) 有下界无上界；

(C) 有界且 $2\lg\dfrac{1}{2}\le f(x)\le 0$;　　(D) 有界且 $\lg\dfrac{1}{2}\le f(x)\le-\dfrac{1}{4}$.

(3) 函数 $y=\dfrac{ax-b}{cx-d}$ 的反函数是 ________.

(A) $y=\dfrac{ax-b}{cx-d}$;　　(B) $y=\dfrac{ax-d}{cx-b}$;

(C) $y=\dfrac{cx-d}{ax-b}$;　　(D) $y=\dfrac{dx-b}{cx-a}$.

4. 设 $f_n(x)=\underbrace{f\circ\cdots\circ f}_{n}(x)$, 若 $f(x)=\dfrac{x}{\sqrt{1+x^2}}$, 求 $f_n(x)$.

5. 设 $f(x)=\dfrac{1}{2}(x+|x|)$,　$g(x)=\begin{cases}\mathrm{e}^{-x}, & x<0\\ x^2, & x\ge 0\end{cases}$, 求 $f[g(x)]$.

6. 设 $x_n=\dfrac{1}{n}$, 当 $\varepsilon>0$ 时，证明区间 $(0,\varepsilon)$ 必包含 $\{x_n\}$ 的一个截断子列.

7. 设 $x_n = \dfrac{(-1)^n}{n}$, 当 $\varepsilon > 0$ 时，证明区间 $(-\varepsilon, \varepsilon)$ 必包含 $\{x_n\}$ 的一个截断子列.

8. 设 $x_n = (-1)^n$, 当 $0 < \varepsilon < 1$ 时，证明区间 $(A-\varepsilon, A+\varepsilon)$ 不包含 $\{x_n\}$ 的任何截断子列.

习 题 1.1 B

1. 设对一切实数 x, 有 $f\left(\dfrac{1}{2}+x\right) = \dfrac{1}{2} + \sqrt{f(x) - f^2(x)}$, 则 $f(x)$ 是周期为 __________ 的周期函数.

2. 设 $f(x) = 2x^2 + 1$, $g(x) = (x+1)(x-2)$, 则函数 $f[g(x)]$ 的单调递增区间是

(A) $[-1, 2]$; (B) $[-2, 0]$; (C) $\left[-1, \dfrac{1}{2}\right]$; (D) $[0, 2]$.

3. 证明没有最大项的数列必有严格增子列.

4. 设函数 $f(x)$ 在区间 $[a, b]$ 上无上界，试证明存在数列 $x_n \in [a, b]$, 使得 $f(x_n) > n$ 对一切 n 成立.

5. 证明：函数 $f(x)$ 在区间 $[a, b]$ 上有界当且仅当对每个数列 $x_n \in [a, b]$, 复合数列 $\{f(x_n)\}$ 都有界.

6. 设 $x_{n+1} = \dfrac{3(1+x_n)}{3+x_n}$. 证明当 $0 < x_1 \leq \sqrt{3}$ 时，$\{x_n\}$ 递增；当 $x_1 > \sqrt{3}$ 时，$\{x_n\}$ 递减.

7. 设 $x_1 \geq \sqrt{2}$, $x_{n+1} = \dfrac{2+x_n}{1+x_n}$. 证明 $\{x_{2n}\}$ 为递增子列，$\{x_{2n-1}\}$ 为递减子列.

8. 证明下列不等式：

(1) $2^n < n! < \left(\dfrac{n+1}{2}\right)^n \ (n > 4)$; (2) $n! \geq n^{n/2}$.

9. 设 $x_n = \left(1 + \dfrac{1}{n}\right)^n$, 证明 $\{x_n\}$ 为有界递增数列.

10. 如果数列 $\{x_n\}$ 可以重排为单调增数列，证明 $\{x_n\}$ 的每个截断子列都有最小项.

§1.2 数列的极限

极限是用有限认识无限的重要工具，也是从近似到达精确的科学方法. 数列极限是函数极限的特殊情况. 直观上，一个数列是收敛的当且仅当它可以夹在两个同极限的单调数列之间，亦即它的每个单调子列都有相同的极限.

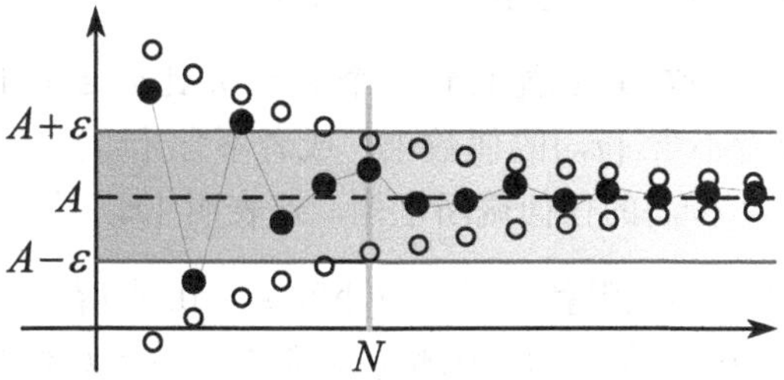

图 2.1

§1.2.1 收敛数列

在高等数学中，常称区间 $(a-\delta, a+\delta)$ 为 a 的 δ 邻域，并称 a 为邻域中心， δ 为邻域半径. 进一步称 $\{x \in \mathbb{R} \mid 0 < |x-a| < \delta\}$ 为去心邻域.

1. **数列极限的概念**

对于数列 $\{x_n\}$, 如果集合 $\{n : |x_n - A| \geq \varepsilon\}$ 是有限的，那么它的最大值存在. 若记此最大值为 N, 则有

$$x_{N+1}, x_{N+2}, \cdots, x_{N+n}, \cdots \in (A-\varepsilon, A+\varepsilon).$$

这表明

$$n > N \Longrightarrow |x_n - A| < \varepsilon.$$

反过来，如果对任意给定的 $\varepsilon > 0$, 都存在 N, 使当 $n > N$ 时，恒有 $|x_n - A| < \varepsilon$, 则集合 $\{n : |x_n - A| \geq \varepsilon\}$ 必为有限集.

换句话说，数列极限的定义可用 $\varepsilon - N$ 语言表示如下，其中符号 $\forall$ 表示任意，符号 $\exists$ 表示存在.

定义 2.1 $\lim\limits_{n\to\infty} x_n = A \Longleftrightarrow \forall\varepsilon > 0, \exists N$, 使当 $n > N$ 时, 恒有 $|x_n - A| < \varepsilon$.

例 2.1 设 $x_n = \dfrac{1}{n}$, 考察数列 $\{x_n\}$的极限.

解 对于每个 $\varepsilon > 0$, 原点邻域 $(-\varepsilon, \varepsilon)$ 都将数列 $\{x_n\}$一分为二, 在邻域 $(-\varepsilon, \varepsilon)$ 的外部最多只有 $\{x_n\}$的有限项 $x_1, x_2, \cdots, x_N$, 而在邻域 $(-\varepsilon, \varepsilon)$ 的内部恒有 $\{x_n\}$的截断子列 $x_{N+1}, x_{N+2}, \cdots, x_{N+n}, \cdots$. 事实上, 只要取 $N > \dfrac{1}{\varepsilon}$ 即可. 因此 $\{x_n\}$是极限为 0 的收敛数列, 即 $\lim\limits_{n\to\infty} x_n = 0$.

例 2.2 设 $x_n = (-1)^n$, 考察数列 $\{x_n\}$的极限.

解 对于每个实数 A, 总能找到一个 $\varepsilon > 0$, 比如 $\varepsilon < 1$, 使得 A 的邻域 $(A - \varepsilon, A + \varepsilon)$ 或者不含 $\{x_n\}$的偶数项, 或者不含 $\{x_n\}$的奇数项, 因而邻域 $(A - \varepsilon, A + \varepsilon)$ 不含 $\{x_n\}$的任何截断子列. 这表明 $\{x_n\}$是一个发散数列.

应用定义 2.1 证明极限就是对任意小的 $\varepsilon > 0$, 求解不等式 $|x_n - A| < \varepsilon$. 在大多数情况下, 这个不等式的全部解很难求出, 所以常采用适当放大技巧求其部分解, 即构造一个新不等式 $|x_n - A| \leq \varphi(n)$, 然后求解不等式 $\varphi(n) < \varepsilon$. 其中 $\varphi(n)$ 的结构应尽可能地简单以便 $\varphi(n) < \varepsilon$ 容易求解, 同时 $\varphi(n)$ 不能选得太大, 否则会导致 $\varphi(n) < \varepsilon$ 无解.

常用的证题格式是: 对任意小的 $\varepsilon > 0$, 根据 $|x_n - A| \leq \varphi(n)$, 要 $|x_n - A| < \varepsilon$, 只要 $\varphi(n) < \varepsilon$, 即 $n > \psi(\varepsilon)$. 取 $N = \psi(\varepsilon)$, 则当 $n > N$ 时, 必有 $|x_n - A| < \varepsilon$, 故 $\lim\limits_{n\to\infty} x_n = A$.

例 2.3 证明 $\lim\limits_{n\to\infty} \dfrac{1}{\sqrt[n]{n!}} = 0$.

证 根据附录一有 $n! \geq n^{n/2}$, 据此有

$$\left|\frac{1}{\sqrt[n]{n!}} - 0\right| \leq \frac{1}{\sqrt[n]{n^{n/2}}} = \frac{1}{\sqrt{n}}.$$

于是 $\forall\varepsilon > 0$, 要 $\left|\dfrac{1}{\sqrt[n]{n!}} - 0\right| < \varepsilon$, 只要 $\dfrac{1}{\sqrt{n}} < \varepsilon$, 即 $n > \dfrac{1}{\varepsilon^2}$.

取 $N = \dfrac{1}{\varepsilon^2}$, 则当 $n > N$ 时, 必有 $\left|\dfrac{1}{\sqrt[n]{n!}} - 0\right| < \varepsilon$, 故 $\lim\limits_{n\to\infty} \dfrac{1}{\sqrt[n]{n!}} = 0$.

例 2.4 证明 $\lim\limits_{n\to\infty} \dfrac{a^n}{n!} = 0$.

证 设 K 为自然数且 $|a|<K$, 则当 $n>K$ 时，必有

$$\left|\frac{a^n}{n!}-0\right|=\frac{|a|^K}{K!}\cdot\frac{|a|}{K+1}\cdots\frac{|a|}{n}\leq\frac{|a|^K}{K!}\cdot\frac{|a|}{n}\leq\frac{|a|^{K+1}}{n}.$$

于是 $\forall\varepsilon>0$, 要 $\left|\frac{a^n}{n!}-0\right|<\varepsilon$, 只要 $n>K$ 且 $\frac{1}{n}|a|^{K+1}<\varepsilon$, 即 $n>\frac{1}{\varepsilon}|a|^{K+1}$.

取 $N=\max(K,\frac{1}{\varepsilon}|a|^{K+1})$, 则当 $n>N$ 时，必有 $\left|\frac{a^n}{n!}-0\right|<\varepsilon$, 故

$$\lim_{n\to\infty}\frac{a^n}{n!}=0.$$

例 2.5 设 $a>1$, 试证 $\lim\limits_{n\to\infty}\sqrt[n]{a}=1$.

证 1 由于 $\sqrt[n]{a}-1>0$, 所以 $\forall\varepsilon>0$, 要 $|\sqrt[n]{a}-1|<\varepsilon$, 只要

$$\sqrt[n]{a}-1<\varepsilon \text{ 或 } \sqrt[n]{a}<1+\varepsilon,$$

即 $n>\dfrac{1}{\log_a(1+\varepsilon)}$.

取 $N=\dfrac{1}{\log_a(1+\varepsilon)}$, 则当 $n>N$ 时，必有 $|\sqrt[n]{a}-1|<\varepsilon$, 故 $\lim\limits_{n\to\infty}\sqrt[n]{a}=1$.

证 2 根据平均值不等式，有

$$\sqrt[n]{a}=\sqrt[n]{a\cdot1\cdot1\cdots1}<\frac{a+(n-1)}{n},$$

于是，有

$$\sqrt[n]{a}-1<\frac{a+(n-1)}{n}-1=\frac{a-1}{n}.$$

因此，$\forall\varepsilon>0$, 要 $|\sqrt[n]{a}-1|<\varepsilon$, 只要 $\dfrac{a-1}{n}<\varepsilon$, 即 $n>\dfrac{a-1}{\varepsilon}$.

取 $N=\dfrac{a-1}{\varepsilon}$, 则当 $n>N$ 时，必有 $|\sqrt[n]{a}-1|<\varepsilon$, 故 $\lim\limits_{n\to\infty}\sqrt[n]{a}=1$.

例 2.6 设 $|x|<1$, 证明 $\lim\limits_{n\to\infty}x^n=0$.

证 $\forall\varepsilon>0$, 要 $|x^n-0|<\varepsilon$, 只要 $n\ln|x|<\ln\varepsilon$, 即 $n>\dfrac{\ln\varepsilon}{\ln|x|}$. 取 $N=\dfrac{\ln\varepsilon}{\ln|x|}$, 则当 $n>N$ 时，必有 $|x^n-0|<\varepsilon$. 故 $\lim\limits_{n\to\infty}x^n=0$.

例 2.7 设 $0<a<1$, 证明 $\lim\limits_{n\to\infty} na^n=0$.

证 令 $a=\dfrac{1}{1+h}$, 则由附录一可知, $(1+h)^n\geq\dfrac{n^2}{4}h^2$, $(n\geq 2)$, 所以

$$na^n=\frac{n}{(1+h)^n}<\frac{n}{\dfrac{n^2}{4}h^2}=\frac{4}{nh^2}.$$

于是, $\forall\varepsilon>0$, 要 $|na^n-0|<\varepsilon$, 只要 $\dfrac{4}{nh^2}<\varepsilon$, 即 $n>\dfrac{4}{h^2\varepsilon}$.

取 $N=\max(\dfrac{4}{h^2\varepsilon},2)$, 则当 $n>N$ 时, 必有 $|na^n-0|<\varepsilon$, 故 $\lim\limits_{n\to\infty} na^n=0$.

数列的极限只与截断子列有关,添加或去掉有限项不改变数列的敛散性.一个数列 $\{x_n\}$ 收敛于 A 当且仅当每个正数 ε 都能将数列 $\{x_n\}$ 一分为二,前面的有限项 $x_1,x_2,\cdots,x_N$ 可以满足也可以不满足 $|x_n-A|<\varepsilon$, 重要的是后面的无限项 $x_{N+1},x_{N+2},\cdots,x_n,\cdots$ 必须满足 $|x_n-A|<\varepsilon$. 即

$\lim\limits_{n\to\infty} x_n=A$ $\iff$ 每个区间 $(A-\varepsilon,A+\varepsilon)$都包含一个 $\{x_n\}$的截断子列

$\iff$ 每个区间 $(A-\varepsilon,A+\varepsilon)$之外最多只有 $\{x_n\}$的有限项

$\iff$ $\forall\varepsilon>0$, 集合$\{n:|x_n-A|\geq\varepsilon\}$为有限集.

每个区间 $(A-\varepsilon,A+\varepsilon)$ 都包含无限个 x_n , 意味着 A 是一个有无限个 x_n 聚集的地方, 即 A 是数列 $\{x_n\}$ 的聚点; 每个区间 $(A-\varepsilon,A+\varepsilon)$ 之外最多只有有限个 x_n 意味着数列 $\{x_n\}$ 除 A 外再没有其它聚点, 即 A 是数列 $\{x_n\}$ 的唯一聚点. 收敛数列就是有聚点并且具有唯一聚点的数列.

2. 数列极限的法则

对于数列, 除了单调有界法则外, 常用的极限法则还有两边夹法则、列紧性定理和柯西准则等, 这些法则从不同角度和不同侧面刻划了数列的敛散性.

例 2.8 利用单调有界法则, 证明 $\lim\limits_{n\to\infty}\left(1+\dfrac{1}{n}\right)^n$ 存在.

证 设 $x_n=\left(1+\dfrac{1}{n}\right)^n$, 则由附录一可知, $x_n<x_{n+1}<3$. 故根据单调有界法则可知, $\lim\limits_{n\to\infty}\left(1+\dfrac{1}{n}\right)^n$ 存在.

此极限通常用 $\mathrm{e} = 2.71828\cdots$ 表示，并取其为自然对数的底. 这种选择的优越性在于指数函数 e^x 和对数函数 $\ln x$ 的导数和积分具有特别简单的数学结构.

例 2.9 设 $a > 0, x_1 > 0, x_{n+1} = \dfrac{1}{2}\Big(x_n + \dfrac{a}{x_n}\Big)\,(n = 1, 2, \cdots)$, 求 $\lim\limits_{n\to\infty} x_n$.

证 由于

$$x_{n+1} = \frac{1}{2}\Big(x_n + \frac{a}{x_n}\Big) \geq \sqrt{a},$$

$$x_n - x_{n+1} = \frac{1}{2x_n}(x_n^2 - a) \geq 0,$$

所以 $\{x_n\}$ 为单调有界数列，故可设 $\lim\limits_{n\to\infty} x_n = A$, 于是当 $n \to \infty$ 时，关系式

$$x_{n+1} = \frac{1}{2}\Big(x_n + \frac{a}{x_n}\Big)$$

可变为 $A = \dfrac{1}{2}\Big(A + \dfrac{a}{A}\Big)$, 解之得 $A = \sqrt{a}$, 即 $\lim\limits_{n\to\infty} = \sqrt{a}$.

例 2.10 设 $a > 0, x_1 = \sqrt{a}, x_n = \sqrt{a + x_{n-1}}, (n = 2, 3, \cdots)$, 求 $\lim\limits_{n\to\infty} x_n$.

证 利用数学归纳法可证 $\{x_n\}$ 是单调增有上界数列. 当 $n = 1$ 时，有

$$x_1 = \sqrt{a} < \sqrt{a + \sqrt{a}} = x_2 < \sqrt{a + 2\sqrt{a} + 1} = \sqrt{a} + 1.$$

假设 $x_{n-1} < x_n < \sqrt{a} + 1$ 时，必有

$$\begin{aligned} x_n &= \sqrt{a + x_{n-1}} < \sqrt{a + x_n} \\ &= x_{n+1} < \sqrt{a + \sqrt{a} + 1} < \sqrt{a} + 1. \end{aligned}$$

故 $\{x_n\}$ 是单调增有上界数列，其极限存在. 设 $\lim\limits_{n\to\infty} x_n = A$, 则由迭代关系 $x_n = \sqrt{a + x_{n-1}}$ 可知，$A = \sqrt{a + A}$. 由此可知，$\lim\limits_{n\to\infty} x_n = A = \dfrac{1}{2}(1 + \sqrt{4a + 1})$.

在许多情况下，可以用两边夹法则来证明极限的存在性.

定理 2.1 (两边夹法则) 若 $n \to \infty$ 时，恒有

$$A \leftarrow x_n \leq y_n \leq z_n \to A,$$

则 $\lim\limits_{n\to\infty} y_n = A.$

证 由于 $n\to\infty$ 时，恒有 $A\leftarrow x_n\leq y_n\leq z_n\to A$, 所以 $\forall\varepsilon>0,\exists N$, 使当 $n>N$ 时，恒有

$$A-\varepsilon<x_n\leq y_n\leq z_n<A+\varepsilon.$$

由此可知，$\lim\limits_{n\to\infty} y_n$ 存在且 $=A$.

两边夹法则也可以写成下列形式.

推论 2.1 (两边夹法则) 若对任意的 $\varepsilon>0$, 当 $n\to\infty$ 时，恒有

$$A-\varepsilon\leftarrow x_n(\varepsilon)\leq y_n\leq z_n(\varepsilon)\to A+\varepsilon,$$

则 $\lim\limits_{n\to\infty} y_n = A.$

例 2.11 证明 $\lim\limits_{n\to\infty}\sqrt[n]{n}=1.$

证 根据平均值不等式，有

$$\begin{aligned}1\leq\sqrt[n]{n}&=\sqrt[n]{1\cdot 1\cdot 1\cdots 1\cdot\sqrt{n}\cdot\sqrt{n}}\\&\leq\frac{n-2+2\sqrt{n}}{n}<1+\frac{2}{\sqrt{n}},\end{aligned}$$

由于 $\lim\limits_{n\to\infty}(1+\frac{2}{\sqrt{n}})=1$(留作习题), 所以由两边夹法则可知，$\lim\limits_{n\to\infty}\sqrt[n]{n}=1.$

例 2.12 设 $a,b\geq 0$, 证明 $\lim\limits_{n\to\infty}\sqrt[n]{a^n+b^n}=\max(a,b).$

证 由于 $\max(a,b)\leq\sqrt[n]{a^n+b^n}\leq\sqrt[n]{2}\max(a,b)\to\max(a,b)$, 所以

$$\lim_{n\to\infty}\sqrt[n]{a^n+b^n}=\max(a,b).$$

由于每个数列都有一个单调子列，而每个单调有界数列都是收敛数列，所以每个有界数列都存在一个收敛子列. 即

定理 2.2 (列紧性定理) 有界数列必有收敛子列.

在极限值未知的情况下，判断一个数列极限的存在性可用柯西准则.

定理 2.3 (Cauchy准则) 数列 $\{x_n\}$ 收敛 $\iff \forall\varepsilon>0,\exists N$, 当 $m,n>N$ 时，恒有 $|x_m-x_n|<\varepsilon$.

证 必要性 设 $\lim\limits_{n\to\infty}x_n=A$, 则 $\forall\varepsilon>0,\exists N$, 当 $m,n>N$ 时, 有 $|x_m-A|<\frac{\varepsilon}{2},|x_n-A|<\frac{\varepsilon}{2}$. 于是

$$|x_m-x_n|\le|x_m-A|+|x_n-A|<\frac{\varepsilon}{2}+\frac{\varepsilon}{2}=\varepsilon.$$

充分性* 按题设条件, 存在自然数 K, 使当 $n\ge K$ 时, 恒有 $|x_n-x_K|<1$. 因此对一切 n, 都有

$$|x_n|\le\max(|x_1|,\cdots,|x_K|,1+|x_K|).$$

这表明 $\{x_n\}$ 有界，故可设 $\lim\limits_{n\to\infty}x_{k_n}=A$. 于是 $\forall\,\varepsilon>0,\exists N$, 使得

$$m,n>N\Rightarrow|x_{k_m}-A|<\frac{\varepsilon}{2},\ |x_{k_m}-x_n|<\frac{\varepsilon}{2},$$

特别有

$$|x_n-A|\le|x_n-x_{k_m}|+|x_{k_m}-A|<\varepsilon.$$

由此可知 $\lim\limits_{n\to\infty}x_n=A$.

例 2.13 证明数列 $S_n=\sum\limits_{k=1}^{n}\frac{1}{k}$ 发散.

证 由于

$$S_{2n}-S_n=\frac{1}{n+1}+\frac{1}{n+2}+\ldots+\frac{1}{n+n}\ge\frac{n}{2n}=\frac{1}{2},$$

故 $\{S_n\}$ 发散.

例 2.14 证明 $\lim\limits_{n\to\infty}\sin n$ 不存在.

证 对任意自然数 N ，取自然数 $m,n>N$, 使

$$\frac{\pi}{4}<m-N\pi\le\frac{3\pi}{4},\ \frac{5\pi}{4}<n-N\pi\le\frac{7\pi}{4},$$

则有 $\sin m-\sin n\ge\sqrt{2}$. 故 $\lim\limits_{n\to\infty}\sin n$ 不存在.

§1.2.2 数列极限的性质

收敛数列的基本性质主要有唯一性，有界性，运算性，保号性，单调性和子列性等，深刻理解和熟练掌握这些性质，对于极限的计算、证明和应用都是十分重要的，特别是对于后继内容的学习是十分有利的.

一个数列的截断子列，不可能同时含于两个不交开区间. 将这一简单事实换个说法就是收敛数列的极限唯一性.

定理 2.4 (唯一性) 收敛数列必有唯一极限.

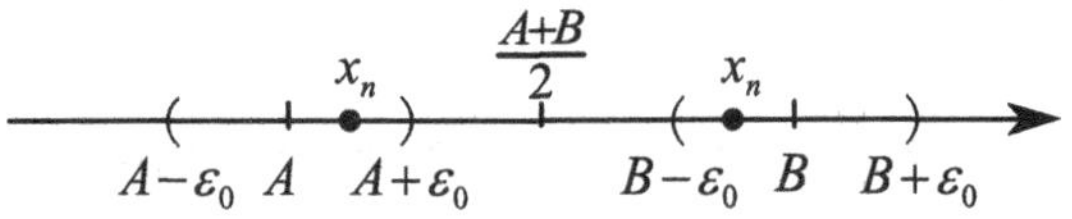

图 2.2

证 用反证法. 假设 $n\to\infty$ 时， $x_n\to A, B$ 且 $A<B$. 若取 $\varepsilon_0\in(0,\dfrac{B-A}{2})$, 则 $\exists N$ ，使当 $n>N$ 时，恒有

$$x_n<A+\varepsilon_0<\frac{A+B}{2}<B-\varepsilon_0<x_n.$$

这是一个矛盾，由此可知收敛数列必有唯一极限.

发散数列可以是有界数列，也可以是无界数列；有界数列可以是收敛数列，也可以是发散数列. 但收敛数列一定是有界数列，无界数列一定是发散数列.

定理 2.5 (有界性) 收敛数列必为有界数列.

证 设 $\lim\limits_{n\to\infty}x_n=A$, 则存在自然数 N, 使当 $n>N$ 时, 恒有 $|x_n-A|<1$. 取

$$M=\max(|x_1|,|x_2|,\cdots,|x_N|,|A|+1),$$

则当 $n\geq 1$ 时，必有 $|x_n|\leq M$. 故收敛数列一定是有界数列.

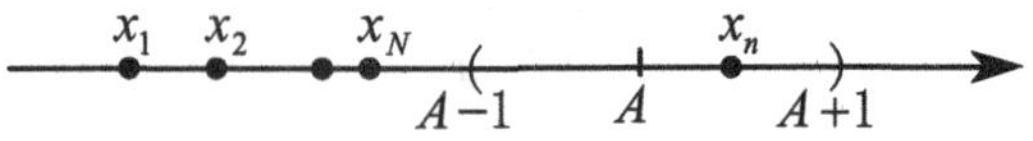

图 2.3

推论 2.2 *无界数列必为发散数列.*

收敛数列的和、差、积数列都是收敛数列，在分母极限不为零的条件下，收敛数列的商数列也是收敛数列.

定理 2.6 (运算性) 设 $\lim\limits_{n\to\infty} x_n = A, \lim\limits_{n\to\infty} y_n = B$ ，则有

(1) $\lim\limits_{n\to\infty}(x_n \pm y_n) = A \pm B$;　　(2) $\lim\limits_{n\to\infty} x_n y_n = A \cdot B$;

(3) $\lim\limits_{n\to\infty} \dfrac{x_n}{y_n} = \dfrac{A}{B}\ (B \neq 0)$.

证 (1) 加减法则

由于 $\lim\limits_{n\to\infty} x_n = A, \lim\limits_{n\to\infty} y_n = B$, 所以 $\forall \varepsilon > 0, \exists N$, 使当 $n > N$ 时，恒有

$$|x_n - A| < \frac{\varepsilon}{2}, \ |y_n - B| < \frac{\varepsilon}{2}.$$

于是，当 $n > N$ 时，必有

$$|(x_n \pm y_n) - (A \pm B)| \leq |x_n - A| + |y_n - B| < \frac{\varepsilon}{2} + \frac{\varepsilon}{2} = \varepsilon.$$

由此可知， $\lim\limits_{n\to\infty}(x_n \pm y_n) = A \pm B$.

(2) 乘法法则

由 $\lim\limits_{n\to\infty} x_n = A, \lim\limits_{n\to\infty} y_n = B$ 可知， $\forall \varepsilon > 0, \exists N$及$M > |A|$, 使当 $n > N$ 时，恒有

$$|x_n - A| < \frac{\varepsilon}{2M}, \quad |y_n - B| < \frac{\varepsilon}{2M}, \quad |y_n| < M.$$

由于

$$\begin{aligned} |x_n y_n - AB| &\leq |x_n - A| \cdot |y_n| + |A| \cdot |y_n - B| \\ &\leq \frac{\varepsilon}{2M} \cdot M + M \cdot \frac{\varepsilon}{2M} < \varepsilon, \end{aligned}$$

所以 $\lim\limits_{n\to\infty} x_n y_n = A \cdot B$.

(3) 除法法则

由于 $\lim\limits_{n\to\infty} x_n = A, \lim\limits_{n\to\infty} y_n = B, B \neq 0$, 所以 $\forall \varepsilon \in (0, |B|/2), \exists N$, 使当 $n > N$ 时，恒有

$$|x_n - A| < \varepsilon, \quad |y_n - B| < \varepsilon, \quad |y_n| > \frac{|B|}{2}.$$

又 $$\left|\frac{x_n}{y_n} - \frac{A}{B}\right| = \frac{|B(x_n - A) - A(y_n - B)|}{|B| \cdot |y_n|}$$

$$\leqslant \frac{2}{B^2}\left(\,|B| \cdot |x_n - A| + |A| \cdot |y_n - B|\,\right) < \frac{2(|A| + |B|)}{B^2}\varepsilon.$$

因此，$\lim\limits_{n\to\infty} \dfrac{x_n}{y_n} = \dfrac{A}{B}\ (B \neq 0)$.

例 2.15 求 $\lim\limits_{n\to\infty} \dfrac{3n^3 + n^2 - n}{4n^3 - 2n + 1}$.

解 为了使用运算法则，可上下同除以 n^3.

$$\text{原式} = \lim_{n\to\infty} \frac{3 + \dfrac{1}{n} - \dfrac{1}{n^2}}{4 - \dfrac{2}{n^2} + \dfrac{1}{n^3}} = \frac{3 + \lim\limits_{n\to\infty} \dfrac{1}{n} - \lim\limits_{n\to\infty} \dfrac{1}{n^2}}{4 - \lim\limits_{n\to\infty} \dfrac{2}{n^2} + \lim\limits_{n\to\infty} \dfrac{1}{n^3}} = \frac{3}{4}.$$

例 2.16 证明 $\lim\limits_{n\to\infty} \sqrt{1 + \dfrac{1}{n}} = 1$.

证 由于

$$1 < \sqrt{1 + \frac{1}{n}} < 1 + \frac{1}{n} \to 1.$$

所以 $\lim\limits_{n\to\infty} \sqrt{1 + \dfrac{1}{n}} = 1$.

例 2.17 设 $x_n = \dfrac{1}{\sqrt{n^2+1}} + \dfrac{1}{\sqrt{n^2+2}} + \cdots + \dfrac{1}{\sqrt{n^2+n}}$，则 $\lim\limits_{n\to\infty} x_n$ 存在.

证 由于

$$1 \leftarrow \frac{1}{\sqrt{1 + \dfrac{1}{n}}} = \frac{n}{\sqrt{n^2+n}} < x_n < \frac{n}{\sqrt{n^2+1}} < 1,$$

所以 $\lim\limits_{n\to\infty} x_n = 1$.

例 2.18 求极限 $\lim\limits_{n\to\infty} \sqrt{n}\,(\sqrt{n+1} - \sqrt{n})$.

解 由于 $\lim\limits_{n\to\infty} \sqrt{n}$ 不存在，所以不能用乘法法则. 考虑 $\sqrt{n+1} - \sqrt{n}$ 的分子有理化，有

$$\sqrt{n}(\sqrt{n+1} - \sqrt{n}) = \frac{\sqrt{n}}{\sqrt{n+1} + \sqrt{n}} = \frac{1}{1 + \sqrt{1 + \dfrac{1}{n}}} \to \frac{1}{2}\ (n \to \infty).$$

一个数列的极限如果大于零，那么它一定有一个大于零的截断子列，这一性质称为保号性. 利用保号性，可以实现极限到不等式的转换.

定理 2.7 (保号性) 设 $\lim\limits_{n\to\infty} x_n = A > 0$, 则存在 N, 使当 $n > N$ 时，恒有 $x_n > 0$.

证 取 $\varepsilon = A$, 则存在 N ，使当 $n > N$ 时， $|x_n - A| < \varepsilon$. 于是 $n > N$ 时， $x_n > A - \varepsilon = A - A = 0$.

类似地，可证更一般的保号定理.

推论 2.3 (保号性) 设 $\lim\limits_{n\to\infty} x_n = A$, $\lim\limits_{n\to\infty} y_n = B$ 且 $A > B$(或 $A < B$), 则存在 N ，使当 $n > N$ 时，恒有 $x_n > y_n$(或 $x_n < y_n$).

一个非负数列的极限一定是非负的，但一个大于零的数列，其极限却不一定大于零. 前一事实可概括为数列极限的保序性或单调性.

定理 2.8 (单调性) 设 $\lim\limits_{n\to\infty} x_n = A$, $\lim\limits_{n\to\infty} y_n = B$. 若 $n \to \infty$ 时，恒有 $x_n \geq y_n$ (或 $x_n \leq y_n$), 则 $A \geq B$ (或 $A \leq B$).

证 设 $n > N_0$ 时， $x_n \geq y_n$. 如果 $A < B$, 则对 $\varepsilon = \dfrac{B-A}{2}$, 存在 N_1, 使当 $n > N_1$ 时，恒有

$$|x_n - A| < \varepsilon, |y_n - B| < \varepsilon.$$

取 $N = \max(N_0, N_1)$, 则当 $n > N$ 时，恒有

$$x_n < A + \varepsilon = \frac{A+B}{2} = B - \varepsilon < y_n,$$

矛盾. 故必有 $A \geq B$.

在有些情况下，需要用子列的性质来研究数列的性质，数列与子列的极限关系可以概括如下.

定理 2.9 (子列性) $\lim\limits_{n\to\infty} x_n = A \iff$ 对 $\{x_n\}$ 的任意子列 $\{x_{k_n}\}$, 都有 $\lim\limits_{n\to\infty} x_{k_n} = A$.

证 由于 $\{x_n\}$ 本身也是子列,所以充分性成立. 下证必要性. 由 $\lim\limits_{n\to\infty} x_n = A$ 可知, $\exists N$, 使得 $n > N \Rightarrow |x_n - A| < \varepsilon$. 由于 $k_n \geq n$, 所以 $n > N \Rightarrow k_n > N$, 故 $|x_{k_n} - A| < \varepsilon$, 即 $\lim\limits_{n\to\infty} x_{k_n} = A$.

习 题 1.2 A

1. 考察数列 $x_n = \frac{1}{\sqrt{n}}$ 的变化趋势和极限 A, 并按要求填写下表.

要 $\lvert x_n - A\rvert <$	0.1	0.0001	0.000001
只要 $n >$			

2. 用定义证明:

(1) $\lim\limits_{n\to\infty} \frac{n-2}{n+1} = 1$; (2) $\lim\limits_{n\to\infty} \frac{\sqrt{n^2+1}}{n} = 1$; (3) $\lim\limits_{n\to\infty} (1+\frac{2}{\sqrt{n}}) = 1$.

3. 求下列极限:

(1) $\lim\limits_{n\to\infty} \frac{n^2-\sqrt{n}}{n^2+n+1}$; (2) $\lim\limits_{n\to\infty} (\sqrt{n+2}-\sqrt{n+1})\sqrt{n}$;

(3) $\lim\limits_{n\to\infty} (\sqrt{n^2+1}-n)$; (4) $\lim\limits_{n\to\infty} (1-\frac{1}{2^2})(1-\frac{1}{3^2})\cdots(1-\frac{1}{n^2})$;

(5) $\lim\limits_{n\to\infty} (\frac{1}{1\cdot 2}+\frac{1}{2\cdot 3}+\cdots+\frac{1}{n\cdot(n+1)})$.

(6) 设 $x_1 = 1$, $x_{n+1} = 1+\frac{x_n}{1+x_n}$, $(n = 1,2,3,\cdots)$, 求 $\lim\limits_{n\to\infty} x_n$.

(7) 设 $x_{n+1} = \sin x_n, (n = 1,2,3,\cdots)$, 求 $\lim\limits_{n\to\infty} x_n$.

4. 证明:

(1) $\lim\limits_{n\to\infty} x_n = 0 \iff \lim\limits_{n\to\infty} |x_n| = 0$;

(2) $\lim\limits_{n\to\infty} x_n = A \iff \lim\limits_{n\to\infty} x_{2n} = \lim\limits_{n\to\infty} x_{2n-1} = A$.

(3) $\lim\limits_{n\to\infty} x_n = A \iff \forall\varepsilon\in(0,1)$, $\exists N$, 当 $n > N$ 时, 恒有 $|x_n - A| < 3\sqrt{\varepsilon}$.

5. 设 $x_1 > 0$, $x_{n+1} = \frac{3(1+x_n)}{3+x_n}$, 求 $\lim\limits_{n\to\infty} x_n$.

6. 设 $x_1 \geq \sqrt{2}$, $x_{n+1} = \frac{2+x_n}{1+x_n}$, 求 $\lim\limits_{n\to\infty} x_n$.

习 题 1.2 B

1. 试定义数集的有界性和无界性，并证明

(1) 非空有上界数集必有最小上界，非空有下界数集必有最大下界；

(2) 若数集 E 非空有上界，则存在 E 的上界 ξ 及 $x_n \in E$, 使 $\lim\limits_{n\to\infty} x_n = \xi$.

(3) 若 E 为有无界数集，则存在 $x_n \in E$, 使得 $\{x_n\}$ 为单调无界数列.

2. 若 $n \to \infty$ 时，恒有 $x_n \leq x_{n+1} \leq y_{n+1} \leq y_n$ 及 $x_n - y_n \to 0$, 试证明 $\lim\limits_{n\to\infty} x_n$, $\lim\limits_{n\to\infty} y_n$ 存在且相等.

3. 若 $m, n \to \infty$ 时, 恒有 $x_n \leq y_m$ 及 $x_n - y_n \to 0$, 试证明 $\lim\limits_{n\to\infty} x_n$, $\lim\limits_{n\to\infty} y_n$ 存在且相等.

4. 设 A, B 为非空数集，若 $x \in A, y \in B$ 时，恒有 $x \leq y$, 证明存在实数 ξ, 使当 $x \in A, y \in B$ 时，恒有 $x \leq \xi \leq y$.

5. 证明收敛数列的重排数列仍为收敛数列.

6. 证明 $\lim\limits_{n\to\infty} x_n = A \iff$ 对 $\{x_n\}$ 的任意单调子列 $\{x_{k_n}\}$, 恒有 $\lim\limits_{n\to\infty} x_{k_n} = A$.

7. 证明 $\lim\limits_{n\to\infty} x_n = A \iff$ 存在单调数列 α_n, β_n, 使得 $\alpha_n \leq x_n \leq \beta_n$ 且 $\lim\limits_{n\to\infty} \alpha_n = \lim\limits_{n\to\infty} \beta_n = A$.

8. 设 $x_1 > 0$, $a > 0$, $x_{n+1} = \dfrac{a + x_n}{1 + x_n}$, 求 $\lim\limits_{n\to\infty} x_n$.

9. 设 $x_1 = 2$, $x_{n+1} = 2 + \dfrac{1}{x_n}$, 求 $\lim\limits_{n\to\infty} x_n$.

10. 思考题

(1) 若数列 $\{x_n\}$ 收敛, 而数列 $\{y_n\}$ 发散, 问数列 $\{x_n \pm y_n\}$ 与数列 $\{x_n y_n\}$ 是否收敛？

(2) 若数列 $\{x_n\}$ 与数列 $\{y_n\}$ 均发散，问数列 $\{x_n \pm y_n\}$ 与数列 $\{x_n y_n\}$ 是否也发散？

(3) 若数列 $\{x_n\}$ 发散，问该数列是否一定无界？

(4) 若数列 $\{x_n\}$ 收敛于 0, 而 $\{y_n\}$ 为任意数列，是否有 $\lim\limits_{n\to\infty} x_n y_n = 0$?

§1.3 函数的极限

按照邻域法，数列的极限不难推广为函数的极限，形式上只要将截断子列用函数的局部象代替即可．函数的极限按照有限点和无限点、双侧和单侧等邻域方式可分为六种形式.

在学习函数的六种极限时,应该有重点地掌握函数在有限点的双侧极限，即 $\lim\limits_{x\to x_0} f(x)$, 在此基础上应学会其它极限形式的变通方法.

§1.3.1 函数极限的概念

对于数列 $\{x_n\}$, 如果记 $f(n)=x_n$, 则极限 $\lim\limits_{n\to\infty} x_n = A$ 可写为 $\lim\limits_{n\to\infty} f(n) = A$. 仿照数列极限的定义，不难得到函数 $f(x)$ 在无穷远点的极限 $\lim\limits_{x\to\infty} f(x)$ 及 $\lim\limits_{x\to-\infty} f(x)$, $\lim\limits_{x\to+\infty} f(x)$ 的定义.

定义 3.1

$$\lim_{x\to+\infty} f(x) = A \iff \forall\varepsilon>0,\ \exists X,\ \text{当}\ x>X\text{时},\ |f(x)-A|<\varepsilon.$$

$$\lim_{x\to-\infty} f(x) = A \iff \forall\varepsilon>0,\ \exists X,\ \text{当}\ x<X\text{时},\ |f(x)-A|<\varepsilon.$$

$$\lim_{x\to\infty} f(x) = A \iff \forall\varepsilon>0,\ \exists X,\ \text{当}\ |x|>X\text{时},\ |f(x)-A|<\varepsilon.$$

类似地，函数 $f(x)$ 在有限点 x_0 的极限 $\lim\limits_{x\to x_0} f(x)$, 右侧极限 $f(x_0+) = \lim\limits_{x\to x_0+} f(x)$ 和左侧极限 $f(x_0-) = \lim\limits_{x\to x_0-} f(x)$ 可定义如下.

定义 3.2

$$\lim_{x\to x_0+} f(x) = A \iff \forall\varepsilon>0, \exists\,\delta>0,\ \text{当}\ 0<x-x_0<\delta\ \text{时},\quad |f(x)-A|<\varepsilon.$$

$$\lim_{x\to x_0-} f(x) = A \iff \forall\varepsilon>0, \exists\,\delta>0,\ \text{当}\ 0<x_0-x<\delta\ \text{时},\quad |f(x)-A|<\varepsilon.$$

$$\lim_{x\to x_0} f(x) = A \iff \forall\varepsilon>0, \exists\,\delta>0,\ \text{当}\ 0<|x-x_0|<\delta\ \text{时},\quad |f(x)-A|<\varepsilon.$$

根据定义 3.2 直接验证可知，函数 $f(x)$ 在 x_0 点的极限，左极限和右极限存在如下关系．这一关系在计算分段函数的连接点极限时非常方便.

定理 3.1 $\lim\limits_{x\to x_0} f(x)=A \iff \lim\limits_{x\to x_0-} f(x)=\lim\limits_{x\to x_0+} f(x)=A.$

函数极限 $\lim\limits_{x\to x_0}=A$ 的几何意义是：对于任意给定的正数 ε, 都存在 x_0 的去心邻域 $0<|x-x_0|<\delta$, 使得函数 $y=f(x)$ 在该邻域的图象夹在两条水平线 $y=A-\varepsilon$ 与 $y=A+\varepsilon$ 之间，换句话说，每个区间 $(A-\varepsilon,A+\varepsilon)$ 都包含函数 $f(x)$ 在给定点的一个去心邻域象.

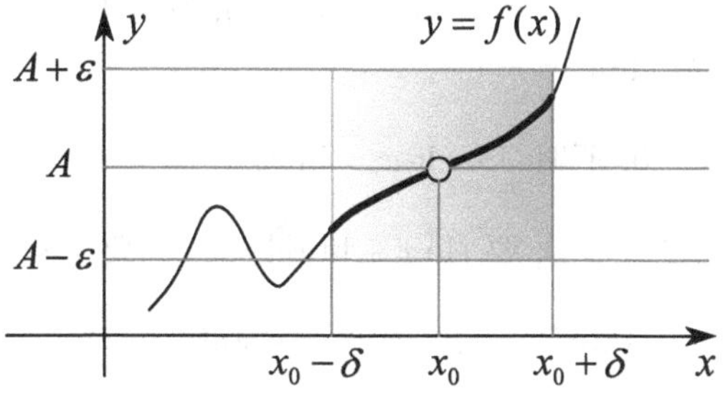

图 3.1

要证明 $\lim\limits_{x\to x_0} f(x)=A$, 就是要在 $\varepsilon>0$ 且为常数的假设下，求解或适当放大求解不等式 $|f(x)-A|<\varepsilon$, 目标是构造一个依赖于 ε 的 $\delta>0$, 满足：

$$0<|x-x_0|<\delta \implies |f(x)-A|<\varepsilon.$$

理论上，δ 是 ε 的多值函数，实际构造过程中，通常将 δ 取为 ε 的单值函数.

例 3.1 证明 $\lim\limits_{x\to x_0} x=x_0$.

证 $\forall\varepsilon>0$, 要 $|x-x_0|<\varepsilon$, 只要取 $\delta=\varepsilon$, 则当 $0<|x-x_0|<\delta$ 时，必有 $|x-x_0|<\varepsilon$. 故 $\lim\limits_{x\to x_0} x=x_0$.

例 3.2 证明 $\lim\limits_{x\to x_0}\sin x=\sin x_0$, $\lim\limits_{x\to x_0}\cos x=\cos x_0$.

证 $\forall\varepsilon>0$, 要 $|\sin x-\sin x_0|<\varepsilon$, 根据不等式 (见附录一)

$$|\sin x-\sin x_0|\le|x-x_0|,$$

只要 $|x-x_0|<\varepsilon$. 取 $\delta=\varepsilon$, 则当 $0<|x-x_0|<\delta$ 时，必有

$$|\sin x-\sin x_0|<\varepsilon.$$

故 $\lim\limits_{x\to x_0}\sin x=\sin x_0$. 同理有 $\lim\limits_{x\to x_0}\cos x=\cos x_0$.

例 3.3 证明 $\lim\limits_{x\to x_0}\mathrm{e}^x=\mathrm{e}^{x_0}$.

证 对任意小的 $\varepsilon>0$, 要 $|\mathrm{e}^x-\mathrm{e}^{x_0}|<\varepsilon$, 只要 $|\mathrm{e}^{x-x_0}-1|<\varepsilon\mathrm{e}^{-x_0}$, 即

$$1-\varepsilon\mathrm{e}^{-x_0}<\mathrm{e}^{x-x_0}<1+\varepsilon\mathrm{e}^{-x_0}.$$

取 $\delta=\min(|\ln(1-\varepsilon\mathrm{e}^{-x_0})|,\ \ln(1+\varepsilon\mathrm{e}^{-x_0}))$, 则当 $0<|x-x_0|<\delta$ 时，必有 $|\mathrm{e}^x-\mathrm{e}^{x_0}|<\varepsilon$. 故 $\lim\limits_{x\to x_0}\mathrm{e}^x=\mathrm{e}^{x_0}$.

例 3.4 设 $x_0>0$, 证明 $\lim\limits_{x\to x_0}\ln x=\ln x_0$.

证 对任意小的 $\varepsilon>0$, 要 $|\ln x-\ln x_0|<\varepsilon$, 只要 $x_0\mathrm{e}^{-\varepsilon}<x<x_0\mathrm{e}^{\varepsilon}$, 即

$$x_0(\mathrm{e}^{-\varepsilon}-1)<x-x_0<x_0(\mathrm{e}^{\varepsilon}-1).$$

取 $\delta=x_0\min(1-\mathrm{e}^{-\varepsilon},\mathrm{e}^{\varepsilon}-1)$, 则当 $0<|x-x_0|<\delta$ 时，必有

$$|\ln x-\ln x_0|<\varepsilon.$$

故 $\lim\limits_{x\to x_0}\ln x=\ln x_0$.

如果函数 $f(x)$ 在 x_0 点的极限值等于函数值，即 $\lim\limits_{x\to x_0}f(x)=f(x_0)$, 则称函数 $f(x)$ 在 x_0 点连续. 如果

$$\lim_{x\to x_0+}f(x)=f(x_0)\ \text{或}\ \lim_{x\to x_0-}f(x)=f(x_0),$$

则称函数 $f(x)$ 在 x_0 点右连续或左连续.

可以证明，基本初等函数在其有定义的开区间内点点连续. 进一步可以证明初等函数在其有定义的开区间内点点连续.

定理 3.2 *初等函数在其有定义的开区间内点点连续.*

例 3.5 讨论函数 $f(x)=\begin{cases}x^2, & x>0\\ 1, & x=0\\ x-1, & x<0\end{cases}$ 在 $x=0$ 点的极限.

解 由于 $x>0$ 时，$f(x)=x^2$, 所以 $\lim\limits_{x\to 0+}f(x)=\lim\limits_{x\to 0}x^2=0$; 由于 $x<0$ 时，$f(x)=x-1$, 所以 $\lim\limits_{x\to 0-}f(x)=\lim\limits_{x\to 0}(x-1)=-1$. 因此 $\lim\limits_{x\to 0}f(x)$ 不存在.

§1.3.2 函数极限的性质

由于函数极限的性质与数列极限的性质类似，所以下面只列出 $x \to x_0$ 时的极限性质并略去大部分证明.

定理 3.3 (唯一性) 函数极限存在时必唯一.

利用极限可以分析函数的有界性.

定理 3.4 (局部有界性) 若 $\lim\limits_{x \to x_0} f(x)$ 存在，则 $x \to x_0$ 时， $f(x)$ 有界.

在有些情况下，需要将函数的极限问题转化为函数的不等式问题，实现这一转化的常用方法是函数的局部保号性.

定理 3.5 (局部保号性) 若 $\lim\limits_{x \to x_0} f(x) > \lim\limits_{x \to x_0} g(x)$, 则 $x \to x_0$ 时， $f(x) > g(x)$. 即存在 $\delta > 0$, 使当 $0 < |x - x_0| < \delta$ 时，恒有 $f(x) > g(x)$.

定理 3.6 (运算性) 若 $\lim\limits_{x \to x_0} f(x) = A$, $\lim\limits_{x \to x_0} g(x) = B$, 则 $\lim\limits_{x \to x_0} (f(x) \pm g(x)) = A \pm B$; $\lim\limits_{x \to x_0} f(x)g(x) = A \cdot B$; $\lim\limits_{x \to x_0} \dfrac{f(x)}{g(x)} = \dfrac{A}{B}$ $(B \neq 0)$.

例 3.6 求 $\lim\limits_{x \to \infty} \dfrac{x^2 + x + 2}{3x^2 + 1}$.

解 分子分母同除以 x^2, 得

$$\lim_{x \to \infty} \frac{x^2 + x + 2}{3x^2 + 1} = \lim_{x \to \infty} \frac{1 + \dfrac{1}{x} + \dfrac{2}{x^2}}{3 + \dfrac{1}{x^2}} = \frac{\lim\limits_{x \to \infty} \left[1 + \dfrac{1}{x} + \dfrac{2}{x^2}\right]}{\lim\limits_{x \to \infty} \left[3 + \dfrac{1}{x^2}\right]} = \frac{1}{3}.$$

一般地，若 $Q(x)$ 为有理函数，即

$$Q(x) = \frac{a_0 x^n + a_1 x^{n-1} + \cdots + a_{n-1} x + a_n}{b_0 x^m + b_1 x^{m-1} + \cdots + b_{m-1} x + m_n},$$

其中 $a_0 \neq 0, b_0 \neq 0$, 则可用 $x^{\max(n,m)}$ 同除以分子分母，由此可得，

$$\lim_{x \to \infty} Q(x) = \begin{cases} \dfrac{a_0}{b_0}, & n = m \\ 0, & n < m \\ \infty, & n > m \end{cases}.$$

例 3.7 求 $\lim\limits_{x \to 0} \dfrac{\sqrt{1 - x} - 1}{x}$.

解 分子有理化后可用极限的四则运算法则

$$\lim_{x\to 0}\frac{\sqrt{1-x}-1}{x}=\lim_{x\to 0}\frac{1-x-1}{x(\sqrt{1-x}+1)}=\lim_{x\to 0}\frac{-1}{\sqrt{1-x}+1}=-\frac{1}{2}.$$

定理 3.7 (极限单调性) 若 $x\to x_0$ 时, $f(x)\geq g(x)$, 则 $\lim\limits_{x\to x_0}f(x)\geq\lim\limits_{x\to x_0}g(x)$.

利用数列的极限可以研究函数的极限，反过来利用函数的极限也可以研究数列的极限. 函数的极限与数列的极限通过海因定理实现相互转化，即函数极限存在 = 数列化极限恒存在且相等.

定理 3.8 (Heine定理) $\lim\limits_{x\to x_0}f(x)=A\Longleftrightarrow\forall x_n\to,\neq x_0$, 都有 $\lim\limits_{n\to\infty}f(x_n)=A$.

证 必要性 假设 $\lim\limits_{x\to x_0}f(x)=A$, 则 $\forall\varepsilon>0,\exists\delta>0$, 当 $0<|x-x_0|<\delta$ 时，恒有 $|f(x)-A|<\varepsilon$.

由于 $x_n\to,\neq x_0$ ，所以 $\exists N$, 使当 $n>N$ 时，有 $0<|x_n-x_0|<\delta$, 从而有 $|f(x_n)-A|<\varepsilon$. 故 $\lim\limits_{n\to\infty}f(x_n)=A$.

充分性 * 反证，假设 $\lim\limits_{x\to x_0}f(x)\neq A$, 则 $\exists\varepsilon_0>0$ 及 x_n, 使得

$$0<|x_n-x_0|<\frac{1}{n},\qquad |f(x_n)-A|\geq\varepsilon_0$$

对一切自然数 n 成立. 由此可知 $x_n\to,\neq x_0$ 但 $\lim\limits_{n\to\infty}f(x_n)\neq A$. 这与题设矛盾，故 $\lim\limits_{n\to\infty}f(x)=A$.

例 3.8 证明 $\lim\limits_{x\to 0}\sin\dfrac{1}{x}$ 不存在.

证 取 $x_n=1/(2n\pi),y_n=1/(2n\pi+\pi/2)$, 则

$$\lim_{n\to\infty}\sin\frac{1}{x_n}=0\neq 1=\lim_{n\to\infty}\sin\frac{1}{y_n}.$$

根据 Heine 定理，数列化极限不相等蕴含函数极限不存在，所以 $\lim\limits_{x\to 0}\sin\dfrac{1}{x}$ 不存在.

例 3.9 证明 $\lim\limits_{x\to\infty}\sin x$ 不存在.

证 取 $x_n = 2n\pi, y_n = 2n\pi + \pi/2$, 则

$$\lim_{n\to\infty} \sin x_n = 0 \neq 1 = \lim_{n\to\infty} \sin y_n.$$

根据 Heine定理, $\lim\limits_{x\to\infty} \sin x$ 不存在.

定理 3.9 (两边夹法则) 若 $x \to x_0$ 时, 恒有 $\alpha(x) \leq f(x) \leq \beta(x)$, 则当 $\lim\limits_{x\to x_0} \alpha(x) = \lim\limits_{x\to x_0} \beta(x) = A$ 时, 必有 $\lim\limits_{x\to x_0} f(x) = A$.

更一般地, 有

推论 3.1 (两边夹法则) 若对任意的 $\varepsilon > 0$, 当 $x \to x_0$ 时, 恒有

$$A - \varepsilon \leftarrow \alpha(x,\varepsilon) \leq f(x) \leq \beta(x,\varepsilon) \to A + \varepsilon,$$

则 $\lim\limits_{x\to x_0} f(x) = A$.

例 3.10 证明 $\lim\limits_{x\to 0} \dfrac{\sin x}{x} = 1,\quad \lim\limits_{x\to 0} \dfrac{1-\cos x}{x^2} = \dfrac{1}{2}$.

证 由附录一可知, 当 $0 < |x| < \dfrac{\pi}{2}$ 时, $\cos x < \dfrac{\sin x}{x} < 1$. 根据两边夹法则, $\lim\limits_{x\to 0} \dfrac{\sin x}{x} = 1$. 由此可知,

$$\lim_{x\to 0} \frac{1-\cos x}{x^2} = \lim_{x\to 0} \left(\frac{\sin x}{x}\right)^2 \cdot \frac{1}{1+\cos x} = \frac{1}{2}.$$

定理 3.10 (变量代换法则)

(1) (去心法则) 若 $x \to x_0$ 时, $g(x) \to, \neq y_0$, 则 $\lim\limits_{y\to y_0} f(y) = A$ 时,

$$\lim_{x\to x_0} f(g(x)) = \lim_{y\to y_0} f(y) = A.$$

(2) (连续法则) 若 $\lim\limits_{x\to x_0} g(x) = y_0$ 且 $\lim\limits_{y\to y_0} f(y) = f(y_0)$, 则

$$\lim_{x\to x_0} f(g(x)) = f(\lim_{x\to x_0} g(x)) = f(y_0).$$

证 (1) 由于 $\lim\limits_{y\to y_0} f(y) = A$, 所以 $\forall \varepsilon > 0, \exists \delta_1 > 0$, 使当 $0 < |y - y_0| < \delta_1$ 时, 恒有 $|f(y) - A| < \varepsilon$.

根据 $x\to x_0$ 时， $g(x)\to,\neq y_0$ 可知， $\exists\delta>0$, 使当 $0<|x-x_0|<\delta$ 时, $0<|g(x)-y_0|<\delta_1$, 从而

$$|f(g(x))-A|<\varepsilon.$$

故 $\lim\limits_{x\to x_0}f(g(x))=A$.

(2) 由于 $\lim\limits_{y\to y_0}f(y)=f(y_0)$, 所以 $\forall\varepsilon>0,\exists\delta_1>0$, 使当 $|y-y_0|<\delta_1$ 时, 恒有 $|f(y)-f(y_0)|<\varepsilon$.

根据 $x\to x_0$ 时， $g(x)\to y_0$ 可知， $\exists\delta>0$, 使当 $0<|x-x_0|<\delta$ 时, $|g(x)-y_0|<\delta_1$, 从而

$$|f(g(x))-f(y_0)|<\varepsilon.$$

故 $\lim\limits_{x\to x_0}f(g(x))=f(y_0)=f(\lim\limits_{x\to x_0}g(x))$.

例 3.11 证明

$$\lim_{x\to\infty}(1+\frac{1}{x})^x=\mathrm{e},\quad \lim_{x\to 0}(1+x)^{1/x}=\mathrm{e}.$$

证 由于 $n\leq x<n+1$ 时，必有

$$\mathrm{e}\leftarrow(1+\frac{1}{n+1})^n\leq(1+\frac{1}{x})^x\leq(1+\frac{1}{n})^{n+1}\to\mathrm{e},$$

所以 $\lim\limits_{x\to+\infty}(1+\dfrac{1}{x})^x=\mathrm{e}$.

令 $x=-t$, 则

$$\lim_{x\to-\infty}(1+\frac{1}{x})^x=\lim_{t\to+\infty}(1+\frac{1}{t-1})^{t-1}\cdot(1+\frac{1}{t-1})=\mathrm{e}.$$

故 $\lim\limits_{x\to\infty}(1+\dfrac{1}{x})^x=\mathrm{e}$.

令 $x=\dfrac{1}{t}$, 则 $\lim\limits_{x\to0}(1+x)^{1/x}=\lim\limits_{t\to\infty}(1+\dfrac{1}{t})^t=\mathrm{e}$.

例 3.12 设 $x\to x_0$ 时， $\omega(x)\to,\neq 0$, 证明

$$\lim_{x\to x_0}\frac{\ln(1+\omega(x))}{\omega(x)}=1.$$

证 令 $t=\omega(x)$, 则 $x\to x_0$ 时， $t\to 0$. 于是

$$\lim_{x\to x_0}\frac{\ln(1+\omega(x))}{\omega(x)}=\lim_{t\to0}\ln(1+t)^{1/t}=\ln\lim_{t\to0}(1+t)^{1/t}=1.$$

例 3.13 设 $x \to x_0$ 时, $\omega(x) \to, \neq 0$, 证明

$$\lim_{x\to x_0}\frac{e^{\omega(x)}-1}{\omega(x)}=1.$$

证 令 $t=e^{\omega(x)}-1$, 则

$$\lim_{x\to x_0}\frac{e^{\omega(x)}-1}{\omega(x)}=\lim_{t\to 0}\frac{1}{\ln(1+t)^{1/t}}=\frac{1}{\ln\lim\limits_{t\to 0}(1+t)^{1/t}}=1.$$

例 3.14 设 $x \to x_0$ 时, $\omega(x) \to, \neq 0$ 且 $\lim\limits_{x\to x_0} f(x)=A$, 证明

$$\lim_{x\to x_0}[(1+\omega(x))^{1/\omega(x)}]^{f(x)}=e^A.$$

证 令 $t=\omega(x)$, 则

$$\begin{aligned}\lim_{x\to x_0}[(1+\omega(x))^{1/\omega(x)}]^{f(x)}&=e^{\lim\limits_{x\to x_0}f(x)\ln[1+\omega(x)]^{1/\omega(x)}}\\&=e^{A\lim\limits_{t\to 0}\ln(1+t)^{1/t}}=e^A.\end{aligned}$$

例 3.15 求 $\lim\limits_{x\to 0}(\sec x)^{2\cot^2 x}$.

解 $\lim\limits_{x\to 0}(\sec x)^{2\cot^2 x}=\lim\limits_{x\to 0}(1+\tan^2 x)^{\cot^2 x}=e.$

例 3.16 求 $\lim\limits_{x\to\infty}\left(\dfrac{x^2+3x+4}{x^2+3x+5}\right)^{x^2+3x+1}$.

解 原式 $=\lim\limits_{x\to\infty}\left(1-\dfrac{1}{x^2+3x+5}\right)^{x^2+3x+5}\cdot\left(1-\dfrac{1}{x^2+3x+5}\right)^{-4}=\dfrac{1}{e}.$

例 3.17 设 $0<a<b<c$, 计算 $\lim\limits_{x\to+\infty}(a^x+b^x+c^x)^{1/x}$.

解 由于 $c<(a^x+b^x+c^x)^{1/x}<3^{1/x}c\to c$, 所以原式 $=c$.

习 题 1.3 A

1. 求下列极限:

(1) $\lim\limits_{x\to 1}\dfrac{x^2-2x+1}{x^2-1}$;

(2) $\lim\limits_{x\to\infty}(2-\dfrac{1}{x}+\dfrac{2}{x^2})$;

(3) $\lim\limits_{x\to4}\dfrac{x^2-6x+8}{x^2-5x+4}$;

(4) $\lim\limits_{x\to1}\left(\dfrac{1}{1-x}-\dfrac{3}{1-x^3}\right)$;

(5) $\lim\limits_{x\to0}\dfrac{\tan x}{x}$;

(6) $\lim\limits_{x\to0}\cot^2 x\cdot(1-\cos x)$;

(7) $\lim\limits_{x\to0}\dfrac{\sin 3x}{x}$;

(8) $\lim\limits_{x\to0}\dfrac{\sin 2x}{\sin 5x}$;

(9) $\lim\limits_{x\to0}\dfrac{1-\cos 2x}{x\sin x}$;

(10) $\lim\limits_{n\to\infty}3^n\sin\dfrac{x}{3^n}$;

(11) $\lim\limits_{x\to0}(1-x)^{1/x}$;

(12) $\lim\limits_{x\to0}(1+2x)^{3/x}$;

(13) $\lim\limits_{x\to\infty}\left(\dfrac{1+x}{x}\right)^{3x}$;

(14) $\lim\limits_{x\to\infty}\left(1-\dfrac{1}{x}\right)^{5x}$;

(15) $\lim\limits_{x\to1}\dfrac{x^n-1}{x-1}$;

(16) $\lim\limits_{x\to+\infty}\dfrac{\sqrt[4]{1+x^3}}{1+x}$;

(17) $\lim\limits_{x\to+\infty}x(\sqrt{x^2+1}-x)$;

(18) $\lim\limits_{x\to\pi}\dfrac{1+\cos x}{\sin^2 x}$;

(19) $\lim\limits_{x\to+\infty}(\sqrt{x^2+x+1}-\sqrt{x^2-x+1})$;

(20) $\lim\limits_{x\to0}(1+3\tan^2 x)^{\cot^2 x}$.

2. 设 $f(x)=\begin{cases}3x+2, & x\le 0\\ x^2+1, & 0<x\le 1,\\ \dfrac{2}{x}, & x>1\end{cases}$ 分别讨论 $x\to0$ 和 $x\to1$ 时， $f(x)$ 的极限是否存在？

3. 若 $\lim\limits_{x\to1}\dfrac{x^2+ax+b}{1-x}=5$, 求 a,b 的值.

4. 若 $\lim\limits_{x\to\infty}\left(\dfrac{x^2+1}{x+1}-ax-b\right)=0$, 求 a,b 的值.

5. 若 $\lim\limits_{x\to\infty}\left(\dfrac{x^2+1}{2x+1}-ax+b\right)=3$, 求 a,b 的值.

6. 用函数极限的定义，证明函数极限的加法法则.

7. 用函数极限的定义，证明函数极限的局部有界性.

8. 用函数极限的定义，证明函数极限的单调性.

9. 证明 $\lim\limits_{x\to x_0}f(x)=A \iff f(x_0-)=f(x_0+)=A$.

10. 填空题

(1) $\lim\limits_{x\to\infty}\dfrac{x+3\sin x}{3x-2\cos x}=$________________.

(2) $\lim\limits_{x\to 0}\ln\dfrac{\sin x}{x}=$________________.

(3) $\lim\limits_{x\to 0}\dfrac{3\sin x+x^2\cos\dfrac{1}{x}}{(1+\cos x)\ln(1+x)}=$________________.

(4) 设 $\lim\limits_{x\to\infty}\left(\dfrac{x+2a}{x-a}\right)^x=8$, 则 $a=$________________.

(5) $\lim\limits_{x\to 0}(1+3x)^{2/\sin x}=$________________.

(6) $\lim\limits_{x\to+\infty}\dfrac{x^2\sin\dfrac{1}{x}}{\sqrt{2x^2-1}}=$________________.

(7) 设 a 为非 0 常数，则 $\lim\limits_{x\to\infty}\left(\dfrac{x+a}{x-a}\right)^x=$________________.

(8) $\lim\limits_{x\to 0}\dfrac{\sqrt{1-\sin x^2}-1}{1-\cos x}=$________________.

习 题 1.3 B

1. 思考题

若 $x\to x_0$ 时，恒有 $f(x)>g(x)$, 问 $\lim\limits_{x\to x_0}f(x)=A$, $\lim\limits_{x\to x_0}g(x)=B$ 时，是否必有 $A>B$?

2. 求下列极限:

(1) $\lim\limits_{x\to 0}\dfrac{1-\cos x}{x\ln(1+x)}$;

(2) $\lim\limits_{x\to 0}\dfrac{\sqrt{1+x^2}-1}{x^2}$;

(3) $\lim\limits_{x\to+\infty}(\cos\sqrt{x+1}-\cos\sqrt{x})$;

(4) $\lim\limits_{x\to 0}\dfrac{\tan x-\sin x}{x^3}$;

(5) $\lim\limits_{x\to 0}\dfrac{\sqrt{x^2+x+1}-1}{\ln(1+x+x^2)}$;

(6) $\lim\limits_{x\to 0}\dfrac{\ln(1+\sin^2 x)}{1-\cos x}$;

(7) $\lim\limits_{x\to 0}\dfrac{\log_a(1+x)}{x}$; (8) $\lim\limits_{x\to 0}\dfrac{a^x-1}{x}$;

(9) $\lim\limits_{x\to 0}\dfrac{\sqrt{1+x}+\sqrt{1-x}-2}{x^2}$; (10) $\lim\limits_{x\to a}\dfrac{\sin x-\sin a}{x-a}$.

(11) $\lim\limits_{x\to 1}\dfrac{(1-\sqrt{x})(1-\sqrt[3]{x})\cdots(1-\sqrt[n]{x})}{(1-x)^{n-1}}$.

3. 设 α 为常数，且当 $x\to x_0$ 时，函数 $\omega(x)\to,\neq 0$, 证明

$$\lim_{x\to x_0}\frac{(1+\omega(x))^\alpha-1}{\omega(x)}=\alpha.$$

4. 若函数 $f(x)$ 在区间 (a,b) 内单调增且有界，则 $\lim\limits_{x\to a+}f(x)$, $\lim\limits_{x\to b-}f(x)$ 存在；若 $f(x)$ 在区间 $(-\infty,+\infty)$ 内单调增且有界，则 $\lim\limits_{x\to-\infty}f(x)$, $\lim\limits_{x\to+\infty}f(x)$ 存在.

5. 用函数极限的定义，证明函数极限的除法法则.

6. 用函数极限的定义，证明函数极限的两边夹法则.

7. 用函数极限的定义，证明函数极限的局部保号性.

8. 证明 $\lim\limits_{x\to\infty}f(x)=A \iff \lim\limits_{x\to-\infty}f(x)=\lim\limits_{x\to+\infty}f(x)=A$.

9. 设函数 $f(x)$ 在区间 $[a,b]$ 上有上界，证明存在 $x_n\in[a,b]$ 及 $f(x)$ 在 $[a,b]$ 上的上界 M, 使得 $\lim\limits_{n\to\infty}f(x_n)=M$.

§1.4 无穷小与无穷大

无穷小是极限的特殊形式，无穷大是极限的推广形式，两者都是极限的极端情况. 要深入了解极限，就必须研究无穷小和无穷大的结构和性质.

§1.4.1 无穷小与无穷大

极限为零的数列或函数习惯上称为无穷小或无穷小量. 当 $x\to x_0$ 时，函数 $f(x)$ 为无穷小可用 $\varepsilon-\delta$ 语言叙述如下，其它极限过程类似.

定义 4.1 称函数 $f(x)$ 在 $x \to x_0$ 时为无穷小量，如果 $\forall \varepsilon > 0, \exists \delta > 0$, 使当 $0 < |x - x_0| < \delta$ 时，恒有 $|f(x)| < \varepsilon$.

有关无穷小的基本性质可以概括如下.

定理 4.1 有限个无穷小的加、减、乘仍是无穷小；有界量与无穷小的乘积仍是无穷小.

证 由极限的运算性质可知，有限个无穷小的加、减、乘仍是无穷小. 下证有界量与无穷小的乘积仍是无穷小.

设 $\{x_n\}$ 是有界数列，即存在 $M > 0$, 使得 $|x_n| \le M$ 对一切 n 成立. 又设 $\lim\limits_{n\to\infty} y_n = 0$. 则对任意的 $\varepsilon > 0$, 存在 N, 使当 $n > N$ 时，恒有 $|y_n| < \dfrac{\varepsilon}{M}$. 于是当 $n > N$ 时，恒有 $|x_n y_n| \le M|y_n| < M \cdot \dfrac{\varepsilon}{M} = \varepsilon$. 故 $\lim\limits_{n\to\infty} x_n y_n = 0$.

根据极限的运算性质，极限与无穷小存在下列关系.

定理 4.2 $\lim\limits_{x\to x_0} f(x) = A \iff x \to x_0$时$, f(x) - A$是无穷小.

例 4.1 求 $\lim\limits_{x\to 0+} x^\alpha \sin\dfrac{1}{x}\ (\alpha > 0)$.

解 由于 $\alpha > 0, x \to 0+$ 时， x^α 是无穷小，又 $\sin\dfrac{1}{x}$ 是有界量，所以 $x^\alpha \sin\dfrac{1}{x}$ 是无穷小，即 $\lim\limits_{x\to 0+} x^\alpha \sin\dfrac{1}{x} = 0$.

无穷小的倒数在有意义时称为无穷大或无穷大量， $x \to x_0$ 时的无穷大可严格定义如下，其它类型的无穷大可仿此定义.

定义 4.2

$$\lim_{x\to x_0} f(x) = \infty \iff \forall M, \exists \delta > 0, \text{使得}\, 0 < |x - x_0| < \delta \Rightarrow |f(x)| > M.$$

$$\lim_{x\to x_0} f(x) = +\infty \iff \forall M, \exists \delta > 0, \text{使得}\, 0 < |x - x_0| < \delta \Rightarrow f(x) > M.$$

$$\lim_{x\to x_0} f(x) = -\infty \iff \forall M, \exists \delta > 0, \text{使得}\, 0 < |x - x_0| < \delta \Rightarrow f(x) < M.$$

例 4.2 证明 $\lim\limits_{x\to -1} \dfrac{1}{x+1} = \infty$.

证 $\forall M > 0$, 要 $\left|\dfrac{1}{x+1}\right| > M$, 只要 $|x+1| < \dfrac{1}{M}$. 取 $\delta = \dfrac{1}{M}$, 则当 $0 < |x+1| < \delta$ 时，必有 $\left|\dfrac{1}{x+1}\right| > M$. 故 $\lim\limits_{x\to -1} \dfrac{1}{x+1} = \infty$.

例 4.3 由 $\lim\limits_{n\to\infty} x_n y_n = 0$ 能否断定

(1) $\lim\limits_{n\to\infty} x_n = \lim\limits_{n\to\infty} y_n = 0$;

(2) $\lim\limits_{n\to\infty} x_n = 0$ 和 $\lim\limits_{n\to\infty} y_n = 0$ 至少有一个成立;

(3) $\{x_n\}$ 与 $\{y_n\}$ 之一为无穷小，另一个有界;

(4) 若 $\lim\limits_{n\to\infty} x_n = \infty$, 必有 $\lim\limits_{n\to\infty} y_n = 0$.

证 (1)~ (3) 不成立. 事实上，如果取 $\{x_n\}$ 的偶数项为 0,$\{y_n\}$ 的奇数项为 0, 则不论 x_{2n-1} 和 y_{2n} 如何，总是有 $\lim\limits_{n\to\infty} x_n y_n = 0$. 于是通过适当选择 x_{2n-1} 和 y_{2n} 便可以说明 (1)~ (3) 不成立.

(4) 成立. 事实上，如果 $\lim\limits_{n\to\infty} y_n \neq 0$, 则存在 $\varepsilon_0 > 0$ 及子列 $\{y_{k_n}\}$, 使得 $|y_{k_n}| \geq \varepsilon_0$. 根据 $\lim\limits_{n\to\infty} x_{k_n} = \infty$, 必有 $\lim\limits_{n\to\infty} x_{k_n} y_{k_n} = \infty$, 矛盾. 所以 (4) 成立.

§1.4.2 阶的比较

在许多极限问题中,常常需要比较两个无穷小或两个无穷大的相对速度，即用比值极限的结果将无穷小或无穷大划分成不同的层次.

定义 4.3 设 $x \to x_0$ 时，函数 $\alpha(x), \beta(x)$ 是无穷小量 (或无穷大量),$c \neq 0$, 则按照极限 $\lim\limits_{x\to x_0} \dfrac{\beta(x)}{\alpha(x)} = 0, c, 1$, 依次称 $\beta(x)$ 是 $\alpha(x)$ 的高阶、同阶和等价无穷小 (或低阶，同阶和等价无穷大), 相应地记为

$$\beta(x) = o(\alpha(x))\ (x \to x_0),$$
$$\beta(x) = O(\alpha(x))\ (x \to x_0),$$
$$\beta(x) \sim \alpha(x)\ (x \to x_0).$$

如果 $x \to x_0$ 时， $\beta = O(\alpha^k)$, 则称 β 是 α 的 k 阶无穷小 (或无穷大). 比如 $x \to 0$ 时， $3\sin x, \tan x, -6x + x^2$ 等都是 x 的一阶无穷小， $1 - \cos x, x^2 - 3x^3, \sin^2 x$ 等都是 x 的二阶无穷小. 再比如 $x \to 0+$ 时， $\sqrt{x}$, $\tan\sqrt{x}$, $\dfrac{\sin x}{\sqrt{x}}$ 等都是 x 的 $\dfrac{1}{2}$ 阶无穷小.

常用的等价无穷小量公式可概括如下，有些已经给出了证明，另一些将用 L'Hospital 法则证明，重要的是要学会应用这些公式.

定理 4.3 (等价公式) 设 $x \to x_0$ 时, $\omega(x) \to, \neq 0$, 则 $x \to x_0$ 时, 必有

(1) $\sin\omega(x) \sim \omega(x)$, (2) $\omega(x) - \sin\omega(x) \sim \dfrac{1}{6}\omega^3(x)$,

(3) $\ln(1+\omega(x)) \sim \omega(x)$, (4) $\omega(x) - \ln(1+\omega(x)) \sim \dfrac{1}{2}\omega^2(x)$,

(5) $\mathrm{e}^{\omega(x)} - 1 \sim \omega(x)$, (6) $\mathrm{e}^{\omega(x)} - 1 - \omega(x) \sim \dfrac{1}{2}\omega^2(x)$,

(7) $1 - \cos\omega(x) \sim \dfrac{1}{2}\omega^2(x)$, (8) $(1+\omega(x))^\alpha - 1 \sim \alpha\,\omega(x)\ (\alpha \neq 0)$,

(9) $\arcsin\omega(x) - \omega(x) \sim \dfrac{1}{6}\omega^3(x)$, (10) $\dfrac{\pi}{2} - \arccos\omega(x) - \omega(x) \sim \dfrac{1}{6}\omega^3(x)$,

(11) $\tan\omega(x) - \omega(x) \sim \dfrac{1}{3}\omega^3(x)$, (12) $\omega(x) - \arctan\omega(x) \sim \dfrac{1}{3}\omega^3(x)$.

在极限的乘除过程中, 等价无穷小量或无穷大量可以相互代换.

定理 4.4 (等价代换法则) 设 $x \to x_0$ 时, $\beta(x) \sim \alpha(x)$, 则

$$\lim_{x\to x_0}\alpha(x)f(x) = \lim_{x\to x_0}\beta(x)f(x), \qquad \lim_{x\to x_0}\frac{f(x)}{\alpha(x)} = \lim_{x\to x_0}\frac{f(x)}{\beta(x)}.$$

等价代换法则仅限于乘除过程, 在极限的加减过程中应避免使用. 如果 $\lim\limits_{x\to x_0}\alpha(x)g(x)$ 或 $\lim\limits_{x\to x_0}f(x)g(x)$ 不存在, 则 $\beta(x) \sim \alpha(x)\ (x \to x_0)$ 时, 一般有

$$\lim_{x\to x_0}[\alpha(x)+f(x)]\cdot g(x) \neq \lim_{x\to x_0}[\beta(x)+f(x)]\cdot g(x).$$

例 4.4 设 $a > 0$, 计算 $\lim\limits_{n\to\infty} n(\sqrt[n]{a} - 1)$.

解 $\lim\limits_{n\to\infty} n(\sqrt[n]{a}-1) = \lim\limits_{n\to\infty} n\left(\mathrm{e}^{\frac{1}{n}\ln a} - 1\right) = \lim\limits_{n\to\infty} n \cdot \dfrac{1}{n}\ln a = \ln a.$

例 4.5 计算极限 $\lim\limits_{x\to 0}\left(\dfrac{1}{x^2} - \dfrac{1}{x\tan x}\right)$.

解 $\lim\limits_{x\to 0}\left(\dfrac{1}{x^2} - \dfrac{1}{x\tan x}\right) = \lim\limits_{x\to 0}\dfrac{\tan x - x}{x^2\tan x} = \lim\limits_{x\to 0}\dfrac{x^3/3}{x^3} = \dfrac{1}{3}.$

例 4.6 设 $\lim\limits_{x\to 0}\dfrac{\ln\left(1+\dfrac{f(x)}{\sin x}\right)}{a^x - 1} = A\ (a > 0, a \neq 1)$. 求 $\lim\limits_{x\to 0}\dfrac{f(x)}{x^2}$.

解 由于

$$A=\lim_{x\to 0}\frac{\ln\left(1+\dfrac{f(x)}{\sin x}\right)}{a^x-1}=\lim_{x\to 0}\frac{\dfrac{f(x)}{\sin x}}{x\ln a}=\lim_{x\to 0}\frac{f(x)}{x^2\ln a},$$

所以 $\lim\limits_{x\to 0}\dfrac{f(x)}{x^2}=A\ln a$.

例 4.7 计算下列极限:

(1) $\lim\limits_{x\to+\infty}\left(\sqrt{x+\sqrt{x+\sqrt{x}}}-\sqrt{x}\right)$; (2) $\lim\limits_{x\to 0}\left(\dfrac{1}{x^2}-\cot^2 x\right)$;

(3) $\lim\limits_{x\to\infty}\left(x-x^2\ln\left(1+\dfrac{1}{x}\right)\right)$.

解 (1) $\lim\limits_{x\to+\infty}\left(\sqrt{x+\sqrt{x+\sqrt{x}}}-\sqrt{x}\right)$

$$=\lim_{x\to+\infty}\sqrt{x}\cdot\left(\sqrt{1+\frac{\sqrt{x+\sqrt{x}}}{x}}-1\right)$$

$$=\lim_{x\to+\infty}\sqrt{x}\cdot\frac{\sqrt{x+\sqrt{x}}}{2x}=\lim_{x\to+\infty}\frac{1}{2}\sqrt{1+\frac{1}{\sqrt{x}}}=\frac{1}{2}.$$

(2) $$\lim_{x\to 0}\left(\frac{1}{x^2}-\cot^2 x\right)=\lim_{x\to 0}\frac{\sin^2 x-x^2\cos^2 x}{x^2\sin^2 x}$$

$$=\lim_{x\to 0}\frac{\sin x-x\cos x}{x^3}\cdot\frac{\sin x+x\cos x}{x}$$

$$=\lim_{x\to 0}\left(\frac{\sin x-x}{x^3}+\frac{1-\cos x}{x^2}\right)\cdot\left(\frac{\sin x}{x}+\cos x\right)$$

$$=\left(-\frac{1}{6}+\frac{1}{2}\right)\cdot(1+1)=\frac{2}{3}.$$

(3) $$\lim_{x\to\infty}\left(x-x^2\ln\left(1+\frac{1}{x}\right)\right)=\lim_{x\to\infty}x^2\cdot\left(\frac{1}{x}-\ln\left(1+\frac{1}{x}\right)\right)$$

$$=\lim_{x\to\infty}x^2\cdot\frac{1}{2x^2}=\frac{1}{2}.$$

例 4.8 当 $x \to 0$ 或 $x \to 0+$ 时，确定下列无穷小关于 x 的阶数.

(1) $\sqrt[3]{1+\sqrt[3]{x}}-1$; (2) $e^{\sqrt{\sin x}}-1$;

(3) $\sqrt{1+2x}-1-\sqrt{x}$; (4) $\ln(1+\sqrt{x\sin x})$;

(5) $\sin(\sqrt{x+1}-1)$; (6) $e^{x^2}-\cos x$.

解 (1) 由于原式 $\sim \dfrac{1}{3}\sqrt[3]{x}$, 所以阶数为 $\dfrac{1}{3}$.

(2) 由于原式 $\sim \sqrt{\sin x} \sim \sqrt{x}$, 所以阶数为 $\dfrac{1}{2}$.

(3) 由于

$$\lim_{x\to 0+}\frac{\sqrt{1+2x}-1-\sqrt{x}}{\sqrt{x}}=\lim_{x\to 0+}(\frac{\sqrt{1+2x}-1}{\sqrt{x}}-1)=-1,$$

所以阶数为 $\dfrac{1}{2}$.

(4) 由于原式 $\sim \sqrt{x\sin x} \sim x$, 所以阶数为 1.

(5) 由于原式 $\sim \sqrt{x+1}-1 \sim \dfrac{1}{2}x$, 所以阶数为 1.

(6) 由于

$$\lim_{x\to 0}\frac{e^{x^2}-\cos x}{x^2}=\lim_{x\to 0}\left(\frac{e^{x^2}-1}{x^2}+\frac{1-\cos x}{x^2}\right)=\frac{3}{2},$$

所以阶数为 2.

例 4.9 已知 $x \to 0$ 时，$(1+ax^2)^{1/3}-1$ 与 $\cos x-1$ 是等价无穷小，试求常数 a.

解 由于

$$1=\lim_{x\to 0}\frac{(1+ax^2)^{1/3}-1}{\cos x-1}=\lim_{x\to 0}\frac{ax^2/3}{-x^2/2}=-\frac{2}{3}a,$$

所以 $a=-\dfrac{3}{2}$.

例 4.10 已知 $\displaystyle\lim_{x\to\infty}\left(\frac{x^2+1}{x+1}-ax+b\right)=3$, 求常数 a,b.

解 由于

$$3=\lim_{x\to\infty}\left(\frac{x^2+1}{x+1}-ax+b\right)=\lim_{x\to\infty}\frac{(1-a)x^2+(b-a)x+b+1}{x+1},$$

所以 $1-a=0, b-a=3$, 即 $a=1, b=4$.

§1.4.3 极限方法

为了更好地计算、证明和应用极限，有必要对极限的计算方法和证明技巧做一些分类讨论.

1. Stolz **定理**

利用 Stolz 定理，商的极限可以转化为差商的极限.

定理 4.5 (Stolz 定理) *若 $\{y_n\}$ 是严格增无穷大且* $\lim\limits_{n\to\infty}\frac{x_n-x_{n-1}}{y_n-y_{n-1}}=A$. *则* $\lim\limits_{n\to\infty}\frac{x_n}{y_n}$ *存在且* $=A$.

证 * 由 $\lim\limits_{n\to\infty}\frac{x_n-x_{n-1}}{y_n-y_{n-1}}=A$ 可知， $\forall\varepsilon>0, \exists$自然数 N, 使当 $n>N$ 时，恒有

$$\left|\frac{x_n-x_{n-1}}{y_n-y_{n-1}}-A\right|<\varepsilon,$$

即

$$(A-\varepsilon)(y_n-y_{n-1})<x_n-x_{n-1}<(A+\varepsilon)(y_n-y_{n-1}).$$

将上式从 $n=N+1$ 加到 $n=m$ 可得

$$(A-\varepsilon)(y_m-y_N)<x_m-x_N<(A+\varepsilon)(y_m-y_N).$$

于是 $m\to\infty$ 时，有

$$A-\varepsilon\leftarrow(A-\varepsilon)\left(1-\frac{y_N}{y_m}\right)<\frac{x_m}{y_m}-\frac{x_N}{y_m}<(A+\varepsilon)\left(1-\frac{y_N}{y_m}\right)\to A+\varepsilon.$$

由此可知， $\lim\limits_{n\to\infty}\frac{x_n}{y_n}$ 存在且 $=A$.

例 4.11 设 $\lim\limits_{n\to\infty}a_n=a$, 证明 $\lim\limits_{n\to\infty}\frac{a_1+a_2+\cdots+a_n}{n}=a$.

证 应用 Stolz 定理，有

$$\lim_{n\to\infty}\frac{a_1+a_2+\cdots+a_n}{n}=\lim_{n\to\infty}\frac{a_n}{1}=a.$$

例 4.12 设 $a_n > 0\,(n=1,2,\dots)$ $\lim\limits_{n\to\infty} a_n = a$, 证 $\lim\limits_{n\to\infty} \sqrt[n]{a_1 a_2 \dots a_n} = a$.

证 通过取对数，可将几何平均的极限转化为算术平均的极限.

$$\begin{aligned}\lim_{n\to\infty} \sqrt[n]{a_1 a_2 \dots a_n} &= \mathrm{e}^{\lim\limits_{n\to\infty} \dfrac{\ln a_1 + \ln a_2 + \cdots + \ln a_n}{n}} \\ &= \mathrm{e}^{\lim\limits_{n\to\infty} a_n} = \mathrm{e}^{\ln a} = a.\end{aligned}$$

例 4.13 $a_n > 0\,(n=1,2,\dots)$ $\lim\limits_{n\to\infty} \dfrac{a_n}{a_{n-1}} = a$, 证明 $\lim\limits_{n\to\infty} \sqrt[n]{a_n} = a$

证 利用几何平均的极限，有

$$\lim_{n\to\infty} \sqrt[n]{a_n} = \lim_{n\to\infty} \sqrt[\mathrm{n}]{a_1 \cdot \frac{a_2}{a_1} \cdot \frac{a_3}{a_2} \dots \frac{a_n}{a_{n-1}}} = \lim_{n\to\infty} \frac{a_n}{a_{n-1}} = a.$$

例 4.14 计算极限 $\lim\limits_{n\to\infty} \dfrac{1+\sqrt{2}+\cdots+\sqrt{n}}{n\sqrt{n}}$.

解 应用 Stolz 定理，有

$$\begin{aligned}\lim_{n\to\infty} \frac{1+\sqrt{2}+\cdots+\sqrt{n}}{n\sqrt{n}} &= \lim_{n\to\infty} \frac{\sqrt{n}}{n\sqrt{n}-(n-1)\sqrt{n-1}} \\ &= \lim_{n\to\infty} \frac{1}{n\left[1-\left(1-\dfrac{1}{n}\right)^{3/2}\right]} = \frac{2}{3}.\end{aligned}$$

例 4.15 设 $\lim\limits_{n\to\infty} \left(\dfrac{1}{a_n} - \dfrac{1}{a_{n-1}}\right) = a$, $(a \neq 0)$, 试证 $\lim\limits_{n\to\infty} n a_n = \dfrac{1}{a}$.

证 应用 Stolz 定理，有

$$\lim_{n\to\infty} \frac{1}{n a_n} = \lim_{n\to\infty} \frac{1/a_n}{n} = \lim_{n\to\infty} \frac{\dfrac{1}{a_n} - \dfrac{1}{a_{n-1}}}{n-(n-1)} = a,$$

因此 $\lim\limits_{n\to\infty} n a_n = \dfrac{1}{a}$.

例 4.16 设 $\lim\limits_{n\to\infty} (x_n - x_{n-2}) = 0$, 试证 $\lim\limits_{n\to\infty} \dfrac{x_n - x_{n-1}}{n} = 0$.

证 由于

$$\lim_{n\to\infty} \frac{x_{2n}}{2n} = \lim_{n\to\infty} \frac{x_{2n} - x_{2n-2}}{2n-(2n-2)} = 0;$$

$$\lim_{n\to\infty}\frac{x_{2n+1}}{2n+1}=\lim_{n\to\infty}\frac{x_{2n+1}-x_{2n-1}}{(2n+1)-(2n-1)}=0,$$

所以 $\lim\limits_{n\to\infty}\dfrac{x_n}{n}=0$, 从而

$$\lim_{n\to\infty}\frac{x_n-x_{n-1}}{n}=\lim_{n\to\infty}\frac{x_n}{n}-\lim_{n\to\infty}\frac{x_{n-1}}{n}=0.$$

2. **特殊数列的极限**

许多典型数列的极限都有比较特殊的解法或证法，了解这类极限有助于开拓思路，积累经验，可以学到许多数学方法和数学技巧.

例 4.17 设 $x_n=\dfrac{1}{2!}+\dfrac{2}{3!}+\cdots+\dfrac{n}{(n+1)!}$, 求 $\lim\limits_{n\to\infty}x_n$.

解 由于

$$x_n=\left(1-\frac{1}{2!}\right)+\left(\frac{1}{2!}-\frac{1}{3!}\right)+\cdots+\left(\frac{1}{n!}-\frac{1}{(n+1)!}\right)=1-\frac{1}{(n+1)!},$$

所以 $\lim\limits_{n\to\infty}x_n=1$.

例 4.18 设 $x_n=1+\dfrac{1}{\sqrt{2}}+\cdots+\dfrac{1}{\sqrt{n}}-2\sqrt{n}\ (n=1,2,\cdots)$, 证明 $\{x_n\}$ 收敛.

证 根据不等式 $2(\sqrt{n+1}-\sqrt{n})<\dfrac{1}{\sqrt{n}}<2(\sqrt{n}-\sqrt{n-1})$, 有

$$x_n-x_{n-1}=\frac{1}{\sqrt{n}}-2\sqrt{n}+2\sqrt{n-1}\le 0,$$

$$\begin{aligned}x_n&\ge 2(\sqrt{2}-\sqrt{1})+\cdots+2(\sqrt{n+1}-\sqrt{n})-2\sqrt{n}\\&=2(\sqrt{n+1}-\sqrt{n})-2\ge -2,\end{aligned}$$

所以 $\{x_n\}$ 是单调有界数列，故 $\{x_n\}$ 收敛.

例 4.19 证明数列 $x_n=1+\dfrac{1}{2}+\dfrac{1}{3}+\cdots+\dfrac{1}{n}-\ln n$ 收敛，并由此求

$$\lim_{n\to\infty}\left(\frac{1}{n+1}+\frac{1}{n+2}+\cdots+\frac{1}{2n}\right).$$

证 根据附录一，有 $\ln\left(1+\frac{1}{n}\right)<\frac{1}{n}<\ln\left(1+\frac{1}{n-1}\right)$. 于是，有

$$x_n-x_{n-1}=\frac{1}{n}-\ln\left(1+\frac{1}{n-1}\right)\leq 0,$$

$$x_n\geq \ln\left(1+\frac{1}{1}\right)+\ln\left(1+\frac{1}{2}\right)+\cdots+\ln\left(1+\frac{1}{n}\right)-\ln n$$

$$=\ln(n+1)-\ln n\geq 0.$$

所以 $\{x_n\}$ 是单调有界数列，故 $\{x_n\}$ 收敛.

$$\lim_{n\to\infty}\left(\frac{1}{n+1}+\frac{1}{n+2}+\cdots+\frac{1}{2n}\right)=\lim_{n\to\infty}(x_{2n}-x_n+\ln 2)=\ln 2.$$

例 4.20 设 $a_1,b_1>0$, $a_{n+1}=\frac{1}{2}(a_n+b_n)$, $b_{n+1}=\frac{2a_nb_n}{a_n+b_n}$, 证明

$$\lim_{n\to\infty}a_n=\lim_{n\to\infty}b_n=\sqrt{a_1b_1}.$$

证 由于调和平均 $\leq$ 算术平均，所以 $a_n\geq b_n$. 又因

$$a_{n+1}-a_n=\frac{1}{2}(a_n+b_n)-a_n=\frac{1}{2}(b_n-a_n)\leq 0,$$

$$b_{n+1}-b_n=\frac{2a_nb_n}{a_n+b_n}-b_n=\frac{b_n(a_n-b_n)}{a_n+b_n}\geq 0,$$

所以 $\{a_n\}$ 单调减有下界， $\{b_n\}$ 单调增有上界. 根据单调有界法则，可设 $\lim\limits_{n\to\infty}a_n=a$, $\lim\limits_{n\to\infty}b_n=b$, 令 $n\to\infty$, 则由 $a_{n+1}=\frac{1}{2}(a_n+b_n)$ 可得 $a=\frac{1}{2}(a+b)$, 因此 $a=b$. 根据

$$a_nb_n=\frac{1}{2}(b_{n-1}+a_{n-1})\cdot\frac{2a_{n-1}b_{n-1}}{a_{n-1}+b_{n-1}}=a_{n-1}b_{n-1},$$

有 $a^2\leftarrow a_nb_n=a_{n-1}b_{n-1}=\cdots=a_1b_1$, 从而 $\lim\limits_{n\to\infty}a_n=\lim\limits_{n\to\infty}b_n=\sqrt{a_1b_1}$.

例 4.21 设 $x>0$, 计算极限 $\lim\limits_{n\to\infty}n^2(\sqrt[n]{x}-\sqrt[n+1]{x})$.

解 原式 $=\lim\limits_{n\to\infty}n^2\left[x^{\frac{1}{n+1}}(x^{\frac{1}{n(n+1)}}-1)\right]$

$$=\lim_{n\to\infty}x^{\frac{1}{n+1}}\cdot\lim_{n\to\infty}\frac{x^{\frac{1}{n(n+1)}}-1}{\dfrac{1}{n(n+1)}}\cdot\lim_{n\to\infty}\frac{n^2}{n(n+1)}\ .$$

$$=1\cdot\ln x\cdot 1=\ln x$$

其中

$$x^{\frac{1}{n(n+1)}}-1=\mathrm{e}^{\frac{1}{n(n+1)}\ln x}-1\sim\frac{1}{n(n+1)}\ln x\ \ (n\to\infty).$$

例 4.22 设 $\lim\limits_{n\to\infty}a_n=0$, $\lim\limits_{n\to\infty}b_n=b$, 则

$$\lim_{n\to\infty}\frac{a_1b_n+a_2b_{n-2}+\cdots+a_nb_1}{n}=0.$$

证 根据收敛数列的有界性可设 $|b_n|\le M$ 对一切 n 成立, 于是有

$$0\le\left|\frac{a_1b_n+a_2b_{n-2}+\cdots+a_nb_1}{n}\right|\le M\cdot\frac{|a_1|+|a_2|+\cdots+|a_n|}{n}\to 0.$$

因此由两边法则可知 $\lim\limits_{n\to\infty}\dfrac{a_1b_n+a_2b_{n-2}+\cdots+a_nb_1}{n}=0.$

例 4.23 设 $\lim\limits_{n\to\infty}a_n=a$, $\lim\limits_{n\to\infty}b_n=b$, 则

$$\lim_{n\to\infty}\frac{a_1b_n+a_2b_{n-2}+\cdots+a_nb_1}{n}=ab.$$

证 由 $\lim\limits_{n\to\infty}(a_n-a)=0$ 可知,

$$\begin{aligned}&\frac{a_1b_n+a_2b_{n-2}+\cdots+a_nb_1}{n}\\&=\frac{(a_1-a)b_n+(a_2-a)b_{n-2}+\cdots+(a_n-a)b_1}{n}+a\cdot\frac{b_1+b_2+\cdots+b_n}{n}\\&\to 0+ab=ab.\end{aligned}$$

因此 $\lim\limits_{n\to\infty}\dfrac{a_1b_n+a_2b_{n-2}+\cdots+a_nb_1}{n}=ab.$

例 4.24 设 $a_1=a,a_2=b,a_3=\dfrac{a_1+a_2}{2},\cdots,a_{n+2}=\dfrac{a_n+a_{n+1}}{2},\cdots$. 试证 $\{a_n\}$ 收敛, 并求其极限值.

证 由于 $a_{n+2}-a_{n+1}=\dfrac{1}{2}(a_{n+1}+a_n)-a_{n+1}=-\dfrac{1}{2}(a_{n+1}-a_n)$, 所以数列 $\{a_{n+1}-a_n\}$ 是公比为 $-\dfrac{1}{2}$ 的等比数列, 因此

$$a_{n+2}-a_2=(a_3-a_2)+(a_4-a_3)+\cdots+(a_{n+2}-a_{n+1})=\frac{(a_3-a_2)\left[1-\left(-\frac{1}{2}\right)^n\right]}{1-\left(-\frac{1}{2}\right)}.$$

由此可知，$\{a_n\}$ 收敛且

$$\lim_{n\to\infty} a_n = \lim_{n\to\infty} a_{n+2} = \frac{a_3 - a_2}{3/2} + a_2 = \frac{a_1 + 2a_2}{3} = \frac{a + 2b}{3}.$$

例 4.25 设 $\{F_n\}$ 为 Fibonaci 数列，即 $F_0 = F_1 = 1$ 且 $n \geq 2$ 时，有 $F_n = F_{n-1} + F_{n-2}$, 求 $\lim\limits_{n\to\infty} \dfrac{F_n}{F_{n-1}}$.

解 记 $a_n = \dfrac{F_n}{F_{n-1}}$, 则有 $a_1 = 1$, 且 $a_n = \dfrac{F_{n-1} + F_{n-2}}{F_{n-1}} = 1 + \dfrac{1}{a_{n-1}} > 0$. 由此可知 $1 \leq a_n \leq 2$.

由于 $a_1 = 1, a_2 = 2, a_3 = \dfrac{3}{2}, a_4 = \dfrac{5}{3}$, 所以 $a_3 - a_1 > 0$, $a_4 - a_2 < 0$. 假设

$$a_{2n+1} - a_{2n-1} > 0,\ a_{2n+2} - a_{2n} < 0,$$

则有

$$a_{2n+3} - a_{2n+1} = \frac{1}{a_{2n+2}} - \frac{1}{a_{2n}} = \frac{a_{2n} - a_{2n+2}}{a_{2n+2}a_{2n}} > 0,$$

$$a_{2n+4} - a_{2n+2} = \frac{1}{a_{2n+3}} - \frac{1}{a_{2n+1}} = \frac{a_{2n+1} - a_{2n+3}}{a_{2n+3}a_{2n+1}} < 0.$$

因此 $\{a_{2n-1}\}$ 是单调增有上界数列，$\{a_{2n}\}$ 是单调减有下界数列，故可设

$$\lim_{n\to\infty} a_{2n-1} = A,\ \lim_{n\to\infty} a_{2n} = B.$$

于是由 $a_n = 1 + \dfrac{1}{a_{n-1}}$ 两边取极限可得 $A = 1 + \dfrac{1}{B}$, $B = 1 + \dfrac{1}{A}$. 解之可得 $A = B = \dfrac{1+\sqrt{5}}{2}$. 故 $\lim\limits_{n\to\infty} \dfrac{F_n}{F_{n-1}} = \dfrac{1+\sqrt{5}}{2}$.

例 4.26 设 $x \neq 0$, 求 $\lim\limits_{n\to\infty} \cos\dfrac{x}{2}\cos\dfrac{x}{2^2}\cdots\cos\dfrac{x}{2^n}$.

解 由于

$$\cos\frac{x}{2}\cos\frac{x}{2^2}\cdots\cos\frac{x}{2^n} = \frac{\cos\dfrac{x}{2}\cos\dfrac{x}{2^2}\cdots\cos\dfrac{x}{2^n}\sin\dfrac{x}{2^n}}{\sin\dfrac{x}{2^n}} = \frac{\sin x}{2^n\sin\dfrac{x}{2^n}},$$

所以

$$\lim_{n\to\infty} \cos\frac{x}{2}\cos\frac{x}{2^2}\cdots\cos\frac{x}{2^n} = \lim_{n\to\infty} \frac{\sin x}{x} \cdot \frac{\dfrac{x}{2^n}}{\sin\dfrac{x}{2^n}} = \frac{\sin x}{x}.$$

3. **指数幂函数的极限**

指数幂函数 $y=u(x)^{v(x)}$ 的极限常用凑 e 方法、指数化方法和取对数方法计算.

(1) 凑 e 方法 如果 $x\to a$ 时, $\omega(x)\to,\neq 0$, 则按照公式

$$\lim_{x\to a}[(1+\omega(x))^{1/\omega(x)}]^{f(x)}=\mathrm{e}^{\lim\limits_{x\to a}f(x)}$$

可计算指数幂函数的极限.

(2) 指数化方法 指数幂函数是某个函数与指数函数的复合, 所以可以用指数化方法计算指数幂函数的极限, 即

$$\lim_{x\to a}u(x)^{v(x)}=\mathrm{e}^{\lim\limits_{x\to a}v(x)\ln u(x)}$$

(3) 取对数方法 指数幂函数 $y=u(x)^{v(x)}$ 的极限计算也可以先取对数, 计算极限后再取反对数.

$$\lim_{x\to a}\ln y=\ln\lim_{x\to a}y=\lim_{x\to a}v(x)\ln u(x)$$

例 4.27 求下列极限

(1) $\lim\limits_{x\to 0}(1+\sin^2 x)^{1/(1-\cos x)}$; (2) $\lim\limits_{x\to 0}\left(\dfrac{1+\tan x}{1+\sin x}\right)^{1/x^2}$;

(3) $\lim\limits_{x\to\infty}\left(\cos\dfrac{1}{x}\right)^{x^2}$; (4) $\lim\limits_{x\to\infty}\left(\cos\dfrac{1}{x}+\sin\dfrac{1}{x}\right)^{x}$.

解 (1) 原式 $=\lim\limits_{x\to 0}\left[(1+\sin^2 x)^{1/\sin^2 x}\right]^{\frac{\sin^2 x}{1-\cos x}}=\mathrm{e}^{\lim\limits_{x\to 0}\frac{\sin^2 x}{1-\cos x}}=\mathrm{e}^2$.

(2) 令 $y=\left(\dfrac{1+\tan x}{1+\sin x}\right)^{1/x^2}$, 则

$$\begin{aligned}\lim_{x\to 0}\ln y&=\lim_{x\to 0}\frac{1}{x^2}\ln\frac{1+\tan x}{1+\sin x}\\&=\lim_{x\to 0}\frac{1}{x^2}\ln\left(1+\frac{\cos x-1}{1+\sin x}\right)-\lim_{x\to 0}\frac{1}{x^2}\ln[1+(\cos x-1)]\\&=\lim_{x\to 0}\frac{1}{x^2}\cdot\frac{\cos x-1}{1+\sin x}-\lim_{x\to 0}\frac{\cos x-1}{x^2}=0.\end{aligned}$$

所以原式 $= \mathrm{e}^{\lim\limits_{x\to 0}\ln y} = 1$.

(3) 令 $u = \cos\dfrac{1}{x} - 1$, 则

$$原式 = \lim_{x\to\infty}\left[(1+u)^{1/u}\right]^{x^2u} = \mathrm{e}^{\lim\limits_{x\to\infty} x^2(\cos\frac{1}{x}-1)} = \mathrm{e}^{-1/2}$$

(4) 令 $u = \cos\dfrac{1}{x} + \sin\dfrac{1}{x} - 1$, 则

$$\begin{aligned}原式 &= \lim_{x\to\infty}\left[(1+u)^{1/u}\right]^{xu} = \lim_{x\to\infty}\mathrm{e}^{x(\cos\frac{1}{x}+\sin\frac{1}{x}-1)}\\ &= \lim_{x\to\infty}\mathrm{e}^{x(\cos\frac{1}{x}-1)}\cdot\lim_{x\to\infty}\mathrm{e}^{x\sin\frac{1}{x}} = \mathrm{e}.\end{aligned}$$

例 4.28 求极限 $\lim\limits_{x\to 0}\dfrac{1}{x^3}\left[\left(\dfrac{2+\cos x}{3}\right)^x - 1\right]$.

解

$$\begin{aligned}\lim_{x\to 0}\frac{1}{x^3}\left[\left(\frac{2+\cos x}{3}\right)^x - 1\right] &= \lim_{x\to 0}\frac{\mathrm{e}^{x\ln\left(\frac{2+\cos x}{3}\right)} - 1}{x^3}\\ &= \lim_{x\to 0}\frac{\ln\left(\dfrac{2+\cos x}{3}\right)}{x^2} = \lim_{x\to 0}\frac{\ln\left(1+\dfrac{\cos x - 1}{3}\right)}{x^2}\\ &= \lim_{x\to 0}\frac{\cos x - 1}{3x^2} = -\frac{1}{6}.\end{aligned}$$

例 4.29 设 $x_{n+1} = \sin x_n$, 求 $\lim\limits_{n\to\infty} x_n$. 如果 $0 < x_1 < \pi$, 求 $\lim\limits_{n\to\infty}\left(\dfrac{x_{n+1}}{x_n}\right)^{\frac{1}{x_n^2}}$.

解 (1) 由 $x_2 = \sin x_1$ 可知, $|x_2| \leq 1$. 由此可知, 当 $x_2 > 0$, $n > 1$ 时,

$$0 < x_{n+1} = \sin x_n < x_n = \sin x_{n-1} < \cdots < x_2;$$

当 $x_2 < 0$, $n > 1$ 时, $0 > x_{n+1} > x_n > \cdots > x_2$. 因此 $\lim\limits_{n\to\infty} x_n$ 存在. 记 $\lim\limits_{n\to\infty} x_n = x$, 则有 $\sin x = x$ 及 $x = 0$. 故 $\lim\limits_{n\to\infty} x_n = 0$.

(2) 根据海因定理, 有

$$\begin{aligned}\lim_{n\to\infty}\left(\frac{x_{n+1}}{x_n}\right)^{\frac{1}{x_n^2}} &= \lim_{n\to\infty}\left(\frac{\sin x_n}{x_n}\right)^{\frac{1}{x_n^2}} = \lim_{x\to 0}\left(\frac{\sin x}{x}\right)^{\frac{1}{x^2}}\\ &= \lim_{x\to 0}\left(1+\frac{\sin x - x}{x}\right)^{\frac{1}{x^2}} = \lim_{x\to 0}\mathrm{e}^{\frac{\sin x - x}{x^3}} = \mathrm{e}^{-\frac{1}{6}}.\end{aligned}$$

习 题 1.4 A

1. 若 $\lim\limits_{n\to\infty} x_n y_n = \infty$, 能否断定

(1) $\lim\limits_{n\to\infty} x_n = \lim\limits_{n\to\infty} y_n = \infty$;

(2) $\lim\limits_{n\to\infty} x_n = \infty$ 和 $\lim\limits_{n\to\infty} y_n = \infty$ 至少有一个成立;

(3) $\{x_n\}$ 和 $\{y_n\}$ 一个为无穷大，另一个无界;

(4) 若 $\lim\limits_{n\to\infty} x_n = 0$, 则 $\lim\limits_{n\to\infty} y_n = \infty$.

2. 当 $x \to +\infty$ 时，确定下列无穷大量关于 x 的阶数:

(1) $\sqrt{x^3} - \sqrt[3]{x^2}$; (2) $\sqrt{x+\sqrt{x}}$; (3) $\sqrt{x+\sqrt{x^3}}$.

3. 当 $x \to 1$ 时，确定下列无穷大量关于 $\dfrac{1}{x-1}$ 的阶数:

(1) $\dfrac{x}{x^3-1}$; (2) $\dfrac{1}{\sin \pi x}$; (3) $\sqrt{\dfrac{1+x}{1-x}}$; (4) $\dfrac{1}{\ln x}$.

4. 已知 $f(x) = \dfrac{px^2-2}{x^2+1} + 3qx + 5$. 当 $x \to \infty$ 时， p, q 取何值 $f(x)$ 为无穷小量? 又 p, q 取何值 $f(x)$ 为无穷大量?

5. 证明: $\lim\limits_{x\to\infty} f(x) = A \iff x_n \to \infty$ 时，恒有 $\lim\limits_{n\to\infty} f(x_n) = A$.

6. 在 $x \to 0$ 时，确定下列无穷小量关于 x 的阶数:

(1) $\dfrac{1}{1+x} - (1+x)$; (2) $x^2(1-\cos x)$;

(3) $\sqrt{1+x^2} - \left(1 + \dfrac{x^2}{2}\right)$; (4) $2\sin x - \sin 2x$.

7. 设 $x \to 0$, 证明:

(1) $x^3 + x^2 = o(x)$; (2) $x \sin x \sim x^2$;

(3) $\sqrt{x+\sqrt{x+\sqrt{x}}} \sim \sqrt[8]{x}$; (4) $(1+x)^n = 1 + nx + o(x)$.

8. 设 $x \to +\infty$, 证明:

(1) $x^3 + x^2 = o(x^4)$;

(2) $\sqrt{x + \sqrt{x + \sqrt{x}}} \sim \sqrt{x}$;

(3) $x^2 \cos\dfrac{1}{x} + x = O(x^2)$;

(4) $\dfrac{\arctan x}{1+x^2} = o\left(\dfrac{1}{x^2}\right)$.

9. 求下列函数的极限:

(1) $\lim\limits_{x\to+\infty}(\sin\sqrt{1+x} - \sin\sqrt{x})$;

(2) $\lim\limits_{x\to+\infty}(\sin\ln(1+x) - \sin\ln x)$;

(3) $\lim\limits_{x\to+\infty}\arcsin(\sqrt{x^2+x} - x)$.

习 题 1.4 B

1. 如果用 $\lfloor x \rfloor$ 表示不大于 x 的最大整数，试求下列极限，其中 $a, b > 0$.

(1) $\lim\limits_{x\to0} x \cdot \lfloor \dfrac{1}{x} \rfloor$;

(2) $\lim\limits_{x\to0} \dfrac{x}{a} \cdot \lfloor \dfrac{b}{x} \rfloor$;

(3) $\lim\limits_{x\to0+} \lfloor \dfrac{x}{a} \rfloor \cdot \dfrac{b}{x}$.

2. 求下列函数的极限.

(1) $\lim\limits_{x\to0} \dfrac{x^2\cos\frac{1}{x}}{\sin 2x}$;

(2) $\lim\limits_{x\to0} \dfrac{\tan x - \sin x}{x(1-\cos x)}$;

(3) $\lim\limits_{x\to0} \dfrac{\sin x(\mathrm{e}^{-x^2} - 1)}{x^2\ln(1-2x)}$;

(4) $\lim\limits_{n\to\infty} n[\mathrm{e}^2 - (1 + \dfrac{1}{n})^{2n}]$;

(5) $\lim\limits_{n\to\infty} \dfrac{n}{\ln n}(\sqrt[n]{n} - 1)$;

(6) $\lim\limits_{x\to1} \dfrac{\ln(1+\sqrt[3]{x-1})}{\arcsin 2\sqrt[3]{x^2-1}}$;

(7) $\lim\limits_{x\to0} \dfrac{\sqrt[5]{1+\sin^2 x} - 1}{1-\cos x}$;

(8) $\lim\limits_{x\to0} \dfrac{\ln(\sqrt{1-x^2}\cos x)}{\tan x \ln(1+x)}$;

(9) $\lim\limits_{x\to\frac{\pi}{3}} \dfrac{\tan^3 x - 3\tan x}{\cos(x + \dfrac{\pi}{6})}$;

(10) $\lim\limits_{x\to0}(2\sin x + \cos x)^{1/x}$;

(11) $\lim\limits_{x\to0}(1-2x)^{3/\sin x}$;

(12) $\lim\limits_{x\to0} \dfrac{x - \arcsin x}{\sin^3 x}$;

(13) $\lim\limits_{n\to\infty}\left(\dfrac{\sqrt[n]{2}+\sqrt[n]{3}}{2}\right)^n$; (14) $\lim\limits_{n\to\infty}\left(\dfrac{n+\ln n}{n-\ln n}\right)^{n/\ln n}$;

(15) $\lim\limits_{x\to 0}\left(\dfrac{e^x+e^{2x}+\cdots+e^{nx}}{n}\right)^{1/x}$; (16) $\lim\limits_{x\to\infty}(\sin\dfrac{2}{x}+\cos\dfrac{1}{x})^x$;

(17) $\lim\limits_{x\to 0}(\cos x)^{1/\ln(1+x^2)}$; (18) $\lim\limits_{x\to 0}\left(\dfrac{2^x+3^x+4^x}{3}\right)^{1/x}$.

3. 设 $\lim\limits_{x\to 0}\dfrac{\sqrt{1+\dfrac{f(x)}{x}}-1}{x^2}=c$ 且 $c\neq 0$, 求常数 a 与 b, 使当 $x\to 0$ 时, $f(x)\sim ax^b$.

4. 选择题

(1) 当 $x\to 1$ 时, 函数 $\dfrac{x^2-1}{x-1}\,e^{\frac{1}{x-1}}$ 的极限是

(A) 等于 2; (B) 等于 0; (C) 为 ∞; (D) 不存在但不为 ∞.

(2) 设 $f(x)=2^x+3^x-2$, 则当 $x\to 0$ 时,

(A) $f(x)$ 是 x 的等价无穷小; (B) $f(x)$ 与 x 是同阶但非等价无穷小;
(C) $f(x)$ 是 x 的低阶无穷小; (D) $f(x)$ 是 x 的高阶无穷小.

(3) 设 a_n, b_n, c_n 均为非负数列, 且 $\lim\limits_{n\to\infty}a_n=0$, $\lim\limits_{n\to\infty}b_n=1$, $\lim\limits_{n\to\infty}c_n=\infty$, 则必有

(A) $a_n<b_n$对任意 n 成立; (B) $a_n<c_n$对任意 n 成立;
(C) 极限 $\lim\limits_{n\to\infty}a_nc_n$存在; (D) 极限 $\lim\limits_{n\to\infty}b_nc_n$不存在.

(4) 设当 $x\to 0$ 时, $(1-\cos x)\ln(1+x^2)$ 是比 $x\sin x^n$ 高阶的无穷小, 而 $x\sin x^n$ 是比 $e^{x^2}-1$ 高阶的无穷小, 则正数 n 等于

(A) 1; (B) 2; (C) 3; (D) 4.

(5) 已知系数 a,b 使下式成立: $e^x=\dfrac{1+ax}{1+bx}+o(x^2)$ ($x\to 0$ 时), 则有

(A) $a=b=\dfrac{1}{2}$; (B) $a=b=-\dfrac{1}{2}$; (C) $a=\dfrac{1}{2}$, $b=-\dfrac{1}{2}$; (D) 其它.

(6) 设 $\lim\limits_{x\to 0}\dfrac{a\tan x+b(1-\cos x)}{c\ln(1-2x)+d(1-\mathrm{e}^{-x^2})}=2$, 其中 $a^2+c^2\neq 0$, 则必有

(A) $b=4d$; (B) $b=-4d$; (C) $a=4c$; (D) $a=-4c$.

5. 填空题:

(1) 若 $x\to 0$ 时, $(1-ax^2)^{1/4}-1$ 与 $x\sin x$ 是等价无穷小, 则 $a=$________.

(2) 已知当 $x\to 0$ 时, $(1+a\sin^2 x)^{1/3}-1$ 与 $\cos x-1$ 是等价无穷小, 则常数 $a=$________.

(3) 当 $x\to 0$ 时, $\alpha(x)=kx^2$ 与 $\beta(x)=\sqrt{1+x\arcsin x}-\sqrt{\cos x}$ 是等价无穷小, 则 $k=$________.

(4) $\lim\limits_{x\to 0}\cot x\cdot\left(\dfrac{1}{\sin x}-\dfrac{1}{x}\right)=$________________.

6. 证明 $x\to 0$ 时, 函数 $f(x)=\dfrac{1}{x}\sin\dfrac{1}{x}$ 不是无穷大量.

7. 证明 $\lim\limits_{x\to\infty}f(x)=\infty \iff x_n\to\infty$ 时, 恒有 $\lim\limits_{n\to\infty}f(x_n)=\infty$.

8. 设 A 为实数, $\{x_n\}$ 为数列. 若 $\lim\limits_{n\to\infty}\dfrac{x_1+x_2+\cdots+x_n}{n}=A$, 证明 $\lim\limits_{n\to\infty}\dfrac{x_n}{n}=0$.

9. 设 $\lim\limits_{n\to\infty}x_n=A$, 求 $\lim\limits_{n\to\infty}\dfrac{x_1+2x_2+\cdots+nx_n}{n(n-1)}$.

10. 求下列数列的极限:

(1) $x_n=\dfrac{1^3+4^3+\cdots+(3n-2)^3}{[1+4+\cdots+(3n-2)]^2}$; (2) $x_n=\sqrt[n]{\dfrac{1\cdot 3\cdot 5\cdots(2n-1)}{2\cdot 4\cdot 6\cdots(2n)}}$.

§1.5 连续函数

不论是在自然界, 还是在生产实践和科学实验中, 人们经常遇到许多连续变化的量, 就是说自变量有微小变化时, 因变量的变化也很微小. 例如, 气温的变化、压力的增减等等, 当时间间隔很小时, 气温和压力不会有大的改变, 数学上把这种连续变化的量称为连续函数.

§1.5.1 连续与间断

前面曾说过，函数在一个点的极限（左极限，右极限）等于函数值时称函数在该点连续（左连续，右连续）．鉴于连续概念的重要性，本节将从增量、ε-定义、间断性等多角度多方位来论述函数的连续性．

定义 5.1 称函数 $f(x)$ 在 x_0 点是连续的，如果 $\forall\varepsilon>0,\exists\delta>0$，使当 $|x-x_0|<\delta$ 时，恒有 $|f(x)-f(x_0)|<\varepsilon$．

类似地可定义左连续和右连续，左连续和右连续统称为单侧连续．不难证明，函数 $f(x)$ 在 x_0 点连续 $\Longleftrightarrow$ 函数 $f(x)$ 在 x_0 点同时左右连续．

按照连续性的定义，函数 $f(x)$ 在 x_0 点连续应满足三个条件：

(1) 函数 $f(x)$ 必须在 x_0 点的某个实心邻域有定义，特别强调在 x_0 点的定义，这有别于极限定义中的去心邻域；

(2) 极限 $\lim\limits_{x\to x_0}f(x)$ 存在；

(3) 极限值 = 函数值，即 $\lim\limits_{x\to x_0}f(x)=f(x_0)$．

函数的连续等价于自变量的小变化不会引起函数的大波动．为了刻划这一特性，常用增量表示函数的连续性．在 x 点，给自变量一个增量 Δx，则可以得到函数的一个增量 $\Delta y=f(x+\Delta x)-f(x)$．不难验证，函数 $f(x)$ 在 x 点连续 $\Longleftrightarrow$ $\Delta x\to 0$ 时，恒有 $\Delta y\to 0$．

函数 $f(x)$ 在开区间 (a,b) 内的每一点连续时，称 $f(x)$ 在 (a,b) 内连续．如果 $f(x)$ 在 (a,b) 内连续且在 a 点右连续， b 点左连续，则称 $f(x)$ 在 $[a,b]$ 上连续．类似地有 $f(x)$ 在 $[a,b),(a,b]$ 上连续．如果 $f(x)$ 在区间 I 上连续，则称 $f(x)$ 是区间 I 上的连续函数．

为了更深刻地理解连续性，有必要研究不连续性．函数 $f(x)$ 的不连续点通常称为间断点． x_0 是函数 $f(x)$ 的间断点 $\Longleftrightarrow$ $f(x)$ 在 x_0 点的某个去心邻域内有定义，并且满足下列条件之一：

(1) $f(x_0)$ 无定义；

(2) $f(x_0)$ 有定义，但 $\lim\limits_{x\to x_0}f(x)$ 不存在；

(3) $f(x_0),\lim\limits_{x\to x_0}f(x)$ 存在，但 $\lim\limits_{x\to x_0}f(x)\neq f(x_0)$．

间断点可以分为第一类间断点和第二类间断点，左右极限都存在的间断点称为第一类间断点，左极限或右极限不存在的间断点称为第二类间断点．第一类间断点按照左右极限相等和不等，可以分为可去间断点和跳跃间断点．

第二类间断点按照是不是无穷大量可以分为无穷间断点和振荡间断点.

例如，0 分别是函数 $\dfrac{\sin x}{x}, \dfrac{x}{|x|}, \dfrac{1}{x}, \sin\dfrac{1}{x}$ 的可去间断点、跳跃间断点、无穷间断点和振荡间断点.

由于 $\dfrac{\sin x}{x}$ 是初等函数，所以 $\dfrac{\sin x}{x}$ 在定义域 $(-\infty,0)\cup(0,+\infty)$ 内连续. 又因 $\lim\limits_{x\to 0}\dfrac{\sin x}{x}=1$, 所以 0 是 $\dfrac{\sin x}{x}$ 的可去间断点. 换句话说，如果令

$$f(x)=\begin{cases}\dfrac{\sin x}{x}, & x\neq 0\\ 1, & x=0\end{cases},$$

则 $f(x)$ 是 $(-\infty,+\infty)$ 上的连续函数.

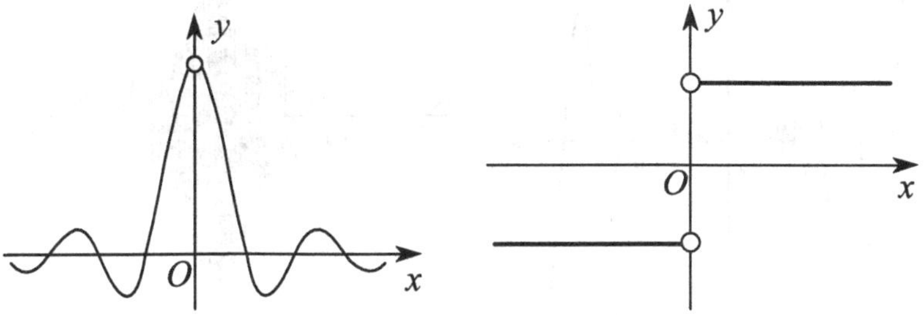

图 5.1

由于 $\dfrac{x}{|x|}=\begin{cases}1, & x>0\\ -1, & x<0\end{cases}$, 所以 $\lim\limits_{x\to 0-}\dfrac{x}{|x|}=-1\neq 1=\lim\limits_{x\to 0+}\dfrac{x}{|x|}$, 故 0 是 $\dfrac{x}{|x|}$ 的跳跃间断点.

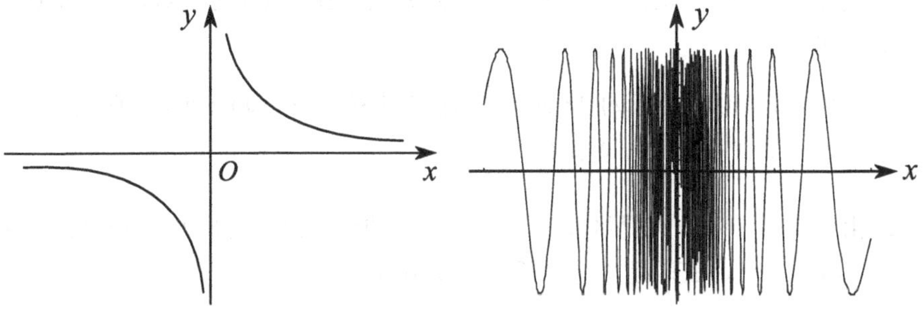

图 5.2

由于 $\lim\limits_{x\to 0}\dfrac{1}{x}=\infty$, 所以 0 是 $\dfrac{1}{x}$ 的无穷间断点.

记 $f(x)=\sin\dfrac{1}{x}$. 如果取 $x_n=1\Big/\left(2n\pi+\dfrac{\pi}{2}\right), y_n=\dfrac{1}{2n\pi}$, 则 $x_n, y_n\to, \neq 0$ 且 $\lim\limits_{n\to\infty}f(x_n)=1\neq 0=\lim\limits_{n\to\infty}f(y_n)$, 由此可知, 0 是 $\sin\dfrac{1}{x}$ 的振荡间断点.

振荡间断点还可分为有界振荡点和无界振荡点. 例如函数 $f(x)=|x|^\alpha\sin\dfrac{1}{x}$. 当 $\alpha>0$ 时, 0 是 $f(x)$ 的可去间断点; 当 $\alpha=0$ 时, 0 是 $f(x)$ 的有界振荡点; 当 $\alpha<0$ 时, 由于 $\lim\limits_{n\to\infty}f(x_n)=+\infty, \lim\limits_{n\to\infty}f(y_n)=0$, 所以 0 是 $f(x)$ 的无界振荡点, 其中 x_n, y_n 同上.

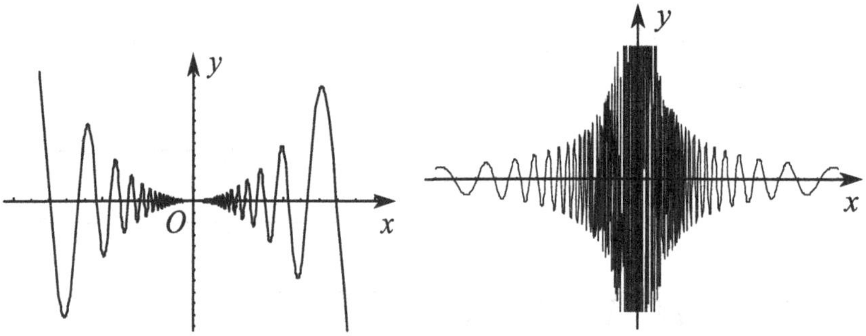

图 5.3

如果令 $f(x)=\begin{cases}x^2, & x\text{为有理数}\\ 0, & x\text{为无理数}\end{cases}$, 则非 0 点都是 $f(x)$ 的有界振荡点, 而 0 点是 $f(x)$ 的唯一连续点.

按照极限的运算法则, 连续函数的四则运算函数 (在定义域内) 都是连续函数. 即

定理 5.1 *设函数 $f(x)$ 和 $g(x)$ 在 x_0 点连续, 则 $f(x)\pm g(x)$, $f(x)g(x)$ 及 $\dfrac{f(x)}{g(x)}$ $(g(x_0)\neq 0)$ 都在 x_0 点连续.*

由于 $\sin x$, $\cos x$ 都是区间 $(-\infty,+\infty)$ 上的连续函数, 所以三角函数 $\tan x$, $\cot x$, $\sec x$, $\csc x$ 在其定义域内都是连续函数.

按照变量代换法则, 连续函数的复合函数都是连续函数. 即

定理 5.2 设函数 $f(x)$ 在 x_0 点连续，函数 $g(u)$ 在 $f(x_0)$ 点连续，则复合函数 $g\circ f(x)$ 在 x_0 点连续.

由于指数函数 a^x 是连续函数 $y=x\ln a$ 与连续函数 e^y 的复合函数，所以 a^x 是连续函数；由于幂函数 x^μ 是连续函数 $y=\mu\ln x$ 与连续函数 e^y 的复合函数，所以 x^μ 是连续函数.

定理 5.3 闭区间上的连续函数其反函数存在时必为连续函数.

证* 设 $f(x)$ 在 $[a,b]$ 连续且反函数 $f^{-1}(y)$ 存在. 按照 Heine 定理，要证 $\lim\limits_{y\to y_0}f^{-1}(y)=f^{-1}(y_0)$, 只要证 $\lim\limits_{n\to\infty}f(x_n)=y_0$ 时，恒有 $\lim\limits_{n\to\infty}x_n=x_0$, 其中 $x_0=f^{-1}(y_0)$. 由于 $x_n\in[a,b]$, 所以 $\{x_n\}$ 有收敛子列. 对 $\forall x_{k_n}\to c$, 由于 $f(c)=\lim\limits_{n\to\infty}f(x_{k_n})=y_0$, 所以必有 $c=x_0$. 由此可知 $\lim\limits_{n\to\infty}x_n=x_0$. 故 $f^{-1}(y)$ 连续.

根据定理 5.3, 反三角函数 $\arcsin x$, $\arccos x$, $\arctan x$, $\arccos x$ 等在其定义域内连续. 到此，我们完成了初等函数连续定理的证明，即初等函数在其定义域内连续.

例 5.1 讨论函数 $f(x)=\dfrac{1}{1-\mathrm{e}^{\frac{x}{1-x}}}$ 的间断点.

解 函数 $f(x)$ 的定义域是 $x\neq 0,1$. 由于

$$\lim_{x\to0-}f(x)=\infty;\qquad \lim_{x\to0+}f(x)=\infty;$$
$$\lim_{x\to1-}f(x)=0;\qquad \lim_{x\to1+}f(x)=1;$$

所以 $x=0$ 是 $f(x)$ 的无穷间断点， $x=1$ 是 $f(x)$ 的跳跃间断点.

例 5.2 求极限

$$\lim_{t\to x}\left(\frac{\sin t}{\sin x}\right)^{\frac{x}{\sin t-\sin x}},$$

记此极限为 $f(x)$, 求函数 $f(x)$ 的间断点并指出其类型.

解 由于 $f(k\pi)$ 不存在且

$$f(x)=\lim_{t\to x}\left[\left(1+\frac{\sin t-\sin x}{\sin x}\right)^{\frac{\sin x}{\sin t-\sin x}}\right]^{\frac{x}{\sin x}}=\mathrm{e}^{\frac{x}{\sin x}},$$

$$\lim_{x\to k\pi\pm}\frac{x}{\sin x}=\begin{cases}1, & k=0\\ \pm\infty, & k \text{ 为正偶数或负奇数},\\ \mp\infty, & k \text{ 为正奇数或负偶数}\end{cases}$$

所以当 $x=0$ 时，$\lim\limits_{x\to 0}f(x)=\mathrm{e}$, 故 $x=0$ 是 $f(x)$ 的可去间断点; 当 $x=k\pi, k\neq 0$ 时，$\lim\limits_{x\to k\pi+}f(x)$ 与 $\lim\limits_{x\to k\pi-}f(x)$ 一个是 0, 一个是 $+\infty$, 故 $x=k\pi, k\neq 0$ 是 $f(x)$ 的振荡间断点.

例 5.3 设

$$f(x)=\lim_{n\to\infty}\frac{x^{2n-1}+ax+b}{x^{2n}+1}$$

为连续函数，求 a,b.

解 计算极限可得,

$$f(x)=\begin{cases}ax+b & \text{当 } |x|<1\text{时}\\ \dfrac{1}{x} & \text{当 } |x|>1\text{时}\\ \dfrac{1}{2}(1+a+b) & \text{当 } x=1\text{时}\\ \dfrac{1}{2}(-1-a+b) & \text{当 } x=-1\text{时}\end{cases}.$$

根据 $f(x)$ 的连续性，有 $f(-1-)=f(-1+)=f(-1)$. 由于

$$f(-1-)=\lim_{x\to-1}\frac{1}{x}=-1, f(-1+)=\lim_{x\to-1}(ax+b)=-a+b,$$

所以 $-1=-a+b=\frac{1}{2}(-1-a+b)$. 同理，$f(1-)=f(1+)=f(1)$. 并由

$$f(1-)=\lim_{x\to1}(ax+b)=a+b, f(1+)=\lim_{x\to1}\frac{1}{x}=1$$

可知，$1=a+b=\dfrac{1}{2}(1+a+b)$. 于是 $b=0, a=1$.

例 5.4 设函数

$$f(x)=\begin{cases}\dfrac{\ln(1+ax^3)}{x-\arcsin x}, & x<0\\ 6, & x=0\\ \dfrac{e^{ax}+x^2-ax-1}{x\sin\dfrac{x}{4}}, & x>0\end{cases},$$

问 a 为何值时，$f(x)$ 在 $x=0$ 处连续；a 为何值时，$x=0$ 是 $f(x)$ 的可去间断点？

证 由于 $x\to 0$ 时，

$$\ln(1+ax^3)\sim ax^3,\ x-\arcsin x\sim -\frac{1}{6}x^3,\ e^{ax}-ax-1\sim\frac{1}{2}(ax)^2,$$

所以

$$f(0-)=\lim_{x\to 0}\frac{\ln(1+ax^3)}{x-\arcsin x}=\lim_{x\to 0}\frac{ax^3}{-x^3/6}=-6a,$$

$$f(0+)=\lim_{x\to 0}\frac{e^{ax}+x^2-ax-1}{x\sin\dfrac{x}{4}}=\lim_{x\to 0}\frac{a^2x^2/2}{x^2/4}+\lim_{x\to 0}\frac{x^2}{x^2/4}=2a^2+4,$$

由 $2a^2+4=-6a$ 可知，$a=-1$ 时，$f(x)$ 在 $x=0$ 处连续；$a=-2$ 时，$x=0$ 是 $f(x)$ 的可去间断点.

§1.5.2 闭区间上连续函数的性质

闭区间上的连续函数有一些特别重要的性质，如有界性定理，最值定理，介值定理和一致连续定理等，在学习微分和积分时，经常要用到它们.

定理 5.4 (有界性定理) 闭区间上的连续函数一定是有界函数

证 设 $f(x)$ 是闭区间 $[a,b]$ 上的连续函数，如果 $f(x)$ 是无界的，则对每个 n，都存在 $x_n\in[a,b]$，使得 $|f(x_n)|>n$. 由于 x_n 是有界数列，所以可设 x_{k_n} 是收敛子列且 $\lim\limits_{n\to\infty}x_{k_n}=x_0$. 于是由 $f(x)$ 的连续性和 $|f(x_n)|>n$ 可知，

$$|f(x_0)|=\lim_{n\to\infty}|f(x_{k_n})|=+\infty.$$

矛盾. 故 $f(x)$ 有界.

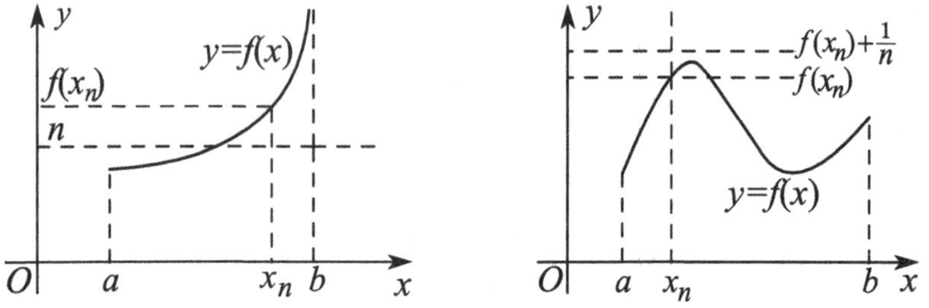

图 5.4

定理 5.5 (最值定理) 闭区间上的连续函数一定存在最大值和最小值.

证 设 $f(x)$ 是闭区间 $[a,b]$ 上的连续函数, 则对每个 n, 都存在 $x_n \in [a,b]$, 使得 $f(x_n)+\dfrac{1}{n}$ 是 $f(x)$ 的上界. 由于 x_n 是有界数列, 所以可设 x_{k_n} 是收敛子列且 $\lim\limits_{n\to\infty} x_{k_n}=x_0$. 于是由 $f(x)$ 的连续性可知, $f(x_0)$ 是 $f(x)$ 的最大值. 同理 $f(x)$ 在 $[a,b]$ 上必有最小值.

定理 5.6 (介值定理) 设 $f(x)$ 是闭区间 $[a,b]$ 上的连续函数, 如果 C 是介于 $f(a)$ 与 $f(b)$ 之间的任一实数, 则必存在 $\xi\in[a,b]$, 使得 $f(\xi)=C$.

证 不妨设 $f(a)\le C\le f(b)$. 将 $[a,b]$ 区间 n 等分, 则必有一个子区间, 记为 $[a_n,b_n]$, 使得 $f(a_n)\le C\le f(b_n)$. 于是根据列紧性定理, 由 $b_n-a_n=\dfrac{b-a}{n}$ 可设

$$\lim_{n\to\infty} a_{k_n}=\lim_{n\to\infty} b_{k_n}=\xi,$$

由此可知

$$f(\xi)\leftarrow f(a_{k_n})\le C\le f(b_{k_n})\to f(\xi).$$

从而 $f(\xi)=C$.

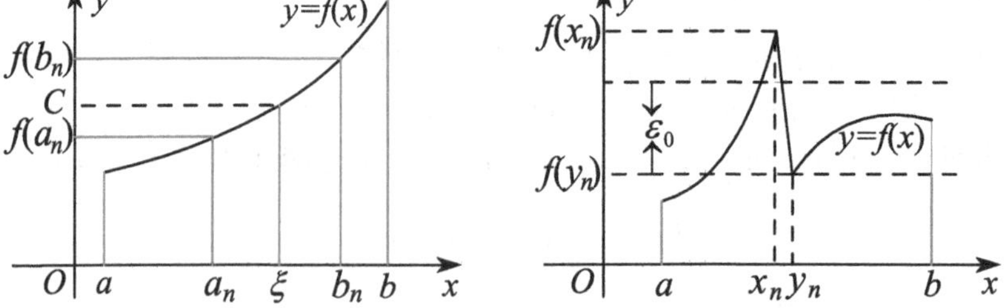

图 5.5

推论 5.1 (零点定理) 设 $f(x)$ 是闭区间 $[a,b]$ 上的连续函数,若 $f(a)f(b)<0$, 则必存在 $\xi\in(a,b)$, 使得 $f(\xi)=0$.

推论 5.2 (反函数定理) 闭区间上的连续函数存在反函数当且仅当它为严格单调函数.

在有关函数的可积问题中，需要用到一致连续的概念，即

定理 5.7 (一致连续定理) 闭区间上的连续函数必一致连续. 其中 $f(x)$ 在区间 I 上一致连续是指 $\forall\varepsilon>0,\exists\delta>0$, 当 $x,y\in I$ 且 $|x-y|<\delta$ 时，恒有

$$|f(x)-f(y)|<\varepsilon.$$

证 * 假设 $f(x)$ 在 $[a,b]$ 上不一致连续，则存在 $\varepsilon_0>0$ 及 $x_n,y_n\in[a,b]$, 使得 $|x_n-y_n|<\dfrac{1}{n}$, 而 $|f(x_n)-f(y_n)|\geq\varepsilon_0$. 由于 $\{x_n\},\{y_n\}$ 有界，所以根据列紧性定理可设 $\lim\limits_{n\to\infty}x_{k_n}=\lim\limits_{n\to\infty}y_{k_n}=\xi$, 于是有

$$\varepsilon_0\leq|f(x_{k_n})-f(y_{k_n})|\to|f(\xi)-f(\xi)|=0.$$

矛盾. 故 $f(x)$ 在 $[a,b]$ 上一致连续.

例 5.5 证明方程 $x-\cos x=0$ 在 $(0,1)$ 内至少有一个实根.

证 设 $f(x)=x-\cos x$, 则 $f(x)$ 在 $[0,1]$ 上连续, 且 $f(0)=-1<0$, $f(1)=1-\cos 1>0$, 因此存在 $\xi\in(0,1)$, 使得 $f(\xi)=0$.

例 5.6 设函数 $f(x)$ 是 $[a,b]$ 上的连续函数，若 $f(a),f(b)\in[a,b]$, 证明存在 $\xi\in[a,b]$, 使得 $f(\xi)=\xi$.

证 令 $F(x)=f(x)-x$, 则 $F(a)F(b)\leq 0$, 所以根据零点定理，存在 $\xi\in[a,b]$, 使得 $F(\xi)=0$, 即 $f(\xi)=\xi$.

例 5.7 设函数 $f(x)$ 是 $[0,2a]$ 上的连续函数，若 $f(0)=f(2a)$, 证明存在 $\xi\in[0,a]$, 使得 $f(\xi)=f(\xi+a)$.

证 令 $F(x)=f(x)-f(x+a)$, 则由 $f(0)=f(2a)$ 可知， $F(0)F(a)\leq 0$, 所以根据零点定理，存在 $\xi\in[0,a]$, 使得 $F(\xi)=0$, 即 $f(\xi)=f(\xi+a)$.

习 题 1.5 A

1. 设 α,β 为常数，讨论函数

$$f(x)=\begin{cases}x^{\alpha}\sin\dfrac{1}{x}, & x>0\\ \mathrm{e}^{x}+\beta, & x\leq 0\end{cases}$$

在 $x=0$ 点的连续性.

2. 求下列函数的间断点并判别类型.

(1) $f(x)=\dfrac{x}{\tan x}$;　　(2) $f(x)=\dfrac{2^{1/x}-1}{2^{1/x}+1}$;

(3) $f(x)=\begin{cases}\cos\dfrac{\pi x}{2}, & |x|\leq 1\\ |x-1|, & |x|>1\end{cases}$.

3. 讨论复合函数 $f(g(x))$ 的间断点及类型，其中

(1) $f(x)=\begin{cases}x^2, & x\leq 1\\ 2-x, & x>1\end{cases}$,　　$g(x)=\begin{cases}x, & x\leq 1\\ x+4, & x>1\end{cases}$;

(2) $f(x)=\begin{cases}1, & x\neq 1\\ 0, & x=1\end{cases}$,　　$g(x)=\begin{cases}x, & x\leq 1\\ 5, & x>1\end{cases}$.

4. 证明方程 $x^5-6x-1=0$ 在 $(1,2)$ 内至少有一个实根.

5. 证明方程 $x^3-6x+2=0$ 在 $(-3,0),(0,1)$ 和 $(1,3)$ 内各有一个实根.

6. 设 $f(x),g(x)$ 是 $[a,b]$ 上的连续函数，若

$$F(x)=\max(f(x),g(x)),\quad G(x)=\min(f(x),g(x)),$$

则 $F(x),G(x)$ 是 $[a,b]$ 上的连续函数.

7. 设函数 $f(x)=\dfrac{1}{e^{\frac{x}{x-1}}-1}$, 则 __________.

(A) $x=0, x=1$ 都是 $f(x)$ 的第一类间断点;

(B) $x=0, x=1$ 都是 $f(x)$ 的第二类间断点;

(C) $x=0$ 是 $f(x)$ 的第一类间断点, $x=1$ 是 $f(x)$ 的第二类间断点;

(D) $x=0$ 是 $f(x)$ 的第二类间断点, $x=1$ 是 $f(x)$ 的第一类间断点.

8. 证明连续函数的复合函数是连续函数.

习 题 1.5 B

1. 设函数 $f(x)$ 在区间 (a,b) 内连续, 且 $\lim\limits_{x\to a+} f(x), \lim\limits_{x\to b-} f(x)$ 存在, 证明函数 $f(x)$ 在区间 (a,b) 内一致连续.

2. 设函数 $f(x)$ 在区间 I 上有定义. 若对任意的 $x,y\in I$, 都有 $|f(x)-f(y)|\le L|x-y|$, 其中 L 为正常数, 则 $f(x)$ 在 I 上一致连续.

3. 设函数 $f(x)$ 在区间 I 上有定义. 若存在数列 $x_n, y_n\in I$, 使得

$$\lim_{n\to\infty}(x_n-y_n)=0,\ \lim_{n\to\infty}(f(x_n)-f(y_n))\ne 0,$$

则 $f(x)$ 在 I 上不一致连续.

4. 设函数 $f(x)$ 在区间 (a,b) 内一致连续, 则 $f(x)$ 在 (a,b) 内有界.

5. 若函数 $f(x)$ 在区间 (a,b) 内一致连续, 则 $f(x)$ 在 (a,b) 内连续且 $f(a+), f(b-)$ 存在.

6. 证明 $f(x)=\sin x$ 在 $(-\infty,+\infty)$ 内一致连续, 但 $g(x)=\sin x^2$ 在 $(-\infty,+\infty)$ 内不一致连续.

7. 证明 $f(x)=\dfrac{|\sin x|}{x}$ 在 $(-1,0)$ 及 $(0,1)$ 内都一致连续, 但在 $(-1,0)\cup(0,1)$ 内不一致连续.

8. 证明函数 $f(x)$ 在 x_0 点局部无界的充要条件是存在 $x_n\to x_0$, 使得 $\lim\limits_{n\to\infty} f(x_n)=\infty$.

9. 指出下列函数的所有不连续点及其间断类型：

(1) $f(x)=\begin{cases}\sin\pi x, & x\text{ 为有理数}\\ 0, & x\text{ 为无理数}\end{cases}$； (2) $f(x)=(-1)^{\lfloor x^2\rfloor}$；

(3) $f(x)=\begin{cases}\operatorname{sgn}\sin\dfrac{\pi}{x}, & x\neq 0\\ 0, & x=0\end{cases}$； (4) $f(x)=\begin{cases}x\lfloor\dfrac{1}{x}\rfloor+x\lfloor x\rfloor, & x\neq 0\\ 0, & x=0\end{cases}$.

10. 设定义在 $[a,b]$ 上的函数 $y=f(x)$ 存在反函数 $y=f^{-1}(x)$, 问：

(1) $f(x)$ 一定严格单调吗？

(2) 若 $f(x)$ 还在 $[a,b]$ 上连续，则 $f(x)$ 一定严格单调吗？

(3) 若 $f(x)$ 在 $[a,b]$ 上连续，则 $f^{-1}(x)$ 在其定义域必连续吗？

(4) 若 $f^{-1}(x)$ 在其定义域连续，则 $f(x)$ 在其定义域必连续吗？

11. 设函数 $f(x)$ 在 x_0 点的某邻域有定义且值域包含在 $g(u)$ 的邻域内，在下列情形下能否断定 $g\circ f(x)$ 在 x_0 点间断？

(1) $f(x)$ 在 x_0 点连续， $g(u)$ 在 $f(x_0)$ 点不连续；

(2) $f(x)$ 在 x_0 点不连续， $g(u)$ 在 $f(x_0)$ 点连续；

(3) $f(x)$ 在 x_0 点不连续， $g(u)$ 在 $f(x_0)$ 点不连续.

12. 举例说明，存在函数 $f(u)$, $g(x)$, 使得

$$\lim_{x\to x_0}g(x)=u_0,\ \lim_{u\to u_0}f(u)=A,$$

但 $\lim\limits_{x\to x_0}f\circ g(x)\neq A$.

13. 设 $f(x)=x^n+a_{n-1}x^{n-1}+\cdots+a_0$, 则

(1) 当 n 为偶数时，存在 ξ, 使得 $f(\xi)\leq f(x)$ 对一切 x 成立；

(2) 当 n 为奇数时，存在 ξ, 使得 $f(\xi)=0$.

总 习 题 一

1. 设 $\lim\limits_{n\to\infty}(a_n-a_{n-1})=a$, 试证 $\lim\limits_{n\to\infty}\dfrac{a_n}{n}=a$.

2. 设

$$f(x-1)=\begin{cases}x, & x>1\\ x-2, & x\le 1\end{cases},\quad g(x)=\begin{cases}-\mathrm{e}^x, & x>0\\ \mathrm{e}^x, & x\le 0\end{cases},$$

求 $\lim\limits_{x\to 0} f(x)g(x)$.

3. 计算极限

$$\lim_{n\to\infty}\frac{1+\dfrac{1}{2}+\cdots+\dfrac{1}{n}}{1+\dfrac{1}{3}+\cdots+\dfrac{1}{2n-1}}.$$

4. 用定义证明:

(1) $\lim\limits_{n\to\infty}\dfrac{n!}{n^n}=0$;　　(2) $\lim\limits_{n\to\infty}\dfrac{\sin\dfrac{n\pi}{2}}{\ln n}=0$;

(3) $\lim\limits_{x\to-\infty}\dfrac{x^2}{x+1}=-\infty$;　　(4) $\lim\limits_{x\to+\infty}(\sqrt{x^2+x}-x)=\dfrac{1}{2}$;

(5) $\lim\limits_{n\to\infty}\sqrt[n]{n!}=+\infty$;　　(6) $\lim\limits_{x\to+\infty}(\sin\sqrt{x+1}-\sin\sqrt{x})=0$.

5. 设 $a>0$, $x_1=\sqrt[3]{a}$, $x_n=\sqrt[3]{ax_{n-1}}$, 求 $\lim\limits_{n\to\infty}x_n$.

6. 设函数 $f(x)$ 在闭区间 $[a,b]$ 上连续，若 $f(a)<a, f(b)>b$, 则存在 $\xi\in(a,b)$, 使得 $f(\xi)=\xi$.

7. 设函数 $f(x)$ 在区间 $(-\infty,+\infty)$ 内连续，若 $\lim\limits_{x\to\infty}f(x)$ 存在，则函数 $f(x)$ 在区间 $(-\infty,+\infty)$ 内有界.

8. 设 $x>0$, 求

$$f(x)=\lim_{n\to\infty}\frac{x(1+\sin\pi x)^n+\sin\pi x}{1+(1+\sin\pi x)^n}.$$

9. 求下列极限.

(1) $\lim\limits_{x\to+\infty}(x+\mathrm{e}^x)^{1/x}$;　　(2) $\lim\limits_{x\to0}(2\sin x+\cos x)^{1/x}$;

(3) $\lim\limits_{n\to\infty}\tan^n\left(\dfrac{\pi}{4}+\dfrac{1}{n}\right)$;　　(4) $\lim\limits_{x\to0+}x^x$;

(5) $\lim\limits_{x\to 0+} x\ln x$;　　(6) $\lim\limits_{x\to 0+}(\cot x)^{\sin x}$;

(7) $\lim\limits_{x\to 0}\left(\dfrac{1+x}{1-\mathrm{e}^{-x}}-\dfrac{1}{x}\right)$;　　(8) $\lim\limits_{x\to 0}\left(\dfrac{\arcsin x}{x}\right)^{1/x^2}$.

10. 设

$$f(x)=\frac{1}{\sin^2 x}[\sqrt{1+\sin x+\sin^2 x}-(\alpha+\beta\sin x)],$$

且 $x=0$ 是 $f(x)$ 的可去间断点，求 α,β 的值.

11. 设 $\lim\limits_{x\to+\infty}[(x^5+7x^4+2)^a-x]=b,\ b\neq 0$, 求 a,b 的值.

12. 求常数 a, 使得函数

$$f(x)=\begin{cases}\dfrac{3\sin(x-1)}{x-1}, & x<1\\ \mathrm{e}^{2ax}-\mathrm{e}^{ax}+1, & x\geq 1\end{cases}$$

在点 $x=1$ 连续.

13. 设 $a_1,a_2,\cdots,a_n$ 为正数，求

$$\lim_{x\to 0}\left(\frac{a_1^x+a_2^x+\cdots+a_n^x}{n}\right)^{1/x}.$$

14. 设函数 $f(x)$ 在区间 $[a,b]$ 上连续，且 $x_1,\cdots,x_n\in[a,b]$, 证明存在 $\xi\in[a,b]$, 使得

$$f(\xi)=\frac{f(x_1)+f(x_2)+\cdots+f(x_n)}{n}.$$

15. 试求函数 $f(x)$ 的差商极限：

$$f'(x)=\lim_{t\to 0}\frac{f(x+t)-f(x)}{t},$$

其中 $f(x)$ 分别为

(1) $f(x)=x^\mu$;　　(2) $f(x)=\sin x$;

(3) $f(x)=\cos x$;　　(4) $f(x)=\mathrm{e}^x$;

(5) $f(x)=\ln x$;　　(6) $f(x)=\tan x$.

第二章　导数与微分

微分学的基本概念是导数和微分．导数是函数的因变量相对于自变量的变化率，微分是函数增量的线性逼近．导数和微分不仅是研究函数性质的重要工具，而且在实际问题中有着十分广泛的应用．

§2.1　导数的概念

在实际问题中，经常遇到各种各样的变化率问题，即一个因变量相对于一个自变量的变化程度问题，例如瞬时速度、切线斜率、出生率、死亡率、增长率、利润率、边际成本、电流强度、磁场强度等等．导数是撇开实际问题的来源和背景而抽象研究变化率结构的数学模型．

1. 经典问题

在引言部分，已经就速度问题、切线问题做了简单介绍．现在有必要用极限观点来重新考察这两个经典问题．

(1)　变速直线运动的速度

设 $s = s(t)$ 是一作直线运动的质点在 t 时刻的位置，则该质点从 t 时刻到 $t + \Delta t$ 时刻的位移可用 $\Delta s = s(t + \Delta t) - s(t)$ 表示，该质点在时间间隔 $[t, t + \Delta t]$ 上的平均速度可用比值

$$\frac{\Delta s}{\Delta t} = \frac{s(t + \Delta t) - s(t)}{\Delta t}$$

表示．当 $\Delta t \to 0$ 时，如果平均速度的极限存在，即位置函数 $s = s(t)$ 关于时间 t 的变化率

$$\lim_{\Delta t \to 0} \frac{\Delta s}{\Delta t} = \lim_{\Delta t \to 0} \frac{s(t + \Delta t) - s(t)}{\Delta t}$$

存在，那么此极限便是该质点在时刻 t 的瞬时速度．

(2) **平面曲线的切线斜率**

在平面曲线 $L: y=f(x)$ 上任取两个点 $(x,y),(x+\Delta x, y+\Delta y)$, 那么连接这两个点的割线斜率为

$$\frac{\Delta y}{\Delta x}=\frac{f(x+\Delta x)-f(x)}{\Delta x}.$$

如果极限

$$\lim_{\Delta t\to 0}\frac{\Delta y}{\Delta x}=\lim_{\Delta x\to 0}\frac{f(x+\Delta x)-f(x)}{\Delta x}$$

存在, 那么曲线 L 在 (x,y) 点的切线存在, 并且该切线的斜率恰是此极限.

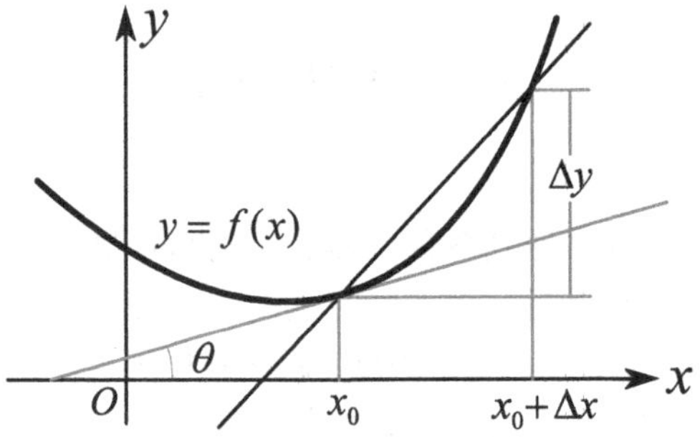

图 1.1

一个是速度问题, 一个是切线问题, 虽然来源不同, 意义不同, 但都有一个相同的数学结构, 即同为因变量关于自变量的变化率, 用函数的观点来说就是导数.

2. **导数定义**

定义 1.1 称实数 $f'(x_0)$ 是函数 $f(x)$ 在 x_0 点的导数, 如果函数 $f(x)$ 在 x_0 点的某个邻域内有定义, 并且有

$$f'(x_0)=\lim_{x\to x_0}\frac{f(x)-f(x_0)}{x-x_0}.$$

导数 $f'(x_0)$ 也用 $\frac{\mathrm{d}f}{\mathrm{d}x}(x_0), \left.\frac{\mathrm{d}f}{\mathrm{d}x}\right|_{x=x_0}$ 表示. 如果 $y=f(x)$, 则 $f'(x_0)$ 还可用 $y'\big|_{x=x_0}, \left.\frac{\mathrm{d}y}{\mathrm{d}x}\right|_{x=x_0}$ 表示.

导数存在简称为可导. 如果自变量从 x 变到 $x+\Delta x$ 时, 函数 $y=f(x)$ 的增量为 $\Delta y=f(x+\Delta x)-f(x)$, 那么导数 $f'(x)$ 的定义等价于

$$f'(x)=\frac{\mathrm{d}y}{\mathrm{d}x}=\lim_{\Delta x\to 0}\frac{\Delta y}{\Delta x}=\lim_{\Delta x\to 0}\frac{f(x+\Delta x)-f(x)}{\Delta x}.$$

由于 Δx 是一个与 x 无关的变量, 所以上式还可以写为

$$f'(x)=\frac{\mathrm{d}y}{\mathrm{d}x}=\lim_{t\to 0}\frac{f(x+t)-f(x)}{t}.$$

如果函数 $f(x)$ 在开区间 (a,b) 内每一点可导, 则导数 $f'(x)$ 也是 x 的函数, 此时可称 $f'(x)$ 为导函数.

例 1.1 有一非均匀直杆位于区间 $[0,a]$ 之上, 如果该直杆在区间 $[0,x]$ 部分的质量为 $m(x)$, 试求该直杆在 $x\in[0,a]$ 处的线密度 $\rho(x)$.

解 由于直杆在区间 $[x,x+\Delta x]$ 的质量为

$$\Delta m=m(x+\Delta x)-m(x),$$

所以该直杆在区间 $[x,x+\Delta x]$ 的平均线密度为

$$\frac{\Delta m}{\Delta x}=\frac{m(x+\Delta x)-m(x)}{\Delta x}.$$

因此有

$$\rho(x)=m'(x)=\lim_{\Delta x\to 0}\frac{\Delta m}{\Delta x}=\lim_{\Delta x\to 0}\frac{m(x+\Delta x)-m(x)}{\Delta x}.$$

例 1.2 已知自由落体的运动方程为 $s=\frac{1}{2}gt^2$, 求该落体在 t 时刻的瞬时速度.

解 由于在时间间隔 $[t,t+\Delta t]$ 内, 落体的位移为

$$\Delta s=\frac{1}{2}g(t+\Delta t)^2-\frac{1}{2}gt^2=gt\Delta t+\frac{1}{2}g(\Delta t)^2,$$

所以落体的平均速度为 $\frac{\Delta s}{\Delta t}=gt+\frac{1}{2}g\Delta t$. 因此该落体在 t 时刻的瞬时速度为

$$\frac{\mathrm{d}s}{\mathrm{d}t}=\lim_{\Delta t\to 0}\frac{\Delta s}{\Delta t}=gt.$$

3. 单侧导数

函数 $f(x)$ 在 x 点的左导数 $f'_-(x)$ 和右导数 $f'_+(x)$ 可定义如下.

$$f'_-(x)=\lim_{\Delta x\to 0-}\frac{f(x+\Delta x)-f(x)}{\Delta x},$$

$$f'_+(x)=\lim_{\Delta x\to 0+}\frac{f(x+\Delta x)-f(x)}{\Delta x}.$$

如果函数 $f(x)$ 在开区间 (a,b) 内可导，并且 $f'_+(a)$ 和 $f'_-(b)$ 存在，则称函数 $f(x)$ 在闭区间 $[a,b]$ 上可导.

按照极限与单侧极限的关系定理，可导与单侧可导有下列关系.

定理 1.1 *函数 $f(x)$ 在 x_0 点可导且 $f'(x_0)=A \iff$ 函数 $f(x)$ 在 x_0 点单侧可导且 $f'_+(x_0)=f'_-(x_0)=A$.*

例 1.3 讨论函数 $f(x)=|x|$ 在 $x=0$ 点是否可导.

解 由于

$$f'_-(0)=\lim_{x\to 0-}\frac{f(x)-f(0)}{x-0}=\lim_{x\to 0}\frac{-x-0}{x-0}=-1,$$
$$f'_+(0)=\lim_{x\to 0+}\frac{f(x)-f(0)}{x-0}=\lim_{x\to 0}\frac{x-0}{x-0}=1,$$

所以 $f(x)=|x|$ 在 $x=0$ 点不可导.

由于 $f(x)=|x|$ 在 $x=0$ 点连续，所以这个例子也说明连续不是可导的充分条件，即“连续 $\not\Rightarrow$ 可导”.

4 导数的几何意义

差商 $\dfrac{f(x)-f(t)}{x-t}$ 是曲线 $y=f(x)$ 的割线斜率，差商的极限，即导数

$$f'(x)=\lim_{t\to 0}\frac{f(x+t)-f(x)}{t}$$

表示曲线 $y=f(x)$ 在 $(x,f(x))$ 点的切线斜率. 过 $(x,f(x))$ 点的切线方程和法线方程分别为

$$Y=f(x)+f'(x)(X-x),\quad Y=f(x)-\frac{1}{f'(x)}(X-x).$$

曲线 $y=f(x)$ 在 $(x_0,f(x_0))$ 点的切线方程和法线方程也可表示为

$$y=f(x_0)+f'(x_0)(x-x_0),\quad y=f(x_0)-\frac{1}{f'(x_0)}(x-x_0).$$

对于单侧导数,也有类似的几何意义. 左导数 $f'_-(x_0)$ 表示曲线 $y=f(x)$ 在 $(x_0,f(x_0))$ 点的左侧切线斜率; 右导数 $f'_+(x_0)$ 表示曲线 $y=f(x)$ 在 $(x_0,f(x_0))$ 点的右侧切线斜率.

5 定义求导举例

例 1.4 求正弦函数 $f(x)=\sin x$ 的导数.

解

$$\begin{aligned}f'(x)&=\lim_{t\to0}\frac{f(x+t)-f(x)}{t}=\lim_{t\to0}\frac{\sin(x+t)-\sin x}{t}\\&=\lim_{t\to0}\frac{2\cos(x+\frac{t}{2})\sin\frac{t}{2}}{t}=\lim_{t\to0}\cos(x+\frac{t}{2})\cdot\frac{\sin\frac{t}{2}}{\frac{t}{2}}=\cos x.\end{aligned}$$

即 $(\sin x)'=\cos x$.

例 1.5 求指数函数 $f(x)=\mathrm{e}^x$ 的导数.

解

$$\begin{aligned}f'(x)&=\lim_{t\to0}\frac{f(x+t)-f(x)}{t}\\&=\lim_{t\to0}\frac{\mathrm{e}^{x+t}-\mathrm{e}^x}{t}=\mathrm{e}^x\lim_{t\to0}\frac{\mathrm{e}^t-1}{t}=\mathrm{e}^x.\end{aligned}$$

即 $(\mathrm{e}^x)'=\mathrm{e}^x$.

例 1.6 求对数函数 $f(x)=\ln x$ 的导数.

解

$$\begin{aligned}f'(x)&=\lim_{t\to0}\frac{f(x+t)-f(x)}{t}\\&=\lim_{t\to0}\frac{\ln(x+t)-\ln x}{t}=\lim_{t\to0}\frac{\ln(1+\frac{t}{x})}{t}=\frac{1}{x}.\end{aligned}$$

即 $(\ln x)'=\dfrac{1}{x}$.

例 1.7 求幂函数 $f(x)=x^\mu$ 的导数.

解

$$f'(x)=\lim_{\Delta x\to 0}\frac{(x+\Delta x)^\mu-x^\mu}{\Delta x}$$

$$=x^\mu\lim_{\Delta x\to 0}\frac{\left(1+\dfrac{\Delta x}{x}\right)^\mu-1}{\Delta x}=\mu x^{\nu-1}.$$

例 1.8 讨论函数 $f(x)=\begin{cases}-x^2, & x\leq 0\\ x^3, & x>0\end{cases}$ 在 $x=0$ 点是否可导.

解 由于

$$f'_-(0)=\lim_{x\to 0-}\frac{f(x)-f(0)}{x-0}=\lim_{x\to 0}\frac{-x^2-0}{x-0}=0,$$

$$f'_+(0)=\lim_{x\to 0+}\frac{f(x)-f(0)}{x-0}=\lim_{x\to 0}\frac{x^3-0}{x-0}=0,$$

所以 $f(x)$ 在 $x=0$ 点可导且 $f'(0)=0$.

例 1.9 已知函数 $f(x)=\begin{cases}ax, & x\leq 0\\ \sin 2x, & x>0\end{cases}$ 可导，试求常数 a.

解 由于

$$f'_-(0)=\lim_{x\to 0-}\frac{f(x)-f(0)}{x-0}=\lim_{x\to 0}\frac{ax-0}{x-0}=a,$$

$$f'_+(0)=\lim_{x\to 0+}\frac{f(x)-f(0)}{x-0}=\lim_{x\to 0}\frac{\sin 2x-0}{x-0}=2,$$

所以根据 $f'_-(0)=f'_+(0)$ 可知， $a=2$.

例 1.10 求曲线 $y=\dfrac{1}{x}$ 在 $(\dfrac{1}{2},2)$ 点的切线斜率、切线方程和法线方程.

解 由于 $y'=\left(\dfrac{1}{x}\right)'=-\dfrac{1}{x^2}$, 所以所求曲线的斜率为 $k=y'\big|_{x=1/2}=-4$. 于是所求切线方程和法线方程分别为

$$y-2=-4(x-\frac{1}{2}),\ \ y-2=\frac{1}{4}(x-\frac{1}{2}),$$

即 $4x+y-4=0$, $2x-8y+15=0$.

例 1.11 求曲线 $y=\sqrt{x}$ 在 $(4,2)$ 点的切线方程.

解 由于

$$y'|_{x=4}=\lim_{x\to 4}\frac{\sqrt{x}-\sqrt{4}}{x-4}=\frac{1}{4},$$

所以所求切线方程为 $y-2=\frac{1}{4}(x-4)$.

6 可导与连续

设函数 $y=f(x)$ 在 x 点可导，即导数 $f'(x)=\lim\limits_{\Delta x\to 0}\frac{\Delta y}{\Delta x}$ 存在．如果令

$$\alpha=\frac{\Delta y}{\Delta x}-f'(x),$$

则当 $\Delta x\to 0$ 时， α 是无穷小量．进一步有

$$\Delta y=f'(x)\Delta x+\alpha\Delta x.$$

由此可知， $\lim\limits_{\Delta x\to 0}\Delta y=0$. 这表明函数 $y=f(x)$ 在 x 点连续.

定理 1.2 *函数 $f(x)$ 在 x 点可导 $\Longrightarrow$ $f(x)$ 在 x 点连续.*

函数在某一点连续却不一定可导，例如函数 $f(x)=|x|$ 在 $x=0$ 连续，但在该点不可导.

例 1.12 讨论函数 $f(x)=\begin{cases}x\sin\frac{1}{x}, & x\neq 0\\ 0, & x=0\end{cases}$ 在 $x=0$ 点的连续性及可导性.

解 由于 $\lim\limits_{x\to 0}x\sin\frac{1}{x}=0, f(0)=0$, 所以 $f(x)$ 在 $x=0$ 连续．又因为

$$\frac{f(x)-f(0)}{x-0}=\frac{x\sin\frac{1}{x}-0}{x-0}=\sin\frac{1}{x},$$

$\lim\limits_{x\to 0}\sin\frac{1}{x}$ 不存在，所以 $f(x)$ 在 $x=0$ 点不可导.

例 1.13 已知函数 $f(x)=\begin{cases}a+bx, & x\le 1\\ x^2, & x>1\end{cases}$ 在 $x=1$ 点可导，试求常数 a,b.

解 由 $f(x)$ 在 $x=1$ 点可导知,

$$f(1-)=f(1+),\ f'_-(1)=f'_+(1).$$

由于

$$\lim_{x\to1-}f(x)=\lim_{x\to1}(a+bx)=a+b,$$

$$\lim_{x\to1+}f(x)=\lim_{x\to1}x^2=1,$$

所以 $a+b=1$. 又因

$$f'_-(1)=\lim_{x\to1-}\frac{f(x)-f(1)}{x-1}=\lim_{x\to1}\frac{a+bx-(a+b)}{x-1}=b,$$

$$f'_+(1)=\lim_{x\to1+}\frac{f(x)-f(1)}{x-1}=\lim_{x\to1}\frac{x^2-(a+b)}{x-1}=\lim_{x\to1}\frac{x^2-1}{x-1}=2,$$

所以 $b=2$. 于是由 $a+b=1$ 可知, $a=-1$.

例 1.14 设 $f(x)$ 在 x 点可导, n 为自然数, 证明

$$f'(x)=\lim_{n\to\infty}n[f(x+\frac{1}{n})-f(x)].$$

反之如何, 试说明之.

证 由于 $f'(x)$ 存在, 所以根据海因定理, 有

$$\lim_{n\to\infty}n[f(x+\frac{1}{n})-f(x)]=\lim_{n\to\infty}\frac{f(x+\frac{1}{n})-f(x)}{\frac{1}{n}}=f'(x).$$

反之不真, 例如函数

$$f(x)=\begin{cases}0, & x\in\{0,\frac{1}{n}\mid n\geq1\}\\ 1, & x\notin\{0,\frac{1}{n}\mid n\geq1\}\end{cases}$$

在 $x=0$ 点不连续, 不可导, 但有 $\lim\limits_{n\to\infty}n[f(0+\frac{1}{n})-f(0)]=0$.

例 1.15 设函数 $f(x)$ 在 $(-\infty,+\infty)$ 上有定义, 在区间 $[0,2]$ 上, $f(x)=x(x^2-4)$, 若对任意的 x 都满足 $f(x)=kf(x+2)$, 其中 k 为常数.

(1) 写出 $f(x)$ 在 $[-2,0)$ 上的表达式;

(2) 问 k 为何值时, $f(x)$ 在 $x=0$ 处可导.

解 (1) 当 $-2 \leq x < 0$ 时，即 $0 \leq x+2 < 2$ 时，

$$f(x) = kf(x+2) = k(x+2)[(x+2)^2-4] = kx(x+2)(x+4).$$

(2) 由题设知， $f(0)=0$. 于是

$$f'_+(0) = \lim_{x\to 0+}\frac{f(x)-f(0)}{x-0} = \lim_{x\to 0}\frac{x(x^2-4)}{x} = -4,$$

$$f'_-(0) = \lim_{x\to 0-}\frac{f(x)-f(0)}{x-0} = \lim_{x\to 0}\frac{kx(x+2)(x+4)}{x} = 8k.$$

令 $f'_+(0)=f'_-(0)$, 得 $k=-\dfrac{1}{2}$. 故当 $k=-\dfrac{1}{2}$ 时， $f(x)$ 在 $x=0$ 处可导.

例 1.16 设 $f(0)=0$, 则 $f(x)$ 在点 $x=0$ 可导的充要条件是

(A) $\lim\limits_{h\to 0}\dfrac{1}{h^2}f(1-\cos h)$ 存在; (B) $\lim\limits_{h\to 0}\dfrac{1}{h}f(1-\mathrm{e}^h)$ 存在;

(C) $\lim\limits_{h\to 0}\dfrac{1}{h^2}f(h-\sin h)$ 存在; (D) $\lim\limits_{h\to 0}\dfrac{1}{h}[f(2h)-f(h)]$ 存在.

解 (A) 令 $t=1-\cos h$, 则

$$\lim_{h\to 0}\frac{1}{h^2}f(1-\cos h) = \lim_{t\to 0+}\frac{f(t)-f(0)}{t-0}\cdot\lim_{h\to 0}\frac{1-\cos h}{h^2} = \frac{1}{2}f'_+(0),$$

所以 $f(x)$ 在点 $x=0$ 右可导 $\iff \lim\limits_{h\to 0}\dfrac{1}{h^2}f(1-\cos h)$ 存在. 如果取 $f(x)=|x|$, 则有

$$\lim_{h\to 0}\frac{1}{h^2}f(1-\cos h) = \lim_{h\to 0}\frac{1-\cos h}{h^2} = \frac{1}{2},$$

但 $f'(0)$ 不存在. 因此 (A) 不对.

(B) 令 $t=1-\mathrm{e}^h$, 则

$$\lim_{h\to 0}\frac{1}{h}f(1-\mathrm{e}^h) = \lim_{t\to 0}\frac{f(t)-f(0)}{t-0}\cdot\lim_{h\to 0}\frac{1-\mathrm{e}^h}{h} = -f'(0),$$

所以应选 (B).

(C) 如果 $f(x)$ 在点 $x=0$ 可导，则有

$$\lim_{h\to 0}\frac{1}{h^2}f(h-\sin h) = \lim_{t\to 0}\frac{f(t)-f(0)}{t-0}\cdot\lim_{h\to 0}\frac{h-\sin h}{h^2} = 0.$$

反过来，结论不成立. 令 $f(x)=\begin{cases}x\sin\dfrac{1}{x}, & x\neq 0\\ 0, & x=0\end{cases}$, 则有

$$\lim_{h\to 0}\frac{1}{h^2}f(h-\sin h)=\lim_{h\to 0}\frac{1}{h^2}\left[(h-\sin h)\sin\frac{1}{h-\sin h}\right]=0,$$

但 $f'(0)=\lim\limits_{x\to 0}\dfrac{x\sin\dfrac{1}{x}-0}{x-0}=$ 不存在.

(D) 如果 $f(x)$ 在点 $x=0$ 可导，则有

$$\lim_{h\to 0}\frac{1}{h}\left[f(2h)-f(h)\right]=\lim_{h\to 0}\left[2\cdot\frac{f(2h)-f(0)}{2h}-\frac{f(h)-f(0)}{h}\right]=f'(0).$$

反过来，结论不成立. 令 $f(x)=\begin{cases}0, & x=0\\ 1, & x\neq 0\end{cases}$, 则有

$$\lim_{h\to 0}\frac{1}{h}\left[f(2h)-f(h)\right]=0,$$

但 $f'(0)$ 不存在.

习 题 2.1 A

1. 选择题

(1) 设 $f(x)$ 在 $x=x_0$ 点可导且 $f'(x_0)=-2$, 则 $\lim\limits_{h\to 0}\dfrac{f(x_0-h)-f(x_0)}{h}=$

(A) $\dfrac{1}{2}$; (B) 2; (C) $-\dfrac{1}{2}$; (D) -2.

(2) 设 $f(x)$ 可导且 $\lim\limits_{x\to 0}\dfrac{f(1)-f(1-x)}{2x}=-1$, 则曲线 $y=f(x)$ 在 $(1,f(1))$ 处的切线斜率为

(A) 2; (B) -2; (C) $\dfrac{1}{2}$; (D) -1.

(3) 设 $f'(x_0)$ 存在，则 $\lim\limits_{h\to 0}\dfrac{f(x_0+2h)-f(x_0-h)}{h}=$

(A) 一定不存在; (B) $2f'(x_0)$; (C) $3f'(x_0)$; (D) $f'(x_0)$.

(4) 设 $f(x)$ 在 $x=a$ 的某个邻域内有定义，则 $f(x)$ 在 $x=a$ 点可导的一个充分条件是

(A) $\lim\limits_{h\to 0} h\left[f(a+\dfrac{1}{h})-f(a)\right]$存在; (B) $\lim\limits_{h\to 0}\dfrac{f(a+2h)-f(a+h)}{h}$存在;

(C) $\lim\limits_{h\to 0}\dfrac{f(a+h)-f(a-h)}{2h}$存在; (D) $\lim\limits_{h\to 0}\dfrac{f(a)-f(a-h)}{2h}$存在.

2. 讨论下列函数在分段点的可导性.

(1) $f(x)=\begin{cases}\sin x, & x\geq 0\\ x, & x<0\end{cases}$; (2) $f(x)=\begin{cases}x, & x\leq 1\\ 2-x, & x>1\end{cases}$.

3. 设 $f(x)=\begin{cases}\mathrm{e}^x, & x<0\\ x^2+bx+c, & x\geq 0\end{cases}$ 在 $x=0$ 处可导，求常数 b,c 的值.

4. 求曲线 $xy=1$ 在 $(1,1)$ 点的切线方程与法线方程.

5. 计算下列函数的导数，其中 $a>0$，$a\neq 1$.

(1) $y=x^4$; (2) $y=\sqrt[3]{x^2}$; (3) $y=x^2+3x+4$;

(4) $y=\dfrac{1}{\sqrt{x}}$; (5) $y=\dfrac{1}{x^2}$; (6) $y=|\sin x|$;

(7) $y=a^x$; (8) $y=\log_a x$.

6. 计算函数 $f(x)=\begin{cases}\dfrac{x}{1+\mathrm{e}^{1/x}}, & x\neq 0\\ 0, & x=0\end{cases}$ 在 $x=0$ 点的左右导数.

7. 设 $f(x)=\begin{cases}x^2, & x\text{是有理数}\\ 0, & x\text{是无理数}\end{cases}$, 则 $f(x)$ 在 $x=0$ 点可导.

8. 求下列函数的指定导数:

(1) $f(x)=\arcsin x\cdot\sqrt{\dfrac{1-\sin x}{1+\sin x}}$, 求 $f'(0)$.

(2) 设 $g(x)$ 在 $x=a$ 处可导且 $f(x)=g(a+bx)-g(a-bx)$, 求 $f'(0)$.

(3) 设 $f(x)$ 在 $x=0$ 处可导且 $f'(0)=\dfrac{1}{3}$, 又恒有 $f(3+x)=3f(x)$, 求 $f'(3)$.

习 题 2.1 B

1. 选择题

(1) 函数 $f(x)=(x^2-x-2)|x^3-x|$ 不可导点的个数是

(A) 3;　　(B) 2;　　(C) 1;　　(D) 0.

(2) 设 $f(x)=\begin{cases}\dfrac{1-\cos x}{\sqrt{x}}, & x>0\\ x^2g(x), & x\leq 0\end{cases}$，其中 $g(x)$ 是有界函数，则 $f(x)$ 在 $x=0$ 点

(A) 极限不存在;　　(B) 极限存在，但不连续;

(C) 连续，但不可导;　　(D) 可导.

(3) 设函数 $f(x)=\begin{cases}x^2\sin\dfrac{1}{x}, & x\neq 0\\ 0, & x=0\end{cases}$，又函数 $g(x)$ 可导，则函数 $F(x)=g[f(x)]$ 在 $x=0$ 点

(A)不连续; (B)不可导; (C)可导且导数为 $g'(0)$; (D)可导且导数为零.

(4) 设函数 $f(x)=\lim\limits_{n\to\infty}\sqrt[n]{1+|x|^{3n}}$, 则 $f(x)$ 在 $(-\infty,+\infty)$ 内

(A) 处处可导;　　(B) 恰有一个不可导点;

(C) 恰有两个不可导点;　　(D) 至少有三个不可导点.

(5) 设 $f(x)$ 可导， $F(x)=f(x)(1+|\sin x|)$, 则 $f(0)=0$ 是 $F(x)$ 在 $x=0$ 处可导的

(A) 充分必要条件;　　(B) 充分条件但非必要条件;

(C) 必要条件但非充分条件;　　(D) 既非充分条件又非必要条件.

(6) 设函数 $f(x)$ 在 $x=0$ 处连续，且 $\lim\limits_{h\to 0}\dfrac{f(h^2)}{h^2}=1$, 则

(A) $f(0)=0$且 $f'_-(0)$存在; (B) $f(0)=1$且 $f'_-(0)$存在;

(C) $f(0)=0$且 $f'_+(0)$存在; (D) $f(0)=1$且 $f'_+(0)$存在.

2. 证明双曲线 $xy=a^2$ 上任一点处的切线与两坐标轴构成的三角形的面积都等于 $2a^2$.

3. 设 $f(x)$ 在 c 点右可导且 $f'_+(c)>0$. 证明存在 $\delta>0$, 使当 $c<x<c+\delta$ 时，恒有 $f(x)>f(c)$.

4. 证明偶函数的导函数是奇函数；奇函数的导函数是偶函数.

5. 证明周期函数的导函数是周期函数，并且两者有相同的周期.

6. 试证椭圆 $\dfrac{x^2}{a^2}+\dfrac{y^2}{b^2}=1$ 在其上 (x_0,y_0) 点的切线方程为 $\dfrac{xx_0}{a^2}+\dfrac{yy_0}{a^2}=1$.

7. 试证明

(1) $(\tan x)'=\sec^2 x$; (2) $(\cot x)'=-\csc^2 x$;

(3) $(\sec x)'=\tan x\cdot\sec x$; (4) $(\csc x)'=-\cot x\cdot\csc x$.

8. 设函数 $u(x),v(x)$ 均在 (a,b) 内可导，试证明函数 $u(x),v(x)$ 的和、差、积、商 (分母不为零) 均在 (a,b) 内可导，并且有

$$(u(x)\pm v(x))'=u'(x)\pm v'(x);$$

$$(u(x)\cdot v(x))'=u'(x)\cdot v(x)+u(x)\cdot v'(x);$$

$$\left(\frac{u(x)}{v(x)}\right)'=\frac{u'(x)\cdot v(x)-u(x)\cdot v'(x)}{v^2(x)}.$$

9. 讨论函数 $f(x)=\begin{cases}|x|^\alpha\sin\dfrac{1}{|x|^\beta}, & x\neq 0,\\ 0, & x=0,\end{cases}$ 在 $x=0$ 点的可导性.

10. 已知 $f(x)$ 是周期为 5 的连续函数，它在 $x=0$ 的某个邻域内满足关系式

$$f(1+\sin x)-3f(1-\sin x)=8x+\alpha(x),$$

其中 $\alpha(x)$ 是当 $x\to 0$ 时，比 x 高阶的无穷小，且 $f(x)$ 在 $x=1$ 处可导，求曲线 $y=f(x)$ 在点 $(6,f(6))$ 处的切线方程.

§2.2 求导法则

函数的求导运算也称微分法. 对于基本函数和特殊函数需要用定义求导, 对于大量的常用函数, 比如初等函数, 常常需要用求导法则和求导公式来计算导数.

§2.2.1 导数的四则运算

在可导情况下, 函数的和、差、积、商 (分母不为零) 仍可导, 并且和、差的导数等于导数的和、差, 乘积的导数等于分别导数的和, 商的导数等于分别导数差与分母平方的商. 严格来说, 有

定理 2.1 设函数 $u(x), v(x)$ 均在 (a,b) 内可导, 则函数 $u(x), v(x)$ 的和、差、积、商 (分母不为零) 均在 (a,b) 内可导, 并且有

$$(u(x) \pm v(x))' = u'(x) \pm v'(x);$$

$$(u(x) \cdot v(x))' = u'(x) \cdot v(x) + u(x) \cdot v'(x);$$

$$\left(\frac{u(x)}{v(x)}\right)' = \frac{u'(x) \cdot v(x) - u(x) \cdot v'(x)}{v^2(x)} = \frac{u'}{v} - \frac{uv'}{v^2}.$$

证 (1) 和差公式. 记 $y = u(x) \pm v(x)$, 则

$$\begin{aligned}\Delta y &= (u(x+\Delta x) \pm v(x+\Delta x)) - (u(x) \pm v(x)) \\ &= (u(x+\Delta x) - u(x)) \pm (v(x+\Delta x) - v(x)) = \Delta u \pm \Delta v.\end{aligned}$$

于是

$$\lim_{\Delta x \to 0} \frac{\Delta y}{\Delta x} = \lim_{\Delta x \to 0} \left(\frac{\Delta u}{\Delta x} + \frac{\Delta v}{\Delta x}\right) = u'(x) + v'(x).$$

(2) 乘法公式. 记 $y = u(x) \cdot v(x)$, 则

$$\begin{aligned}\Delta y &= u(x+\Delta x) \cdot v(x+\Delta x) - u(x) \cdot v(x) \\ &= (u(x) + \Delta u) \cdot (v(x) + \Delta v) - u(x) \cdot v(x)\end{aligned}$$

$$= \Delta u \cdot v(x) + u(x) \cdot \Delta v + \Delta u \cdot \Delta v.$$

于是

$$\begin{aligned}\lim_{\Delta x \to 0} \frac{\Delta y}{\Delta x} &= \lim_{\Delta x \to 0} \left(\frac{\Delta u}{\Delta x} v(x) + u(x) \frac{\Delta v}{\Delta x} + \Delta u \frac{\Delta v}{\Delta x} \right) \\ &= u'(x)v(x) + u(x)v'(x).\end{aligned}$$

(3) 除法公式. 记 $y = \dfrac{u(x)}{v(x)}$, 则

$$\begin{aligned}\Delta y &= \frac{u(x+\Delta x)}{v(x+\Delta x)} - \frac{u(x)}{v(x)} \\ &= \frac{u(x+\Delta x) \cdot v(x) - u(x) \cdot v(x+\Delta x)}{v(x+\Delta x)v(x)} \\ &= \frac{(u(x)+\Delta u) \cdot v(x) - u(x) \cdot (v(x)+\Delta v)}{v(x+\Delta x)v(x)} \\ &= \frac{\Delta u \cdot v(x) - u(x) \cdot \Delta v}{v(x+\Delta x)v(x)}.\end{aligned}$$

于是

$$\begin{aligned}\lim_{\Delta x \to 0} \frac{\Delta y}{\Delta x} &= \lim_{\Delta x \to 0} \frac{1}{v(x+\Delta x)v(x)} \left(\frac{\Delta u}{\Delta x} v(x) - u(x) \frac{\Delta v}{\Delta x} \right) \\ &= \frac{u'(x) \cdot v(x) - u(x) \cdot v'(x)}{v^2(x)}.\end{aligned}$$

推论 2.1 设 C 为常数, 则 $(Cu(x))' = Cu'(x)$.

推论 2.2 设 $v(x)$ 可导且 $v(x) \neq 0$, 则 $\left(\dfrac{1}{v(x)}\right)' = -\dfrac{v'(x)}{v^2(x)}$.

例 2.1 三角函数的导数.

$$\begin{aligned}(\tan x)' &= \sec^2 x, & (\cot x)' &= -\csc^2 x, \\ (\sec x)' &= \tan x \sec x, & (\csc x)' &= -\cot x \csc x.\end{aligned}$$

证 $(\tan x)' = \left(\dfrac{\sin x}{\cos x}\right)' = \dfrac{(\sin x)' \cos x - \sin x (\cos x)'}{\cos^2 x}$

$$= \frac{\cos x \cos x - \sin x(-\sin x)}{\cos^2 x} = \frac{1}{\cos^2 x} = \sec^2 x.$$

其余公式的证法类似.

例 2.2 对数函数的导数 $(\log_a x)' = \dfrac{1}{x\ln a}$.

证 $(\log_a x)' = (\dfrac{\ln x}{\ln a})' = \dfrac{1}{\ln a}(\ln x)' = \dfrac{1}{x\ln a}$.

§2.2.2 反函数与复合函数求导

对于结构比较复杂的函数，特别是初等函数，要计算导数，通常需要用到反函数求导法则和复合函数求导法则. 反函数的导数与原函数的导数互为倒数，复合函数的导数可以按照复合关系逐层求导后相乘，呈现一种连锁规则.

1. **反函数求导法则**

设 $y=f(x)$ 是函数 $x=\varphi(y)$ 的反函数，如果 $\varphi'(y)$ 存在且 $\neq 0$, 则有

$$\lim_{\Delta x\to 0}\frac{\Delta y}{\Delta x} = \lim_{\Delta x\to 0}\frac{1}{\frac{\Delta x}{\Delta y}} = \lim_{\Delta y\to 0}\frac{1}{\frac{\Delta x}{\Delta y}} = \frac{1}{\varphi'(y)}.$$

亦即

定理 2.2 *设函数 $\varphi(y)$ 可导，如果 $\varphi'(y)\neq 0$, 则反函数 $y=f(x)$ 可导且*

$$f'(x) = \frac{\mathrm{d}y}{\mathrm{d}x} = 1\Big/\frac{\mathrm{d}x}{\mathrm{d}y} = \frac{1}{\varphi'(y)} = \frac{1}{\varphi'(f(x))}.$$

例 2.3 反三角函数的导数.

$$(\arcsin x)' = \frac{1}{\sqrt{1-x^2}}; \qquad (\arccos x)' = -\frac{1}{\sqrt{1-x^2}};$$

$$(\arctan x)' = \frac{1}{1+x^2}; \qquad (\operatorname{arccot} x)' = -\frac{1}{1+x^2}.$$

证 记 $y=\arcsin x$, 则当 $|x|<1$ 时，有

$$(\arcsin x)' = \frac{1}{(\sin y)'} = \frac{1}{\cos y} = \frac{1}{\sqrt{1-\sin^2 y}} = \frac{1}{\sqrt{1-x^2}}.$$

记 $y=\arctan x$, 则 $-\infty<x<+\infty$ 时，有

$$(\arctan x)' = \frac{1}{(\tan y)'} = \frac{1}{\sec^2 y} = \frac{1}{1+\tan^2 y} = \frac{1}{1+x^2}.$$

其余公式的证法类似.

2. **复合函数求导法则**

定理 2.3 (链法则) 设函数 $y=f(u)$ 与函数 $u=\varphi(x)$ 均可导, 则复合函数 $y=f(\varphi(x))$ 在其定义域内可导, 并且有 $(f\circ\varphi)'(x)=f'(\varphi(x))\cdot\varphi'(x)$, 即

$$\frac{\mathrm{d}y}{\mathrm{d}x}=\frac{\mathrm{d}y}{\mathrm{d}u}\cdot\frac{\mathrm{d}u}{\mathrm{d}x}.$$

证 根据 $y=f(u)$ 可导有,

$$\Delta y=f'(u)\Delta u+\alpha\cdot\Delta u.$$

其中 α 是一个 $\Delta u\to 0$ 时的无穷小量. 于是

$$\frac{\Delta y}{\Delta x}=f'(u)\frac{\Delta u}{\Delta x}+\alpha\cdot\frac{\Delta u}{\Delta x}.$$

由此可知,

$$\begin{aligned}\frac{\mathrm{d}y}{\mathrm{d}x}&=\lim_{\Delta x\to 0}\frac{\Delta y}{\Delta x}\\&=\lim_{\Delta x\to 0}\Big(f'(u)\frac{\Delta u}{\Delta x}+\alpha\cdot\frac{\Delta u}{\Delta x}\Big)=\frac{\mathrm{d}y}{\mathrm{d}u}\cdot\frac{\mathrm{d}u}{\mathrm{d}x}.\end{aligned}$$

例 2.4 幂函数的导数 $(x^\alpha)'=\alpha x^{\alpha-1}$.

证 $(x^\alpha)'=(\mathrm{e}^{\alpha\ln x})'=\mathrm{e}^{\alpha\ln x}\cdot(\alpha\ln x)'=x^\alpha(\alpha\cdot\frac{1}{x})=\alpha x^{\alpha-1}$.

例 2.5 指数函数的导数 $(a^x)'=a^x\ln a$.

证 $(a^x)'=(\mathrm{e}^{a\ln x})'=\mathrm{e}^{x\ln a}(x\ln a)'=a^x\ln a$.

例 2.6 设 $u=u(x),v=v(x),y=f(x)$ 是可导函数, 则

(1) $(f(uv))'=f'(uv)(u'v+uv')$; (2) $\big(f(\frac{v}{u})\big)'=f'(\frac{v}{u})\cdot\frac{uv'-vu'}{u^2}$;

(3) $(u^v)'=u^v\big(v'\ln u+\frac{u'v}{u}\big)$.

证 (1) $(f(uv))'=f'(uv)(uv)'=f'(uv)(u'v+uv')$.

(2) $\big(f(\frac{v}{u})\big)'=f'(\frac{v}{u})(\frac{v}{u})'=f'(\frac{v}{u})\cdot\frac{uv'-vu'}{u^2}$.

(3) $(u^v)'=(\mathrm{e}^{v\ln u})'=\mathrm{e}^{v\ln u}(v\ln u)'=u^v(v'\ln u+u'v/u)$.

例 2.7　双曲函数的导数.

$$(\operatorname{sh} x)' = \operatorname{ch} x,\quad (\operatorname{ch} x)' = \operatorname{sh} x,\quad (\operatorname{th} x)' = \frac{1}{\operatorname{ch}^2 x}.$$

证　$(\operatorname{sh} x)' = \left(\dfrac{1}{2}(\mathrm{e}^x - \mathrm{e}^{-x})\right)' = \dfrac{1}{2}(\mathrm{e}^x + \mathrm{e}^{-x}) = \operatorname{ch} x$. 其余公式类似.

例 2.8　反双曲函数的导数.

$$(\operatorname{arsh} x)' = (\ln(x + \sqrt{x^2+1}\,))' = \frac{1}{\sqrt{1+x^2}},$$

$$(\operatorname{arch} x)' = (\ln(x + \sqrt{x^2-1}\,))' = \frac{1}{\sqrt{x^2-1}}, (x > 1),$$

$$(\operatorname{arth} x)' = \left(\frac{1}{2}\ln\frac{1+x}{1-x}\right)' = \frac{1}{1-x^2}, (|x| < 1).$$

证　设 $y = \operatorname{arsh} x$, 则

$$(\operatorname{arsh} x)' = \frac{1}{(\operatorname{sh} y)'} = \frac{1}{\operatorname{ch} y} = \frac{1}{\sqrt{1+x^2}}.$$

其余公式的证法类似.

例 2.9　设函数 $f(x)$ 在区间 (a,b) 可导且当 $x \in (a,b)$ 时，恒有 $f(x) \neq 0$, 则

$$(\ln|f(x)|)' = \frac{f'(x)}{f(x)}.$$

证　当 $f(x) > 0$ 时,

$$(\ln|f(x)|)' = (\ln f(x))' = \frac{1}{f(x)}f'(x);$$

当 $f(x) < 0$ 时,

$$(\ln|f(x)|)' = (\ln(-f(x)))' = \frac{1}{-f(x)}(-f'(x)) = \frac{f'(x)}{f(x)}.$$

3. 基本导数公式表

利用求导法则和基本初等函数的求导公式便可以方便地计算一般初等函数的导数，基本初等函数的求导公式必须熟练掌握，反复使用. 为了便于查阅，现将这些公式列表如下.

基本导数公式表

1. $(C)'=0, C$是常数, 2. $(x^\alpha)'=\alpha x^{\alpha-1}, (x>0)$,

3. $(\mathrm{e}^x)'=\mathrm{e}^x$, $(a^x)'=a^x\ln a, (a>0, a\neq 1)$,

4. $(\ln x)'=\dfrac{1}{x}$, $(\log_a x)'=\dfrac{1}{x\ln a}, (a>0, a\neq 1)$,

5. $(\sin x)'=\cos x$, 6. $(\cos x)'=-\sin x$,

7. $(\tan x)'=\sec^2 x$, 8. $(\cot x)'=-\csc^2 x$,

9. $(\sec x)'=\tan x\sec x$, 10. $(\csc x)'=-\cot x\csc x$,

11. $(\arcsin x)'=\dfrac{1}{\sqrt{1-x^2}}$, $(|x|<1)$,

12. $(\arccos x)'=-\dfrac{1}{\sqrt{1-x^2}}$, $(|x|<1)$,

13. $(\arctan x)'=\dfrac{1}{1+x^2}$, $(-\infty<x<+\infty)$,

14. $(\operatorname{arccot} x)'=-\dfrac{1}{1+x^2}$, $(-\infty<x<+\infty)$,

15. $(\operatorname{sh} x)'=\operatorname{ch} x$, 16. $(\operatorname{ch} x)'=\operatorname{sh} x$, 17. $(\operatorname{th} x)'=\dfrac{1}{\operatorname{ch}^2 x}$,

18. $(\operatorname{arsh} x)'=(\ln(x+\sqrt{x^2+1}))'=\dfrac{1}{\sqrt{1+x^2}}$,

19. $(\operatorname{arch} x)'=(\ln(x+\sqrt{x^2-1}))'=\dfrac{1}{\sqrt{x^2-1}}$, $(|x|>1)$,

20. $(\operatorname{arth} x)'=\left(\dfrac{1}{2}\ln\dfrac{1+x}{1-x}\right)'=\dfrac{1}{1-x^2}$, $(|x|<1)$.

例 2.10 求下列函数的导数，其中 $a>0$.

(1) $f(x)=\dfrac{x}{2}\sqrt{a^2-x^2}+\dfrac{a^2}{2}\arcsin\dfrac{x}{a}$;

(2) $f(x)=x^{a^x}+a^{x^x}+x^{x^a}$; (3) $f(x)=x|\sin x|$.

解 (1) $f'(x)=\dfrac{\sqrt{a^2-x^2}}{2}-\dfrac{x^2}{2\sqrt{a^2-x^2}}-\dfrac{a^2}{2a\sqrt{1-\left(\dfrac{x}{a}\right)^2}}$

$$= \sqrt{a^2 - x^2} - \frac{a^2}{\sqrt{a^2 - x^2}}.$$

(2) $$f'(x) = (x^{a^a})' + (a^{x^x})' + (x^{x^a})'$$
$$= x^{a^x}(a^x \ln x)' + a^{x^x}(x^x \ln a)' + x^{x^a}(x^a \ln x)'$$
$$= x^{a^x} a^x(\ln a \ln x + 1/x) + a^{x^x} x^x(\ln x + 1)\ln a$$
$$+ x^{x^a + a - 1}(a \ln x + 1).$$

(3) 设 k 为任意整数，则

$$f(x) = \begin{cases} x\sin x, & 2k\pi < x < 2k\pi + \pi \\ 0, & x = k\pi \\ -x\sin x, & 2k\pi - \pi < x < 2k\pi \end{cases}.$$

当 $x = k\pi$ 时,

$$f'_+(x) = \lim_{\Delta x \to 0+} \frac{f(x+\Delta x) - f(x)}{\Delta x} = \lim_{\Delta x \to 0} \frac{(x+\Delta x)\sin\Delta x}{\Delta x} = x,$$

$$f'_-(x) = \lim_{\Delta x \to 0-} \frac{f(x+\Delta x) - f(x)}{\Delta x} = \lim_{\Delta x \to 0} \frac{-(x+\Delta x)\sin\Delta x}{\Delta x} = -x.$$

于是

$$f'(x) = \begin{cases} \sin x + x\cos x, & 2k\pi < x < 2k\pi + \pi \\ \text{不存在}, & x = k\pi, k \neq 0 \\ 0, & x = 0 \\ -\sin x - x\cos x, & 2k\pi - \pi < x < 2k\pi \end{cases}$$

例 2.11 设 $f(x)$ 在 $(-\infty, +\infty)$ 内可导，求下列函数的导数:

(1) $y = f\left(\dfrac{\arcsin x}{x}\right) + \ln(x + \sqrt{a^2 + x^2})$;

(2) $y = \dfrac{f(\sin^2 x) + f(\cos^2 x)}{\arctan x}$;

(3) $y = f(\varphi(x))$, 其中 $\varphi(x) = \begin{cases} x^2 \sin\dfrac{1}{x}, & x \neq 0 \\ 0, & x = 0 \end{cases}$.

解 (1) $y' = \left(f\left(\dfrac{\arcsin x}{x}\right)\right)' + \left(\ln(x + \sqrt{a^2 + x^2})\right)'$

$$= f'\left(\frac{\arcsin x}{x}\right)\cdot\left(\frac{\arcsin x}{x}\right)' + \frac{(x+\sqrt{a^2+x^2})'}{x+\sqrt{a^2+x^2}}$$

$$= f'\left(\frac{\arcsin x}{x}\right)\cdot\left(\frac{1}{x\sqrt{1-x^2}} - \frac{\arcsin x}{x^2}\right) + \frac{1}{\sqrt{a^2+x^2}}.$$

(2) $y' = \left(\dfrac{f(\sin^2 x)+f(\cos^2 x)}{\arctan x}\right)'$

$$= \frac{[f(\sin^2 x)+f(\cos^2 x)]'}{\arctan x} - \frac{f(\sin^2 x)+f(\cos^2 x)}{(1+x^2)\arctan^2 x}$$

$$= \frac{\sin 2x\cdot[f'(\sin^2 x)-f'(\cos^2 x)]}{\arctan x} - \frac{f(\sin^2 x)+f(\cos^2 x)}{(1+x^2)\arctan^2 x}.$$

(3) 由于

$$\varphi'(0) = \lim_{x\to 0}\frac{\varphi(x)-\varphi(0)}{x-0} = \lim_{x\to 0}\frac{x^2\sin\dfrac{1}{x}}{x} = 0,$$

所以

$$y' = f'(\varphi(x))\varphi'(x) = \begin{cases} f'(\varphi(x))\left(2x\sin\dfrac{1}{x} - \cos\dfrac{1}{x}\right), & x\neq 0 \\ 0, & x = 0 \end{cases}.$$

例 2.12 求下列函数的导数:

(1) $y = \cos[\sin^3(x^2+x)]$;　　(2) $y = \mathrm{e}^{\sqrt{x-\cos x}}$;

(3) $y = \left(\dfrac{1}{2}\arctan\dfrac{2x}{1-x^2}\right)^{\frac{1}{3}}$;　　(4) $y = \sin\dfrac{x^3}{\sin\dfrac{x^3}{\sin x}}$.

解 (1) $y' = -\sin[\sin^3(x^2+x)]\cdot[\sin^3(x^2+x)]'$

$$= -\sin[\sin^3(x^2+x)]\cdot 3\sin^2(x^2+x)\cdot[\sin(x^2+x)]'$$

$$= -\sin[\sin^3(x^2+x)]\cdot 3\sin^2(x^2+x)\cdot\cos(x^2+x)\cdot(x^2+x)'$$

$$= -\sin[\sin^3(x^2+x)]\cdot 3\sin^2(x^2+x)\cdot\cos(x^2+x)\cdot(2x+1)$$

$$= -3(2x+1)\cos(x^2+x)\sin^2(x^2+x)\sin[\sin^3(x^2+x)].$$

(2) $y' = e^{\sqrt{x-\cos x}} \cdot [\sqrt{x-\cos x}]' = e^{\sqrt{x-\cos x}} \cdot \dfrac{1}{2\sqrt{x-\cos x}} \cdot (x-\cos x)'$

$$= e^{\sqrt{x-\cos x}} \cdot \frac{1}{2\sqrt{x-\cos x}} \cdot (1+\sin x) = \frac{1}{2} e^{\sqrt{x-\cos x}} \frac{1+\sin x}{\sqrt{x-\cos x}}.$$

(3) $y' = \dfrac{1}{3}\left(\dfrac{1}{2}\arctan\dfrac{2x}{1-x^2}\right)^{-\frac{2}{3}} \cdot \left(\dfrac{1}{2}\arctan\dfrac{2x}{1-x^2}\right)'$

$$= \frac{1}{6} \cdot \frac{1}{\left(\frac{1}{2}\arctan\frac{2x}{1-x^2}\right)^{\frac{2}{3}}} \cdot \frac{1}{1+\left(\frac{2x}{1-x^2}\right)^2} \cdot \left(\frac{2x}{1-x^2}\right)'$$

$$= \frac{1}{6\left(\frac{1}{2}\arctan\frac{2x}{1-x^2}\right)^{\frac{2}{3}}} \cdot \frac{(1-x^2)^2}{(1+x^2)^2} \cdot \frac{2(1-x^2)-2x(-2x)}{(1-x^2)^2}$$

$$= \frac{1}{2\left(\frac{1}{2}\arctan\frac{2x}{1-x^2}\right)^{\frac{2}{3}}(1+x^2)}.$$

(4) $y' = \cos\dfrac{x^3}{\sin\dfrac{x^3}{\sin x}} \cdot \left(\dfrac{x^3}{\sin\dfrac{x^3}{\sin x}}\right)'$

$$= \cos\frac{x^3}{\sin\frac{x^3}{\sin x}} \cdot \left[\frac{3x^2}{\sin\frac{x^3}{\sin x}} - \frac{x^3}{\sin^2\frac{x^3}{\sin x}} \cdot \left(\sin\frac{x^3}{\sin x}\right)'\right]$$

$$= \cos\frac{x^3}{\sin\frac{x^3}{\sin x}} \cdot \left[\frac{3x^2}{\sin\frac{x^3}{\sin x}} - \frac{x^5(3\sin x - x\cos x)\cos\frac{x^3}{\sin x}}{\sin^2 x\sin^2\frac{x^3}{\sin x}}\right].$$

例 2.13 讨论 α 取何值时，函数 $f(x) = \begin{cases} |x|^\alpha \sin\dfrac{1}{x}, & x \neq 0 \\ 0, & x = 0 \end{cases}$ 在 $x=0$ 点连续，可导，导数连续？

解 (1) 当 $\alpha \leq 0$ 时，令 $x_n = \dfrac{1}{2n\pi + \frac{\pi}{2}}$，则当 $\alpha = 0$ 时，$f(x_n) = 1$; 当 $\alpha < 0$ 时，$\lim\limits_{n\to\infty} f(x_n) = +\infty$. 因此当 $\alpha \leq 0$ 时，$x = 0$ 是 $f(x)$ 的间断点.

(2) 当 $\alpha>0$时，$\lim\limits_{x\to0}f(x)=\lim\limits_{x\to0}|x|^\alpha\sin\dfrac{1}{x}=0$, 故 $f(x)$在 $x=0$点连续.

(3) 当 $0<\alpha\le1$ 时，

$$f'(0)=\lim_{x\to0}\frac{|x|^\alpha\sin\dfrac{1}{x}-0}{x-0}=\lim_{x\to0}|x|^{\alpha-1}\sin\frac{1}{|x|}=\text{不存在},$$

所以 $f(x)$ 在 $x=0$ 点不可导.

(4) 当 $\alpha>1$ 时，

$$f'(0)=\lim_{x\to0}\frac{|x|^\alpha\sin\dfrac{1}{x}-0}{x-0}=\lim_{x\to0}|x|^{\alpha-1}\sin\frac{1}{|x|}=0,$$

所以 $f(x)$ 在 $x=0$ 点可导.

(5) 当 $x\neq0$ 时，

$$f'(x)=\alpha|x|^{\alpha-1}\sin\frac{1}{|x|}-|x|^{\alpha-2}\cos\frac{1}{x},$$

所以当 $1<\alpha\le2$ 时，$f'(x)$ 在 $x=0$ 点不连续；当 $\alpha>2$ 时，$f'(x)$ 在 $x=0$ 点连续.

例 2.14 设 $f(x)=\lim\limits_{n\to\infty}\dfrac{x^2\mathrm{e}^{n(x-1)}+ax+b}{1+\mathrm{e}^{n(x-1)}}$, 讨论 $f(x)$ 的连续性与可导性.

解 计算极限有

$$f(x)=\begin{cases}x^2, & x>1\\ \dfrac{a+b+1}{2}, & x=1\\ ax+b, & x<1\end{cases}.$$

由此可知，当且仅当 $a+b=1=\dfrac{1}{2}(a+b+1)$ 时，$f(x)$ 在 $x=1$ 点连续. 由于 $a\neq0$ 时，有

$$f'_-(1)=\lim_{x\to1-}\frac{f(x)-f(1)}{x-1}=\lim_{x\to1}\frac{ax+b-1}{x-1}=a;$$

$$f'_+(1)=\lim_{x\to1+}\frac{f(x)-f(1)}{x-1}=\lim_{x\to1}\frac{x^2-1}{x-1}=2.$$

所以 $a=2,b=-1$ 时，$f(x)$ 在 $(-\infty,+\infty)$ 上可导.

习 题 2.2 A

1. 证明下列求导公式

(1) $(\arccos x)' = -\dfrac{1}{\sqrt{1-x^2}}$;　　(2) $(\operatorname{arccot} x)' = -\dfrac{1}{1+x^2}$;

(3) $(\operatorname{arch} x)' = \dfrac{1}{\sqrt{x^2-1}}$.

2. 求下列函数的导数

(1) $y = 2\sqrt{x} - \dfrac{1}{x} + \tan x$;　　(2) $y = \dfrac{ax^3+bx+c}{ax+c}$;

(3) $y = \dfrac{3}{5-t} + \dfrac{t^2}{5}$;　　(4) $y = \dfrac{1}{(1+x)^2(1-2x^3)}$;

(5) $y = x\sin x\ln x$;　　(6) $y = x\sec x - \cot x$;

(7) $y = \dfrac{x^3}{\arctan x}$;　　(8) $y = 7\operatorname{arsh} x + \dfrac{1}{\arccos x}$;

(9) $y = \log_a x + \arctan a^x$;　　(10) $y = \arcsin\dfrac{2}{x} + \sqrt{1+\ln^2 x}$;

(11) $y = \ln\dfrac{\sqrt{1+x^2}-x}{\sqrt{1+x^2}+x}$;　　(12) $y = \arctan\dfrac{a}{x} + \ln\sqrt{\dfrac{x-a}{x+a}}$.

3. 求下列函数的导数

(1) $y = \sqrt{x+\sqrt{x}}$;　　(2) $y = x\arcsin\dfrac{x}{2} + \sqrt{4-x^2}$;

(3) $y = \ln\cos\dfrac{1}{x}$;　　(4) $y = \sqrt{x+\sqrt{x+\sqrt{x}}}$;

(5) $y = \mathrm{e}^{-\sin^2\frac{1}{x}}$;　　(6) $y = \arcsin\sqrt{\dfrac{1-x}{1+x}}$;

(7) $y = \dfrac{1+\sin x}{1+\cos x}$;　　(8) $y = \ln(\sec x + \tan x)$;

(9) $y = \mathrm{e}^{\arctan\sqrt{x}}$;　　(10) $y = \left(\dfrac{a}{x}\right)^x\left(\dfrac{b}{x}\right)^a\left(\dfrac{x}{a}\right)^b$;

(11) $y = (\sin x)^{\cos x}$;　　(12) $y = \dfrac{\sin x}{x} + \dfrac{x}{\sin x}$.

4. 已知 $f(x)$ 可导， $y=f(\ln x+\sqrt{a^2+x^2})$, 求 y'.

5. 已知 $f(x)$ 可导， $y=[f(\sin x)]^{f(\cos x)}$, 求 y'.

习 题 2.2 B

1. 设函数 $f(x)$ 在 $x=0$ 点的某邻域内具有连续的导数，且 $f(0)\neq 0$, $f'(0)\neq 0$, 若 $af(h)+bf(2h)-f(0)$ 在 $h\to 0$ 时是比 h 高阶的无穷小，试确定 a,b 的值.

2. 已知 $f(x)=\begin{cases}\dfrac{(1+x)^x-\cos x}{x}, & x\neq 0\\ a, & x=0\end{cases}$，(1) 确定 a 的值，使 $f(x)$ 在 $x=0$ 点连续； (2) 求 $f'(x)$.

3. 求下列函数的导数：

(1) $y=\sqrt{\dfrac{\sin x}{x}+\dfrac{x}{\sin x}}$;　　(2) $y=\ln\cos \mathrm{e}^{\sin\frac{1}{x}}$;

(3) $y=\dfrac{\sqrt{1+x}-\sqrt{1-x}}{\sqrt[3]{1+x}+\sqrt[3]{1-x}}$;　　(4) $y=\sqrt[4]{x\sqrt[3]{\mathrm{e}^x\sqrt{\sin\dfrac{1}{x}}}}$;

(5) $y=x^2\cdot\sqrt{a^2-x^2}+a^2\arctan\dfrac{x}{a}$;

(6) $y=\dfrac{x}{2}\sqrt{x^2-a^2}-\dfrac{a^2}{2}\ln|x+\sqrt{x^2-a^2}|$;

(7) $y=\arctan\sqrt{\dfrac{a}{x}}+\ln\left(1+\sqrt{\dfrac{x-a}{x+a}}\right)$;

(8) $y=\dfrac{1}{2}\arctan\sqrt{1+x^2}+\dfrac{1}{4}\ln\dfrac{\sqrt{1+x^2}+1}{\sqrt{1+x^2}-1}$.

4. 设 $g(x)=\begin{cases}\sin^3 x\cdot\cos\dfrac{1}{x}, & x\neq 0\\ 0, & x=0\end{cases}$, 又 $f(x)$ 为可导函数, 求函数 $f(g(x))$ 的导数.

5. 讨论 α,β 取何值时，函数 $f(x)=\begin{cases}x^{\alpha}\sin\dfrac{1}{x^{\beta}}, & x\neq 0\\ 0, & x=0\end{cases}$ 在定义域上连续、可导、导数连续？

§2.3 高阶导数与隐式导数

在实际问题中，不仅需要计算函数的导数，而且还需要计算导数的导数，即高阶导数. 例如，位移的导数表示速度，速度的导数则表示加速度. 同样，不仅需要计算直接函数的导数，而且还需要计算间接函数的导数，例如隐函数、参数化函数和极坐标函数等，自变量与因变量的函数关系虽然在理论上存在，但实际上常常很难用初等函数或简单函数表示出来. 如何有效地计算高阶导数和间接导数，有必要在方法上予以讨论.

§2.3.1 高阶导数

如果函数 $y=f(x)$ 在某个区间 I 内可导，那么函数 $f(x)$ 在区间 I 内确定一个导函数 $f'(x)$. 如果函数 $f'(x)$ 在区间 I 内也可导，那么 $f'(x)$ 也在区间 I 内确定一个导函数，记为 $f''(x)$, 并称 $f''(x)$ 是函数 $f(x)$ 的二阶导数. 换句话说，有

$$f''(x)=\lim_{\Delta x\to 0}\frac{f'(x+\Delta x)-f'(x)}{\Delta x}.$$

常用的二阶导数的表示符号还有

$$y''=(y')',\quad \frac{\mathrm{d}^2y}{\mathrm{d}x^2}=\frac{\mathrm{d}}{\mathrm{d}x}\left(\frac{\mathrm{d}y}{\mathrm{d}x}\right),\quad \frac{\mathrm{d}^2f}{\mathrm{d}x^2}=\frac{\mathrm{d}}{\mathrm{d}x}\left(\frac{\mathrm{d}f}{\mathrm{d}x}\right).$$

一般地，如果函数 $f(x)$ 在区间 I 内有直到 $n-1$ 阶的导函数 $f^{(n-1)}(x)$, 并且函数 $f^{(n-1)}(x)$ 在区间 I 内也可导，则称函数 $f^{(n-1)}(x)$ 在区间 I 内的导函数为函数 $f(x)$ 的 n 阶导数，记为 $f^{(n)}(x)$. 即

$$f^{(n)}(x)=\lim_{\Delta x\to 0}\frac{f^{(n-1)}(x+\Delta x)-f^{(n-1)}(x)}{\Delta x}.$$

常用的 n 阶导数的表示符号还有

$$y^{(n)}=(y^{(n-1)})',\quad \frac{\mathrm{d}^ny}{\mathrm{d}x^n}=\frac{\mathrm{d}}{\mathrm{d}x}\left(\frac{\mathrm{d}^{n-1}y}{\mathrm{d}x^{n-1}}\right),\quad \frac{\mathrm{d}^nf}{\mathrm{d}x^n}=\frac{\mathrm{d}}{\mathrm{d}x}\left(\frac{\mathrm{d}^{n-1}f}{\mathrm{d}x^{n-1}}\right).$$

二阶和二阶以上导数统称为高阶导数. 求一个函数的 n 阶导数就是按照求导法则和求导公式依次计算 n 次导数.

例 3.1 求下列函数的二阶导数.

(1) $y=(1+x^2)\arctan x$; (2) $y=\ln f(x)$,其中 $f(x)$ 二阶可导.

解 (1) $y''=(2x\arctan x+1)'=2\arctan x+\dfrac{2x}{1+x^2}$.

(2) $$y''=((\ln f(x))')'=\left(\frac{f'(x)}{f(x)}\right)'=\frac{f''(x)f(x)-(f'(x))^2}{f^2(x)}.$$

例 3.2 设 $y=y(x)$ 二阶可导，且 $y'\neq 0$, 证明 $\dfrac{\mathrm{d}^2x}{\mathrm{d}y^2}=-\dfrac{y''}{y'^3}$.

解 $$\begin{aligned}\frac{\mathrm{d}^2x}{\mathrm{d}y^2}&=\frac{\mathrm{d}}{\mathrm{d}y}\left(\frac{\mathrm{d}x}{\mathrm{d}y}\right)=\frac{\mathrm{d}}{\mathrm{d}y}\left(\frac{1}{y'}\right)\\&=\frac{\mathrm{d}}{\mathrm{d}x}\left(\frac{1}{y'}\right)\frac{\mathrm{d}x}{\mathrm{d}y}=-\frac{y''}{(y')^2}\frac{1}{y'}=-\frac{y''}{(y')^3}.\end{aligned}$$

例 3.3 设 α 为任何实数，求 $y=x^\alpha$ 的 n 阶导数.

解 由于 $y'=\alpha x^{\alpha-1},y''=\alpha(\alpha-1)x^{\alpha-2},\ldots$, 所以，一般地有

$$y^{(n)}=\alpha(\alpha-1)\ldots(\alpha-n+1)x^{\alpha-n}.$$

特别，当 $\alpha=-1$ 时，有 $\left(\dfrac{1}{x}\right)^{(n)}=\dfrac{(-1)^n n!}{x^{n+1}}$. 当 $\alpha=-1/2$ 时，有

$$\left(\frac{1}{\sqrt{x}}\right)^{(n)}=(-1)^n\frac{(2n)!}{4^n n!\,x^{n+1/2}}.$$

例 3.4 证明下列高阶导数公式.

(1) $(a^x)^{(n)}=a^x\ln^n a\quad(a>0)$, $\quad(\mathrm{e}^x)^{(n)}=\mathrm{e}^x$;

(2) $(\sin kx)^{(n)}=k^n\sin(kx+n\cdot\dfrac{\pi}{2})$; (导一次，加半 π)

(3) $(\cos kx)^{(n)}=k^n\cos(kx+n\cdot\dfrac{\pi}{2})$; (导一次，加半 π)

(4) $(\ln x)^{(n)}=(-1)^{n-1}\dfrac{(n-1)!}{x^n}$;

(5) $(\arctan x)^{(n)}=(n-1)!\cos^n y\sin n(y+\dfrac{\pi}{2}),\ y=\arctan x.$

证 (1) 由于 $(a^x)'=a^x\ln a$, 所以 $(a^x)^{(n)}=a^x\ln^n a$.

(2) 令 $y=\sin x$, 则由

$$y'=k\cos kx=k\sin\left(kx+\frac{\pi}{2}\right),$$
$$y''=k^2\cos\left(kx+\frac{\pi}{2}\right)=k^2\sin\left(kx+2\cdot\frac{\pi}{2}\right),$$

....

可知, $(\sin kx)^{(n)}=k^n\sin\left(kx+n\cdot\dfrac{\pi}{2}\right)$.

(3) 与 (2) 类似.

(4) $(\ln x)^{(n)}=\left(\dfrac{1}{x}\right)^{n-1}=(-1)^{n-1}\dfrac{(n-1)!}{x^n}$.

(5) 由于

$$y'=\frac{1}{1+x^2}=\cos^2 y=\cos y\sin\left(y+\frac{\pi}{2}\right),$$
$$y''=\left[-\sin y\sin(y+\frac{\pi}{2})+\cos y\cos(y+\frac{\pi}{2})\right]\cdot y'$$
$$=\cos^2 y\cos\left(2y+\frac{\pi}{2}\right)=\cos^2 y\sin 2\left(y+\frac{\pi}{2}\right).$$

所以一般地，有 $(\arctan x)^{(n)}=(n-1)!\cos^n y\sin n(y+\dfrac{\pi}{2})$.

例 3.5 (Leibniz 公式) 设 $u=u(x),v=v(x)$ 在 x 点处有 n 阶导数，则

$$(uv)^{(n)}=\sum_{k=0}^{n}C_n^k u^{(n-k)}v^{(k)}.$$

证 由于

$$(uv)'=u'v+uv',$$
$$(uv)''=u''v+2u'v'+uv'',$$
$$(uv)'''=u'''v+3u''v'+3u'v''+uv'''$$

....

所以，有 $(uv)^{(n)}=\sum\limits_{k=0}^{n}C_n^k u^{(n-k)}v^{(k)}$.

例 3.6 设 $y=x^2\mathrm{e}^{2x}$, 求 $y^{(n)}$.

解 利用莱布尼兹公式，并注意到 x^2 的三阶及三阶以上导数恒为 0, 有

$$\begin{aligned}y^{(n)}&=(\mathrm{e}^{2x})^{(n)}\cdot x^2+C_n^1(\mathrm{e}^{2x})^{(n-1)}\cdot 2x+C_n^2(\mathrm{e}^{2x})^{(n-2)}\cdot 2\\&=2^n\cdot\mathrm{e}^{2x}\cdot x^2+n\cdot 2^{n-1}\mathrm{e}^{2x}\cdot 2x+\frac{n(n-1)}{2}2^{n-2}\mathrm{e}^{2x}\cdot 2\\&=2^{n-2}\mathrm{e}^{2x}(4x^2+4nx+n(n-1)).\end{aligned}$$

例 3.7 验证函数 $f(x)=\arcsin x$ 满足微分方程

$$(1-x^2)f^{(n+2)}(x)-(2n+1)xf^{(n+1)}(x)-n^2f^{(n)}(x)=0.$$

证 由 $f'(x)=\dfrac{1}{\sqrt{1-x^2}}$ 可得， $\sqrt{1-x^2}\cdot f'(x)=1$. 两端关于 x 求导可得，

$$-\frac{x}{\sqrt{1-x^2}}f'(x)+\sqrt{1-x^2}f''(x)=0.$$

化简得

$$(1-x^2)f''(x)-xf'(x)=0.$$

依次类推即可证原式成立.

§2.3.2 隐函数求导

对于二元函数 $F(x,y)$, 如果存在函数 $y=f(x)$ 满足代数方程 $F(x,y)=0$, 则称 $y=f(x)$ 是由方程 $F(x,y)=0$ 确定的一个隐函数. 根据方程 $F(x,y)=0$, 用一个已知函数 $\varphi(x,y)$ 表示导函数 $f'(x)$ 的过程，即由方程 $F(x,y)=0$ 推出 $\dfrac{\mathrm{d}y}{\mathrm{d}x}=\varphi(x,y)$ 的过程称为隐函数求导.

关于隐函数的一般理论将在多元函数微分学中讨论，本节只限于具体的隐函数求导问题.

例 3.8 若 $y=y(x)$ 是方程 $\mathrm{e}^y=xy$ 所确定的隐函数，求 $\dfrac{\mathrm{d}y}{\mathrm{d}x}$.

解 分别对恒等式 $\mathrm{e}^{y(x)}\equiv xy(x)$ 的两端求导，则有

$$\mathrm{e}^y\cdot y'=y+xy'.$$

由此可知 $y'=\dfrac{y}{\mathrm{e}^y-x}$.

例 3.9 设 $y=y(x)$ 满足方程 $\mathrm{e}^{xy}+\sin(x^2y)=y^2$, 求 $\dfrac{\mathrm{d}y}{\mathrm{d}x}$.

解 分别对恒等式 $\mathrm{e}^{xy(x)}+\sin(x^2y(x))\equiv y^2(x)$ 的两端求导，则有

$$\mathrm{e}^{xy}(y+xy')+\cos(x^2y)(2xy+x^2y')=2yy'.$$

由此可知 $y'=-\dfrac{y\mathrm{e}^{xy}+2xy\cos(x^2y)}{x\mathrm{e}^{xy}+x^2\cos(x^2y)-2y}$.

例 3.10 求椭圆 $\dfrac{x^2}{16}+\dfrac{y^2}{9}=1$ 在 $P(2,\dfrac{3\sqrt{3}}{2})$ 点的切线方程.

解 视 y 是 x 的函数，分别对椭圆方程的两端求导，有 $\dfrac{x}{8}+\dfrac{2}{9}y\cdot y'=0$. 代入 $x=2,y=\dfrac{3\sqrt{3}}{2}$ 得， $y'\Big|_{x=2}=-\dfrac{\sqrt{3}}{4}$, 于是所求切线方程为

$$y-\frac{3}{2}\sqrt{3}=-\frac{\sqrt{3}}{4}(x-2).$$

即 $\sqrt{3}x+4y-8\sqrt{3}=0$.

例 3.11 幂指函数的导数. 设 $u=u(x),v=v(x)$ 可导，则

$$(u^v)'=u^v(v\ln u)'=u^v(v'\ln u+u'v/u).$$

证 设 $y=u^v$, 两端取对数有 $\ln y=v\ln u$. 视 y 是 x 的函数，分别对等式两端求导，有

$$\frac{1}{y}y'=v'\ln u+u'v/u.$$

即 $(u^v)'=u^v(v'\ln u+u'v/u)$.

例 3.12 设 $x^y=y^x$, 求 $\dfrac{\mathrm{d}y}{\mathrm{d}x}$.

解 原方程两端取对数得， $y\ln x=x\ln y$. 视 y 是 x 的函数，两端求导有， $y'\ln x+y/x=\ln y+xy'/y$, 即

$$\frac{\mathrm{d}y}{\mathrm{d}x}=y'=\frac{y(x\ln y-y)}{x(y\ln x-x)}.$$

例 3.13 求 $y=\sqrt{\dfrac{(x-1)(x-2)}{(x-3)(x-4)}}$ 的导数.

解 原等式两端取对数得,

$$\ln y=\frac{1}{2}(\ln|x-1|+\ln|x-2|-\ln|x-3|-\ln|x-4|).$$

视 y 是 x 的函数，两端求导有,

$$\frac{1}{y}y'=\frac{1}{2}\Big(\frac{1}{x-1}+\frac{1}{x-2}-\frac{1}{x-3}-\frac{1}{x-4}\Big).$$

即

$$y'=\frac{y}{2}\Big(\frac{1}{x-1}+\frac{1}{x-2}-\frac{1}{x-3}-\frac{1}{x-4}\Big).$$

例 3.14 求由方程 $x-y+\frac{1}{2}\sin y=0$ 所确定的隐函数 y 的二阶导数 $\frac{\mathrm{d}^2y}{\mathrm{d}x^2}$.

解 应用隐函数求导方法，有

$$1-\frac{\mathrm{d}y}{\mathrm{d}x}+\frac{1}{2}\cos y\cdot\frac{\mathrm{d}y}{\mathrm{d}x}=0.$$

于是 $\frac{\mathrm{d}y}{\mathrm{d}x}=\frac{2}{2-\cos y}$. 由此可知,

$$\frac{\mathrm{d}^2y}{\mathrm{d}x^2}=\frac{\mathrm{d}}{\mathrm{d}x}\Big(\frac{2}{2-\cos y}\Big)=\frac{\mathrm{d}}{\mathrm{d}y}\Big(\frac{2}{2-\cos y}\Big)\cdot\frac{\mathrm{d}y}{\mathrm{d}x}=\frac{-4\sin y}{(2-\cos y)^3}.$$

§2.3.3 参数化函数求导

有些曲线可能用参数方程表示比较方便，例如摆线方程

$$\begin{cases} x=a(t-\sin t)\\ y=a(1-\cos t)\end{cases}$$

其中 $a>0,t$ 为参数. 它表示半径为 a 的圆沿直线运动时圆周上一个固定点的运动轨迹. 通过圆心角，即参数 t, 变量 y 和变量 x 建立了函数关系.

一般地，如果曲线 $\begin{cases} x=x(t)\\ y=y(t)\end{cases}$ $(\alpha\le t\le\beta)$ 通过参数 t 建立了变量 x 到变量 y 的函数关系，那么 y 关于 x 的导数存在时，可用下列公式计算.

$$\frac{\mathrm{d}y}{\mathrm{d}x}=\frac{y'(t)}{x'(t)}=\frac{\mathrm{d}y}{\mathrm{d}t}\Big/\frac{\mathrm{d}x}{\mathrm{d}t}.$$

事实上，如果函数 $x=x(t)$ 的反函数 $t=x^{-1}(x)$ 存在且可导，那么 y 与 x 的函数关系按照复合函数

$$y=y(t),t=x^{-1}(x)$$

给出. 利用复合函数和反函数求导法则，便有

$$\frac{\mathrm{d}y}{\mathrm{d}x}=\frac{\mathrm{d}y}{\mathrm{d}t}\cdot\frac{\mathrm{d}t}{\mathrm{d}x}=\frac{\mathrm{d}y}{\mathrm{d}t}\Big/\frac{\mathrm{d}x}{\mathrm{d}t}=\frac{y'(t)}{x'(t)}.$$

进一步有二阶导数计算公式.

$$\begin{aligned}\frac{\mathrm{d}^2y}{\mathrm{d}x^2}&=\frac{\mathrm{d}}{\mathrm{d}x}\Big(\frac{y'(t)}{x'(t)}\Big)=\frac{\mathrm{d}}{\mathrm{d}t}\Big(\frac{y'(t)}{x'(t)}\Big)\cdot\frac{\mathrm{d}t}{\mathrm{d}x}\\&=\frac{y''(t)x'(t)-y'(t)x''(t)}{(x'(t))^2}\cdot\frac{1}{x'(t)}\\&=\frac{y''(t)x'(t)-y'(t)x''(t)}{(x'(t))^3}=\frac{1}{(x')^3}\begin{vmatrix}x'&y'\\x''&y''\end{vmatrix}.\end{aligned}$$

例 3.15 计算由摆线方程 $\begin{cases}x=a(t-\sin t)\\y=a(1-\cos t)\end{cases}$ 所确定函数 $y=y(x)$ 的二阶导数.

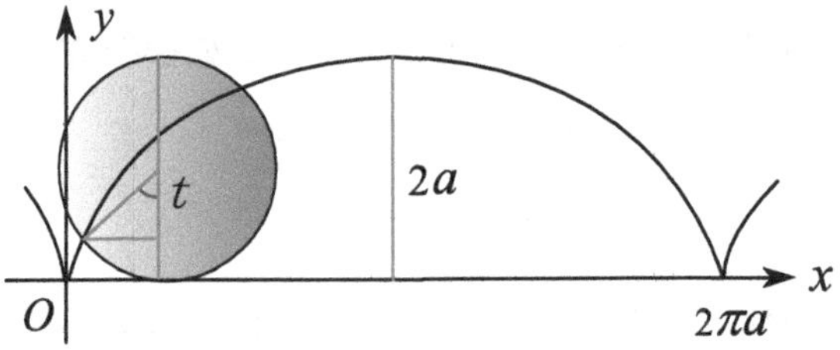

图 3.1

解 如果 $t\neq 2n\pi$(n 为整数), 则

$$\frac{\mathrm{d}y}{\mathrm{d}x}=\frac{\mathrm{d}y}{\mathrm{d}t}\Big/\frac{\mathrm{d}x}{\mathrm{d}t}=\frac{a\sin t}{a(1-\cos t)}=\cot\frac{t}{2}.$$

$$\frac{\mathrm{d}^2y}{\mathrm{d}x^2}=\frac{\mathrm{d}}{\mathrm{d}t}\left(\cot\frac{t}{2}\right)\Big/\frac{\mathrm{d}x}{\mathrm{d}t}$$
$$=-\frac{1}{2\sin^2\frac{t}{2}}\cdot\frac{1}{a(1-\cos t)}=-\frac{1}{a(1-\cos t)^2}.$$

例 3.16 证明星形线 $L:\begin{cases}x=a\cos^3\theta\\ y=a\sin^3\theta.\end{cases}$ 过不在坐标轴上的点的切线夹在两坐标轴之间的部分是一定长线段.

证 由于

$$\frac{\mathrm{d}y}{\mathrm{d}x}=\frac{\mathrm{d}y}{\mathrm{d}\theta}\Big/\frac{\mathrm{d}x}{\mathrm{d}\theta}=-\frac{3\sin^2\theta\cos\theta}{3\cos^2\theta\sin\theta}=-\tan\theta.$$

所以星形线上过不在坐标轴上的点 (x,y) 的切线方程为

$$Y-a\sin^3\theta=-\tan\theta\,(X-a\cos^3\theta).$$

化为截距式，有

$$\frac{X}{a\cos\theta}+\frac{Y}{a\sin\theta}=1.$$

于是切线夹在两坐标轴之间的部分长为常数:

$$\sqrt{(a\cos\theta)^2+(a\sin\theta)^2}=a.$$

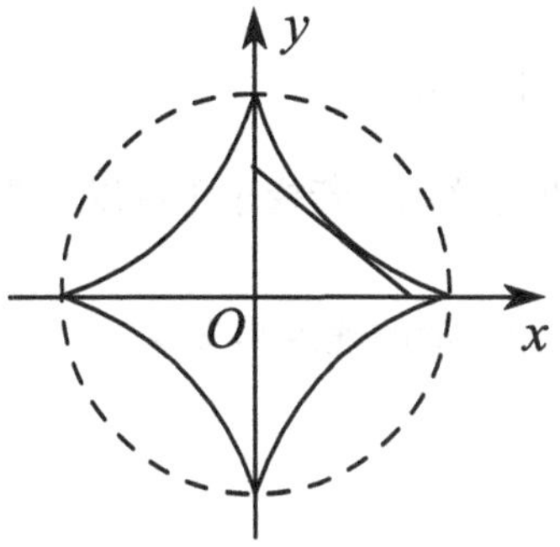

图 3.2

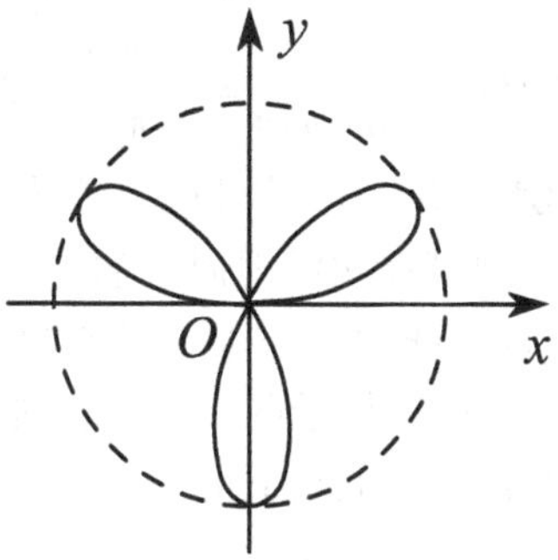

图 3.3

例 3.17 计算三叶玫瑰线 $\rho=a\sin 3\theta$ 的切线斜率.

解 极坐标方程 $\rho = a\sin 3\theta$ 可化为参数方程

$$\begin{cases} x = a\sin 3\theta\cos\theta \\ y = a\sin 3\theta\sin\theta \end{cases}.$$

按照参数化函数求导方法，有

$$\frac{\mathrm{d}y}{\mathrm{d}x} = \frac{\mathrm{d}y}{\mathrm{d}\theta}\Big/\frac{\mathrm{d}x}{\mathrm{d}\theta} = \frac{3\tan\theta + \tan 3\theta}{3 - \tan\theta\tan 3\theta}.$$

其中 $\tan\theta\tan 3\theta \neq 3$.

例 3.18 有一个倒立的圆锥形储油桶，高为 6 米，底半径为 2 米，假设油以 0.002 米 ^{3}/ 分的速度注入桶内，求油高为 3 米时油面升高的速度.

解 设油高为 h 时油的体积为 V, 则

$$V = \frac{1}{3}\pi r^2 h = \frac{\pi h^3}{27}.$$

两端关于 t 求导，得

$$\frac{\mathrm{d}V}{\mathrm{d}t} = \frac{1}{9}\pi h^2 \cdot \frac{\mathrm{d}h}{\mathrm{d}t}.$$

将 $h = 3, \dfrac{\mathrm{d}V}{\mathrm{d}t} = 0.002$ 代入，得

$$0.002 = \frac{1}{9}\pi \cdot 3^2 \cdot \frac{\mathrm{d}h}{\mathrm{d}t}.$$

由此可知，$\left.\dfrac{\mathrm{d}h}{\mathrm{d}t}\right|_{h=3} = \dfrac{0.002}{\pi} = 6.37 \times 10^{-4}$(米 / 分).

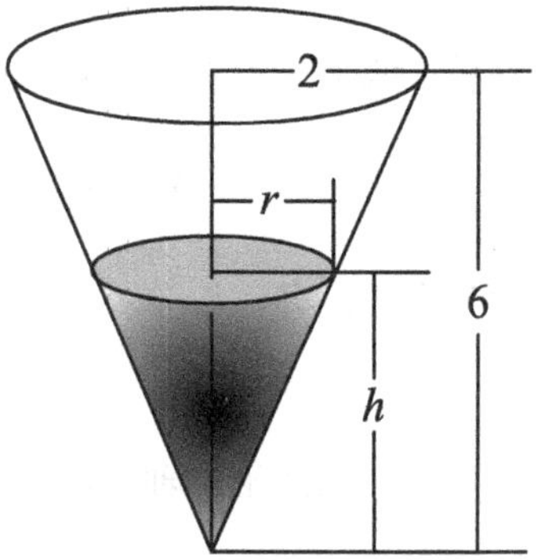

图 3.4

例 3.19 有一长为 5 米的梯子靠在铅直的墙上，若梯子下端以 3 米 / 秒的速度离开墙角沿地面滑动，问

(1) 当梯子离开墙角 1.4 米时，梯子上端下滑的速度是多少？

(2) 何时梯子两端能以相同速度滑动？

(3) 何时上端下滑的速度为 4 米 / 秒？

解 设 t=0 时，梯子紧贴在墙上，建立坐标系如图．假设 t 时刻梯子的下端位于 x 处，上端位于 y 处，则有

$$x^2 + y^2 = 5^2.$$

两端关于 t 求导可得

$$x\frac{\mathrm{d}x}{\mathrm{d}t}+y\frac{\mathrm{d}y}{\mathrm{d}t}=0. \tag{$*$}$$

(1) 将 $x=1.4$, $y|_{x=1.4}=\sqrt{5^2-1.4^2}$, $\frac{\mathrm{d}x}{\mathrm{d}t}=3$ 代入 $(*)$ 式可得

$$\left.\frac{\mathrm{d}y}{\mathrm{d}t}\right|_{x=1.4}=-\left.\frac{x}{y}\frac{\mathrm{d}x}{\mathrm{d}t}\right|_{x=1.4}=-0.875.$$

故梯子下滑的速度为 0.875 米 / 秒.

(2) 将 $\frac{\mathrm{d}x}{\mathrm{d}t}=-\frac{\mathrm{d}y}{\mathrm{d}t}$ 代入 $(*)$ 式可得 $\frac{\mathrm{d}x}{\mathrm{d}t}(x-y)=0$. 由 $\frac{\mathrm{d}x}{\mathrm{d}t}\neq 0$ 知, $x=y=\frac{5}{\sqrt{2}}$. 故当梯子滑到离墙角 $\frac{5}{\sqrt{2}}$ 米时，上下两端滑动的速度相等.

(3) 将 $\frac{\mathrm{d}x}{\mathrm{d}t}=3$, $\frac{\mathrm{d}y}{\mathrm{d}t}=-4$ 代入 $(*)$ 式可得 $3x-4y=0$, 联立 $x^2+y^2=5^2$ 可得 $x=4$. 故当梯子下端离墙角 4 米时，上端下滑速度为 4 米 / 秒.

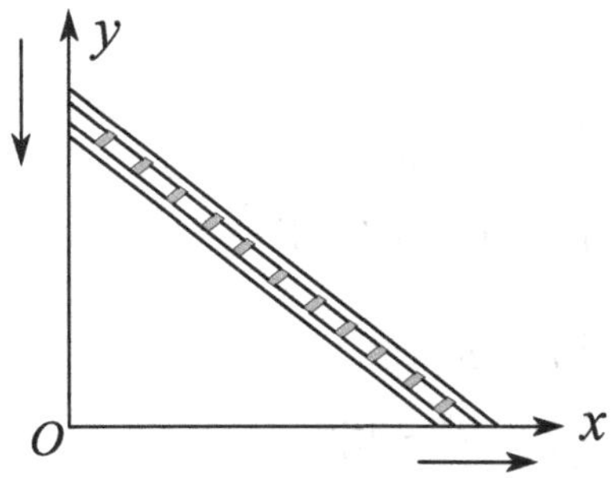

图 3.5

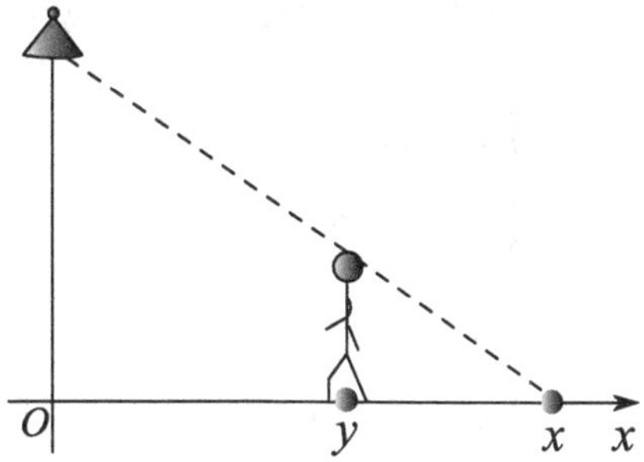

图 3.6

例 3.20　身高 150cm 的人以 4km/h 的速度向离地面 3m 的路灯走去，求人影的头顶在地面上移动的速度，又问人影的长度以多大的速度缩短.

解　设人影子的头顶距路灯的水平距离为 x, 人距路灯的水平距离为 y, 则有

$$\frac{x-y}{x}=\frac{1.5}{3}, \qquad \frac{\mathrm{d}y}{\mathrm{d}t}=4.$$

由此可知，人影的头顶在地面上的移动速度为 $\frac{\mathrm{d}x}{\mathrm{d}t}=8\mathrm{km/h}$, 人影长度的缩短速度为 $\frac{\mathrm{d}(x-y)}{\mathrm{d}t}=4\mathrm{km/h}$.

习 题 2.3 A

1. 计算高阶导数:

(1) $y=\dfrac{1}{x^2-3x+2}$,求 $y^{(20)}$; (2) $y=x^3\sin^2 x$,求 $y^{(50)}$;

(3) $y=\mathrm{e}^x\sin x$,求 $y^{(5)}$; (4) $y=x^4\ln x$,求 $y^{(30)}$.

2. 求下列隐函数的导数 y'.

(1) $\sqrt{x}+\sqrt{y}=a$; (2) $y=\tan(x+y)$;

(3) $\arctan\dfrac{y}{x}=\ln\sqrt{x^2+y^2}$; (4) $(\cos x)^y=(\sin y)^x$.

3. 求下列参数方程所确定函数的导数 $\dfrac{\mathrm{d}y}{\mathrm{d}x}$.

(1) $\begin{cases}x=\sin t\\ y=\cos 2t\end{cases}$; (2) $\begin{cases}x=\ln\sin(t+1)\\ y=\tan(\mathrm{e}^{-t}+1)\end{cases}$;

(3) $\begin{cases}x=\mathrm{e}^t\sin t\\ y=\mathrm{e}^t\cos t\end{cases}$; (4) $\begin{cases}x=2t+|t|\\ y=5t^2+4t|t|\end{cases}$.

4. 验证函数 $y=\mathrm{e}^{-\sqrt{x}}+\mathrm{e}^{\sqrt{x}}$ 满足微分方程 $4xy''+2y'-y=0$.

5. 设 $f(x)=\begin{cases}-1+2x, & x\leq 1\\ x^2, & x>1\end{cases}$,求 $f''(x)$.

6. 求曲线 $\begin{cases}x=1-t^2\\ y=5t+\ln(2+t)\end{cases}$ 在 $(0,-5)$ 点的切线方程.

7. 设 $f(x)$ 二阶可导, $y=f(\ln^2 x+\mathrm{e}^{-2x})$,求 $\dfrac{\mathrm{d}^2y}{\mathrm{d}x^2}$.

8. 证明曲线 $\sqrt{x}+\sqrt{y}=\sqrt{a}\ (a>0)$ 上任一点处的切线在坐标轴上的截距之和恒为常数.

9. 落在平静水面上的石头，产生同心圆形波纹. 若波的最外圈半径的增大率为 6 米 / 秒，问在 2 秒末时波动水面面积的增大率是多少？

习 题 2.3 B

1. 求下列参数方程所确定函数的二阶导数 $\dfrac{\mathrm{d}^2y}{\mathrm{d}x^2}$.

(1) $\begin{cases} x = \ln(1+t^2) \\ y = t - \arctan t \end{cases}$;　(2) $\begin{cases} x = f'(t) \\ y = tf'(t) - f(t) \end{cases}$;

(3) $\begin{cases} x = \sqrt{1+t} \\ y = \sqrt{1-t} \end{cases}$;　(4) $\begin{cases} x = at\cos t \\ y = at\sin t \end{cases}$.

2. 用对数求导法计算下列函数的导数

(1) $y = \left(1+\dfrac{1}{x}\right)^x$;　(2) $y = (\tan 2x)^{\cot\frac{x}{2}}$;

(3) $y = \sqrt[3]{\dfrac{x-5}{\sqrt[5]{x^2+2}}}$;　(4) $y = \dfrac{(3-x)^4\sqrt{x+2}}{(x+1)^5}$;

(5) $y = \left(\dfrac{\sin x}{x}\right)^x$;　(6) $y = \sqrt{\dfrac{(x-1)(x-3)}{(x-2)(x-4)}}$

(7) $y = \dfrac{(x+2)^2(x-3)^{1/3}}{(x-4)^5(x-2)^{1/3}}$;　(8) $y = \left(\dfrac{x+\ln x}{x+\sin x}\right)^{\cos x}$.

3. 求下列极坐标方程所确定函数的导数 $\dfrac{\mathrm{d}y}{\mathrm{d}x}$ 及二阶导数 $\dfrac{\mathrm{d}^2y}{\mathrm{d}x^2}$:

(1) $\rho = \theta\sin\theta + \cos\theta$;　(2) $\rho = a(1+\cos\theta)$;

(3) $\rho = a\sqrt{\cos 2\theta}$;　(4) $\rho = a\cos 3\theta$.

4. 求下列隐函数的二阶导数 y'':

(1) $y = 1 + x\mathrm{e}^y$;　(2) $\dfrac{x^2}{a^2} + \dfrac{y^2}{b^2} = 1$;

(3) $e^y+6xy+x^2-1=0$; (4) $y=x^5\arctan\sqrt{x+y}$.

5. 设 $y=y(x)$ 三阶可导，且 $y'\neq 0$, 证明： $\dfrac{d^3x}{dy^3}=\dfrac{3y''^2-y'y'''}{y'^5}$.

6. 已知曲线的极坐标方程为 $r=r(\theta)$, 试推导切线与极半径的夹角公式，并计算心脏线 $r=a(1+\cos\theta)$ 的切线与极半径的夹角.

7. 求下列函数的 n 阶导数：

(1) $y=\ln(1+x)$; (2) $y=e^{ax}\sin bx$;

(3) $y_n=x^{n-1}e^{\frac{1}{x}}$; (4) $y=e^x\cos x$;

(5) $y=\dfrac{1}{x^2+5x+6}$; (6) $y=xe^{-x}+\sin^3 x$;

(7) $y=\dfrac{x}{\sqrt[3]{1+x}}$; (8) $y=a^x\sin x$.

8. (1) 质点 P 在 y 轴上匀速运动， A 是 x 轴上一定点. 证明 AP 的角速度与 $|AP|^2$ 成反比 (图 3.7);

(2) 质点 $P(x,y)$ 在曲线 $y=f(x)$ 上运动，证明 OP 的角速度 (图 3.8) 为

$$\omega=\frac{xy'(t)-x'(t)y}{|OP|^2}.$$

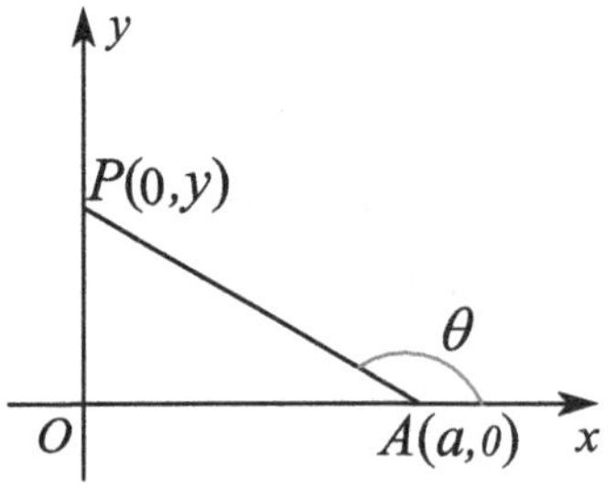

图 3.7

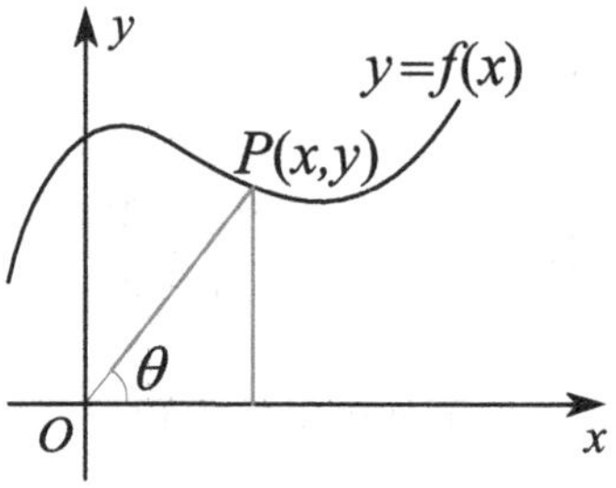

图 3.8

9. 设 $f(x)=2x^3+x^2|x|$, 试求使 $f^{(n)}(0)$ 存在的最高阶数 n.

10. 设有一倒置圆锥形容器，深 10 米，顶口直径 6 米，今以每分钟 8 立方米之速率注入水，问当水深 4 米时，其液面上升之速率是多少？此时液面面积的增长率是多少？

11. 溶液自一深 18cm, 口径 12cm 的圆锥漏斗中漏入一直径为 12cm 的圆柱筒中. 开始时漏斗中盛满了溶液，已知当溶液在漏斗中深为 12cm 时，其表面下降的速率为 1cm/min. 问此时圆柱筒中溶液表面上升的速率为多少？

12. 已知圆柱体底半径 R 以每秒 3 厘米的速度增加，同时圆柱体的高 h 以每秒 4 厘米的速度减少，求圆柱体在半径为 5 厘米高为 10 厘米时体积 V 的变化速度.

13. 一气球从离开观察员 500 米处离地面铅直上升，其速率为 140 米 / 分钟. 当气球高度为 500 米时，观察员视线的仰角增加率是多少？

§2.4 函数微分

在许多问题中，函数的增量需要用它的线性主部来表示. 比如位移与速度和时间的关系，在非线性条件下，位移 $\neq$ 速度 $\times$ 时间. 但在线性逼近的意义下，总有位移的线性主部 $=$ 速度 $\times$ 时间. 利用线性主部可以像线性问题一样解决非线性问题. 线性主部既是非线性变量的最佳逼近，又是非线性关系的微观实现. 函数增量的线性主部简称为微分.

§2.4.1 微分与高阶微分

对于函数 $y=f(x)$, 导数 $f'(x)$ 是增量 Δy 与增量 Δx 之比的极限，它从变化率角度揭示了因变量 Δy 与自变量 Δx 之间的函数关系，进一步可以从线性逼近角度考察因变量 Δy 与自变量 Δx 之间的函数关系.

1. **微分的概念**

考察圆的面积公式 $S=\pi r^2$. 当半径的改变量为 Δr 时，圆面积的改变量 ΔS 为

$$\Delta S=\pi(r+\Delta r)^2-\pi r^2=2\pi r\cdot\Delta r+\pi\Delta r^2.$$

仔细分析一下就会发现，函数增量 ΔS 由两部分构成，一部分是 Δr 的线性函数，即 $2\pi r\cdot\Delta r$; 另一部分是 $\Delta r\to 0$ 时的高阶无穷小，即 $\pi\Delta r^2$.

值得特别注意的是，函数增量 ΔS 的几何意义是环形带的面积，而线性部分 $2\pi r\cdot\Delta r$ 是矩形带的面积. 前者是弯曲图，后者是直方图. 如果以 $2\pi r\cdot\Delta r$

代替 ΔS, 即以“直”代“曲”, 以微分代替增量, 那么逼近误差 $|\Delta S - 2\pi r\cdot\Delta r|$ 是 $\Delta r\to 0$ 时的高阶无穷小.

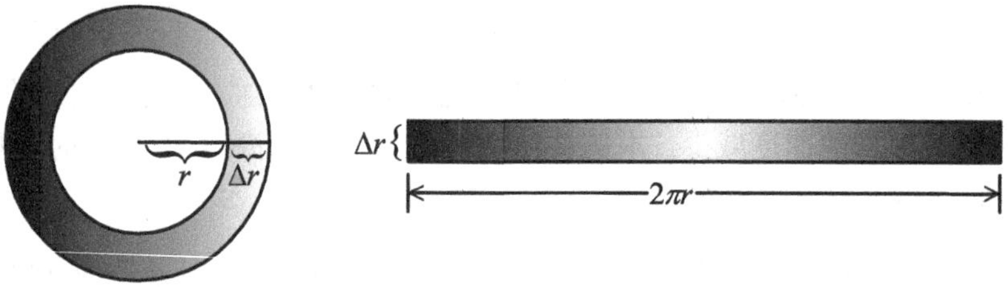

图 4.1

定义 4.1 设函数 $y=f(x)$ 在 x 点的某个邻域有定义, 如果自变量的增量为 Δx 时, 函数的增量 $\Delta y=f(x+\Delta x)-f(x)$ 按照 $\Delta x\to 0$ 可以表示成

$$\Delta y = A\cdot\Delta x + o(\Delta x),$$

其中 A 是一个常数, 则称函数 $f(x)$ 在 x 点可微, 并称 $A\cdot\Delta x$ 为函数 $f(x)$ 在 x 点的微分, 记作 $\mathrm{d}y,\mathrm{d}f$ 或 $\mathrm{d}f(x)$, 即

$$\mathrm{d}f(x) = A\cdot\Delta x.$$

如果用 S 表示边长为 x 的正方形的面积, 用 Δx 表示边长的增量, 则在图 4.2 中, 全阴影部分表示面积增量

$$\Delta S = (x+\Delta x)^2 - x^2 = 2x\Delta x + (\Delta x)^2,$$

浅色阴影部分表示微分 $\mathrm{d}S = 2x\Delta x$, 深色阴影部分表示用微分 $\mathrm{d}S$ 代替增量 ΔS 时的绝对误差, 即高阶无穷小量 $|\Delta S-\mathrm{d}S| = (\Delta x)^2$.

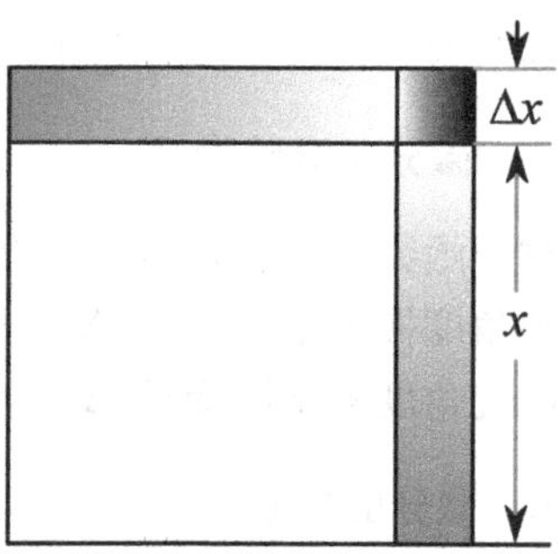

图 4.2

对一元函数来说, 微分与导数之间存在一一对应关系, 可微等价于可导.

定理 4.1 *函数 $y=f(x)$ 在 x 点可微 $\Longleftrightarrow$ 函数 $y=f(x)$ 在 x 点可导.*

证 必要性 若 $y=f(x)$ 在 x 点可微, 则存在常数 A, 使当 $\Delta x\to 0$ 时, 恒有 $\Delta y = A\cdot\Delta x + o(\Delta x)$. 于是

$$\frac{\mathrm{d}y}{\mathrm{d}x} = \lim_{\Delta x\to 0}\frac{\Delta y}{\Delta x} = A.$$

由此可知， $y=f(x)$ 在 x 点可导.

充分性　若 $y=f(x)$ 在 x 点可导，则当 $\Delta x\to 0$ 时，恒有

$$\Delta y=f'(x)\Delta x+\alpha\cdot\Delta x,$$

其中 α 是 $\Delta x\to 0$ 时的无穷小. 按照微分定义，函数 $y=f(x)$ 在 x 点可微.

按照定理 4.1, 函数 $y=f(x)$ 的微分可以写为 $\mathrm{d}y=f'(x)\Delta x$, 自变量的微分可以写为 $\mathrm{d}x=\Delta x$, 进而有

$$\mathrm{d}y=f'(x)\mathrm{d}x,\ \frac{\mathrm{d}y}{\mathrm{d}x}=f'(x).$$

这表明函数的导数 $f'(x)$ 是函数的微分 $\mathrm{d}y$ 与自变量微分 $\mathrm{d}x$ 的比值, 因此导数也叫做微商. 前面总是把 $\dfrac{\mathrm{d}y}{\mathrm{d}x}$ 看作整体, 现在则可以看作分式变量或变量比.

2. 微分的几何意义

如果把函数的增量称为曲线 (纵) 增量, 那么函数的微分就是切线 (纵) 增量，即切线函数的增量. 设函数 $y=f(x)$ 在 x_0 点可微，则有 $\mathrm{d}y=f'(x_0)\mathrm{d}x$, 并且函数 $y=f(x)$ 在 x_0 点的切线方程为

$$y=y_0+f'(x_0)(x-x_0).$$

计算切线函数 $y=y_0+f'(x_0)(x-x_0)$ 的增量，有 $\Delta y=\mathrm{d}y=f'(x_0)\mathrm{d}x$. 因此微分是切线函数的增量.

当 Δy 表示函数 $y=f(x)$ 的增量时，用切线增量，即函数的微分 $\mathrm{d}y$ 代替函数增量 Δy 的误差 $|\Delta y-\mathrm{d}y|$ 是 $\Delta x\to 0$ 时的高阶无穷小.

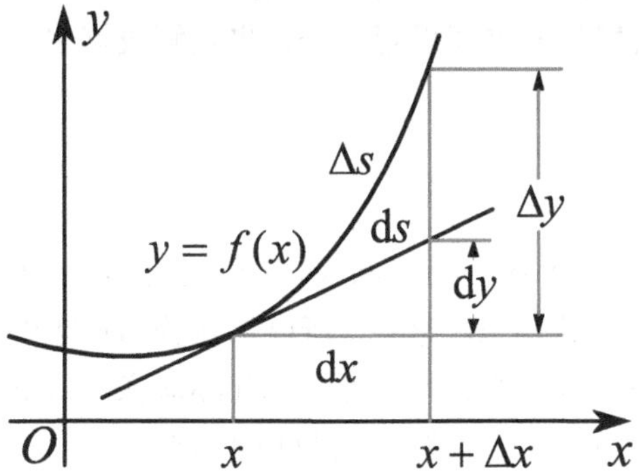

图 4.3

如果用 s 表示曲线 $y=f(x)$ 的弧长，那么当该曲线在 x 与 $x+\Delta x$ 之间具有确定的弯向时，不等式

$$\sqrt{\mathrm{d}x^2+\mathrm{d}y^2}\leq|\Delta s|\leq\sqrt{\mathrm{d}x^2+\mathrm{d}y^2}+|\Delta y-\mathrm{d}y|$$

成立. 由此可知，

$$|\Delta s|=\sqrt{\mathrm{d}x^2+\mathrm{d}y^2}+o(\Delta x)\ (\Delta x\to 0).$$

因此弧长的微分 $\mathrm{d}s$ 满足勾股定理，即

$$\mathrm{d}s^2=\mathrm{d}x^2+\mathrm{d}y^2 \quad 或 \quad \mathrm{d}s=\sqrt{\mathrm{d}x^2+\mathrm{d}y^2}.$$

这表明，在微观意义下弧长与弦长相等，路程与位移相等，曲线的微弧长等于切线长增量.

一般地，只要 $f'(x)$ 是连续函数，便可证明微观勾股定理或微弧长公式

$$\mathrm{d}s^2=\mathrm{d}x^2+\mathrm{d}y^2.$$

因此，在许多情况下，可以用函数在一个点的切线段近似地代替函数在该点的一条曲线段，即用弧长的微分 $\mathrm{d}s$ 代替弧长的增量 Δs, 从而利用微观勾股定理解决弧长的计算问题和曲线上各种分布量的求和问题. 用弧长的微分 $\mathrm{d}s$ 代替弧长的增量 Δs 的误差 $|\Delta s-\mathrm{d}s|$ 是 $\Delta x\to 0$ 时的高阶无穷小.

上面这种以直代曲，以微分代替增量，以微观勾股定理代替宏观勾股定理的数学思想是微积分的重要思想之一，也是解决许多实际问题的最有效方法之一.

3. 高阶微分

如果函数 $y=f(x)$ 在一个区间内可微，那么微分 $\mathrm{d}y=f'(x)\mathrm{d}x$ 也是 x 的函数，由于 x 的变化与 $\mathrm{d}x$ 无关，所以可认为 $\mathrm{d}x$ 是相对于 x 的常数. 如果 $\mathrm{d}y=f'(x)\mathrm{d}x$ 关于 x 可微，则称 $\mathrm{d}y=f'(x)\mathrm{d}x$ 关于 x 的微分 $\mathrm{d}(f'(x)\mathrm{d}x)=\mathrm{d}(f'(x))\mathrm{d}x=f''(x)(\mathrm{d}x)^2$ 为函数 $y=f(x)$ 的二阶微分.

一般地称 $\mathrm{d}^ny=f^{(n)}(x)(\mathrm{d}x)^n$ 为函数 $y=f(x)$ 的 n 阶微分.

§2.4.2 微分的计算与应用

函数的可微性与可导性是等价的，计算函数的微分与计算函数的导数本质上是一回事. 既可以利用导数计算微分，也可以直接计算微分.

1. **微分的运算法则**

微分的四则运算法则和复合函数的微分法则可表示如下，因其与相应的求导公式直接等价，故不再重复证明.

定理 4.2 设 $u=u(x), v=v(x)$ 均可微，则有 (1) $\mathrm{d}(u\pm v)=\mathrm{d}u\pm\mathrm{d}v$;

(2) $\mathrm{d}(uv)=v\mathrm{d}u+u\mathrm{d}v,\quad \mathrm{d}(cu)=c\mathrm{d}u$;

(3) $\mathrm{d}\left(\dfrac{u}{v}\right)=\dfrac{v\mathrm{d}u-u\mathrm{d}v}{v^2},\quad \mathrm{d}\left(\dfrac{1}{v}\right)=-\dfrac{\mathrm{d}v}{v^2},\ (v\neq 0)$.

定理 4.3 设 $y=f(u), u=g(x)$ 均可微，则复合函数 $y=f(g(x))$ 在其有定义的区间内可微，且有

$$\mathrm{d}y=\mathrm{d}f(g(x))=f'(u)g'(x)\mathrm{d}x=f'(u)\mathrm{d}u=f'(g(x))\mathrm{d}g(x).$$

微分公式 $\mathrm{d}f(g(x))=f'(g(x))\mathrm{d}g(x)$ 通常称为函数的一阶微分不变性，这一性质对于逐步计算复杂函数的微分十分有用.

根据基本初等函数的导数公式，可以直接写出基本初等函数的微分公式.

基本微分公式表

(1) $\mathrm{d}C=0$;

(2) $\mathrm{d}x^\alpha=\alpha x^{\alpha-1}\mathrm{d}x$;

(3) $\mathrm{d}a^x=a^x\ln a\mathrm{d}x$;

(4) $\mathrm{d}\mathrm{e}^x=\mathrm{e}^x\mathrm{d}x$;

(5) $\mathrm{d}\log_a x=\dfrac{1}{x\ln a}\mathrm{d}x$;

(6) $\mathrm{d}\ln x=\dfrac{1}{x}\mathrm{d}x$;

(7) $\mathrm{d}\sin x=\cos x\mathrm{d}x$;

(8) $\mathrm{d}\cos x=-\sin x\mathrm{d}x$;

(9) $\mathrm{d}\tan x=\sec^2 x\mathrm{d}x$;

(10) $\mathrm{d}\cot x=-\csc^2 x\mathrm{d}x$;

(11) $\mathrm{d}\sec x=\sec x\tan x\mathrm{d}x$;

(12) $\mathrm{d}\csc x=-\csc^2 x\cot x\mathrm{d}x$;

(13) $\mathrm{d}\arcsin x=\dfrac{1}{\sqrt{1-x^2}}\mathrm{d}x$;　　(14) $\mathrm{d}\arccos x=-\dfrac{1}{\sqrt{1-x^2}}\mathrm{d}x$;

(15) $\mathrm{d}\arctan x=\dfrac{1}{1+x^2}\mathrm{d}x$;　　(16) $\mathrm{d}\,\mathrm{arccot}\, x=-\dfrac{1}{1+x^2}\mathrm{d}x$.

例 4.1　求下列函数的微分.

(1) $y=\ln\left(1+\mathrm{e}^{\sin\frac{1}{x}}\right)$;　(2) $y=\dfrac{\arctan x}{1+x^2}$;　(3) $y=\tan^2(\sqrt{1-x^2})$;

(4) $y=\arccos^2 x(\ln^2\arccos x-\ln\arccos x+\dfrac{1}{2})$,　$(\,|x|<1\,)$.

解　(1)　$\mathrm{d}y=\mathrm{d}\ln\left(1+\mathrm{e}^{\sin\frac{1}{x}}\right)=\dfrac{1}{1+\mathrm{e}^{\sin\frac{1}{x}}}\mathrm{d}\left(1+\mathrm{e}^{\sin\frac{1}{x}}\right)$

$$=\frac{1}{1+\mathrm{e}^{\sin\frac{1}{x}}}\mathrm{d}\mathrm{e}^{\sin\frac{1}{x}}=\frac{1}{1+\mathrm{e}^{\sin\frac{1}{x}}}\mathrm{e}^{\sin\frac{1}{x}}\mathrm{d}\sin\frac{1}{x}$$

$$=\frac{\mathrm{e}^{\sin\frac{1}{x}}}{1+\mathrm{e}^{\sin\frac{1}{x}}}\cos\frac{1}{x}\mathrm{d}\frac{1}{x}=-\frac{\mathrm{e}^{\sin\frac{1}{x}}\cos\frac{1}{x}}{x^2\left(1+\mathrm{e}^{\sin\frac{1}{x}}\right)}\mathrm{d}x.$$

(2)　$\mathrm{d}y=\mathrm{d}\dfrac{\arctan x}{1+x^2}=\dfrac{(1+x^2)\mathrm{d}\arctan x-\arctan x\mathrm{d}(1+x^2)}{(1+x^2)^2}$

$$=\frac{1-2x\arctan x}{(1+x^2)^2}\mathrm{d}x.$$

(3)　$\mathrm{d}y=2\tan(\sqrt{1-x^2})\mathrm{d}\tan\sqrt{1-x^2}$

$$=2\tan(\sqrt{1-x^2})\sec^2(\sqrt{1-x^2})\mathrm{d}\sqrt{1-x^2}$$

$$=-\frac{2x\tan(\sqrt{1-x^2})\sec^2(\sqrt{1-x^2})}{\sqrt{1-x^2}}\mathrm{d}x.$$

(4)　令 $u=\arccos x$, 则

$$\begin{aligned}\mathrm{d}y&=\mathrm{d}\Big[u^2\big(\ln^2 u-\ln u+\frac{1}{2}\big)\Big]\\&=\Big[2u\Big(\ln^2 u-\ln u+\frac{1}{2}\Big)+u^2\Big(\frac{2\ln u}{u}-\frac{1}{u}\Big)\Big]\mathrm{d}u\\&=2u\ln^2 u\,\mathrm{d}u=-\frac{2\arccos x\cdot\ln^2\arccos x}{\sqrt{1-x^2}}\mathrm{d}x.\end{aligned}$$

例 4.2 设 $u(x),v(x)$ 是二次可微函数，求幂指函数 $y=u(x)^{v(x)}$ 的二阶微分 d^2y.

解
$$\begin{aligned}\mathrm{d}^2y&=\mathrm{d}\Big[u^v(v'\ln u+\frac{vu'}{u})\,\mathrm{d}x\Big]\\&=u^v\Big[(v'\ln u+\frac{vu'}{u})^2+v''\ln u+\frac{2v'u'+vu''}{u}-v\Big(\frac{u'}{u}\Big)^2\Big]\,\mathrm{d}x^2.\end{aligned}$$

例 4.3 设 $f(x),g(x)$ 是二次可微函数，求复合函数 $y=f(g(x))$ 的二阶微分 d^2y.

解 令 $u=g(x)$, 则 $y=f(u),\mathrm{d}y=f'(u)\mathrm{d}u=f'(u)g'(x)\mathrm{d}x$ 且

$$\mathrm{d}^2y=\mathrm{d}\,[\,f'(u)g'(x)\mathrm{d}x\,]=[\,f''(u)(g'(x))^2+f'(u)g''(x)\,](\mathrm{d}x)^2.$$

即 $\mathrm{d}^2y=[\,f''(g(x))(g'(x))^2+f'(g(x))g''(x)\,](\mathrm{d}x)^2$.

2. 微分在近似计算中的应用

在实际工程问题中，经常会遇到许多复杂的计算公式. 如果直接用这些公式计算，往往会带来许多麻烦和不便. 微分的特性和它与函数改变量的关系，为解决工程计算问题提供了有效的近似算法.

如果函数 $y=f(x)$ 在 x_0 点可导，则当 $\Delta x\to 0$ 时，必有

$$\Delta y=f(x_0+\Delta x)-f(x_0)=f'(x_0)\Delta x+o(\Delta x).$$

因此当 Δx 很小时，可用近似公式

$$f(x_0+\Delta x)-f(x_0)\approx f'(x_0)\Delta x$$

或 $f(x_0+\Delta x)\approx f(x_0)+f'(x_0)\Delta x$ 代替增量或函数值. 若记 $x=x_0+\Delta x$, 则上述近似公式等价于

$$f(x)\approx f(x_0)+f'(x_0)(x-x_0).$$

特别当 $x_0=0$ 时，对于充分小的 $|x|$, 有近似公式 $f(x)\approx f(0)+f'(0)x$.

例 4.4 计算 $\sin 31°$.

解 由 $31°\approx\frac{\pi}{6}+0.0175$ 可知,

$$\sin 31°\approx\sin(\frac{\pi}{6}+0.0175)\approx\sin\frac{\pi}{6}+\cos\frac{\pi}{6}\cdot 0.0175\approx 0.5152.$$

可以证明，近似值的绝对误差 $\leq 0.5\times 10^{-3}$.

例 4.5 给一个半径为 $R=10\text{cm}$ 的篮球充气后，半径增加了 0.02cm, 试用微分计算篮球容积改变量的近似值.

解 篮球的容积为 $V=\dfrac{4}{3}\pi R^3$, 容积改变量为

$$\Delta V\approx V'\Delta R=4\pi R^2\Delta R=4\times 3.14\times 10^2\times 0.02=25.12\text{cm}^3.$$

3. **误差估计**

利用微分还可以进行误差估计. 如果某个量的精确值为 A, 近似值为 a, 则称 $|a-A|$ 为 a 的绝对误差，称 $\left|\dfrac{a-A}{a}\right|$ 为 a 的相对误差.

在实际问题中，目标量的精确值一般是不可知的，因此绝对误差和相对误差也是不可知的. 虽然如此，但误差范围还是可知或可估计的. 如果某个量的精确值为 A, 近似值为 a, 又知道它的误差不超过 δ_A, 即 $|a-A|\leq\delta_A$, 则可称 δ_A 是目标量 A 的**绝对误差限**, 而 $\dfrac{\delta_A}{|a|}$ 叫做目标量 A 的**相对误差限**.

如果数量 x 的绝对误差限为 δ, 即 $|\Delta x|\leq\delta$, 所求目标量为可导函数 $y=f(x)$, 那么根据近似公式 $\Delta y\approx f'(x_0)\Delta x$, 有 $|\Delta y|\leq|f'(x_0)|\delta$. 于是目标量 $y=f(x)$ 的绝对误差限为 $|f'(x_0)|\,\delta$, 相对误差限为 $\left|\dfrac{f'(x_0)}{f(x_0)}\right|\delta$.

例 4.6 一个圆的测量直径为 $d_0=50\text{mm}$, 误差限为 0.4mm. 求按测量直径计算的圆面积的误差.

解 圆面积公式为 $S=\dfrac{\pi}{4}d^2$, 面积近似值为 $S_0=\dfrac{\pi}{4}\times 50^2=625\pi\,\text{mm}^2$. S_0 的绝对误差限为

$$|S'(d_0)|\delta_0=\frac{\pi}{2}d_0\cdot\delta_0=\frac{\pi}{2}\times 50\times 0.04=3.14\text{mm}^2$$

S_0 的相对误差限为 $\left|\dfrac{S'(d_0)}{S_0}\right|\delta_0=\dfrac{3.14}{625}=0.52\%$.

习 题 2.4 A

1. 选择题

(1) 设函数 $f(u)$ 可导，当自变量 x 在 $x=-1$ 处取得增量 $\Delta x=-0.1$ 时，函数 $y=f(x^2)$ 相应的增量 Δy 的线性主部为 0.1, 则 $f'(1)=$

(A) -1; (B) 0.1; (C) 1; (D) 0.5.

(2) 设 $f'(x)<0, f''(x)<0, \Delta x>0, \Delta y=f(x+\Delta x)-f(x), \mathrm{d}y=f'(x)\Delta x$, 则

(A) $\Delta y>\mathrm{d}y>0$; (B) $\Delta y<\mathrm{d}y<0$;

(C) $\mathrm{d}y>\Delta y>0$; (D) $\mathrm{d}y<\Delta y<0$.

(3) 设函数 $y=f(x)$ 在 x_0 点可导，当自变量 x 由 x_0 增加到 $x_0+\Delta x$ 时，记 Δy 为 $f(x)$ 的增量， $\mathrm{d}y$ 为 $f(x)$ 的微分，则 $\lim\limits_{\Delta x\to 0}\dfrac{\Delta y-\mathrm{d}y}{\Delta x}$ 等于

(A) -1; (B) 0; (C) 1; (D) ∞.

2. 填空题

(1) $\sqrt{x}\,\mathrm{d}x=\mathrm{d}(\qquad)$; (2) $\sin^2 x\,\mathrm{d}x=\mathrm{d}(\qquad)$;

(3) $\left(1+\dfrac{1}{x^2}\right)\mathrm{d}x=\mathrm{d}(\qquad)$; (4) $\dfrac{\mathrm{d}x}{\sqrt{x}}=\mathrm{d}(\qquad)$;

(5) $\dfrac{\mathrm{d}x}{\sin^2 x}=\mathrm{d}(\qquad)$; (6) $\dfrac{\mathrm{d}x}{\sqrt{1-x^2}}=\mathrm{d}(\qquad)$;

(7) $\dfrac{\mathrm{d}x}{1+x^2}=\mathrm{d}(\qquad)$; (8) $\dfrac{\mathrm{d}x}{\sqrt{x-1}}=\mathrm{d}(\qquad)$.

3. 求下列函数的微分：

(1) $y=\ln\sqrt{\dfrac{x-a}{x+a}}$; (2) $y=x^{\sqrt{x}}+\sin\sqrt{x}$;

(3) $y=\ln(x+\sqrt{1+x^2})+\arctan\dfrac{x}{2}$; (4) $y=x^x\arcsin\dfrac{1}{\sqrt{x}}$;

(5) $y=\cos^2 x-x\sin x$;

(6) $y=\arctan\sqrt{\dfrac{1-x}{1+x}}$;

(7) $y=\dfrac{x^2+\sqrt[3]{x}+1}{x-1}$;

(8) $y=\left(\arcsin\dfrac{1}{\sqrt{x}}\right)^{\cos x}$;

(9) $y=(1+\sin x)^{\frac{1}{\cos x}}$;

(10) $y=\dfrac{\sin\sqrt{x}+\cos\sqrt{x}}{\sin x+\cos x}$.

4. 求下列函数的二阶微分:

(1) $y=\arcsin\sqrt{1-x^2}$;

(2) $y=\dfrac{x-1}{\sqrt{x^2+1}}$;

(3) $y=\dfrac{1}{\sin x}+\ln(1+\cos x)$;

(4) $y=\dfrac{1}{\sqrt{\ln(1-x)}}$;

(5) $y=x^{\sin x}+x^{\cos x}$;

(6) $y=\tan\sqrt{1-x^2}$.

5. 利用微分求近似值:

(1) $\sqrt[3]{1.02}$;

(2) $\lg 11$;

(3) $\sin 29^\circ$;

(4) $\cos 149^\circ$;

(5) $\tan 45^\circ 10'$;

(6) $\arcsin 0.5002$.

6. 如图 4.4 所示的电缆 $\overset{\frown}{AOB}$ 的长为 s, 跨度为 $2l$, 电缆的最底点 O 与杆顶连线 AB 的距离为 h, 则电缆长可按公式

$$s=2l\left(1+\frac{2h^2}{3l^2}\right)$$

计算. 问当 h 变化了 Δh 时，电缆长的变化约为多少？

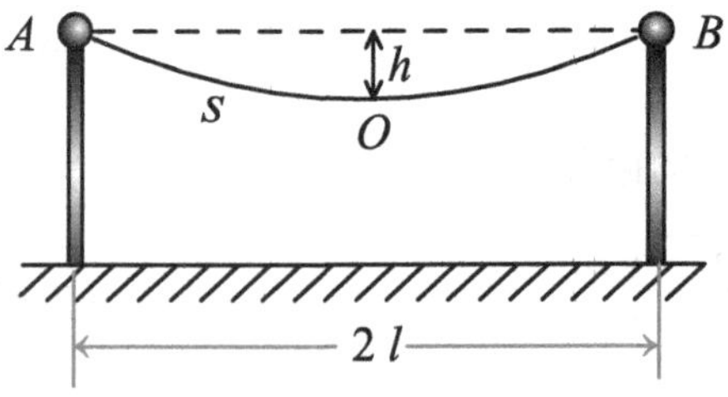

图 4.4

7. 有一圆柱形插头，截面半径 r 为 0.15cm, 长度 l 为 4cm, 为了提高它的导电性能，要在圆柱的侧面镀上一层厚为 0.001cm 的纯铜，问大约需要多少克纯铜 (铜的密度为 $8.9\mathrm{g/cm^3}$)?

习 题 2.4 B

1. 设 $u=u(x), v=v(x)$ 是可微函数，求

(1) $\mathrm{d}\sqrt{\dfrac{u}{v}}$;　　(2) $\mathrm{d}\left(\dfrac{1-\sin\sqrt{u+v}}{1+\sin(uv)}\right)$;

(3) $\mathrm{d}\,\mathrm{e}^{\sin(uv^2)}$;　　(4) $\mathrm{d}^2\arcsin(uv)$;

(5) $\mathrm{d}\ln(\mathrm{e}^u+\tan\dfrac{v}{u})$;　　(6) $\mathrm{d}^2\sqrt{uv}$;

(7) $\mathrm{d}^2\arctan\sqrt{\dfrac{u}{v}}$;　　(8) $\mathrm{d}^2\arctan\sqrt{u^2+v^2}$.

2. 在半径为 1cm 的铁球表面上镀一层厚度为 0.01cm 的铜. 试用微分计算大约需要多少克铜 (铜的密度为 $8.9\mathrm{g/cm^3}$).

3. 为了使计算出的球体体积准确到 1%, 问量度半径 R 时所允许发生的相对误差至多是多少？

4. 要检验一个半径为 2 米，中心角为 55° 的扇形工件，可以直接量其中心角或者直接量这个角所对的弦长，设量度角的最大误差为 0.5°, 量弦长时的最大误差为 3 毫米，问用哪一种方法检验比较准确？

5. 单摆的周期为 $T=2\pi\sqrt{\dfrac{l}{g}}$, 为使 T 增大 0.05 秒，问摆长在 $l=20\mathrm{cm}$ 基础上要修改多少 (其中 $g=981\mathrm{cm/s^2}$)？

6. 设 $f(x)$ 任意阶可导，且 $f'(x)=\mathrm{e}^{-f(x)}$, $f(0)=1$, 求 $\mathrm{d}^n f(0)$.

7. 设 $f(x)=\dfrac{ax+b}{cx+d}$, 若 $c\neq 0$, 求 $\mathrm{d}^n f(x)$.

8. 设 $f(x)=\dfrac{1}{\sqrt{1-x^2}}\cdot\arcsin x$, 求 $\mathrm{d}^n f(0)$.

9. 设函数 $f(t)$ 二阶可导且 $f'(t)\neq 0$, 若 $y=y(x)$ 是由方程 $x=f(t)$ 及 $e^y\sin t-y+1=0$ 确定的隐函数，求 $d^2y(x)$.

10. 设函数 $f(x)$ 处处可导,

$$g(x)=\begin{cases}x^4\sin\dfrac{1}{x}, & x\neq 0\\ 0, & x=0\end{cases},$$

求 $d^2(f\circ g)(x)$.

11. 设函数 $f(x)$ 存在二阶导数，且 $f'(xy)\neq\dfrac{1}{x}$. 若 $y=y(x)$ 是由方程 $y=f(xy)$ 确定的隐函数，求 $d^2y(x)$.

12. 设 $y=y(x)$ 是由方程 $e^y+xy=1+\sin y$ 确定的隐函数，求 d^2y.

13. 设 $x=x(t)$, $y=y(t)$ 满足

$$e^x=3t^2+2\pi t+1,\quad t\sin y=y-\frac{\pi}{2}$$

且 $t\geq 0$, 求 $\left.\dfrac{dy}{dx}\right|_{x=0}$.

14. 设 $y=y(x)$ 由参数方程 $\begin{cases}x=x(t)\\ y=y(t)\end{cases}$ 所确定，其中 $x=x(t)$ 由方程 $\sin(xt)=x+t$ 确定， $y=y(t)$ 由方程 $y=\cos(t+y)$ 确定，试求 $\dfrac{dy}{dx}$.

15. 已知 $P_n(x)=\dfrac{1}{2^n n!}\cdot\dfrac{d^n}{dx^n}(x^2-1)^n$, 证明:

$$P'_{n+1}(x)-P'_{n-1}(x)=(2n+1)P(x).$$

总 习 题 二

1. 求下列函数 $f(x)$ 的 $f'_-(0)$ 和 $f'_+(0)$, 并判定 $f'(0)$ 的存在性:

(1) $f(x)=\begin{cases}\sin x, & x<0\\ \ln(1+x), & x\geq 0\end{cases}$; (2) $f(x)=\begin{cases}\dfrac{x}{1+e^{1/x}}, & x\neq 0\\ 0, & x=0\end{cases}$.

2. 设函数 $f(x)$ 在 $(-\infty,+\infty)$ 上有定义，且 $f'(0)=a\ (a\neq 0)$, 又对任意的 $x,y\in(-\infty,+\infty)$, 恒有

$$f(x+y)=\frac{f(x)+f(y)}{1-f(x)f(y)},$$

求 $f'(x)$ 及 $f(x)$.

3. 已知 $f(x)=\dfrac{x^2}{1-x^2}$, 求 $f^{(n)}(0)$.

4. 证明 Legendre 多项式 $P_n(x)=\dfrac{1}{2^n\cdot n!}\Big[(x^2-1)^n\Big]^{(n)}$ 满足方程

$$(x^2-1)P_n''(x)+2xP_n'(x)-n(n+1)P_n(x)=0.$$

5. 求下列函数的导数：

(1) $y=\dfrac{\arcsin(\sin x)}{x}$;　　(2) $y=\mathrm{e}^x\arctan\left(\dfrac{1+x}{1-x}\right)^2$;

(3) $y=\ln(x+\sqrt{x+\sqrt{x}})$;　　(4) $y=\ln\cot\sqrt{\dfrac{x}{2}}+\cos x\cdot\ln\tan x$.

6. 求下列函数的二阶导数：

(1) $y=2^{\sin x}\cos\dfrac{1}{x}$;　　(2) $y=\dfrac{\ln x}{\sqrt{1-x^2}}$.

7. 求下列由参数方程所确定函数的二阶导数：

(1) $\begin{cases}x=a\cos^3 t,\\ y=a\sin^3 t;\end{cases}$　　(2) $\begin{cases}x=\ln(t+\sqrt{1+t^2}\,),\\ y=t-\tan t.\end{cases}$

8. 求经过原点且与曲线 $y=\dfrac{x+9}{x+5}$ 相切的直线方程.

9. 已知 $f(x)$ 在 $x=a$ 处可导，且 $f(x)>0$, n 为自然数，求

$$\lim_{n\to\infty}\left[f(a+\frac{1}{n})/f(a)\right]^n.$$

10. 已知当 $x\leq 0$ 时，函数 $f(x)$ 有定义且二阶可导，问 a,b,c 为何值时，函数

$$F(x)=\begin{cases}f(x), & x\leq 0\\ ax^2+bx+c, & x>0\end{cases}$$

二阶可导.

11. 设 $y=\operatorname{arccot} x$, 则 $y^{(n)}=(-1)^n(n-1)!\,\sin^n y\sin ny$.

12. 设函数 $f(x)$ 在 $(0,+\infty)$ 上有定义，且 $f'(1)=a\ (a\neq 0)$, 又对任意的 $x,y\in(0,+\infty)$, 恒有 $f(xy)=f(x)+f(y)$, 求 $f'(x)$ 及 $f(x)$.

13. 设 $f(x)=a_0+a_1(x-x_0)+\cdots+a_n(x-x_0)^n$, 证明

$$a_0=f(x_0),\ a_1=f'(x_0),\ a_2=\frac{1}{2!}f''(x_0),\cdots,a_n=\frac{1}{n!}f^{(n)}(x_0).$$

14. 设函数 $f(x)$ 在 $(0,+\infty)$ 内可导， $f(x)>0$, $\lim\limits_{x\to+\infty}f(x)=1$ 且满足

$$\lim_{h\to 0}\left(\frac{f(x+hx)}{f(x)}\right)^{1/h}=\mathrm{e}^{1/x},$$

求 $f(x)$.

15. 用数学归纳法证明 $(n\geq 1)$:

$$\frac{\mathrm{d}^n}{\mathrm{d}x^n}\left(x^{n-1}\mathrm{e}^{\frac{1}{x}}\right)=\frac{(-1)^n\mathrm{e}^{\frac{1}{x}}}{x^{n+1}}.$$

第三章　中值定理及其应用

微分中值定理是导数应用的理论基础，主要内容有罗尔定理、拉格朗日中值定理、柯西中值定理、罗必达法则和泰勒公式等. 有了中值定理，便可以更方便地应用导数来研究函数及曲线的结构和性态.

§3.1　微分中值定理

罗尔定理、拉格朗日中值定理和柯西中值定理从不同的角度刻划了同一几何现象，即“闭连续，开可导，端点连线平切线”. 罗尔定理可以直接用单侧导数证明，拉格朗日中值定理和柯西中值定理可以通过构造辅助函数再利用罗尔定理来证明.

§3.1.1　罗尔定理

考察区间 $[a,b]$ 上的闭连续、开可导函数 $y=f(x)$ 的图象，如果端点值相等，即 $f(a)=f(b)$, 那么函数 $y=f(x)$ 总有一条水平切线，也可说函数 $f(x)$ 在 (a,b) 内必有一个临界点，即导数为零的点. 将“ 闭连续，开可导，端点等值临界点 ”这一几何现象用数学语言表达出来就是罗尔定理.

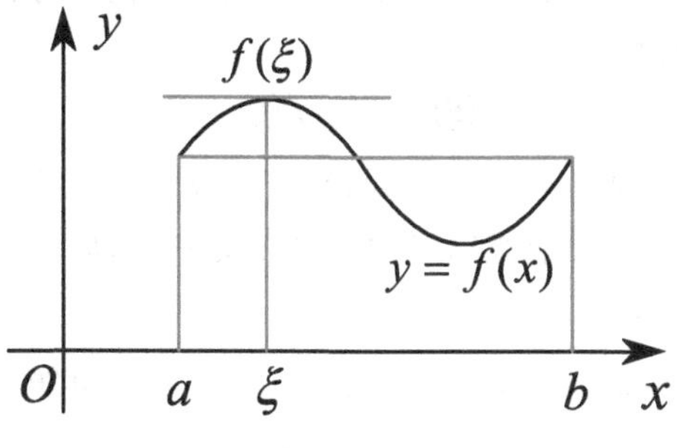

图 1.1

定理 1.1　(Roll 定理) 如果函数 $f(x)$ 在闭区间 $[a,b]$ 上连续，在开区间 (a,b) 内可导，并且在区间端点的函数值相等，即 $f(a)=f(b)$, 那么在开区间

(a,b) 内至少存在一个点 ξ, 使得函数 $f(x)$ 在该点的导数为零，即 $f'(\xi)=0$.

证 由于 $f(x)$ 在 $[a,b]$ 上连续且 $f(a)=f(b)$, 所以必存在 $\xi\in(a,b)$, 使得 $f(\xi)$ 是 $f(x)$ 在 $[a,b]$ 上的最大值或最小值. 不妨设 $f(\xi)$ 是最大值，则有

$$f'_{-}(\xi)=\lim_{\Delta x\to 0-}\frac{f(\xi+\Delta x)-f(\xi)}{\Delta x}\geq 0;$$

$$f'_{+}(\xi)=\lim_{\Delta x\to 0+}\frac{f(\xi+\Delta x)-f(\xi)}{\Delta x}\leq 0.$$

由此可知， $f'(\xi)=0$.

由罗尔定理的证明可知，可导的极值点一定是临界点，即

推论 1.1 (极值定理) 若函数 $f(x)$ 在可导点 x_0 取极值，则必有

$$f'(x_0)=0.$$

例 1.1 设 $f(x)$ 在 $[a,b]$ 上连续，在 (a,b) 内可导，且 $f(a)<0,f(b)<0$. 若存在 $c\in(a,b)$, 使得 $f(c)>0$, 则存在 $\xi\in(a,b)$, 使得

$$f(\xi)+f'(\xi)=0.$$

证 由于 $f(x)$ 在 $[a,b]$ 上连续，所以由 $f(a)<0,f(c)>0,f(b)<0$ 可知，存在 $\xi_1\in(a,c),\xi_2\in(c,b)$, 使得 $f(\xi_1)=f(\xi_2)=0$. 令 $g(x)=\mathrm{e}^x f(x)$, 则 $g(x)$ 在 $[\xi_1,\xi_2]$ 上可导且 $g(\xi_1)=g(\xi_2)=0$. 根据罗尔定理，存在 $\xi\in(\xi_1,\xi_2)$, 使得 $g'(\xi)=0$, 此即 $f(\xi)+f'(\xi)=0$.

例 1.2 设 $f(x),g(x)$ 在 $[a,b]$ 上连续, 在 (a,b) 内可导, 若 $f(a)=f(b)=0$, 则存在 $\xi\in(a,b)$, 使得

$$f'(\xi)+f(\xi)g'(\xi)=0.$$

证 令 $\varphi(x)=\mathrm{e}^{g(x)}f(x)$, 则 $\varphi(x)$ 在 $[a,b]$ 上连续，在 (a,b) 内可导，且 $\varphi(a)=\varphi(b)=0$. 根据罗尔定理，存在 $\xi\in(a,b)$, 使得 $\varphi'(\xi)=0$, 此即 $f'(\xi)+f(\xi)g'(\xi)=0$.

例 1.3 证明方程 $x^3-3x+c=0$ 在 $(0,1)$ 内不可能有两个实数根.

证 反证. 假设 $f(x)=x^3-3x+c$ 在 $(0,1)$ 内存在两个不同零点 x_1,x_2, 即 $f(x_1)=f(x_2)=0$. 不妨设 $x_1<x_2$, 根据罗尔定理，存在 $\xi\in(x_1,x_2)$, 使得 $f'(\xi)=0$. 但 $x\in(0,1)$ 时， $f'(x)=3(x^2-1)<0$, 矛盾.

如果 $f(x)=0$ 在 $(0,1)$ 内有重根 x_0, 则可设 $f(x)=(x-x_0)^2(x+a)$. 其中 a 为某一常数. 由此可知 $f'(x_0)=0$, 矛盾.

因此, $f(x)=0$ 在 $(0,1)$ 内不可能有两个实数根.

例 1.4　设 $f(x)$ 在 $[a,b]$ 上可导, 若 $f'(a)$ 与 $f'(b)$ 反号, 则存在 $\xi\in(a,b)$, 使 $f'(\xi)=0$.

证　不妨设 $f'(a)>0>f'(b)$, 则当 $x\to a+$ 时, $f(x)>f(a)$; 当 $x\to b-$ 时, $f(x)>f(b)$. 设 ξ 是 $f(x)$ 在 $[a,b]$ 上的最大值点, 则 ξ 一定不是 $[a,b]$ 的端点, 故必有 $f'(\xi)=0$.

例 1.5　设 $f(x)$ 在 $[a,b]$ 上连续, 在 (a,b) 内可导, 且 $f(a)=f(b), f'(a)<0, f'(b)<0$, 则 $f'(x)$ 在 (a,b) 内至少有两个零点.

证　设 ξ,η 分别是 $f(x)$ 在 $[a,b]$ 上的最大值点和最小值点. 由 $f'(a)<0$ 可知, 当 $x\to a+$ 时, $f(x)<f(a)$; 由 $f'(b)<0$ 可知, 当 $x\to b-$ 时, $f(x)>f(b)$. 因此根据 $f(a)=f(b)$ 可知, ξ,η 都不是 $[a,b]$ 的端点并且 $\xi\neq\eta$. 故 $f'(x)$ 在 (a,b) 内至少有两个零点 ξ,η.

§3.1.2　拉格朗日定理

在罗尔定理中, 端点等值的要求过于特殊, 不便于应用. 如果去掉这一假设, 那么端点连线与某一切线平行这一几何事实不会改变, 这就是拉格朗日中值定理. 即 “闭连续, 开可导, 端点连线平切线”.

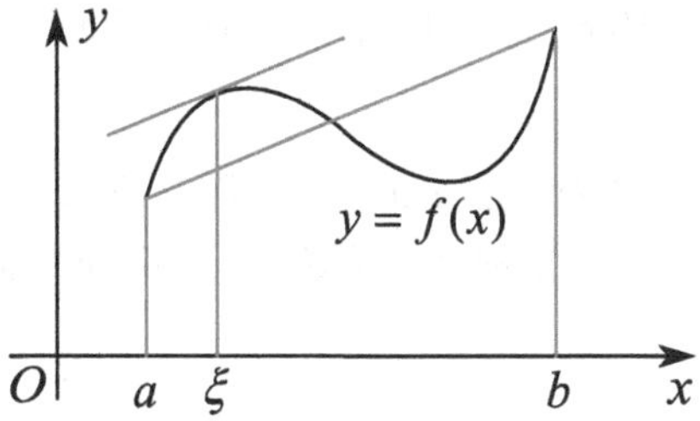

图 1.2

定理 1.2　(Lagrange 中值定理) 如果函数 $f(x)$ 在闭区间 $[a,b]$ 上连续, 在开区间 (a,b) 内可导, 那么在开区间 (a,b) 内至少存在一个点 ξ, 使得

$$f(b)-f(a)=f'(\xi)(b-a).$$

证 设连接端点 $(a,f(a)),(b,f(b))$ 的直线方程为 $y=L(x)$, 则有

$$L(x)=f(a)+\frac{f(b)-f(a)}{b-a}(x-a).$$

要证端点连线平切线，只要证斜率方程 $f'(x)=L'(x)$ 有解，即只要证临界点方程

$$f'(x)-L'(x)=0$$

有解即可. 由于函数 $F(x)=f(x)-L(x)$, 即辅助函数

$$F(x)=f(x)-f(a)-\frac{f(b)-f(a)}{b-a}(x-a)$$

满足“闭连续，开可导，端点等值”，所以根据罗尔定理，必有 $\xi\in(a,b)$, 使得 $F'(\xi)=f'(\xi)-L'(\xi)=0$. 由此可知,

$$f(b)-f(a)=f'(\xi)(b-a).$$

推论 1.2 (常数定理 1) 设 $f(x)$ 是 $[a,b]$ 上的连续函数，如果 $x\in(a,b)$ 时，恒有 $f'(x)=0$, 则 $f(x)$ 是 $[a,b]$ 上的常值函数.

证 设 x_1,x_2 是 $[a,b]$ 上任意两个点且 $x_1<x_2$, 则 $f(x)$ 在 $[x_1,x_2]$ 上连续，在 (a,b) 内可导. 根据拉格朗日中值定理，存在 $\xi\in(a,b)$, 使得

$$f(x_2)-f(x_1)=f'(\xi)(x_2-x_1).$$

由 $x\in(a,b)$ 时，恒有 $f'(x)=0$ 可知， $f(x_2)=f(x_1)$. 故 $f(x)$ 在 $[a,b]$ 上是一个常数.

推论 1.3 (常数定理 2) 设 $f(x),g(x)$ 是 $[a,b]$ 上的连续函数，如果 $x\in(a,b)$ 时，恒有 $f'(x)=g'(x)$, 则存在常数 C, 使得 $x\in[a,b]$ 时，恒有 $f(x)=g(x)+C$.

证 设 $F(x)=f(x)-g(x)$, 则 $F'(x)=f'(x)-g'(x)=0$. 故 $F(x)$ 在 $[a,b]$ 上是一个常数，即存在常数 C, 使得 $x\in[a,b]$ 时，恒有 $f(x)=g(x)+C$.

推论 1.4 设函数 $f(x)$ 是在 $[a,b]$ 上连续, 在 (a,b) 内可导且恒有 $|f'(x)|\leq L$, 则对任意的 $x,y\in[a,b]$, 必有

$$|f(x)-f(y)|\leq L|x-y|.$$

其中 L 为正常数.

证 不妨设 $x<y$, 则由 Lagrange 中值定理，存在 $\xi\in(x,y)$, 使得

$$|f(x)-f(y)|=|f'(\xi)(x-y)|\le L|x-y|.$$

例 1.6 设 $f(x)$ 在 $[a,b]$ 上连续，在 (a,b) 内可导，证明存在 $\xi\in(a,b)$, 使得

$$\frac{bf(b)-af(a)}{b-a}=f(\xi)+\xi f'(\xi).$$

证 设 $g(x)=xf(x)$, 则 $g(x)$ 在 $[a,b]$ 上连续，在 (a,b) 内可导. 根据拉格朗日中值定理，存在 $\xi\in(a,b)$, 使得

$$\frac{bf(b)-af(a)}{b-a}=\frac{g(b)-g(a)}{b-a}=g'(\xi)=f(\xi)+\xi f'(\xi).$$

例 1.7 设函数 $f(x)$ 在 $(0,+\infty)$ 可导且 $|f'(x)|\le M$, 则 $\lim\limits_{x\to+\infty}\dfrac{f(x)}{x^2}=0$.

证 取 $b>0$, 则有

$$\begin{aligned}0\le\frac{|f(x)|}{x^2}&=\frac{|f(x)-f(b)+f(b)|}{x^2}\le\frac{|f(x)-f(b)|}{x^2}+\frac{|f(b)|}{x^2}\\&=\frac{|f'(\xi)(x-b)|}{x^2}+\frac{|f(b)|}{x^2}\quad(\xi\text{介于 }b,x\text{之间})\\&\le M\cdot\frac{|x-b|}{x^2}+\frac{|f(b)|}{x^2}\to0\quad(x\to+\infty).\end{aligned}$$

故 $\lim\limits_{x\to+\infty}\dfrac{f(x)}{x^2}=0$.

例 1.8 设 $f(x)$ 在 $[a,b]$ 上连续，$f''(x)$ 在 (a,b) 内存在, 若连接点 $(a,f(a))$ 与点 $(b,f(b))$ 的线段交曲线 $y=f(x)$ 于 $(c,f(c))$ 点且 $a<c<b$, 则存在 $\xi\in(a,b)$, 使得 $f''(\xi)=0$.

证 根据拉格朗日中值定理，存在 $\xi_1\in(a,c),\xi_2\in(c,b)$, 使得

$$f'(\xi_1)=\frac{f(c)-f(a)}{c-a}=\frac{f(b)-f(c)}{b-c}=f'(\xi_2).$$

由于函数 $f'(x)$ 在 $[\xi_1,\xi_2]$ 上连续，在 (ξ_1,ξ_2)内可导且端点等值，根据罗尔定理，存在 $\xi\in(\xi_1,\xi_2)$, 使得 $f''(\xi)=0$.

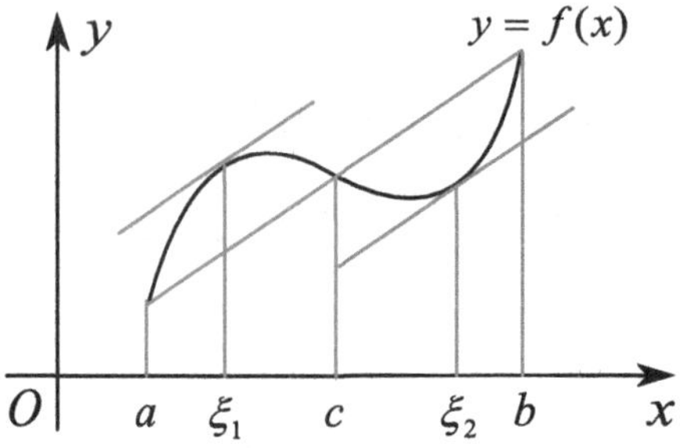

图 1.3

例 1.9 证明在 $[-1,1]$ 上有恒等式

$$\arcsin x + \arccos x = \frac{\pi}{2}.$$

证 设 $f(x) = \arcsin x + \arccos x$, 则 $f(x)$ 在 $[-1,1]$ 上连续, 在 $(-1,1)$ 内可导, 并且有

$$f'(x) = \frac{1}{\sqrt{1-x^2}} - \frac{1}{\sqrt{1-x^2}} = 0.$$

故恒有 $f(x) = f(0) = \frac{\pi}{2}$, 即 $\arcsin x + \arccos x = \frac{\pi}{2}$.

例 1.10 证明当 $x > 0$ 时, 有

$$\frac{x}{1+x} < \ln(1+x) < x.$$

证 设 $f(t) = \ln(1+t)$, 则 $f(t)$ 在 $[0,x]$ 上连续, 在 $(0,x)$ 内可导. 根据拉格朗日中值定理, 存在 $\xi \in (0,x)$, 使得

$$f'(\xi) = \frac{f(x)-f(0)}{x-0},$$

即 $\frac{1}{1+\xi} = \frac{\ln(1+x)}{x}$. 由 $0 < \xi < x$ 可知,

$$\frac{1}{1+x} < \frac{1}{1+\xi} < 1,$$

故有 $\frac{x}{1+x} < \ln(1+x) < x$.

不等式 $\frac{x}{1+x} < \ln(1+x) < x$ 是一个面积不等式, 具有明显的几何意义. 在图 1.4 中, 小矩形 $ADCB$ 的面积为 $\frac{x}{1+x}$, 大矩形 $ABFE$ 的面积为 x, 曲边梯形 $ABDE$ 的面积为 $\ln(1+x)$.

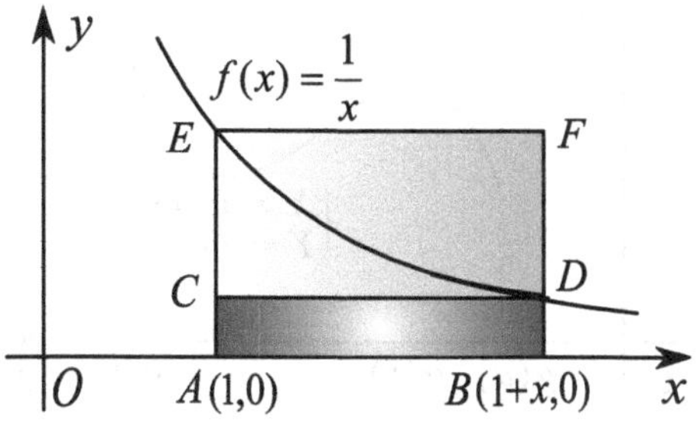

图 1.4

例 1.11 设 $f(x)$ 在 $[a,b]$ 上连续，$f''(x)$ 在 (a,b) 内存在，若 $f(a)=f(b)=0$ 且存在 $c\in(a,b)$，使 $f(c)>0$，则存在 $\xi\in(a,b)$，使得 $f''(\xi)<0$.

证 根据拉格朗日中值定理，存在 $\xi_1\in(a,c),\xi_2\in(c,b)$，使得

$$f'(\xi_1)=\frac{f(c)-f(a)}{c-a}=\frac{f(c)}{c-a}>0;$$
$$f'(\xi_2)=\frac{f(b)-f(c)}{b-c}=\frac{-f(c)}{b-c}<0.$$

由于函数 $f'(x)$ 在 $[\xi_1,\xi_2]$ 上连续，在 (ξ_1,ξ_2) 内可导，所以存在 $\xi\in(\xi_1,\xi_2)$，使得

$$f''(\xi)=\frac{f'(\xi_2)-f'(\xi_1)}{\xi_2-\xi_1}<0.$$

§3.1.3 柯西中值定理

在拉格朗日中值定理中，如果将函数曲线换成参数曲线，那么“闭连续，开可导，端点连线平切线”这一几何事实就成了柯西中值定理．柯西中值定理揭示了两个函数的差商与导商之间的转化关系.

定理 1.3 (Cauchy 中值定理) 如果函数 $Y=f(x)$ 和 $X=g(x)$ 在闭区间 $[a,b]$ 上连续，在开区间 (a,b) 内可导，并当 $x\in(a,b)$ 时，恒有 $g'(x)\neq 0$，那么在开区间 (a,b) 内至少存在一个点 ξ，使得

$$\frac{f(b)-f(a)}{g(b)-g(a)}=\frac{f'(\xi)}{g'(\xi)}.$$

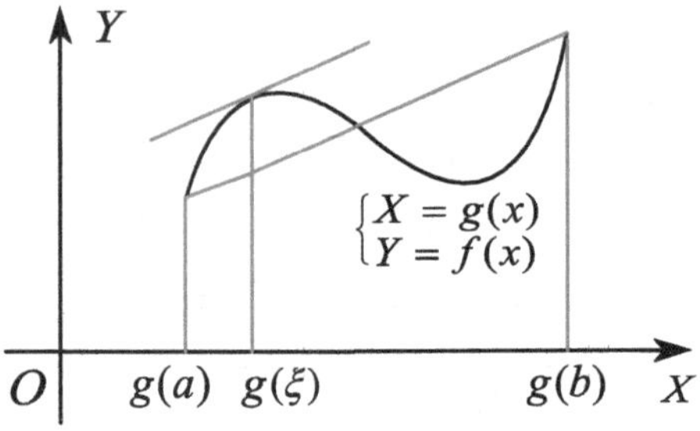

图 1.5

证 设连接端点 $(g(a),f(a)),(g(b),f(b))$ 的直线方程为 $Y=L(X)$, 则有

$$L(X)=f(a)+\frac{f(b)-f(a)}{g(b)-g(a)}(X-g(a)).$$

要证端点连线平行于切线，只要证斜率方程 $\dfrac{f'(x)}{g'(x)}-L'(g(x))=0$ 有解，即只要证临界点方程

$$f'(x)-L'(g(x))g'(x)=0$$

有解即可. 由于函数 $F(x)=f(x)-L(g(x))$, 即辅助函数

$$F(x)=f(x)-f(a)-\frac{f(b)-f(a)}{g(b)-g(a)}(g(x)-g(a))$$

满足"闭连续，开可导，端点等值"，所以根据罗尔定理，必有 $\xi\in(a,b)$, 使得 $F'(\xi)=f'(\xi)-L'(g(\xi))g'(\xi)=0$. 由此可知,

$$\frac{f(b)-f(a)}{g(b)-g(a)}=\frac{f'(\xi)}{g'(\xi)}.$$

例 1.12 设 $a>0$ 且 $f(x)$ 在 $[a,b]$ 上连续，在 (a,b) 内可导，则存在 $\xi\in(a,b)$, 使得

$$f(b)-f(a)=\xi f'(\xi)\ln\frac{b}{a}.$$

证 设 $g(x)=\ln x$, 则 $g(x)$ 在 $[a,b]$ 上连续，在 (a,b) 内可导且 $g'(x)=\dfrac{1}{x}\neq 0$. 根据柯西中值定理，存在 $\xi\in(a,b)$, 使得

$$\frac{f(b)-f(a)}{\ln a-\ln b}=\frac{f(b)-f(a)}{g(b)-g(a)}=\frac{f'(\xi)}{g'(\xi)}=\frac{f'(\xi)}{1/\xi}.$$

即 $f(b)-f(a)=\xi f'(\xi)\ln\dfrac{b}{a}$.

例 1.13 设函数 $f(x)$ 在 $[a,b]$ 上连续，在 (a,b) 内可导，且 $f'(x)\neq 0$, 试证存在 $\xi,\eta\in(a,b)$, 使得

$$\frac{f'(\xi)}{f'(\eta)}=\frac{\mathrm{e}^b-\mathrm{e}^a}{b-a}\mathrm{e}^{-\eta}.$$

证 由于 $f(x),\mathrm{e}^x$ 在 $[a,b]$ 上满足柯西中值定理，所以存在 $\eta\in(a,b)$, 使得

$$\frac{f(b)-f(a)}{\mathrm{e}^b-\mathrm{e}^a}=\frac{f'(\eta)}{\mathrm{e}^\eta}. \tag{3.1}$$

根据拉格朗日中值定理，存在 $\xi\in(a,b)$, 使得

$$\frac{f(b)-f(a)}{b-a}=f'(\xi). \tag{3.2}$$

由 (3.1),(3.2) 式及 $f'(x)\neq 0$ 可知，$\dfrac{f'(\xi)}{f'(\eta)}=\dfrac{\mathrm{e}^b-\mathrm{e}^a}{b-a}\mathrm{e}^{-\eta}$.

例 1.14 设函数 $f(x)$ 在 $x=0$ 的某邻域内具有 n 阶导数，且 $f(0)=f'(0)=\cdots=f^{(n-1)}(0)=0$. 证明存在 $\theta\in(0,1)$, 使得

$$f(x)=\frac{1}{n!}f^{(n)}(\theta x)x^n.$$

证 反复应用柯西中值定理，有

$$\begin{aligned}\frac{f(x)}{x^n}&=\frac{f(x)-f(0)}{x^n-0^n}=\frac{f'(\xi_1)}{n\cdot\xi_1^{n-1}}\\&=\frac{f'(\xi_1)-f'(0)}{n\cdot(\xi_1^{n-1}-0^{n-1})}=\frac{f''(\xi_2)}{n(n-1)\cdot\xi_2^{n-2}}=\cdots=\frac{f^{(n)}(\xi_n)}{n!}.\end{aligned}$$

其中 $\xi_1,\cdots,\xi_n$ 介于 $0,x$ 之间. 令 $\theta=\dfrac{\xi_n}{x}$, 则有 $\theta\in(0,1)$.

习 题 3.1 A

1. 设函数 $f(x)$ 在 $[a,b]$ 上连续，若 $f(a)=f(b)=0$，$f'(a)\cdot f'(b)>0$, 则存在 $\xi\in(a,b)$, 使得 $f(\xi)=0$.

2. 设函数 $f(x)$ 在 $[a,b]$ 上连续，在 (a,b) 内可导，试利用面积函数

$$S(x)=\begin{vmatrix} x & f(x) & 1 \\ a & f(a) & 1 \\ b & f(b) & 1 \end{vmatrix}$$

证明拉格朗日中值公式.

3. 设函数 $f(x),g(x),h(x)$ 在 $[a,b]$ 上连续，在 (a,b) 内可导，则存在 $\xi\in(a,b)$, 使得

$$\begin{vmatrix} f(a) & g(a) & h(a) \\ f(b) & g(b) & h(b) \\ f'(\xi) & g'(\xi) & h'(\xi) \end{vmatrix}=0.$$

据此证明柯西中值公式.

4. 设函数 $f(x),g(x)$ 在 $[a,b]$ 上连续，在 (a,b) 内可导，则存在 $\xi\in(a,b)$, 使得

$$\begin{vmatrix} f(a) & f(b) \\ g(a) & g(b) \end{vmatrix}=(b-a)\begin{vmatrix} f(a) & f'(\xi) \\ g(a) & g'(\xi) \end{vmatrix}.$$

5. 证明下列恒等式或不等式

(1) 证明恒等式 $\arctan x+\operatorname{arccot} x=\dfrac{\pi}{2}$;

(2) $|\arctan x-\arctan y|\leq|x-y|$;

(3) 当 $0<a<b$ 时，$\dfrac{b-a}{b}<\ln\dfrac{b}{a}<\dfrac{b-a}{a}$;

(4) 当 $x>1$ 时，$\mathrm{e}^x>\mathrm{e}x$;

(5) 当 $x\geq 0$ 时，$\ln(1+x)\geq\dfrac{\arctan x}{1+x}$;

(6) 设 $0<\alpha<\beta<\dfrac{\pi}{2}$, 证明

$$\frac{1}{\cos^2\alpha}<\frac{\tan\beta-\tan\alpha}{\beta-\alpha}<\frac{1}{\cos^2\beta};$$

(7) 设 $0<a<b, n>1$, 证明

$$na^{n-1}(b-a)<b^n-a^n<nb^{n-1}(b-a).$$

6. 设 $f(x)$ 在 $[a,b]$ 上连续，在 (a,b) 内可导，证明存在 $\xi\in(a,b)$, 使得

$$\frac{f^2(b)-f^2(a)}{b-a}=2f(\xi)f'(\xi).$$

7. 设 $a>0$, 函数 $f(x)$ 在 $[a,b]$ 上连续，在 (a,b) 内可导，证明存在 $\xi\in(a,b)$, 使得

$$\frac{f(b)-f(a)}{b^2-a^2}=\frac{f'(\xi)}{2\xi}.$$

8. 设函数 $f(x)$ 在 $[a,b]$ 上连续，在 (a,b) 内可导，且 $f(a)=f(b)=0$, 证明存在 $\xi\in(a,b)$, 使得 $f'(\xi)=f(\xi)$.

9. 设函数 $f(x)$ 在 $[a,b]$ 上可导，证明存在 $\xi\in(a,b)$, 使得

$$\frac{1}{\mathrm{e}^a-\mathrm{e}^b}\begin{vmatrix}\mathrm{e}^a & \mathrm{e}^b\\ f(a) & f(b)\end{vmatrix}=f(\xi)-f'(\xi).$$

10. 设函数 $f(x)$ 在 x_0 点连续，若 $f'(x_0+)=f'(x_0-)=A$, 则 $f(x)$ 在 x_0 点可导且 $f'(x_0)=A$.

习　题 3.1 B

1. 设函数 $f(x)$ 在 (a,b) 内具有二阶导数，若 $a<c<b$, $f(a)=f(b)=f(c)$, 证明存在 $\xi\in(a,b)$, 使得 $f''(\xi)=0$.

2. 设函数 $f(x)$ 在 $[0,1]$ 上连续，在 $(0,1)$ 内可导．若 $f(0)=0$, $f(1)=1$, 则对任意 $a,b>0$, 都存在不同的 $\xi,\eta\in(0,1)$, 使得

$$\frac{a}{f'(\xi)}+\frac{b}{f'(\eta)}=a+b.$$

3. 证明方程 $x^5+x-1=0$ 只有一个正根.

4. 设常数 $a_0,a_1,\cdots,a_n$ 满足

$$a_0+\frac{a_1}{2}+\frac{a_2}{3}+\cdots+\frac{a_n}{n+1}=0,$$

证明方程 $a_0+a_1x+a_2x^2+\cdots+a_nx^n=0$ 在 $(0,1)$ 内至少有一个实根.

5. 设函数 $f(x)$ 在 $[x_1,x_2]$ 上可导，且 $x_1\cdot x_2>0$, 证明存在 $\xi\in(x_1,x_2)$, 使得

$$\frac{1}{x_1-x_2}\begin{vmatrix} x_1 & x_2 \\ f(x_1) & f(x_2) \end{vmatrix}=f(\xi)-\xi f'(\xi),$$

6. 设 $f(x),g(x)$ 在 $[a,b]$ 上连续，在 (a,b) 内可导. 若恒有

$$f'(x)g(x)\neq f(x)g'(x),$$

证明在 (a,b) 内 $f(x)$ 的两个相邻零点之间 $g(x)$ 至少有一个零点.

7. 设 $f(x)$ 在 $[0,1]$ 上连续，在 $(0,1)$ 内可导，且 $f(0)=0,f(1)=1$. 证明

(1) 存在 $\xi\in(0,1)$, 使得 $f(\xi)=1-\xi$;

(2) 存在不同的点 $\eta,\zeta\in(0,1)$, 使得 $f'(\eta)f'(\zeta)=1$.

8. 设函数 $f(x)$ 在区间 (a,b) 内可导且 $f'(x)$ 有界，则

(1) $f(x)$ 在 (a,b) 内有界;

(2) $f(x)$ 在 (a,b) 内一致连续;

(3) $f(a-)$ 和 $f(a+)$ 存在.

9. 若函数 $f(x)$ 在 x_0 点取极值，且 $f'_+(x)$ 在 x_0 点连续，则 $f'_+(x_0)=0$.

10. 设函数 $f(x)$ 在区间 $[a,b]$ 上连续，在 (a,b) 内有连续的右导数，则存在 $\xi\in(a,b)$, 使得 $f(b)-f(a)=f'_+(\xi)(b-a)$.

11. 设函数 $f(x)$ 在区间 $[0,+\infty]$ 上连续，且有连续的右导数 $f'_+(x)$, 则 $f'(x)$ 存在.

12. 设 $f(x)$ 在 $[a,b]$ 上连续，严格单调增，在 (a,b) 内可导，且 $f(a)=a<f(b)=b$, 则存在 $\xi_k\in(a,b)$, 使得

$$\frac{1}{n}\sum_{k=1}^{n}\frac{1}{f'(\xi_k)}=1.$$

13. 若 $f(x)$, $g(x)$ 在 $[a,b]$ 上可导且 $g'(x)\neq 0$, 则存在 $\xi\in(a,b)$, 使得

$$\frac{f(a)-f(\xi)}{g(\xi)-g(b)}=\frac{f'(\xi)}{g'(\xi)}.$$

14. 设 $f(x)$ 在 $[0,1]$ 上连续, 在 $(0,1)$ 内可导, 且 $f(0)=f(1)=0, f\left(\frac{1}{2}\right)=1$, 则

(1) 存在 $\eta\in\left(\frac{1}{2},1\right)$, 使得 $f(\eta)=\eta$;

(2) $\forall\lambda$, $\exists\xi\in(0,\eta)$, 使得 $f'(\xi)-\lambda[f(\xi)-\xi]=1$.

15. 设 $f(x)$ 在 $(-\infty,+\infty)$ 上二阶连续可微, $|f(x)|\leq 1$ 且 $|f(0)|^2+|f'(0)|^2=4$, 则存在 $\xi\in(-\infty,+\infty)$, 使得

$$f(\xi)+f''(\xi)=0.$$

16. 设 $f(x)$ 在 (a,b) 上可微, 在点 a 右连续. 若

$$\lim_{x\to a+}f'(x)=A,$$

则 $f'_+(a)=A$, 且 $f'(x)$ 在点 $x=a$ 右连续.

§3.2 罗必达法则

不能用代入方法计算的极限习惯上称为未定式极限. 罗必达法则可以把未定式极限, 如两个无穷小或两个无穷大的比值极限转化为导商的极限, 从而可以有效地解决许多复杂极限的计算问题.

两个无穷小的比值极限可能存在, 也可能不存在. 例如 $\lim\limits_{x\to 0}\frac{\sin x}{x}=1$, 而 $\lim\limits_{x\to 0}\frac{\sin x}{x^2}$ 不存在. 一般地, 两个无穷小的比值极限称为 0/0 型未定式. 分母为无穷大的比值极限称为 $*/\infty$ 型未定式, 例如 $\lim\limits_{x\to+\infty}\frac{\ln x\cdot\sin x}{x}$.

在许多情况下, 未定式的极限可以通过罗必达法则转化为导商极限得到有效解决.

定理 2.1 (L'Hospital 法则) 设 $x \to x_0$ 时, $f(x), g(x)$ 是无穷小且 $g'(x) \neq 0$, 若 $\lim\limits_{x \to x_0} \dfrac{f'(x)}{g'(x)} = A$, 则 $\lim\limits_{x \to x_0} \dfrac{f(x)}{g(x)} = A$.

证 令 $f(x_0) = g(x_0) = 0$, 则 $f(x), g(x)$ 在 x_0 点连续. 于是可设 $f(x), g(x)$ 在区间 $[x_0, x]$ 或 $[x, x_0]$ 上闭连续, 开可导. 根据柯西中值定理有

$$\frac{f(x)}{g(x)} = \frac{f(x) - f(x_0)}{g(x) - g(x_0)} = \frac{f'(\xi)}{g'(\xi)},$$

其中 ξ 介于 x_0 与 x 之间. 特别当 $x \to x_0$ 时, 有 $\xi \to x_0$, 从而有

$$\lim_{x \to x_0} \frac{f(x)}{g(x)} = \lim_{\xi \to x_0} \frac{f'(\xi)}{g'(\xi)} = A.$$

定理 2.2 (L'Hospital 法则) 设 $x \to x_0$ 时, $g(x)$ 是无穷大且 $g'(x) \neq 0$, 若 $\lim\limits_{x \to x_0} \dfrac{f'(x)}{g'(x)} = A$, 则 $\lim\limits_{x \to x_0} \dfrac{f(x)}{g(x)} = A$.

证* 由于 $\lim\limits_{x \to x_0} \dfrac{f'(x)}{g'(x)} = A$, 所以 $\forall \varepsilon > 0$, 存在 $\delta > 0$, 使当 $0 < |x - x_0| < \delta$ 时, 恒有

$$\left| \frac{f'(x)}{g'(x)} - A \right| < \varepsilon.$$

于是当 $0 < |x - x_0| < \delta, 0 < |y - x_0| < \delta$ 且 $x \neq y$ 时, 必有

$$A - \varepsilon < \frac{f(x) - f(y)}{g(x) - g(y)} = \frac{f'(\xi)}{g'(\xi)} < A + \varepsilon,$$

其中 ξ 介于 x 与 y 之间. 若令 $u = \dfrac{g(y)}{g(x)}, v = \dfrac{f(y)}{g(x)}$, 则有

$$A - \varepsilon < \frac{f(x)/g(x) - v}{1 - u} < A + \varepsilon.$$

对固定的 y, 当 $x \to x_0$ 时, 必有 $u \to 0,\ v \to 0$, 从而有

$$A - \varepsilon \leftarrow (A - \varepsilon)(1 - u) + v < \frac{f(x)}{g(x)} < (A + \varepsilon)(1 - u) + v \to A + \varepsilon.$$

由此可知, $\lim\limits_{x \to x_0} \dfrac{f(x)}{g(x)} = A$.

在定理 2.1 、定理 2.2 中，如果将 A 改为 ∞, 结论也成立.

如果形式地用 0 表示无穷小，用 ∞ 表示无穷大，则未定式的极限还有 $0\cdot\infty, \infty-\infty, 0^0, 1^\infty, \infty^0$ 等. 这些类型的极限都可以通过简单的等价变形化为 0/0 或 $*/\infty$ 型未定式，然后使用罗必达法则计算.

在用罗必达法则计算极限时，应尽量做到：能代则代，能化则化，能导则导. 优先考虑能不能代入，能不能部分代入，其次考虑能不能等价代换，能不能变形化简. 这样可以避免不必要的求导运算.

例 2.1 求 $\lim\limits_{x\to 0}\dfrac{x-\sin x}{x^3}$.

解 $\lim\limits_{x\to 0}\dfrac{x-\sin x}{x^3}=\lim\limits_{x\to 0}\dfrac{1-\cos x}{3x^2}=\lim\limits_{x\to 0}\dfrac{\sin x}{6x}=\dfrac{1}{6}$.

例 2.2 求 $\lim\limits_{x\to 0}\dfrac{\tan x-x}{x^2\sin x}$.

解 $\lim\limits_{x\to 0}\dfrac{\tan x-x}{x^2\sin x}=\lim\limits_{x\to 0}\dfrac{\tan x-x}{x^3}=\lim\limits_{x\to 0}\dfrac{\sec^2 x-1}{3x^2}=\lim\limits_{x\to 0}\dfrac{\tan^2 x}{3x^2}=\dfrac{1}{3}$.

注意，在上述极限计算中，用等价无穷小 x^3 代替 $x^2\sin x$ 简化了计算过程.

例 2.3 求 $\lim\limits_{x\to +\infty}\dfrac{x^n}{\mathrm{e}^x}$.

解 $\lim\limits_{x\to +\infty}\dfrac{x^n}{\mathrm{e}^x}=\lim\limits_{x\to +\infty}\dfrac{nx^{n-1}}{\mathrm{e}^x}=\cdots=\lim\limits_{x\to +\infty}\dfrac{n!}{\mathrm{e}^x}=0$.

这是一个 ∞/∞ 型极限计算，反复使用了罗必达法则.

例 2.4 求 $\lim\limits_{x\to +\infty}\dfrac{x^\alpha}{\ln x}\quad(\alpha>0)$.

解 $\lim\limits_{x\to +\infty}\dfrac{x^\alpha}{\ln x}=\lim\limits_{x\to +\infty}\dfrac{\alpha x^{\alpha-1}}{1/x}=\lim\limits_{x\to +\infty}\alpha x^\alpha=+\infty$.

例 2.5 求 $\lim\limits_{x\to 0}\dfrac{\mathrm{e}^x-\mathrm{e}^{-x}-2x}{x-\sin x}$.

解
$$\lim_{x\to 0}\frac{\mathrm{e}^x-\mathrm{e}^{-x}-2x}{x-\sin x}=\lim_{x\to 0}\frac{\mathrm{e}^x+\mathrm{e}^{-x}-2}{1-\cos x}$$
$$=\lim_{x\to 0}\frac{\mathrm{e}^x-\mathrm{e}^{-x}}{\sin x}=\lim_{x\to 0}\frac{\mathrm{e}^x+\mathrm{e}^{-x}}{\cos x}=2.$$

例 2.6 设 $\alpha > 0$，求 $\lim\limits_{x \to 0^+}(x^\alpha \ln x)$.

解 $\lim\limits_{x \to 0^+}(x^\alpha \ln x) = \lim\limits_{x \to 0^+} \dfrac{\ln x}{x^{-\alpha}} = \lim\limits_{x \to 0^+} \dfrac{1/x}{-\alpha x^{-\alpha-1}} = \lim\limits_{x \to 0^+} \dfrac{x^\alpha}{-\alpha} = 0.$

这是一个 $0 \cdot \infty$ 型极限问题，通过等价变形化成了 ∞/∞ 型极限.

例 2.7 求 $\lim\limits_{x \to 0}(\dfrac{1}{x^2} - \cot^2 x)$.

解
$$\lim_{x \to 0}(\frac{1}{x^2} - \cot^2 x) = \lim_{x \to 0} \frac{\sin x - x\cos x}{x^3} \cdot \lim_{x \to 0} \frac{\sin x + x\cos x}{x}$$
$$= \lim_{x \to 0} \frac{x\sin x}{3x^2} \cdot 2 = \frac{2}{3}.$$

这是一个 $\infty - \infty$ 型极限，利用极限的乘法法则，将其化为两个 0/0 型极限. 如果不选用上述方法，可能会导致复杂的计算过程.

例 2.8 设 $y = \left(\dfrac{\sin x}{x}\right)^{\frac{1}{1-\cos x}}$，求 $\lim\limits_{x \to 0} y$.

解
$$\lim_{x \to 0} \ln y = \lim_{x \to 0} \frac{\ln|\sin x| - \ln|x|}{1 - \cos x} = \lim_{x \to 0} \frac{\dfrac{\cos x}{\sin x} - \dfrac{1}{x}}{\sin x}$$
$$= \lim_{x \to 0} \frac{x\cos x - \sin x}{x^3} = \lim_{x \to 0} \frac{-x\sin x}{3x^2} = -\frac{1}{3}.$$

所以 $\lim\limits_{x \to 0} y = \mathrm{e}^{-1/3}$.

这是一个 1^∞ 型极限，通过取对数方法可将其化为 0/0 型极限. 在极限的计算过程中，通过通分运算和等价代换 $x\sin x \sim x^2$ 简化了计算步骤.

例 2.9 设 $y = (\dfrac{\pi}{2} - \arctan x)^{\frac{1}{\ln x}}$，求 $\lim\limits_{x \to +\infty} y$.

解
$$\lim_{x \to +\infty} \ln y = \lim_{x \to +\infty} \frac{\ln\left(\dfrac{\pi}{2} - \arctan x\right)}{\ln x} = \lim_{x \to +\infty} \frac{-1/x}{\dfrac{\pi}{2} - \arctan x} = -1,$$

所以 $\lim\limits_{x \to +\infty} y = \mathrm{e}^{-1}$.

这是一个 0^0 型极限，通过取对数方法将其变成了 ∞/∞ 型极限.

例 2.10 设 $f(x)$ 是 $(0,+\infty)$ 上的可微函数，且当 $x \to +\infty$ 时，$f(x)+f'(x) \to 0$，证明 $\lim\limits_{x\to+\infty} f(x)=0$.

证
$$\lim_{x\to+\infty} f(x)=\lim_{x\to+\infty}\frac{\mathrm{e}^x f(x)}{\mathrm{e}^x}$$
$$=\lim_{x\to+\infty}\frac{(\mathrm{e}^x f(x))'}{(\mathrm{e}^x)'}=\lim_{x\to+\infty}(f(x)+f'(x))=0.$$

虽然这不是一个未定式极限，但可以通过 e^x 构造一个 $*/\infty$ 型极限．注意 $*/\infty$ 型极限的分子不必是"∞".

例 2.11 设 $f(x)$ 是 $(0,+\infty)$ 上的可微函数，若 $\lim\limits_{x\to+\infty} f(x)$，$\lim\limits_{x\to+\infty} f'(x)$ 存在，则 $\lim\limits_{x\to+\infty} f'(x)=0$.

证 由于
$$\lim_{x\to+\infty} f(x)=\lim_{x\to+\infty}\frac{\mathrm{e}^x f(x)}{\mathrm{e}^x}$$
$$=\lim_{x\to+\infty}\frac{(\mathrm{e}^x f(x))'}{(\mathrm{e}^x)'}=\lim_{x\to+\infty}(f(x)+f'(x)).$$
所以根据 $\lim\limits_{x\to+\infty} f(x)$，$\lim\limits_{x\to+\infty} f'(x)$ 的存在性可推出 $\lim\limits_{x\to+\infty} f'(x)=0$.

例 2.12 求 $\lim\limits_{n\to\infty}\tan^n\left(\dfrac{\pi}{4}+\dfrac{1}{n}\right)$.

解 根据海因定理和罗必达法则，有
$$\lim_{n\to\infty}\tan^n\left(\frac{\pi}{4}+\frac{1}{n}\right)=\lim_{x\to+\infty}\tan^x\left(\frac{\pi}{4}+\frac{1}{x}\right)=\mathrm{e}^{\lim\limits_{x\to+\infty}\frac{\ln\tan(\frac{\pi}{4}+\frac{1}{x})}{x^{-1}}}$$
$$=\mathrm{e}^{\lim\limits_{x\to+\infty}\frac{\frac{1}{\tan(\frac{\pi}{4}+\frac{1}{x})}\cdot\frac{1}{\cos^2(\frac{\pi}{4}+\frac{1}{x})}\cdot\frac{-1}{x^2}}{-x^{-2}}}$$
$$=\mathrm{e}^{\lim\limits_{x\to+\infty}\frac{2}{\sin(\frac{\pi}{2}+\frac{2}{x})}}=\mathrm{e}^2.$$

例 2.13 设 $a_1,\cdots,a_n$ 均为正常数，求
$$\lim_{x\to+\infty}\left(\frac{a_1^{\frac{1}{x}}+\cdots+a_n^{\frac{1}{x}}}{n}\right)^{nx}.$$

解 令 $y=\left(\dfrac{a_1^{\frac{1}{x}}+\cdots+a_n^{\frac{1}{x}}}{n}\right)^{nx}$, 两边取对数得

$$\ln y=nx\ln\frac{a_1^{\frac{1}{x}}+\cdots+a_n^{\frac{1}{x}}}{n}.$$

利用罗必达法则可得

$$\begin{aligned}\lim_{x\to+\infty}\ln y&=\lim_{x\to+\infty}\frac{n\ln\dfrac{a_1^{\frac{1}{x}}+\cdots+a_n^{\frac{1}{x}}}{n}}{\dfrac{1}{x}}\\&=\lim_{x\to+\infty}\frac{\dfrac{n^2}{a_1^{1/x}+\cdots+a_n^{1/x}}\cdot\dfrac{a_1^{1/x}\ln a_1+\cdots+a_n^{1/x}\ln a_n}{n}\cdot\dfrac{-1}{x^2}}{-\dfrac{1}{x^2}}\\&=\lim_{x\to+\infty}\frac{n[a_1^{1/x}\ln a_1+\cdots+a_n^{1/x}\ln a_n]}{a_1^{1/x}+\cdots+a_n^{1/x}}\ (\text{将 }\frac{1}{x}\text{ 视为 0 并代入})\\&=\ln a_1+\cdots+\ln a_n=\ln(a_1\cdots a_n).\end{aligned}$$

因此, 原式 $=\lim\limits_{x\to+\infty}y=a_1\cdots a_n$.

例 2.14 设 $f(x)$ 在 $x=0$ 的某邻域内有连续的二阶导数, 且 $f(0)\neq 0$, $f'(0)\neq 0$, $f''(0)\neq 0$, 证明存在实数组 λ_1, λ_2, λ_3, 使当 $h\to 0$ 时, $\lambda_1f(h)+\lambda_2f(2h)+\lambda_3f(3h)-f(0)$ 是 h^2 的高阶无穷小.

解 假设连续两次可用罗必达法则, 则有

$$\begin{aligned}0&=\lim_{h\to0}\frac{\lambda_1f(h)+\lambda_2f(2h)+\lambda_3f(3h)-f(0)}{h^2}\\&=\lim_{h\to0}\frac{\lambda_1f'(h)+2\lambda_2f'(2h)+3\lambda_3f'(3h)}{2h}\\&=\lim_{h\to0}\frac{\lambda_1f''(h)+4\lambda_2f''(2h)+9\lambda_3f''(3h)}{2}=\frac{1}{2}(\lambda_1+4\lambda_2+9\lambda_3)f''(0),\end{aligned}$$

所以

$$\lambda_1+4\lambda_2+9\lambda_3=0,$$

$$\lim_{h\to0}[\lambda_1f'(h)+2\lambda_2f'(2h)+3\lambda_3f'(3h)]$$

$$= [\lambda_1 + 2\lambda_2 + 3\lambda_3] f'(0) = 0,$$

$$\lim_{h\to 0}[\lambda_1 f(h) + \lambda_2 f(2h) + \lambda_3 f(3h) - f(0)]$$

$$= [\lambda_1 + \lambda_2 + \lambda_3 - 1] f(0) = 0.$$

因此 λ_1, λ_2, λ_3 满足方程组

$$\begin{cases} \lambda_1 + \lambda_2 + \lambda_3 = 1, \\ \lambda_1 + 2\lambda_2 + 3\lambda_3 = 0, \\ \lambda_1 + 4\lambda_2 + 9\lambda_3 = 0. \end{cases}$$

由于该方程组唯一可解, 所以存在实数组 λ_1, λ_2, λ_3, 使当 $h \to 0$ 时, $\lambda_1 f(h) + \lambda_2 f(2h) + \lambda_3 f(3h) - f(0)$ 是 h^2 的高阶无穷小.

例 2.15 设 $g(x)$ 有连续的二阶导数, $g(0) = 1, g'(0) = 2, g''(0) = 3$, 又设

$$f(x) = \begin{cases} \dfrac{g(x) - \cos x}{e^x - 1}, & x \neq 0 \\ 2, & x = 0 \end{cases}.$$

试讨论 $f'(x)$ 的连续性.

解 当 $x \neq 0$ 时, $f'(x) = \left(\dfrac{g(x) - \cos x}{e^x - 1}\right)'$

$$= \frac{(g'(x) + \sin x)(e^x - 1) - (g(x) - \cos x)\, e^x}{(e^x - 1)^2}.$$

$$\begin{aligned} f'(0) &= \lim_{x\to 0} \frac{f(x) - f(0)}{x - 0} = \lim_{x\to 0} \frac{\frac{g(x)-\cos x}{e^x-1} - 2}{x} \\ &= \lim_{x\to 0} \frac{g(x) - \cos x - 2e^x + 2}{x(e^x - 1)} = \lim_{x\to 0} \frac{g'(x) + \sin x - 2e^x}{xe^x + e^x - 1} \\ &= \lim_{x\to 0} \frac{g''(x) + \cos x - 2e^x}{xe^x + 2e^x} = 1. \end{aligned}$$

所以

$$f'(x) = \begin{cases} \dfrac{(g'(x) + \sin x)(e^x - 1) - (g(x) - \cos x)\, e^x}{(e^x - 1)^2}, & x \neq 0 \\ 1, & x = 0 \end{cases}.$$

由于

$$\begin{aligned}\lim_{x\to 0} f'(x) &= \lim_{x\to 0}\frac{(g'(x)+\sin x)(\mathrm{e}^x-1)-(g(x)-\cos x)\,\mathrm{e}^x}{(\mathrm{e}^x-1)^2}\\ &= \lim_{x\to 0}\frac{(g''(x)+\cos x)(\mathrm{e}^x-1)-(g(x)-\cos x)\mathrm{e}^x}{2x}\\ &= \lim_{x\to 0}\frac{g''(x)+\cos x}{2}-\lim_{x\to 0}\frac{g(x)-\cos x}{2x}\\ &= 2-\lim_{x\to 0}\frac{g'(x)+\sin x}{2}=1=f'(0).\end{aligned}$$

所以 $f'(x)$ 处处连续.

例 2.16 说明极限 $\lim\limits_{x\to\infty}\dfrac{x-\frac{1}{2}\sin x}{x+\frac{1}{2}\sin x}$ 存在，但不能直接使用罗必达法则.

解 由于

$$\lim_{x\to\infty}\frac{x-\frac{1}{2}\sin x}{x+\frac{1}{2}\sin x}=\lim_{x\to\infty}\frac{1-\dfrac{\sin x}{2x}}{1+\dfrac{\sin x}{2x}}=1,$$

所以极限存在. 由于

$$\lim_{x\to\infty}\frac{\left(x-\frac{1}{2}\sin x\right)'}{\left(x+\frac{1}{2}\sin x\right)'}=\lim_{x\to\infty}\frac{1-\dfrac{\cos x}{2}}{1+\dfrac{\cos x}{2}},$$

既不存在也不为 ∞, 所以罗必达法则的条件不满足，故不能直接用罗必达法则.

例 2.17 说明极限 $\lim\limits_{x\to+\infty}\dfrac{\mathrm{e}^x-\mathrm{e}^{-x}}{\mathrm{e}^x+\mathrm{e}^{-x}}$ 存在，但不能直接使用罗必达法则.

解 由于

$$\lim_{x\to+\infty}\frac{\mathrm{e}^x-\mathrm{e}^{-x}}{\mathrm{e}^x+\mathrm{e}^{-x}}=\lim_{x\to+\infty}\frac{1-\mathrm{e}^{-2x}}{1+\mathrm{e}^{-2x}}=1,$$

所以极限存在. 由于

$$\lim_{x\to+\infty}\frac{\mathrm{e}^x-\mathrm{e}^{-x}}{\mathrm{e}^x+\mathrm{e}^{-x}}=\lim_{x\to+\infty}\frac{(\mathrm{e}^x-\mathrm{e}^{-x})'}{(\mathrm{e}^x+\mathrm{e}^{-x})'}=\lim_{x\to+\infty}\frac{\mathrm{e}^x+\mathrm{e}^{-x}}{\mathrm{e}^x-\mathrm{e}^{-x}}$$

$$= \lim_{x\to+\infty}\frac{(e^x+e^{-x})'}{(e^x-e^{-x})'} = \lim_{x\to+\infty}\frac{e^x-e^{-x}}{e^x+e^{-x}}.$$

出现了循环情况，无法判定和计算极限，所以不能直接使用罗必达法则.

习 题 3.2 A

1. 计算下列极限：

(1) $\lim\limits_{x\to0}\dfrac{e^x-1}{\sin x}$;

(2) $\lim\limits_{x\to0}\dfrac{\tan x-x}{x-\sin x}$;

(3) $\lim\limits_{x\to0}\dfrac{\ln(1+x)-x}{\cos x-1}$;

(4) $\lim\limits_{x\to\pi}(\pi-x)\tan\dfrac{x}{2}$;

(5) $\lim\limits_{x\to a}\dfrac{a^x-x^a}{x-a}$;

(6) $\lim\limits_{x\to0}(\dfrac{1}{x}-\dfrac{1}{e^x-1})$;

(7) $\lim\limits_{x\to1}x^{\frac{1}{1-x}}$;

(8) $\lim\limits_{x\to0+}\sin x\ln x$;

(9) $\lim\limits_{x\to0+}\left(\ln\dfrac{1}{x}\right)^x$;

(10) $\lim\limits_{x\to\infty}(1+x^2)^{1/x}$;

(11) $\lim\limits_{x\to+\infty}\dfrac{\ln(1+\frac{1}{x})}{\operatorname{arccot}x}$;

(12) $\lim\limits_{x\to0}\dfrac{\ln(1+x^2)}{\sec x-\cos x}$; ;

(13) $\lim\limits_{x\to0+}x^{\sin x}$;

(14) $\lim\limits_{x\to0+}\left(\dfrac{1}{x}\right)^{\tan x}$;

(15) $\lim\limits_{x\to0+}\dfrac{\ln\cot x}{\ln x}$;

(16) $\lim\limits_{x\to0}\left(\dfrac{1}{\sin x}-\dfrac{1}{x}\right)$;

(17) $\lim\limits_{x\to0+}|\ln x|^x$;

(18) $\lim\limits_{x\to+\infty}\left(\dfrac{\ln x}{x}-\dfrac{1}{\sqrt{x}}\right)$;

(19) $\lim\limits_{x\to0}\left(\dfrac{4}{x^2}-\dfrac{2}{1-\cos x}\right)$;

(20) $\lim\limits_{x\to\frac{\pi}{2}}(\sin x-\cos x)^{\tan x}$;

(21) $\lim\limits_{x\to0}\dfrac{e^x(1-e^x)}{(1+x)\ln(1-x)}$;

(22) $\lim\limits_{x\to1}\left(\dfrac{1}{\ln x}-\dfrac{x}{\sin(x-1)}\right)$;

(23) $\lim\limits_{x\to0+}(\arctan x)^{\frac{\sqrt{1+x}-\sqrt{1-x}}{x}}$;

(24) $\lim\limits_{x\to0+}(\cot x)^{\frac{1}{\ln x}}$.

2. 说明下列极限不能用罗必达法则：

(1) $\lim\limits_{x\to 0}\dfrac{x^2\sin\dfrac{1}{x}}{\sin x}$;　　(2) $\lim\limits_{x\to 0}\dfrac{1+x+\sin x\cos x}{(x+\sin x\cos x)\mathrm{e}^{\sin x}}$.

3. 若在 a 的邻域内 $f''(x)$ 存在且连续，证明

$$\lim_{h\to 0}\frac{f(a+2h)-2f(a+h)+f(a)}{h^2}=\lim_{t\to 0}\frac{f(a+t)+f(a-t)-2f(a)}{t^2}=f''(a).$$

4. 试确定常数 A,B,C 的值，使当 $x\to 0$ 时，恒有

$$\mathrm{e}^x(1+Bx+Cx^2)=1+Ax+o(x^3).$$

5. 已知 $\lim\limits_{x\to 0}(1+ax-x^2)^{\frac{1}{\ln(1+x)}}=2$, 试确定常数 a.

6. 设 $f(x)$ 是 $(-\infty,0)$ 内可导，若 $\lim\limits_{x\to-\infty}f'(x)=0$, 则 $\lim\limits_{x\to-\infty}\dfrac{f(x)}{x}=0$.

习 题 3.2 B

1. 设 $f(0)=0, f'(x)$ 在 $x=0$ 点某个邻域内连续，且 $f'(0)\neq 0$, 则 $\lim\limits_{x\to 0+}x^{f(x)}=1$.

2. 讨论函数

$$f(x)=\begin{cases}\left[\dfrac{(1+x)^{1/x}}{\mathrm{e}}\right]^{1/x}, & x>0\\ \mathrm{e}^{-1/2}, & x\leq 0\end{cases},$$

在点 $x=0$ 处的连续性.

3. 设函数 $f(x)$ 在点 $x=0$ 点的邻域内有一阶连续的导数，且 $f(x)>0, f(0)=1$, 求 $\lim\limits_{x\to 0}[f(x)]^{1/x}$.

4. 设函数 $f(x)$ 在点 $x=0$ 点具有二阶导数，且 $f''(0)=4, \lim\limits_{x\to 0}\dfrac{f(x)}{x}=0$, 求 $\lim\limits_{x\to 0}\left[1+\dfrac{f(x)}{x}\right]^{1/x}$.

5. 设函数 $f(x)$ 在区间 $(-\infty,+\infty)$ 内有连续的二阶导数， $f(0)=0$, 令

$$g(x)=\begin{cases}\dfrac{f(x)}{x}, & x\neq 0\\ f'(0), & x=0\end{cases}.$$

求 $g'(x)$, 并讨论 $g'(x)$ 在 $(-\infty,+\infty)$ 内的连续性.

6. 设函数 $f(x)$ 在区间 $(0,+\infty)$ 内可导， $f(x)>0$, $f(0+)=1$ 且满足

$$\lim_{h\to 0}\left(\frac{f(x+hx)}{f(x)}\right)^{1/h}=\mathrm{e}^{x\sin x},$$

求 $f(x)$.

7. 设 $f(x)$ 在 $x=0$ 的某邻域内有连续的二阶导数, 且 $f(0)\cdot f'(0)\cdot f''(0)\neq 0$. 求常数 a,b,c, 使得

$$\lim_{h\to 0}\frac{af(\sin h)+bf(4\sin h)+cf(\sin 2h)-f(0)}{1-\cos h}=0.$$

8. 设 $g(x)$ 有连续的二阶导数，若

$$f(x)=\begin{cases}\dfrac{g(x)-\cos x}{x}, & x\neq 0\\ 2, & x=0\end{cases}$$

且 $g(0)=1, g'(0)=2, g''(0)=3$, 试讨论 $f'(x)$ 的连续性.

9. 计算下列极限：

(1) $\lim\limits_{x\to+\infty}\arctan(x-\ln x\cdot\sin x)$;

(2) $\lim\limits_{x\to 0}\dfrac{\cos(\frac{\pi}{2}\cos x)}{\sin(\sin x)}$;

(3) $\lim\limits_{x\to 0}\dfrac{\frac{x^2}{2}+1-\sqrt{1+x^2}}{(\cos x-\mathrm{e}^{x^2})\sin x^2}$;

(4) $\lim\limits_{x\to+\infty}\left(\dfrac{1}{x}\cdot\dfrac{a^x-1}{a-1}\right)^{1/x}$;

(5) $\lim\limits_{x\to\frac{\pi}{2}}\dfrac{\ln\sin x}{(\pi-2x)^2}$;

(6) $\lim\limits_{x\to 0+}\dfrac{\sqrt{1+\tan x\cdot\sin x}-1}{\mathrm{e}^{x^2}-1}$;

(7) $\lim\limits_{x\to 0}\left(\dfrac{\arcsin x}{x}\right)^{\frac{1}{x^2}}$;

(8) $\lim\limits_{x\to 0}\sqrt{\dfrac{\mathrm{e}^x-\tan x-1}{1-\cos x}}$;

(9) $\lim\limits_{x\to0}\dfrac{\tan x-x-\dfrac{1}{3}x^3}{x^5}$;　　(10) $\lim\limits_{x\to0}\dfrac{\sec x-1-\dfrac{1}{2}x^2}{x^4}$;

(11) $\lim\limits_{x\to1}\dfrac{x-x^x}{1-x+\ln x}$;　　(2) $\lim\limits_{x\to0}\left[\dfrac{1}{\ln(1+x)}-\dfrac{1}{x}\right]$;

(12) $\lim\limits_{x\to\infty}(\dfrac{2}{\pi}\arctan x)^x$;　　(4) $\lim\limits_{x\to0}\dfrac{\mathrm{e}-(1+x)^{1/x}}{x}$;

(13) $\lim\limits_{x\to+\infty}\dfrac{\ln(1+\sqrt[3]{x}+\sqrt[4]{x})}{\ln(1+\sqrt{x}+\sqrt[3]{x})}$;　　(14) $\lim\limits_{x\to0}(\cot x)^{\sin x}$;

(15) $\lim\limits_{x\to0}\dfrac{1}{x^4}\left[\ln(1+\sin^2 x)-6(\sqrt[3]{2-\cos x}-1)\right]$.

10. 已知

$$f(x)=\begin{cases}\dfrac{g(x)}{x}-\cot x, & x\neq0\\ a, & x=0\end{cases},$$

其中 $g(x)$ 有二阶连续导数，且 $g(0)=1$. 试确定 a 的值，使 $f(x)$ 在 $x=0$ 点连续，并求 $f'(x)$.

11. 设 $f^{(n)}(0)$ 存在且

$$P(x)=f(0)+f'(0)x+\cdots+\frac{f^{(n)}(0)}{n!}x^n,$$

证明 $\lim\limits_{x\to0}\dfrac{f(x)-P(x)}{x^n}=0$.

12. 设函数 $f(x)$ 具有 $n+1$ 阶连续导数. 若

$$f(x+h)=f(x)+hf'(x)+\cdots+\frac{h^n}{n!}f^{(n)}(x+\theta h),\ (0<\theta<1)$$

且 $f^{(n+1)}(x)\neq0$, 则 $\lim\limits_{h\to0}\theta=\dfrac{1}{n+1}$.

§3.3　泰勒公式

对于结构复杂的函数，人们总是希望用结构比较简单的函数来逼近，常用的逼近有多项式逼近和三角和逼近. 泰勒公式讨论的是多项式逼近.

§3.3.1 泰勒公式

用一个 n 阶多项式 $p_n(x)$ 在 x_0 点局部地逼近一个函数 $f(x)$, 自然希望逼近的绝对误差 $|f(x)-p_n(x)|$ 在 $x\to x_0$ 时为 $|x-x_0|$ 的 n 次高阶无穷小，即

$$f(x)=p_n(x)+o(|x-x_0|^n)\ (x\to x_0).$$

形如这样的多项式逼近称为泰勒展式，当 $x_0=0$ 时称为马克劳林展式.

如果 $f(x)=p_n(x)$, 则可设

$$f(x)=a_0+a_1(x-x_0)+a_2(x-x_0)^2+\cdots+a_n(x-x_0)^n.$$

由此可知,

$$a_k=\frac{1}{k!}f^{(k)}(x_0),\quad k=0,1,2,\cdots,n.$$

因此泰勒展式在一定条件下可表示成下列形式:

$$\begin{aligned}f(x)=f(x_0)+f'(x_0)(x-x_0)+\frac{f''(x_0)}{2!}(x-x_0)^2+\cdots\\+\frac{f^{(n)}(x_0)}{n!}(x-x_0)^n+R_n(x),\end{aligned}$$

其中 $R_n(x)$ 称为泰勒余项且 $R_n(x)=o(|x-x_0|^n)\ (x\to x_0)$, 进一步还可以给出余项的精确估计.

定理 3.1 (Taylor 公式) 设函数 $f(x)$ 在 x_0 点的邻域 (a,b) 内有 $n+1$ 阶导数，则对任意的 $x\in(a,b)$ ，都有介于 x_0 和 x 之间的 ξ, 使得

$$\begin{aligned}f(x)=f(x_0)+f'(x_0)(x-x_0)+\frac{f''(x_0)}{2!}(x-x_0)^2+\cdots\\+\frac{f^{(n)}(x_0)}{n!}(x-x_0)^n+\frac{f^{(n+1)}(\xi)}{(n+1)!}(x-x_0)^{n+1}.\end{aligned}$$

证 1* 只需证余项公式

$$R_n(x)=\frac{f^{(n+1)}(\xi)}{(n+1)!}(x-x_0)^{n+1}.\tag{*}$$

为此，在 x_0 和 x 之间引入辅助函数

$$F(t)=f(x)-f(t)-\sum_{k=1}^{n}\frac{f^{(k)}(t)}{k!}(x-t)^k-\frac{R_n(x)}{(x-x_0)^{n+1}}(x-t)^{n+1}.$$

由于 $F(x)=F(x_0)=0$, 所以 $F(t)$ 在 x_0 和 x 之间"闭连续，开可导，端点等值". 根据罗尔定理，在 x_0 和 x 之间存在 ξ, 使得 $F'(\xi)=0$. 由此可知 $(*)$ 式成立.

证 2 反复应用柯西中值定理，有

$$\begin{aligned}\frac{R_n(x)}{(x-x_0)^{n+1}}&=\frac{R_n(x)-R_n(x_0)}{(x-x_0)^{n+1}-0^{n+1}}=\frac{R_n'(\xi_1)}{(n+1)\cdot(\xi_1-x_0)^n}\\&=\frac{R_n'(\xi_1)-R_n'(0)}{(n+1)\cdot((\xi_1-x_0)^n-0^n)}=\frac{R_n''(\xi_2)}{(n+1)n\cdot(\xi_2-x_0)^{n-1}}\\&=\cdots=\frac{R_n^{(n+1)}(\xi_{n+1})}{(n+1)!}=\frac{f^{(n+1)}(\xi)}{(n+1)!}.\end{aligned}$$

其中 $\xi_1,\cdots,\xi_{n+1}$ 介于 x_0, x 之间， $\xi=\xi_{n+1}$.

如果不考虑精确的余项估计，那么泰勒公式可表示为皮亚诺形式.

推论 3.1 (Peano 公式) 设函数 $f(x)$ 在 x_0 点的邻域 (a,b) 内有 $n+1$ 阶导数，则当 $x\to x_0$ 时，恒有

$$\begin{aligned}f(x)=f(x_0)+f'(x_0)(x-x_0)+\frac{f''(x_0)}{2!}(x-x_0)^2+\dots\\+\frac{f^{(n)}(x_0)}{n!}(x-x_0)^n+o(|x-x_0|^n).\end{aligned}$$

当 $x_0=0$ 时泰勒公式称为马克劳林公式.

推论 3.2 (Maclaurin 公式) 设函数 $f(x)$ 在 0 点的邻域 (a,b) 内有 $n+1$ 阶导数，则对任意的 $x\in(a,b)$ ，都存在 $0<\theta<1$, 使得

$$f(x)=f(0)+f'(0)x+\frac{f''(0)}{2!}x^2+\cdots+\frac{f^{(n)}(0)}{n!}x^n+\frac{f^{(n+1)}(\theta x)}{(n+1)!}x^{n+1}.$$

§3.3.2 常用泰勒展式

常用的泰勒展式可列表如下，其中 $0<\theta<1$.

(1) $e^x=1+x+\frac{x^2}{2!}+\cdots+\frac{x^n}{n!}+o(x^n),\quad(x\to0),$

$$R_n(x)=\frac{x^{n+1}e^{\theta x}}{(n+1)!},\quad(-\infty<x<+\infty);$$

(2) $\ln(1+x)=x-\frac{1}{2}x^2+\frac{1}{3}x^3-\cdots+(-1)^{n+1}\frac{1}{n}x^n+o(x^n),\ (x\to 0),$

$$R_n(x)=\frac{x^{n+1}}{(n+1)(1+\theta x)^{n+1}},\quad (-1<x\leq 1);$$

(3) $\sin x=x-\frac{x^3}{3!}+\frac{x^5}{5!}-\cdots+(-1)^{n+1}\frac{x^{2n-1}}{(2n-1)!}+o(x^{2n-1}),(x\to 0),$

$$R_{2n-1}(x)=\frac{(-1)^n x^{2n+1}\cos(\theta x)}{(2n+1)!},(-\infty<x<+\infty);$$

(4) $\cos x=1-\frac{x^2}{2!}+\frac{x^4}{4!}-\cdots+(-1)^n\frac{x^{2n}}{(2n)!}+o(x^{2n}),(x\to 0),$

$$R_{2n}(x)=\frac{(-1)^{n+1}x^{2n+2}\cos(\theta x)}{(2n+2)!},(-\infty<x<+\infty);$$

(5) $\arctan x=x-\frac{x^3}{3}+\cdots+(-1)^{n+1}\frac{x^{2n-1}}{2n-1}+o(x^{2n-1}),(x\to 0);$

(6) $(1+x)^\alpha=1+\alpha x+\frac{\alpha(\alpha-1)}{2!}x^2+\frac{\alpha(\alpha-1)(\alpha-2)}{3!}x^3+o(x^3),(x\to 0);$

(7) $\arcsin x=x+\frac{1}{2}\cdot\frac{x^3}{3}+\frac{1\cdot 3}{2\cdot 4}\cdot\frac{x^5}{5}+o(x^5),(x\to 0);$

(8) $\tan x=x+\frac{1}{3}x^3+\frac{2}{15}x^5+o(x^5),(x\to 0).$

例 3.1 求函数 $f(x)=\mathrm{e}^x$ 的马克劳林展开.

解 由于 $f^{(n)}(x)=\mathrm{e}^x$, 所以

$$\mathrm{e}^x=1+x+\frac{x^2}{2!}+\cdots+\frac{x^n}{n!}+\frac{x^{n+1}\mathrm{e}^{\theta x}}{(n+1)!}\quad(-\infty<x<+\infty).$$

例 3.2 求函数 $f(x)=\sin x$ 的马克劳林展开.

解 由于 $f^{(n)}(x)=\sin(x+\frac{n\pi}{2})$, 所以有

$$\sin x=x-\frac{x^3}{3!}+\frac{x^5}{5!}-\cdots+(-1)^{n+1}\frac{x^{2n-1}}{(2n-1)!}+R_{2n-1}(x),$$

其中 $R_{2n-1}(x)=\frac{f^{(2n+1)}(\theta x)}{(2n+1)!}x^{2n+1}=\frac{(-1)^n x^{2n+1}\cos(\theta x)}{(2n+1)!}$, $-\infty<x<+\infty$.

例 3.3 展开 $\ln\cos x$ 到含 x^6 的项.

解 利用 $\ln(1+x)$ 的泰勒展式，有

$$\begin{aligned}\ln\cos x &= \ln[1-(1-\cos x)]\\ &= -(1-\cos x)-\frac{1}{2}(1-\cos x)^2-\frac{1}{3}(1-\cos x)^3+o[(1-\cos x)^3]\\ &= -\Big(\frac{1}{2!}x^2-\frac{1}{4!}x^4+\frac{1}{6!}x^6\Big)-\frac{1}{2}\Big(\frac{1}{2!}x^2-\frac{1}{4!}x^4+\frac{1}{6!}x^6\Big)^2\\ &\qquad -\frac{1}{3}\Big(\frac{1}{2!}x^2-\frac{1}{4!}x^4+\frac{1}{6!}x^6\Big)^3+o(x^6)\\ &= -\frac{x^2}{2}-\frac{x^4}{12}-\frac{x^6}{45}+o(x^6).\end{aligned}$$

例 3.4 展开 $\sqrt[3]{\sin x^3}$ 到含 x^{13} 的项.

解 利用 $\sin x$ 的泰勒展式，有 $\sin x^3=x^3-\frac{1}{3!}x^9+\frac{1}{5!}x^{15}+o(x^{21})$. 利用二项式展开公式，有

$$\begin{aligned}\sqrt[3]{\sin x^3} &= \Big[x^3-\frac{1}{3!}x^9+\frac{1}{5!}x^{15}+o(x^{15})\Big]^{1/3}\\ &= x\Big[1-\frac{1}{3!}x^6+\frac{1}{5!}x^{12}+o(x^{12})\Big]^{1/3}\\ &= x\Big[1+\frac{1}{3}\Big(-\frac{1}{3!}x^6+\frac{1}{5!}x^{12}\Big)\\ &\qquad +\frac{1}{2!}\cdot\frac{1}{3}\cdot\frac{-2}{3}\Big(-\frac{1}{3!}x^6+\frac{1}{5!}x^{12}\Big)^2+o(x^{12})\Big]\\ &= x-\frac{x^7}{27}+\frac{x^{13}}{540}+o(x^{13}).\end{aligned}$$

利用泰勒公式也可以计算极限.

例 3.5 求 $\lim\limits_{x\to 0}\dfrac{\cos x-\mathrm{e}^{-x^2/2}}{x^3\sin x}$.

解 由于 $x\to 0$ 时， $x\sin x\sim x^4$, 所以 $\cos x$, $\mathrm{e}^{-x^2/2}$ 应展开到 x 的四阶项. 利用泰勒公式，有 $\cos x=1-\frac{x^2}{2!}+\frac{x^4}{4!}+o(x^4)$ 及

$$\mathrm{e}^{-x^2/2}=1+\Big(-\frac{x^2}{2}\Big)+\frac{1}{2!}\Big(-\frac{x^2}{2}\Big)^2+o(x^4).$$

于是原式 $= \lim\limits_{x\to 0} \dfrac{-\dfrac{x^4}{12}+o(x^4)}{x^4} = -\dfrac{1}{12}$.

例 3.6 求 $\lim\limits_{x\to\infty}\left[x - x^2\ln\left(1+\dfrac{1}{x}\right)\right]$.

解 由于 $\ln\left(1+\dfrac{1}{x}\right) = \dfrac{1}{x} - \dfrac{1}{2x^2} + o\left(\dfrac{1}{x^2}\right)$, 所以

$$\lim_{x\to\infty}\left[x - x^2\ln\left(1+\frac{1}{x}\right)\right] = \lim_{x\to\infty}\left[x - x^2\left(\frac{1}{x} - \frac{1}{2x^2} + o\left(\frac{1}{x^2}\right)\right)\right] = \frac{1}{2}.$$

例 3.7 求 $\lim\limits_{x\to 0}\left(1+\dfrac{1}{x^2} - \dfrac{1}{x^3}\ln\dfrac{2+x}{2-x}\right)$.

解 由于

$$\ln\frac{2+x}{2-x} = \ln\left(1+\frac{x}{2}\right) - \ln\left(1-\frac{x}{2}\right) = x + \frac{1}{12}x^3 + o(x^3),$$

所以 $\lim\limits_{x\to 0}\left(1+\dfrac{1}{x^2} - \dfrac{1}{x^3}\ln\dfrac{2+x}{2-x}\right) = \lim\limits_{x\to 0}\left(1 - \dfrac{1}{12} + \dfrac{o(x^3)}{x^3}\right) = \dfrac{11}{12}$.

例 3.8 求 $\lim\limits_{x\to 0}\dfrac{x^2}{\sqrt[5]{1+5x}-1-x}$.

证 原极限 $= \lim\limits_{x\to 0}\dfrac{x^2}{[1+x-2x^2+o(x^2)]-1-x} = -\dfrac{1}{2}$.

例 3.9 设 $f''(x)$ 在 $[a,b]$ 上存在且 $f'(a)=f'(b)=0$, 证明存在 $\xi\in(a,b)$, 使得

$$|f''(\xi)| \geq \frac{4}{(b-a)^2}|f(b)-f(a)|.$$

证 由泰勒公式可知, 存在 $\xi_1,\xi_2\in(a,b)$, 使得

$$\begin{aligned} f\Big(\frac{a+b}{2}\Big) &= f(a) + f'(a)\Big(\frac{a+b}{2}-a\Big) + \frac{1}{2}f''(\xi_1)\Big(\frac{a+b}{2}-a\Big)^2 \\ &= f(a) + \frac{1}{2}f''(\xi_1)\Big(\frac{b-a}{2}\Big)^2; \\ f(\frac{a+b}{2}\Big) &= f(b) + f'(b)\Big(\frac{a+b}{2}-b\Big) + \frac{1}{2}f''(\xi_2)\Big(\frac{a+b}{2}-b\Big)^2 \\ &= f(b) + \frac{1}{2}f''(\xi_2)\Big(\frac{b-a}{2}\Big)^2. \end{aligned}$$

于是，有

$$|f(b)-f(a)|=\frac{1}{2}|f''(\xi_2)-f''(\xi_1)|\Big(\frac{b-a}{2}\Big)^2\le\frac{1}{4}|f''(\xi)|(b-a)^2.$$

其中 $|f''(\xi)|=\max\limits_{i=1,2}|f''(\xi_i)|$.

例 3.10 设 $y=f(x)$ 在 $(-1,1)$ 内具有二阶连续导数且 $f''(x)\ne 0$, 试证:
(1) 对于 $(-1,1)$ 内的任一 $x\ne 0$, 存在唯一的 $\theta(x)\in(0,1)$, 使

$$f(x)=f(0)+xf'(\theta(x)x),$$

(2) $\lim\limits_{x\to 0}\theta(x)=\dfrac{1}{2}$.

证 (1) 任给非零 $x\in(-1,1)$, 由拉格朗日中值定理得

$$f(x)=f(0)+xf'(\theta(x)x)\quad(0<\theta(x)<1).$$

因为 $f''(x)$ 在 $(-1,1)$ 内连续且 $f''(x)\ne 0$, 所以 $f''(x)$ 在 $(-1,1)$ 内不变号, 于是由 $f'(x_1)-f'(x_2)=f''(\xi)(x_1-x_2)$ 可知， $f'(x)$ 在 $(-1,1)$ 内严格单调, 由此可知 $\theta(x)$ 唯一.

(2) 由泰勒公式得

$$f(x)=f(0)+f'(0)x+\frac{1}{2}f''(\xi)x^2,\quad \xi\text{在 } 0 \text{ 与 } x \text{ 之间}.$$

所以 $xf'(\theta(x)x)=f(x)-f(0)=f'(0)x+\dfrac{1}{2}f''(\xi)x^2$, 从而

$$\theta(x)\cdot\frac{f'(\theta(x)x)-f'(0)}{\theta(x)x}=\frac{1}{2}f''(\xi).$$

由于 $\lim\limits_{x\to 0}\dfrac{f'(\theta(x)x)-f'(0)}{\theta(x)x}=f''(0)$, $\lim\limits_{x\to 0}f''(\xi)=\lim\limits_{\xi\to 0}f''(\xi)=f''(0)$, 故

$$\lim_{x\to 0}\theta(x)=\frac{1}{2}.$$

例 3.11 设 $f(x)$ 在 $[0,1]$ 上具有二阶导数,且满足条件 $|f(x)|\le a$, $|f''(x)|\le b$, 其中 a,b 都是常数， c 是 $(0,1)$ 内任意一点，证明 $|f'(c)|\le 2a+\dfrac{b}{2}$.

证 根据泰勒公式，有

$$f(x)=f(c)+f'(c)(x-c)+\frac{1}{2}f''(\xi)(x-c)^2.$$

其中 ξ 介于 c 与 x 之间. 令 $x=0, x=1$, 则有

$$f(1)=f(c)+f'(c)(1-c)+\frac{1}{2}f''(\xi_1)(1-c)^2;$$
$$f(0)=f(c)+f'(c)(0-c)+\frac{1}{2}f''(\xi_2)(0-c)^2.$$

两式相减可得

$$f(1)-f(0)=f'(c)+\frac{1}{2}(f''(\xi_1)(1-c)^2-f''(\xi_2)c^2).$$

由此可得 $|f'(c)|\leq|f(1)|+|f(0)|+\frac{1}{2}b[(1-c)^2+c^2]\leq 2a+\frac{b}{2}$.

例 3.12 当 $n=1,2,3$ 时，讨论近似公式

$$\sin x\approx x-\frac{x^3}{3!}+\frac{x^5}{5!}-\cdots+(-1)^{n+1}\frac{x^{2n-1}}{(2n-1)!}$$

在 0.001 误差限度下的 x 允许值.

解 按照余项估计，有

$$|R_{2n-1}|=\frac{|\cos(\theta x)|}{(2n+1)!}|x|^{2n+1}\leq\frac{|x|^{2n+1}}{(2n+1)!}.$$

特别当 $n=1,2,3$ 时，有

$$|\sin x-x|\leq\frac{|x|^3}{3!},\quad\left|\sin x-x+\frac{x^3}{3!}\right|\leq\frac{|x|^5}{5!},\quad\left|\sin x-x+\frac{x^3}{3!}-\frac{x^5}{5!}\right|\leq\frac{|x|^7}{7!}.$$

要 $\frac{|x|^3}{3!}<0.001, \frac{|x|^5}{5!}<0.001, \frac{|x|^7}{7!}<0.001$, 依次需要

$$|x|<0.1817,\ |x|<0.6544,\ |x|<1.2599.$$

例 3.13 若 $\lim\limits_{x\to\infty}f(x)$ 和 $\lim\limits_{x\to\infty}f'''(x)$ 存在，则

$$\lim_{x\to\infty}f'(x)=\lim_{x\to\infty}f''(x)=\lim_{x\to\infty}f'''(x)=0.$$

证 根据泰勒公式有

$$f(x+1)=f(x)+f'(x)+\frac{1}{2}f''(x)+\frac{1}{6}f'''(\xi_1),$$

$$f(x-1)=f(x)-f'(x)+\frac{1}{2}f''(x)-\frac{1}{6}f'''(\xi_2),$$

其中 $x<\xi_1<x+1$, $x-1<\xi_2<x$. 于是

$$\lim_{x\to\infty}f''(x)=\lim_{x\to\infty}\left[f(x+1)+f(x-1)-2f(x)+\frac{1}{6}f'''(\xi_2)-\frac{1}{6}f'''(\xi_1)\right]=0,$$

$$0=\lim_{x\to\infty}f''(x)=\lim_{x\to\infty}\frac{\mathrm{e}^x f''(x)}{\mathrm{e}^x}=\lim_{x\to\infty}[f''(x)+f'''(x)]=\lim_{x\to\infty}f'''(x),$$

$$\lim_{x\to\infty}f'(x)=\lim_{x\to\infty}\frac{1}{2}\left[f(x+1)-f(x-1)-\frac{1}{6}f'''(\xi_1)-\frac{1}{6}f'''(\xi_2)\right]=0.$$

一般地，有

例 3.14 证明：(1) 若 $\lim\limits_{x\to\infty}f(x)$ 存在， $\lim\limits_{x\to\infty}f^{(k)}(x)=0$, 则

$$\lim_{x\to\infty}f'(x)=\lim_{x\to\infty}f''(x)=\cdots=\lim_{x\to\infty}f^{(k-1)}(x)=0.$$

(2) 若 $\lim\limits_{x\to\infty}f^{(k)}(x)=A\neq 0$ 或 $\lim\limits_{x\to\infty}f^{(k)}(x)=\infty$, 则

$$\lim_{x\to\infty}f(x)=\lim_{x\to\infty}f'(x)=\cdots=\lim_{x\to\infty}f^{(k-1)}(x)=\infty.$$

(3) 若 $\lim\limits_{x\to\infty}f(x)$ 和 $\lim\limits_{x\to\infty}f^{(k)}(x)$ 存在，则

$$\lim_{x\to\infty}f'(x)=\lim_{x\to\infty}f''(x)=\cdots=\lim_{x\to\infty}f^{(k)}(x)=0.$$

证 (1) 根据泰勒公式有

$$f(x+a)=f(x)+f'(x)a+\frac{f''(x)}{2!}a^2+\cdots+\frac{f^{(k-1)}(x)}{(k-1)!}a^{k-1}+\frac{f^{(k)}(\xi)}{k!}a^k,$$

其中 ξ 介于 x 与 $x+a$ 之间.

根据 $\lim\limits_{x\to\infty}f(x)$ 存在和 $\lim\limits_{x\to\infty}f^{(k)}(x)=0$, 有

$$\lim_{x\to\infty}\left[f'(x)a+\frac{f''(x)}{2!}a^2+\cdots+\frac{f^{(k-1)}(x)}{(k-1)!}a^{k-1}\right]=0.$$

于是根据 a 的任意性可知,

$$\lim_{x\to\infty} f'(x) = \lim_{x\to\infty} f''(x) = \cdots = \lim_{x\to\infty} f^{(k-1)}(x) = 0.$$

(2) 由 $\lim\limits_{x\to\infty} f^{(k)}(x) = A \neq 0$ 或 $\lim\limits_{x\to\infty} f^{(k)}(x) = \infty$ 可知，存在 $\varepsilon_0 > 0$ 及 $X > 0$, 使当 $|x| > X$ 时，恒有 $|f^{(k)}(x)| > \varepsilon_0$. 于是

$$\begin{aligned}\lim_{x\to\infty} f^{(k-1)}(x) &= \lim_{x\to\infty} \left[f^{(k-1)}(x) - f^{(k-1)}(X)\right] + f^{(k-1)}(X) \\ &= \lim_{x\to\infty} f^{(k)}(\xi)(x - X) + f^{(k-1)}(X) = \infty.\end{aligned}$$

依次类推，可得 $\lim\limits_{x\to\infty} f'(x) = \lim\limits_{x\to\infty} f''(x) = \cdots = \lim\limits_{x\to\infty} f^{(k-1)}(x) = \infty$.

(3) 由 $\lim\limits_{x\to\infty} f(x)$ 和 $\lim\limits_{x\to\infty} f^{(k)}(x)$ 存在, 根据结论 (2) 可知，$\lim\limits_{x\to\infty} f^{(k)}(x) = 0$. 于是由结论 (1) 可知,

$$\lim_{x\to\infty} f'(x) = \lim_{x\to\infty} f''(x) = \cdots = \lim_{x\to\infty} f^{(k-1)}(x) = 0.$$

例 3.15 设 $f(x)$ 在 $[0,1]$ 上二阶连续可导， $f(0) = f(1) = 0$ 并且恒有 $|f''(x)| \leq M$, 则 $|f'(x)| \leq \dfrac{M}{2}$.

证 根据泰勒公式有

$$0 = f(0) = f(x) - f'(x)x + \frac{1}{2}f''(\xi_1)x^2,$$

$$0 = f(1) = f(x) + f'(x)(1-x) + \frac{1}{2}f''(\xi_2)(1-x)^2,$$

其中 $x \in [0,1]$, $0 < \xi_1 < x$, $x < \xi_2 < 1$. 于是

$$|f'(x)| = \frac{1}{2}\left|f''(\xi_1)x^2 - f''(\xi_2)(1-x)^2\right| \leq \frac{M}{2}\left[x^2 + (1-x)^2\right] \leq \frac{M}{2}.$$

习 题 3.3 A

1. 写出下列函数的马克劳林展式到指定的次数:

(1) $\tan x$到含 x^7 项; (2) $f(x) = \begin{cases} \ln\dfrac{\sin x}{x}, & x \neq 0 \\ 0, & x = 0 \end{cases}$ 到含 x^6 项;

(3) e^{2x-x^2}到含 x^5 项;　　(4) $f(x)=\begin{cases}\dfrac{x}{e^x-1}, & x\neq 0\\ 1, & x=0\end{cases}$ 到含 x^4 项.

2. 利用泰勒公式计算下列极限:

(1) $\lim\limits_{x\to 0}\dfrac{e^x\sin x-x(1+x)}{x^3}$;　　(2) $\lim\limits_{x\to 0}\dfrac{a^x+a^{-x}-2}{x^2}$;

(3) $\lim\limits_{x\to 0}\dfrac{1}{x}\left(\dfrac{1}{x}-\cot x\right)$;　　(4) $\lim\limits_{x\to 0}\dfrac{\sin^2 x-\ln\cos x}{1-\cos x}$;

(5) $\lim\limits_{x\to 0}\dfrac{e^x-1-x-\frac{1}{2}x^2-\frac{1}{6}x^3}{x^4}$;　　(6) $\lim\limits_{x\to 0}\dfrac{e^x+e^{-x}-2\cos x-2x^2}{x^6}$;

(7) $\lim\limits_{x\to +\infty}x^{3/2}(\sqrt{x+1}+\sqrt{x-1}-2\sqrt{x})$.

3. 利用泰勒公式近似计算，并估计误差:

(1) $\sqrt[3]{30}$;　　(2) $\sqrt[5]{250}$;　　(3) $\sin 18°$;　　(4) $\ln 1.2$.

4. 求下列函数在指定点的泰勒展式:

(1) x^4-3x^3-4x+1在 $x_0=1$ 点;　　(2) $\ln(x^2+3)$在 $x_0=2$ 点;

(3) $\sqrt{x}$在 $x_0=4$ 点;　　(4) $\dfrac{1}{x^2-3x+2}$在 $x_0=4$ 点.

5. 设函数 $f(x)$ 在 (a,b) 内二阶可导且恒有 $f''(x)\geq 0$, 则当 x, $x_0\in(a,b)$ 时，必有 $f(x)\geq f(x_0)+f'(x_0)(x-x_0)$.

6. 设函数 $f(x)$ 在 $[a,b]$ 上连续，在 (a,b) 内二阶连续可导. 证明存在 $\xi\in(a,b)$, 使得

$$f(b)-2f\Big(\frac{a+b}{2}\Big)+f(a)=\frac{(b-a)^2}{4}f''(\xi).$$

7. 设函数 $f(x)$ 在 (a,b) 内二阶连续可导，证明 $\forall x\in(a,b)$, 恒有 $f''(x)\geq 0 \iff \forall x_1$, $x_2\in(a,b)$, $t\in[0,1]$, 恒有

$$f[\,(1-t)x_1+tx_2\,]\leq(1-t)f(x_1)+tf(x_2).$$

习 题 3.3 B

1. 设 $f(x)$ 在 $[0,1]$ 上具有二阶导数, 且 $f(0)=0, f(1)=1, f'(0)=f'(1)=0$, 证明存在 $\xi\in(0,1)$, 使得 $|f''(\xi)|\geq 4$.

2. 设 $f(x)$ 在 $(-\infty,+\infty)$ 内具有二阶导数, 且 $f''(x)>0$, 又已知 $\lim\limits_{x\to 0}\dfrac{f(x)}{x^2}$ 存在. 证明当 $x\neq 0$ 时, $f(x)>0$.

3. 设 $f(x)$ 在 $[0,1]$ 上连续, 在 $(0,1)$ 内二阶可导, 且 $f''(x)<0$, 又已知 $f(0)=0$. 证明对任意 $x\in(0,1)$, 都有 $f(x)<2f\left(\dfrac{x}{2}\right)$.

4. 设函数 $f(x)$ 在 $[a,b]$ 上二阶连续可导, 在 (a,b) 内三阶可导且 $f(a)=f'(a)=0, f(b)=0$. 证明 $\forall x\in(a,b)$, 恒有 $\xi\in(a,b)$, 使得

$$f(x)=\frac{1}{3!}f'''(\xi)(x-a)^2(x-b).$$

5. 若函数 $f(x)$ 在区间 (a,b) 内有 $f''(x)>0$, 则当 $x_1,\cdots,x_n\in(a,b)$ 时, 必有

$$f(\lambda_1x_1+\cdots+\lambda_nx_n)\leq\lambda_1f(x_1)+\cdots+\lambda_nf(x_n).$$

其中 $\lambda_i>0$ 且 $\lambda_1+\cdots+\lambda_n=1$.

6. 设函数 $f(x)$ 在 $(-\infty,+\infty)$ 上二次可微, 且对任意的 x 及 h 均成立

$$f(x+h)-f(x)=hf'(x+\frac{1}{2}h),$$

证明 $f(x)$ 必为二次多项式.

7. 若函数 $f(x)$ 在区间 $[0,1]$ 上有三阶导数, 且 $f(0)=f(1)=0$. 设 $F(x)=x^3f(x)$, 则存在 $\xi\in(0,1)$, 使得 $F'''(\xi)=0$.

8. 若 $\lim\limits_{x\to+\infty}f(x)$, $\lim\limits_{x\to+\infty}f''(x)$ 存在, 证明 $\lim\limits_{x\to+\infty}f''(x)=\lim\limits_{x\to+\infty}f'(x)=0$.

9. 设 $f(x)$ 在闭区间 $[a,b]$ 上具有二阶导数, $f'\left(\dfrac{a+b}{2}\right)=0$, 试证存在 $\xi\in(a,b)$, 使得

$$|f''(\xi)|\geq\frac{4}{(b-a)^2}|f(b)-f(a)|.$$

10. 设 $f(x)$ 在 $x=0$ 的某邻域内有连续的二阶导数，且 $f(0)=1$，$f'(0)=2$，$f''(0)=3$，证明唯一存在实数组 a,b,c，使当 $h\to 0$ 时，

$$af(h)+bf(3h)+cf(-h)-1$$

是 h^2 的高阶无穷小.

11. 设 $f(x)$ 在 $(-\infty,++\infty)$ 上二阶导数，且 $|f(x)|,|f'(x)|,|f''(x)|$ 分别有最大值 M_0,M_1,M_2，证明 $M_1\le\sqrt{2M_0M_2}$.

§3.4 导数的应用

利用导数可以研究函数的几何性态，如函数的单调性问题，函数的极值问题，函数的凸性问题和函数的弯曲问题等．一点处的导数与函数的局部结构相关，一区间上的导数与函数的整体结构相关.

§3.4.1 函数的单调性与极值

导数的正负可以用来确定原函数的单调性，导数的零点即原函数的临界点可以用来确定函数的极值和极值点．利用导数研究函数的单调性与极值，还可以得到许多有用的不等式.

1. **函数的单调性**

根据拉格朗日中值定理，如果函数 $f(x)$ 在 $[a,b]$ 上闭连续，开可导，那么函数 $f(x)$ 在任意两点 $x_1,x_2\in[a,b]$ 的差 $f(x_1)-f(x_2)$ 都可以用某一点 $\xi\in(a,b)$ 的导数来表示，即

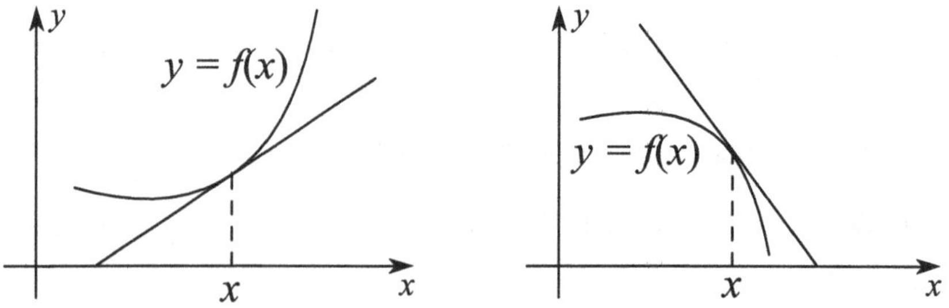

图 4.1

$$f(x_1) - f(x_2) = f'(\xi)(x_1 - x_2).$$

由此可知，当 $f'(x)$ 在 (a,b) 内不变号时，函数 $f(x)$ 一定在 $[a,b]$ 上单调.

定理 4.1　设函数 $f(x)$ 在闭区间 $[a,b]$ 上连续，在开区间 (a,b) 内可导，则

(1) $f(x)$ 在 $[a,b]$ 上单调增 $\Longleftrightarrow$ 当 $x \in (a,b)$ 时，恒有 $f'(x) \geq 0$;

(2) $f(x)$ 在 $[a,b]$ 上单调减 $\Longleftrightarrow$ 当 $x \in (a,b)$ 时，恒有 $f'(x) \leq 0$.

证　充分性的证明前面已经说过，现在只需考虑必要性. 如果 $f(x)$ 在 $[a,b]$ 上单调增，则当 $x \in (a,b), \Delta x \to 0$ 时，必有

$$\frac{f(x+\Delta x) - f(x)}{\Delta x} \geq 0.$$

由此可知， $f'(x) \geq 0$. 同理当 $f(x)$ 在 (a,b) 上单调减时，恒有 $f'(x) \leq 0$.

如果需要考虑严格单调性，则有下列命题，证明与定理 4.1 类似.

定理 4.2　设函数 $f(x)$ 在闭区间 $[a,b]$ 上连续，在开区间 (a,b) 内可导，则

(1) 当 $f'(x) > 0, \forall x \in (a,b)$ 时， $f(x)$ 在 $[a,b]$ 上严格增;

(2) 当 $f'(x) < 0, \forall x \in (a,b)$ 时， $f(x)$ 在 $[a,b]$ 上严格减.

例 4.1　讨论函数 $f(x) = 3x - x^3$ 的单调性.

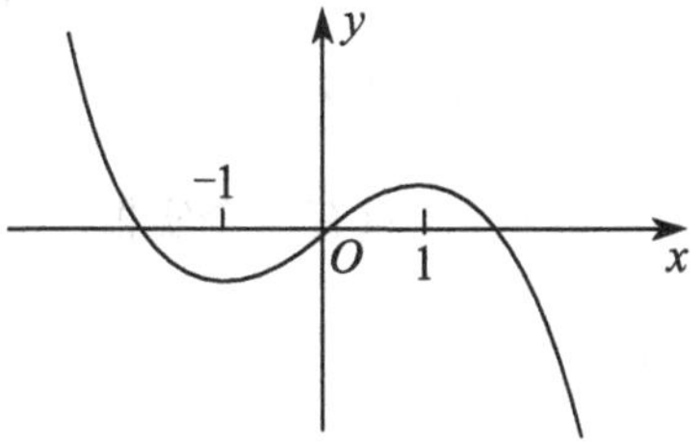

图 4.2

解　求解临界点方程

$$f'(x) = (1+x)(1-x) = 0,$$

可得临界点 $x = \pm 1$ 及函数的单调区间 $(-\infty, -1), (-1, 1), (1, +\infty)$, 详细情况可列表如下.

x	$(-\infty,-1)$	-1	$(-1,1)$	1	$(1,+\infty)$
$f'(x)$	$-$	0	$+$	0	$-$
$f(x)$	↘	-2	↗	2	↘

例 4.2 确定函数 $f(x)=2x+\dfrac{8}{x}$ 的单调区间.

解 函数 $f(x)$ 的定义域为 $x\neq 0$. 求解临界点方程

$$f'(x)=2-\frac{8}{x^2}=0,$$

可得临界点 $x=\pm 2$. 函数的单调性可列表如下.

x	$(-\infty,-2)$	-2	$(-2,0)$	$(0,2)$	2	$(2,+\infty)$
$f'(x)$	$+$	0	$-$	$-$	0	$+$
$f(x)$	↗	0	↘	↘	0	↗

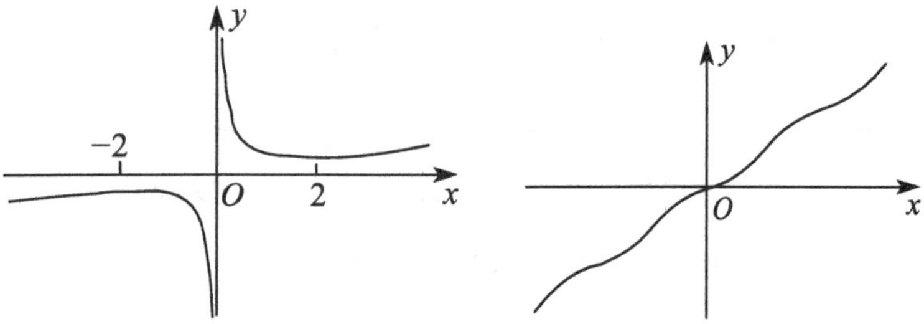

图 4.3

例 4.3 证明方程 $x-\dfrac{1}{2}\sin x=0$ 只有一个实根.

证 设 $f(x)=x-\dfrac{1}{2}\sin x$, 则

$$f'(x)=1-\frac{1}{2}\cos x>0.$$

这表明 $f(x)$ 在 $(-\infty,+\infty)$ 上严格增, 故不可能有两个零点. 由于 $x=0$ 是 $f(x)$ 的一个零点, 所以原方程只有一个实根.

例 4.4 设 $f(x)$ 在 $[0,a]$ 上存在二阶导数, 若 $f(0)=0, f''(x)>0$, 则函数 $g(x)=\dfrac{f(x)}{x}$ 在 $(0,a)$ 内严格递增.

证 由于 $x \in (0,a)$ 时，函数 $f(x)$ 在 $[0,x]$ 上闭连续，开可导，所以存在 $\xi \in (0,x)$, 使得

$$f(x) = f(x) - f(0) = f'(\xi)x.$$

由 $f''(x) > 0$ 可知， $f'(x)$ 严格增，于是

$$g'(x) = \frac{xf'(x) - f(x)}{x^2} = \frac{f'(x) - f'(\xi)}{x} > 0.$$

由此可知， $g(x)$ 在 $(0,a)$ 内严格递增.

例 4.5(Jordan 不等式) 设 $0 < |x| < \frac{\pi}{2}$, 证明不等式

$$\frac{2}{\pi} < \frac{\sin x}{x} < 1.$$

证 只需证不等式的左端和 $x > 0$ 的情况. 令 $f(x) = \frac{\sin x}{x}$. 由于 $0 < x < \frac{\pi}{2}$ 时，有面积不等式

$$\cos x < \frac{\sin x}{x} < 1,$$

所以有

$$f'(x) = \frac{x\cos x - \sin x}{x^2} < 0.$$

故有 $f(x) > f(\frac{\pi}{2}-)$, 即 $\frac{\sin x}{x} > \frac{2}{\pi}$.

例 4.6 设 $0 < |x| < \frac{\pi}{2}$, 证明不等式

$$\frac{x^2}{\pi} < 1 - \cos x < \frac{x^2}{2}.$$

证 不妨设 $x > 0$. 令 $f(x) = \frac{x^2}{2} - 1 + \cos x$, $g(x) = 1 - \cos x - \frac{x^2}{\pi}$, 则

$$f'(x) = x - \sin x > 0,\ g'(x) = \sin x - \frac{2x}{\pi} > 0.$$

因此 $f(x) > f(0+), g(x) > g(0+)$, 即 $\frac{x^2}{\pi} < 1 - \cos x < \frac{x^2}{2}$.

例 4.7 设 $0 < a < b$, 证明不等式

$$\frac{2a}{a^2 + b^2} < \frac{\ln b - \ln a}{b - a} < \frac{1}{\sqrt{ab}}.$$

证 由拉格朗日中值定理可知，存在 $\xi \in (a,b)$, 使得

$$\frac{\ln b-\ln a}{b-a}=\frac{1}{\xi}>\frac{1}{b}\geq\frac{2a}{a^2+b^2}.$$

若令

$$f(x)=\ln x-\ln a-\frac{x-a}{\sqrt{ax}},$$

则当 $x>0$ 时，有

$$f'(x)=\frac{2\sqrt{ax}-x-a}{2\sqrt{ax}\cdot x}<0.$$

于是 $f(b)<f(a)=0$, 由此可知， $\dfrac{\ln b-\ln a}{b-a}<\dfrac{1}{\sqrt{ab}}$.

例 4.8 设 $x>1$, 证明 $\dfrac{x-1}{x+1}<\dfrac{1}{2}\ln x$.

证 令 $f(x)=(x+1)\ln x-2(x-1)$, 则

$$f'(x)=\ln x+\frac{1}{x}-1, \qquad f''(x)=\frac{x-1}{x^2}.$$

于是当 $x>1$ 时， $f''(x)>0$, 即 $f'(x)$ 严格增，因此 $f'(x)>f'(1-)=0$. 由此可知， $f(x)$ 严格增，故有 $f(x)>f(1-)=0$. 此即 $\dfrac{x-1}{x+1}<\dfrac{1}{2}\ln x$.

2. **函数的极值**

对于函数 $f(x)$, 如果 $x\to x_0$ 时，恒有 $f(x)\geq f(x_0)$, 则称 $x_0, f(x_0)$ 分别是 $f(x)$ 的极小值点和极小值；如果 $x\to x_0$ 时，恒有 $f(x)\leq f(x_0)$, 则称 $x_0, f(x_0)$ 分别是 $f(x)$ 的极大值点和极大值. 由于函数的可导极值点一定是导数为零的点，即临界点，因此导数为零也是极值存在的一个必要条件. 函数的临界点、端点及不可导点构成函数的可能极值点和可能最值点. 极值与最值的区别在于一个是局部，一个是整体，或者说，一个是可变的邻域问题，一个是不变的区间问题.

如果函数 $f(x)$ 在 x_0 点处连续且左增右减 $(\nearrow,\searrow)$, 那么 x_0 一定是 $f(x)$ 的极大值点 $(\frown)$; 反过来，如果 $f(x)$ 在 x_0 点处连续且左减右增 $(\searrow,\nearrow)$, 那么 x_0 一定是 $f(x)$ 的极小值点 $(\smile)$. 特别如果 $f'(x)$ 在 x_0 点处左正右负 $(+,-)$, 那么 $f(x)$ 一定在 x_0 点处左增右减 $(\nearrow,\searrow)$; 反过来，如果 $f'(x)$ 在 x_0 点处左负右正 $(-,+)$, 那么 $f(x)$ 一定在 x_0 点处左减右增 $(\searrow,\nearrow)$. 因此，有

定理 4.3 (第一充分条件) 设 $x \to, \neq x_0$ 时, $f'(x)$ 存在, 则
当 $f'(x)$ 在 x_0 点处左正右负 $(+,-)$ 时, x_0 是 $f(x)$ 的极大值点 ($\frown$);
当 $f'(x)$ 在 x_0 点处左负右正 $(-,+)$ 时, x_0 是 $f(x)$ 的极小值点 ($\smile$).

求一个函数 $f(x)$ 的极值大体可按下列步骤进行.

(1) 确定函数 $f(x)$ 的定义域;

(2) 计算函数 $f(x)$ 的导函数;

(3) 求解临界点方程 $f'(x)=0$;

(4) 确定可能极值点, 即临界点和不可导点;

(5) 按照极值充分性判断极值点;

(6) 计算极值点的函数值, 确定极值.

例 4.9 求函数 $f(x)=x^2(x-1)^3$ 的极值.

解 求解临界点方程 $f'(x)=x(5x-2)(x-1)^2=0$, 可得临界点 $x_1=0, x_2=\dfrac{2}{5}, x_3=1$.

三个临界点将函数的定义域 $(-\infty,+\infty)$ 分成四个单调区间, 详细情况可列表如下.

x	$(-\infty,0)$	0	(0,2/5)	2/5	(2/5,1)	1	$(1,+\infty)$
$f'(x)$	+	0	−	0	+	0	+
$f(x)$	↗	$\frown$	↘	$\smile$	↗	×	↗

由此可知, 函数 $f(x)$ 有极大值 $f(0)=0$, 有极小值 $f(\frac{2}{5})=-108/3125$.

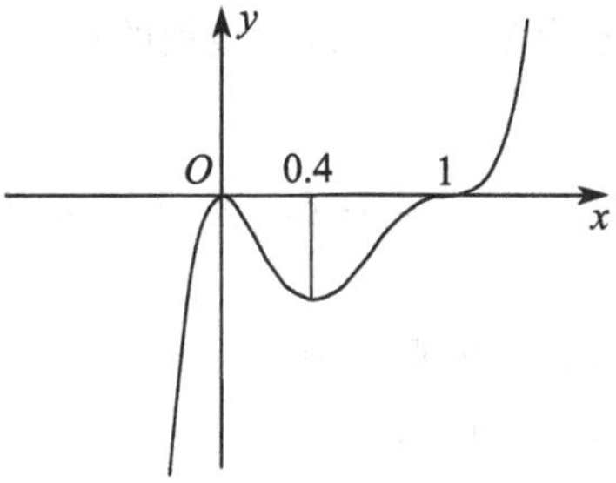

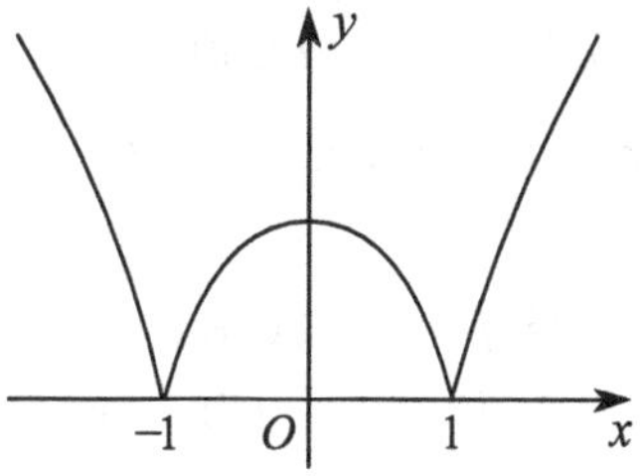

图 4.4

例 4.10 求函数 $y=(x^2-1)^{2/3}$ 的极值.

解 求解临界点方程 $y' = \frac{4}{3}\frac{x}{\sqrt[3]{x^2-1}} = 0$, 可得临界点 $x=0$. 临界点 $x=0$ 与不可导点 $x=\pm1$ 将函数的定义域 $(-\infty,+\infty)$ 分成四个单调区间, 详细情况可列表如下.

x	$(-\infty,-1)$	-1	$(-1,0)$	0	$(0,1)$	1	$(1,+\infty)$
y'	$-$	不存在	$+$	0	$-$	不存在	$+$
y	$\searrow$	$\smile$	$\nearrow$	$\frown$	$\searrow$	$\smile$	$\nearrow$

由此可知, 函数 $y=(x^2-1)^{2/3}$ 有极大值 $y|_{x=0}=1$, 有极小值 $y|_{x=\pm1}=0$.

例 4.11 设 $x>-1$ 且 $x\neq 0$, 证明不等式 $\frac{x}{1+x} < \ln(1+x) < x$.

证 令 $f(x) = x - \ln(1+x)$, 则

$$f'(x) = 1 - \frac{1}{1+x} = \frac{x}{1+x}.$$

由此可知, $f'(x)$ 在 $x=0$ 点处左负右正 $(-,+)$, 所以 $x=0$ 是 $f(x)$ 的极小值点, 而且是最小值点, 故当 $x>-1$ 且 $x\neq0$ 时, 有 $f(x)>f(0)$, 即 $x>\ln(1+x)$.

令 $g(x) = \ln(1+x) - \frac{x}{1+x}$, 则

$$g'(x) = \frac{x}{(1+x)^2}.$$

由此可知, $g'(x)$ 在 $x=0$ 点处左负右正 $(-,+)$, 所以 $x=0$ 是 $g(x)$ 的极小值点, 而且是最小值点, 故当 $x>-1$ 且 $x\neq0$ 时, 有 $g(x)>g(0)$, 即 $\ln(1+x) > \frac{x}{1+x}$.

如果一个函数在临界点的二阶导数不为零, 则可以用极值的第二充分性定理区分极大值与极小值.

定理 4.4 (第二充分条件) 设函数 $f(x)$ 在 x_0 点存在二阶导数且 $f'(x_0)=0$, 则

(1) 当 $f''(x_0)<0$ 时, x_0 是 $f(x)$ 的极大值点 $(\frown)$;

(2) 当 $f''(x_0)>0$ 时, x_0 是 $f(x)$ 的极小值点 $(\smile)$.

证 如果 $f''(x_0)<0$, 则当 $x\to,\neq x_0$ 时, 必有

$$\frac{f'(x)-f'(x_0)}{x-x_0} < 0.$$

根据 $f'(x_0)=0$ 可知， $f'(x)$ 在 x_0 点处左正右负 $(+,-)$, 所以 x_0 是 $f(x)$ 的极大值点 $(\frown)$. 同理 $f''(x_0)>0$ 时， x_0 是 $f(x)$ 的极小值点 $(\smile)$.

例 4.12 求函数 $f(x)=(x^2-1)^3+1$ 的极值.

解 求解临界点方程 $f'(x)=6x(x^2-1)^2=0$, 可得临界点 $x_1=-1, x_2=0, x_3=1$. 计算二阶导数，有 $f''(x)=6(x^2-1)(5x^2-1)$. 详细情况可列表如下.

x	$(-\infty,-1)$	-1	$(-1,0)$	0	$(0,1)$	1	$(1,+\infty)$
$f''(x)$		0		$+$		0	
$f'(x)$	$-$	0	$-$	0	$+$	0	$+$
$f(x)$	$\searrow$	$\times$	$\searrow$	$\smile$	$\nearrow$	$\times$	$\nearrow$

由此可知，函数 $f(x)$ 只有一个极小值 $f(0)=0$, 没有极大值.

例 4.13 在半径为 a 的球内求体积最大的内接直圆柱.

解 设内接直圆柱的半径为 x, 高为 $2y$, 则圆柱的体积为

$$V=\pi x^2\cdot 2y=2\pi(a^2-y^2)y.$$

其中 $x^2+y^2=a^2$. 求解临界点方程

$$V'=-6\pi y^2+2\pi a^2=0,$$

可得临界点 $y=\pm\frac{\sqrt{3}}{3}a$, 按题意舍去负值. 由于

图 4.5

$$V''=-12\pi y,\ V''|_{\sqrt{3}a/3}=-4\sqrt{3}\pi a<0,$$

所以 $y=\dfrac{\sqrt{3}}{3}a$ 是 V 的极大值点. 由极值点的唯一性可知它也是最大值点. 于是，在上、下距球心 $\dfrac{\sqrt{3}}{3}a$ 处分别做截面以这两个截面为底的内接圆柱体积最大.

例 4.14 设 $0\le x\le 1,\ p>1$, 证明不等式

$$2^{1-p}\le x^p+(1-x)^p\le 1.$$

证 令 $f(x)=x^p+(1-x)^p$, 则有

$$f'(x)=p\left[x^{p-1}-(1-x)^{p-1}\right],$$

$$f''(x)=p(p-1)x^{p-2}+p(p-1)(1-x)^{p-2}.$$

由 $f'(x)=0$ 可得 $x=\dfrac{1}{2}$. 根据

$$f''\left(\frac{1}{2}\right)=p(p-1)\left[\left(\frac{1}{2}\right)^{p-2}+\left(\frac{1}{2}\right)^{p-2}\right]>0$$

可知 $f(\frac{1}{2})=2^{1-p}$ 为最小值. 又 $f(x)$ 在 $[0,1]$ 上的最大值为 $f(0)=f(1)=1$, 所以有 $2^{1-p}\le f(x)\le 1$, 此即 $2^{1-p}\le x^p+(1-x)^p\le 1$.

例 4.15 从半径为 R 的圆上割去一扇形, 把剩下的部分围成一个圆锥, 问割剩下的扇形的角度多大时, 所做的圆锥体积最大?

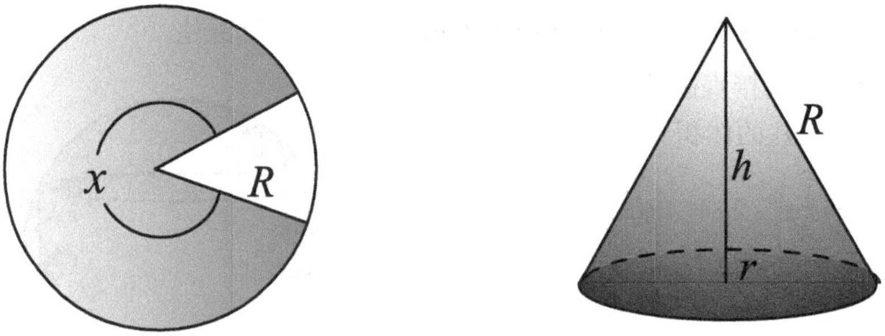

图 4.6

解 设 x 是剩余扇形的圆心角弧度, 则 $0\le x\le 2\pi$, 并且所做圆锥的母线长为 R, 底半径为 $r=\dfrac{Rx}{2\pi}$, 锥高为

$$h=\sqrt{R^2-r^2}=\frac{R}{2\pi}\sqrt{4\pi^2-x^2},$$

底面积为 $\pi r^2=\dfrac{R^2x^2}{4\pi}$. 于是所做圆锥的体积为

$$V(x)=\frac{R^3}{24\pi^2}x^2\sqrt{4\pi^2-x^2}.$$

令 $f(x)=x^4(4\pi^2-x^2)$, 求解临界点方程 $f'(x)=16\pi^2x^3-6x^5=0$, $x>0$, 可得唯一临界点 $x_0=2\pi\sqrt{2/3}$. 由于 $f'(x)$ 在 x_0 点左 + 右 −, 所以 $x_0=$

$2\pi\sqrt{2/3}$ 是 $f(x)$ 的最大值点．故所做圆锥的最大体积为

$$V(2\pi\sqrt{2/3}) = \frac{2\pi R^3}{3^{5/2}}.$$

例 4.16 求做一个最小体积的直圆锥，使它能容纳一个半径为 8 分米的球体.

解 按题意，直圆锥的侧面和底面应与球体外切．设 x 是直圆锥的底半径， $y+8$ 是直圆锥的高．由三角形的相似关系，有

$$\frac{x}{8} = \frac{y+8}{\sqrt{y^2-8^2}}.$$

由此可得

$$x^2 = \frac{64(y+8)^2}{y^2-64}.$$

于是，直圆锥的体积为

$$V = \frac{\pi x^2(y+8)}{3} = \frac{64\pi(y+8)^2}{3(y-8)}.$$

由

$$\frac{\mathrm{d}V}{\mathrm{d}y} = \frac{64\pi(y+8)(y-24)}{3(y-8)^2} = 0,\ y>8$$

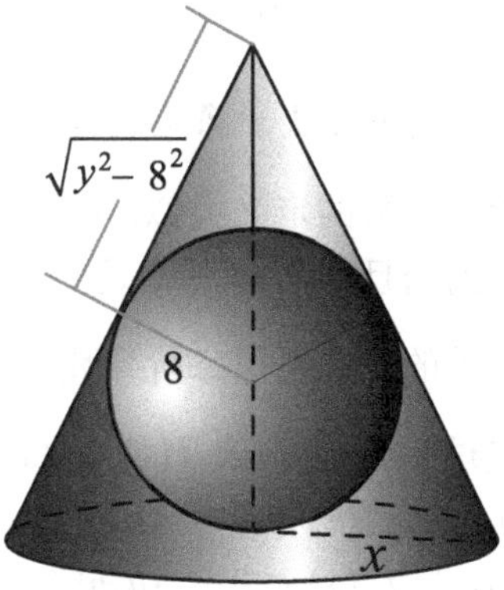

图 4.7

可得唯一临界点 $y_0 = 24$．由于 V' 在 y_0 点左 − 右 +, 所以直圆锥的高为 $y_0+8=32$, 底半径为 $x_0 = 8\sqrt{2}$ 时体积最小.

§3.4.2 函数的凹凸性与曲率

利用导数可以研究曲线的弯曲方向和弯曲程度．曲线的弯曲方向也称为函数的凸性或凹凸性，曲线的弯曲程度则称为函数的曲率.

1. 函数的凸性

考察抛物线 $y = ax^2+bx+c$, 如果 $a>0$, 则抛物线向下弯曲，每一条割线段都在曲线的上方，即弦在上，切在下；反过来，如果 $a<0$, 则抛物线向上弯曲，每一条割线段都在曲线的下方，即弦在下，切在上．一般地，向上弯曲的曲线称为上凸曲线，向下弯曲的曲线称为下凸曲线.

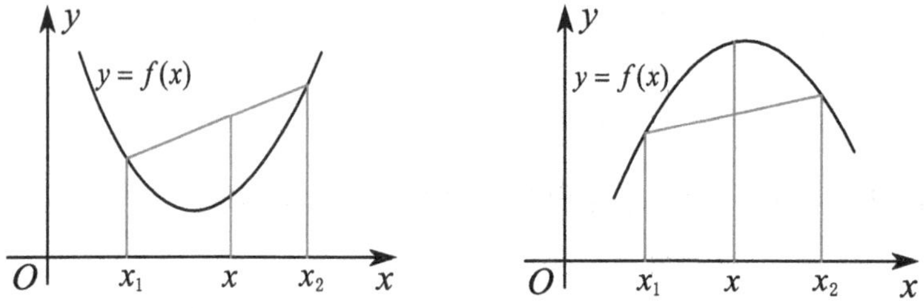

图 4.8

定义 4.1 设函数 $f(x)$ 在区间 (a,b) 内有定义. 如果 $x_1,x_2\in(a,b), 0\le t\le 1$ 时, 恒有

$$f((1-t)x_1+tx_2)\le(1-t)f(x_1)+tf(x_2),$$

即凸组合的象不大于象的凸组合, 则称 $f(x)$ 是 (a,b) 内的下凸函数.

上凸函数的定义类似, 即凸组合的象不小于象的凸组合. 一个函数 $f(x)$ 是上凸的当且仅当 $-f(x)$ 是下凸的. 类似地还有严格上凸和严格下凸.

函数的凸性可用二阶导数的符号来判定.

定理 4.5 设函数 $f(x)$ 在 $[a,b]$ 上连续, 在 (a,b) 内二阶可导, 则

(i) 当 $f''(x)>0$ 于 (a,b) 时, $f(x)$ 是 $[a,b]$ 上的严格下凸函数;

(ii) 当 $f''(x)<0$ 于 (a,b) 时, $f(x)$ 是 $[a,b]$ 上的严格上凸函数.

证 (i) 设 $x_1,x_2\in(a,b), 0<t<1$, 并记 $\overline{x}=(1-t)x_1+tx_2$. 根据泰勒公式, 在 x_1,x_2 之间存在 ξ_1,ξ_2, 使得

$$\begin{aligned}f(x_1)&=f(\overline{x})+f'(\overline{x})(x_1-\overline{x})+\frac{1}{2}f''(\xi_1)(x_1-\overline{x})^2\\&>f(\overline{x})+f'(\overline{x})(x_1-\overline{x});\\f(x_2)&=f(\overline{x})+f'(\overline{x})(x_2-\overline{x})+\frac{1}{2}f''(\xi_2)(x_2-\overline{x})^2\\&>f(\overline{x})+f'(\overline{x})(x_2-\overline{x}).\end{aligned}$$

由此可知,

$$(1-t)f(x_1)+tf(x_2)>f(\overline{x})=f((1-t)x_1+tx_2).$$

故 $f(x)$ 是 $[a,b]$ 上的严格下凸函数. 同理 (ii) 成立.

例 4.17　设 $x>0,y>0$, 证明不等式 $x\ln x+y\ln y\geq(x+y)\ln\dfrac{x+y}{2}$.

证　令 $f(t)=t\ln t$, 则

$$f'(t)=\ln t+1,\ f''(t)=\frac{1}{t}>0.$$

因此 $f(t)$ 在 $(0,+\infty)$ 内是下凸函数，故有

$$f(\frac{x+y}{2})\leq\frac{1}{2}[f(x)+f(y)],$$

即 $(x+y)\ln\dfrac{x+y}{2}\leq x\ln x+y\ln y$.

例 4.18　讨论曲线 $y=\ln(x^2+1)$ 的凸性及拐点.

解　由

$$y'=\frac{2x}{1+x^2},\qquad y''=\frac{2(1-x^2)}{(1+x^2)^2}$$

可知，仅当 $x=\pm1$ 时，$y''=0$. 由此可得曲线的凸性及拐点列表：

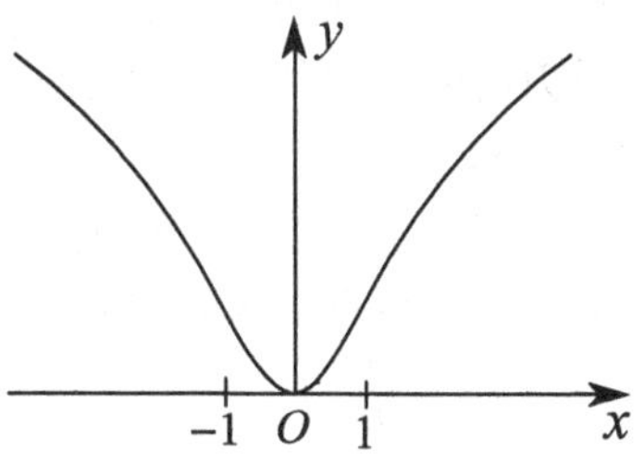

图 4.9

x	$(-\infty,-1)$	-1	$(-1,1)$	1	$(1,+\infty)$
y''	$-$	0	$+$	0	$-$
y	⌒	$\ln 2$, 拐	⌣	$\ln 2$, 拐	⌒

例 4.19　设 $f(x)$ 为 $(-\infty,+\infty)$ 上的下凸函数，则 $f'_+(x)$ 和 $f'_-(x)$ 处处存在；若 $f'(x_0)$ 存在，则恒有

$$f(x)\geq f(x_0)+f'(x_0)(x-x_0).$$

证　设 $x<y<z$, 则由下凸性可知 (参考附录一),

$$\frac{f(y)-f(x)}{y-x}\leq\frac{f(z)-f(x)}{z-x}\leq\frac{f(z)-f(y)}{z-y}.$$

由此可知，函数 $F(x)=\dfrac{f(x)-f(x_0)}{x-x_0}$ 在 x_0 点的去心邻域内单调增且有界. 故 $\lim\limits_{x\to x_0+}F(x)=f'_+(x_0)$ 和 $\lim\limits_{x\to x_0-}F(x)=f'_-(x_0)$ 存在.

由于 $x_0 < t < x$ 时, $\dfrac{f(t)-f(x_0)}{t-x_0} \le \dfrac{f(x)-f(x_0)}{x-x_0}$, 所以当 $f'(x_0)$ 存在且 $t \to x_0+$ 时, 有 $f'(x_0) \le \dfrac{f(x)-f(x_0)}{x-x_0}$. 同理当 $x_0 > x$ 时, 有 $f'(x_0) \ge \dfrac{f(x)-f(x_0)}{x-x_0}$. 这表明 $f(x) \ge f(x_0) + f'(x_0)(x-x_0)$.

如果曲线 $y=f(x)$ 在 x_0 点的附近一边上凸, 另一边下凸, 则称 x_0 为曲线的拐点. 对于二阶可导函数 $f(x)$, 如果 x_0 是 $f(x)$ 的拐点, 那么必有 $f''(x_0)=0$. 因此, 可以通过求解方程 $f''(x)=0$ 来确定曲线的拐点.

2. **函数的曲率**

在许多实际问题中, 需要研究曲线的弯曲程度, 例如铁路的弯道设计, 钢梁受力后的弯曲估计, 船体在载荷作用下的变形分析等. 曲线的弯曲程度简称为曲率.

考察圆的弯曲情况. 直观上, 圆的半径越大, 圆的弯曲程度越小; 反过来, 圆的半径越小, 圆的弯曲程度越大. 因此圆的曲率可以定义为圆半径的倒数, 即 $K=\dfrac{1}{R}$.

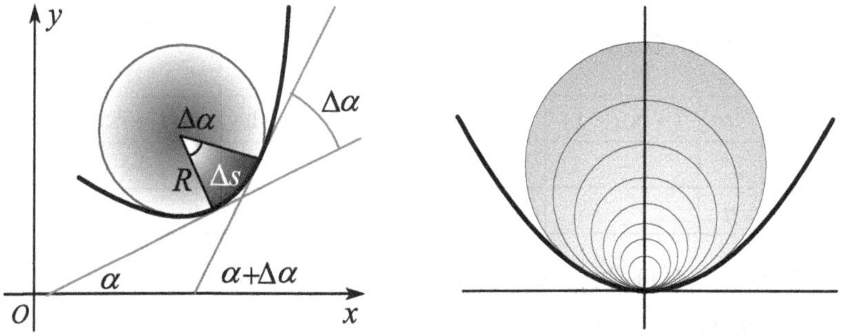

图 4.10

一般地, 对于任意一条曲线 L, 考察曲线 L 在其上 P 点的一段微弧, 假设该弧为圆弧且弧长为 $\mathrm{d}s$, 则该弧对应的圆半径为 $R=\left|\dfrac{\mathrm{d}s}{\mathrm{d}\alpha}\right|$. 其中 $\mathrm{d}\alpha$ 既是圆弧 $\mathrm{d}s$ 对应的圆心角, 也是切线倾角的增量. 因此曲线在 P 点的曲率可定义为 $K=\dfrac{1}{R}=\left|\dfrac{\mathrm{d}\alpha}{\mathrm{d}s}\right|$.

换句话说, 如果曲线 L 在 P 点处的切线存在, 并且在 P 点附近的弯向确定, 例如二阶导数存在且 $\neq 0$, 那么在 P 点与曲线 L 相切的圆可以分为内

切圆和外切圆，半径最大的内切圆称为密切圆，密切圆的曲率 K 称为曲线 L 在 P 点的曲率. 可以看出，一个内切圆为密切圆应等价于它在切点处与曲线有相同的二阶导数. 如果用 α 表示曲线 L 在 P 点的切线倾角，用 s 表示曲线 L 从某一固定点到 P 点的弧长，则 $\mathrm{d}s$ 可以视为密切圆的微弧长， $\mathrm{d}\alpha$ 可以视为密切圆的圆心角，由此可知密切圆的半径为 $R=\left|\dfrac{\mathrm{d}s}{\mathrm{d}\alpha}\right|$, 因此曲线在 P 点的曲率可定义为 $K=\dfrac{1}{R}=\left|\dfrac{\mathrm{d}\alpha}{\mathrm{d}s}\right|$.

如果曲线 L 的方程为 $y=f(x)$, 且 $f(x)$ 具有二阶导数，则

$$\alpha=\arctan y',\ \mathrm{d}\alpha=\frac{y''}{1+y'^2}\mathrm{d}x.$$

考虑到微弧长公式 $\mathrm{d}s=\sqrt{\mathrm{d}x^2+\mathrm{d}y^2}=\sqrt{1+y'^2}\mathrm{d}x$, 则直角坐标下的曲率公式为

$$K=\frac{|y''|}{[1+y'^2]^{3/2}}.$$

如果曲线 L 的方程为 $x=x(t),y=y(t)$, 且 $x(t),y(t)$ 具有二阶导数，则参数型曲率公式为

$$K=\frac{|x'y''-x''y'|}{[x'^2+y'^2]^{3/2}}.$$

例 4.20 求摆线 $x=a(t-\sin t),y=a(1-\cos t)$ 的曲率半径，即密切圆半径.

解 由于

$$x'=a(1-\cos t),\qquad x''=a\sin t,$$
$$y'=a\sin t,\qquad y''=a\cos t,$$

所以曲率半径为

$$R=\frac{1}{K}=\frac{(x'^2+y'^2)^{3/2}}{|x'y''-x''y'|}=4a\left|\sin\frac{t}{2}\right|.$$

例 4.21 设一工件内表面由抛物线 $y=ax^2+bx+c$ 旋转生成，现要用砂轮磨削其内表面. 问用半径为多大的砂轮才比较合适？

解 为了使砂轮磨削到工件内表面的所有部分，砂轮的半径应不大于抛物线上各点处的曲率半径. 抛物线 $y=ax^2+bx+c$ 在 x 点处的曲率为

$$K=\frac{|y''|}{(1+y'^2)^{3/2}}=\frac{2|a|}{[1+(2ax+b)^2]^{3/2}}.$$

由此可知，要使 K 值最大，必须 $x=-\dfrac{b}{2a}$，即在抛物线的顶点处，曲率最大，最大值为 $K_{\max}=2|a|$，此时曲率半径最小，最小值为 $R_{\min}=\dfrac{1}{2|a|}$. 因此砂轮半径为 $\dfrac{1}{2|a|}$ 时比较合适.

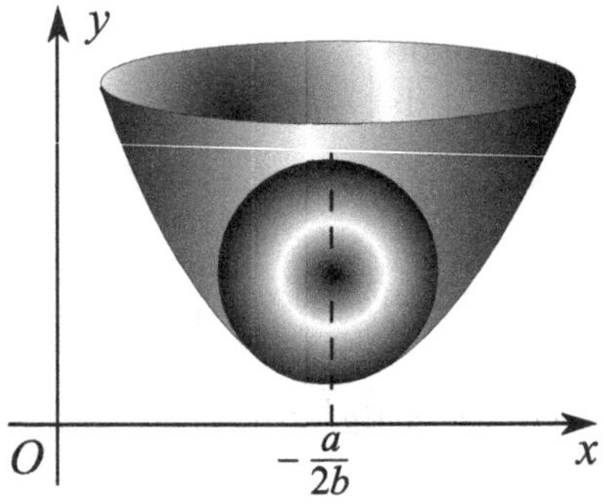

图 4.11

例 4.22 汽车连同载重共 5 吨，在抛物线拱桥上行驶，速度为 21.6 千米 / 小时，桥的跨度为 10 米，拱高为 0.25 米. 求汽车越过桥顶时对桥的压力.

解 建立坐标系如图，则拱桥的抛物线方程可设为 $y=-ax^2$. 根据跨度与拱高，有 $y(5)=-0.25$，由此可知该抛物线为 $y=-0.01\,x^2$.

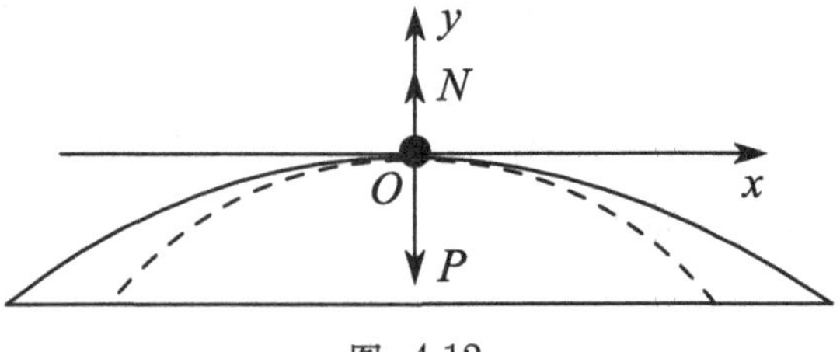

图 4.12

汽车越过桥顶时的运动相当于一个质点在重力 P 和压力 N 作用下沿抛物线 $y=-0.01\,x^2$ 在顶点处的密切圆作匀速圆周运动，因此根据向心力公式，有

$$P-N=\frac{mv^2}{R}$$

由于抛物线 $y=-0.01\,x^2$ 在 $x=0$ 点的曲率为

$$K=\frac{|y''|}{(1+y'^{\,2})^{3/2}}=\frac{0.01\times 2}{(1+0^2)^{3/2}}=0.02,$$

所以密切圆的半径为 $R=\dfrac{1}{K}=50$ 米. 于是汽车越过桥顶时对桥的压力为

$$N=P-\frac{mv^2}{R}=5000\times 9.8-\frac{5000\times(21600/3600)^2}{50}=45400(\text{牛顿}).$$

例 4.23 设 $f(x)$ 是二次可微函数, 则曲线 $y=f(x)$ 在 (x,y) 点的密切圆圆心 (α,β)(称为曲率中心) 为

$$\begin{cases}\alpha=x-\dfrac{y'(1+y'^2)}{y''},\\[2ex]\beta=y+\dfrac{1+y'^2}{y''}.\end{cases}$$

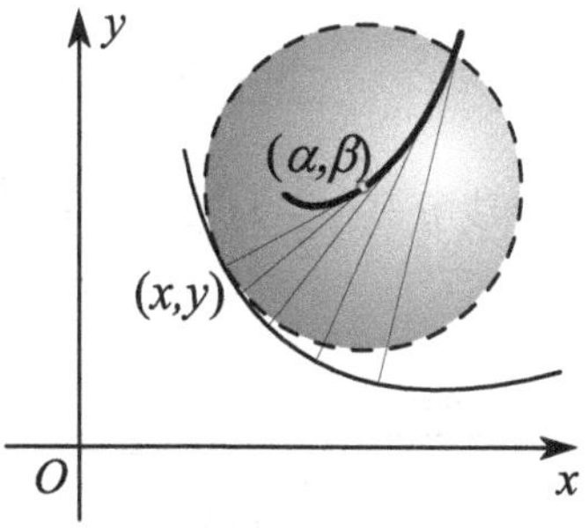

图 4.13

证 按照定义, 密切圆的方程为

$$(\xi-\alpha)^2+(\eta-\beta)^2=R^2.$$

其中 (ξ,η) 为密切圆上的流动点, R 为曲率半径, 即

$$R^2=\frac{1}{K^2}=\frac{(1+y'^2)^3}{(y'')^2}.$$

由于 (x,y) 是密切圆上的点, 所以 $(x-\alpha)^2+(y-\beta)^2=R^2$. 又因曲线与密切圆相切, 故有 $y'=-\dfrac{x-\alpha}{y-\beta}$. 于是消去 $x-\alpha$, 可得

$$(y-\beta)^2=\frac{R^2}{1+y'^2}=\frac{(1+y'^2)^2}{(y'')^2}.$$

由于 $y''>0$ 时, 曲线下凸, 从而 $y-\beta<0$; 又 $y''<0$ 时, 曲线上凸, 从而 $y-\beta>0$, 所以 $y-\beta=-\dfrac{1+y'^2}{y''}$. 进一步, 有

$$x-\alpha=-y'(y-\beta)=-\frac{y'(1+y'^2)}{y''}.$$

由此可知结论成立.

§3.4.3 函数作图

在研究函数的过程中, 离不开函数图形的帮助和支持. 一方面可以通过函数的特征分析来绘制函数的草图, 另一方面可以通过数学软件来绘制函数的精确图.

1. **函数的草图**

在绘制函数的草图时，需要考虑函数的几何特性及曲线的渐近线情况.

(1) **水平渐近线**

对于曲线 $y=f(x)$, 如果 $x\to\infty$ 或 $x\to-\infty$ 或 $x\to+\infty$ 时，有 $y\to A$, 则称 $y=A$ 是 $y=f(x)$ 的水平渐近线. 例如，函数 $y=\arctan x$. 由于

$$\lim_{x\to-\infty}\arctan x=-\frac{\pi}{2},\ \lim_{x\to+\infty}\arctan x=\frac{\pi}{2},$$

所以，直线 $y=-\dfrac{\pi}{2}$ 与直线 $y=\dfrac{\pi}{2}$ 都是曲线 $y=\arctan x$ 的水平渐近线.

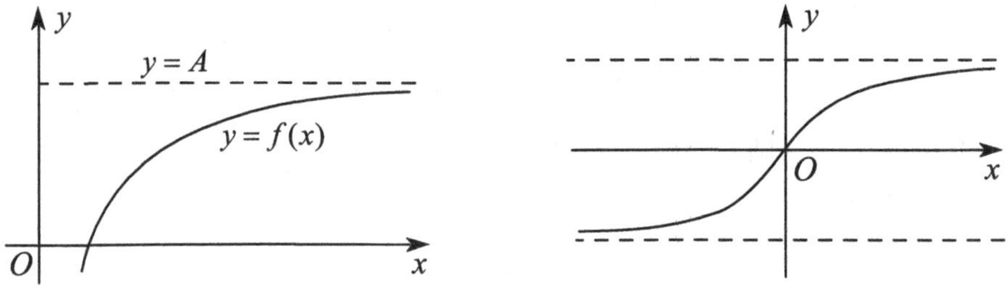

图 4.14

(2) **垂直渐近线**

对于曲线 $y=f(x)$, 如果 $x\to x_0$ 或 $x\to x_0-$ 或 $x\to x_0+$ 时，有 $y\to\infty$, 则称 $y=x_0$ 是 $y=f(x)$ 的垂直渐近线. 例如函数 $y=\tan x$. 记 $x_k=k\pi+\dfrac{\pi}{2}$, $(k=0,\pm1,\pm2,\cdots)$, 由于 $\lim\limits_{x\to x_k+}\tan x=+\infty$, $\lim\limits_{x\to x_k-}\tan x=-\infty$, 所以，直线 $x=k\pi+\dfrac{\pi}{2}$ 都是 $y=\tan x$ 的垂直渐近线.

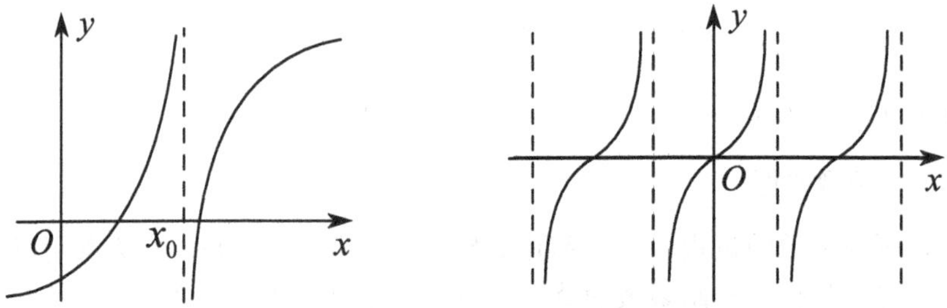

图 4.15

(3) **斜渐近线**

对于曲线 $y=f(x)$, 如果 $x\to-\infty$ 或 $x\to+\infty$ 时，有

$$\frac{f(x)}{x}\to k,\quad f(x)-kx\to b, \tag{$*$}$$

则当 $k\neq 0$ 时，称 $y=kx+b$ 是 $y=f(x)$ 的斜渐近线. 由于点 $(x,f(x))$ 到直线 $y=kx+b$ 的距离为

$$d(x)=\frac{|f(x)-kx-b|}{\sqrt{1+k^2}},$$

所以当 $y=kx+b$ 是 $y=f(x)$ 的斜渐近线时，必有

$$\lim_{x\to\infty}d(x)=0,\text{或}\lim_{x\to-\infty}d(x)=0,\text{或}\lim_{x\to+\infty}d(x)=0. \tag{$**$}$$

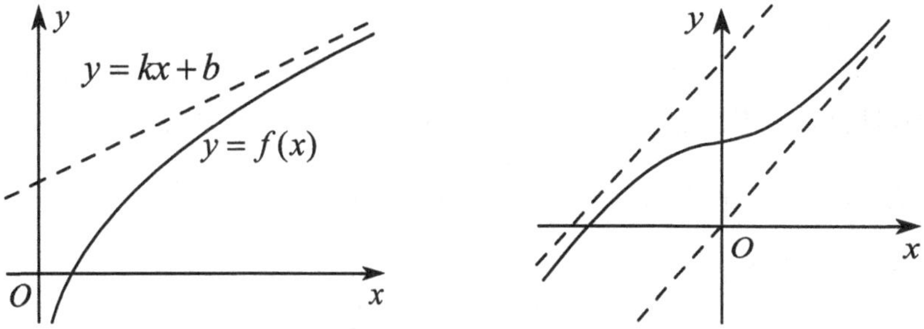

图 4.16

反过来, 如果 $(**)$ 式成立, 则可以推出 $(*)$ 式成立. 只需考虑 $\lim\limits_{x\to\infty}d(x)=0$ 的情况. 由 $\lim\limits_{x\to\infty}d(x)=0$ 可知， $\lim\limits_{x\to\infty}(f(x)-kx-b)=0$, 并且有

$$\lim_{x\to\infty}\frac{f(x)-kx-b}{x}=0.$$

由此可知， $(*)$ 式成立.

例 4.24 求函数 $f(x)=x+\operatorname{arccot}x$ 的斜渐近线.

解 因为

$$k=\lim_{x\to\infty}\frac{f(x)}{x}=\lim_{x\to\infty}(1+\frac{\operatorname{arccot}x}{x})=1;$$

$$b = \lim_{x\to\infty}[f(x)-kx] = \lim_{x\to\infty}[x+\operatorname{arccot}x - x]$$

$$= \lim_{x\to\infty}\operatorname{arccot}x = \begin{cases} 0, & x\to+\infty \\ \pi, & x\to-\infty \end{cases}.$$

故曲线 $f(x)=x+\operatorname{arccot}x$ 有两条斜渐近线 $y=x$, $y=x+\pi$.

绘制函数 $y=f(x)$ 草图的大体步骤是:

1° 确定函数 $y=f(x)$ 的定义域，讨论函数 $y=f(x)$ 的基本性质，如对称性，有界性，周期性等;

2° 求 y' 及 y'', 找出间断点、 $y'=0$ 与不存在的点、 $y''=0$ 与不存在的点;

3° 用上述各点分割定义域，列表判断 y',y'' 在每个子区间的符号，确定单调性和凹凸性、极值点和拐点;

4° 求出曲线 $y=f(x)$ 的渐近线;

5° 在平面直角坐标系中，描出已经找到的特殊点，画出渐近线，按照单调性和凹凸性，逐段连接特殊点，必要时可补充一些函数点.

例 4.25 描绘函数 $y=\dfrac{4(x+1)}{x^2}-2$ 的图形.

解 计算导数，有

$$y'=-\frac{4(x+2)}{x^3},\ y''=\frac{8(x+3)}{x^4}.$$

令 $y'=0$, 得 $x=-2$, 令 $y''=0$, 得 $x=-3$.y',y'' 不存在的点为 $x=0$.

图形特征列表如下:

x	$(-\infty,-3)$	-3	$(-3,-2)$	-2	$(-2,0)$	$(0,+\infty)$
y'	$-$	$-$	$-$	0	$+$	$-$
y''	$-$	0	$+$	$+$	$+$	$+$
y	↘	拐点	↘	极小	↗	↘

函数的极小值为 $y|_{x=-2}=-3$, 拐点值为 $y|_{x=-3}=-\dfrac{26}{9}$.

因为

$$\lim_{x\to\infty}\left[\frac{4(x+1)}{x^2}-2\right]=-2,$$

所以直线 $y=-2$ 是曲线 $y=\dfrac{4(x+1)}{x^2}-2$ 的水平渐近线.

又因为

$$\lim_{x\to 0}\left[\frac{4(x+1)}{x^2}-2\right]=+\infty,$$

所以直线 $x=0$ 是曲线 $y=\dfrac{4(x+1)}{x^2}-2$ 的垂直渐近线.

由于 $\lim\limits_{x\to\infty}\dfrac{\dfrac{4(x+1)}{x^2}-2}{x}=0$, 所以曲线 $y=\dfrac{4(x+1)}{x^2}-2$ 无斜渐近线.

按照上述特点，函数 $y=\dfrac{4(x+1)}{x^2}-2$ 的草图可以绘制如下.

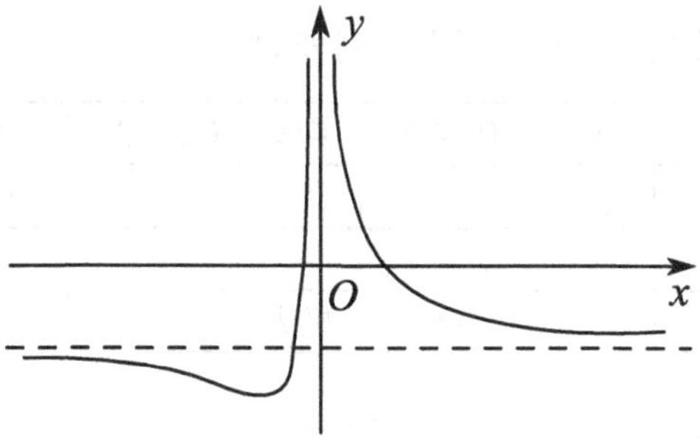

图 4.17

例 4.26 描绘函数 $f(x)=\sqrt[3]{2x^2-x^3}$ 的图形.

证 函数 $f(x)$ 的定义域是 $(-\infty,+\infty)$, 值域是 $(-\infty,+\infty)$, 且 $f(0)=0$, $f(2)=0$. $f(x)$ 在 $(-\infty,+\infty)$ 上处处连续，交 x 轴于点 $(0,0)$, $(2,0)$, 没有水平和垂直渐近线. 因为

$$\lim_{x\to\infty}\frac{f(x)}{x}=\lim_{x\to\infty}\frac{\sqrt[3]{2x^2-x^3}}{x}=\lim_{x\to\infty}\sqrt[3]{\frac{2}{x}-1}=-1;$$

$$\begin{aligned}\lim_{x\to\infty}[f(x)+x]&=\lim_{x\to\infty}(\sqrt[3]{2x^2-x^3}+x)\\&=\lim_{x\to\infty}\frac{2x^2-x^3+x^3}{\sqrt[3]{x^4}(2-x)^2-\sqrt[3]{x^5}(2-x)+x^2}\\&=\lim_{x\to\infty}\frac{2}{\sqrt[3]{\left(\frac{2}{x}-1\right)^2}-\sqrt[3]{\frac{2}{x}-1}+1}=\frac{2}{3}.\end{aligned}$$

所以，曲线有斜渐近线 $y=-x+\frac{2}{3}$. 又

$$f'(x)=\frac{4x-3x^2}{3\sqrt[3]{(2x^2-x^3)^2}},\qquad f''(x)=\frac{-8}{9x^{4/3}(2-x)^{5/3}},$$

函数的不可导点有 0, 2. 令 $f(x)=0$, 解得临界点 $x=\frac{4}{3}$. 另外 $f''(x)=0$ 无解.

特殊点 0, $\frac{4}{3}$, 2 将定义域分成四个区间：

$$(-\infty,0),\ (0,\frac{4}{3}),\ (\frac{4}{3},2),\ (2,+\infty).$$

函数的单调性、极性、凸性、拐点可列表如下：

x	$(-\infty,0)$	0	(0,4/3)	4/3	(4/3,2)	2	$(2,+\infty)$
y'	−	×	+	0	+	×	−
y''	−	×	−	−	−	×	+
y	↘	尖点	↗	极大	↘	拐点	↘

按照上述特征，函数的图形可描绘如下：

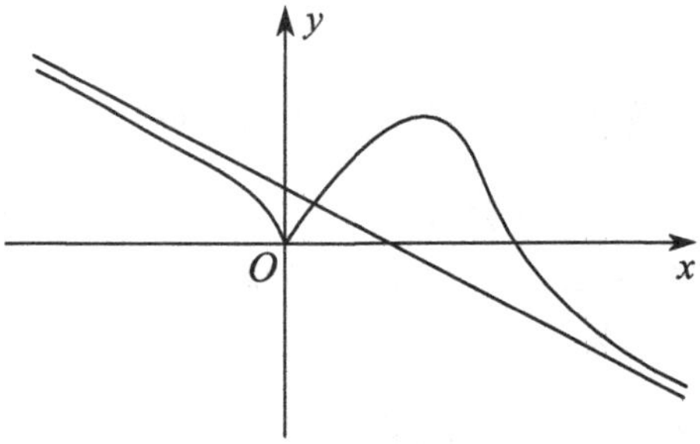

图 4.18

2. **软件绘图***

随着计算机的日益普及，利用软件或程序绘制函数的图形，特别是精确图形，已经是一件非常容易的事. 常用的函数绘图软件或语言有 Mathematica, MatLab, Maple 和 MetaPost 等，作为初学者， Mathematica 最为简单. 下面简介 Mathematica 软件的作图方法. 假设已经打开 Mathematica 软件并进入到操作界面.

(1) **一元函数的图象**

如果想绘制函数 $y=\sin x$ 在区间 $[0,2\pi]$ 上的图象，则可以在工作窗口键入下列命令：

Plot[Sin[x],{x,0,2*Pi}];

然后将光标放在操作命令行的任一位置，同时按下 <Enter> + <Shift> 键，则计算机会自动输出所要图形.

如果想同时绘制 $y=\sin x, y=\cos x$ 在区间 $[0,2\pi]$ 上的图象，则可以键入下列命令：

Plot[{Sin[x],Cos[x]},{x,0,2*Pi}];

如果想绘制函数 $y=\sin x$ 在区间 $[0,2\pi]$ 上的泰勒展开情况，可输入下列命令：

Tu1=Normal[Series[Sin[x],{x,0,3}]];

Tu2=Normal[Series[Sin[x],{x,0,5}]];

Tu3=Normal[Series[Sin[x],{x,0,7}]];

Plot[{Sin[x],Tu1,Tu2,Tu3},{x,0,2*Pi},PlotRange→ {−1,1}];

其中 Normal[Series[Sin[x],{x,−3,3}]] 表示 $\sin x$ 在 $x=0$ 点的泰勒公式取到 3 阶项， PlotRange→{−1,1} 表示因变量的取值范围是 $[-1,1]$.

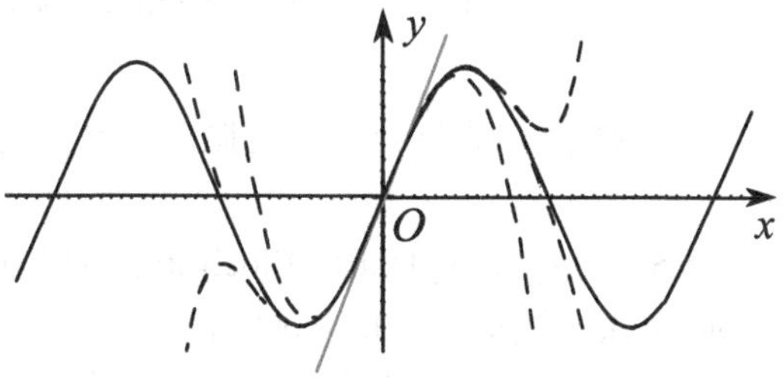

图 4.19

绘图命令 Plot 的结构为

Plot[{f1[t],f2[t],$\cdots$,fn[t]},{t,tmin,tmax},{说明 1, 说明 2,$\cdots$, 说明 m}].

参数表由三部分构成，第一部分是要绘图函数，多个绘图函数需放在一个花括号中，函数与函数之间用逗号隔开，第二部分是自变量取值范围，第三部分是特别说明，多个说明放在一个花括号中，说明与说明之间用逗号隔开，缺省时取默认含义．常用的几个特别说明列表如下.

输入形式	含义解释	默认含义
PlotRange → {数 1, 数 2}	指定因变量取值区间	按计算结果确定
PlotLabel → "图名"	指定图形名称	无名称
AxesLabel → {"名 1","名 2"}	指定坐标轴名称	无名称
Frame →"True"	给图形加上图框	不加图框
PlotColor →"True"	产生彩色图	黑白图

(2) **平面参数曲线的图象**

绘制参数曲线用命令 ParametricPlot, 如要绘制星形线 $x = a\cos^3 t, y = a\sin^3 t$, 可输入下列命令:

ParametricPlot[{{2*Cos[x],2*Sin[x]},{2*Cos^3[x],2*Sin^3[x]}},{t,0,2*Pi}];

要绘制双纽线 $\rho^2 = a^2\cos 2\theta$, 可输入下列命令:

ParametricPlot[{2*Sqrt[Cos[2*t]]*Cos[t],2*Sqrt[Cos[2*t]]*Sin[t]},{t,-Pi/4,Pi/4}];

绘图命令 ParametricPlot 的格式为

ParametricPlot[{{f1[t],g1[t]},{{f2[t],g2[t]},···,{fn[t],gn[t]}}, {t,tmin,tmax}, {说明 1, 说明 2,···, 说明 m}];

(3) **平面曲线的动态图象**

如果想观察函数 $f(x) = x^\alpha \sin\dfrac{1}{x}$ 在 $x = 0$ 点处的结构变化，则可以进行如下动画设计.

(i) 当 $\alpha = 0$ 时，函数 $f(x)$ 在原点右侧的振荡情况可通过输入下列命令实现.

Table[Plot[If[x>a,Sin[1/x],0],{x,0,0.01},PlotRange→{{0,0.01},{−1,1}}, Plotstyle→{RGBColor[0,0,1]}],{a,0.01,0,−0.0001}];

(ii) 当 $\alpha = -1$ 时，函数 $f(x)$ 在原点右侧的振荡情况可通过输入下列命令实现.

Table[Plot[If[x>a,Sin[1/x],0],{x,0,0.01},PlotRange→ {{0,0.01},{−100,100}}, Plotstyle→{RGBColor[0,0,1]}],{a,0.01,0,−0.0001}];

(iii) 当 α 从 -1 按 0.005 的速度增到 2 时，函数 $f(x)$ 在原点右侧的振荡情况可通过输入下列命令实现.

Table[Plot[x^a∗Sin[1/x],{x,0,0.01},Plotstyle→ {RGBColor[1−(a+1)/3,0,(a+1)/3]}],{a,−1,2,−0.005}];

其中 Table 是一个循环命令，按 <Enter> + <Shift> 键后将生成一系列图片. 要产生动画，只要双击任一生成图片就会出现动态画面.

(4) **空间曲线与空间曲面的图象**

如果想绘制函数 $z=\sin xy$ 的曲面图，可输入下列命令：

```
Plot3D[Sin[x*y],{x,0,3},{y,0,3}];
```

如果想从不同角度观察环面，可输入下列命令：

```
Table[ParametericPlot3D[{4*Cos[t]+Cos[t]*Sin[s],4*Sin[t]*Sin[s],Cos[s]},
ViewPoint→{-2*a,-2+4*a,-2+2*a}],{a,0,1,0.005}];
```

习 题 3.4 A

1. 选择题

(1) 设函数 $f(x)$ 在 $(-\infty,+\infty)$ 内连续，其导函数的图形如图所示，则 $f(x)$ 有

(A) 一个极小值点和两个极大值点；

(B) 两个极小值点和一个极大值点；

(C) 两个极小值点和两个极大值点；

(D) 三个极小值点和一个极大值点.

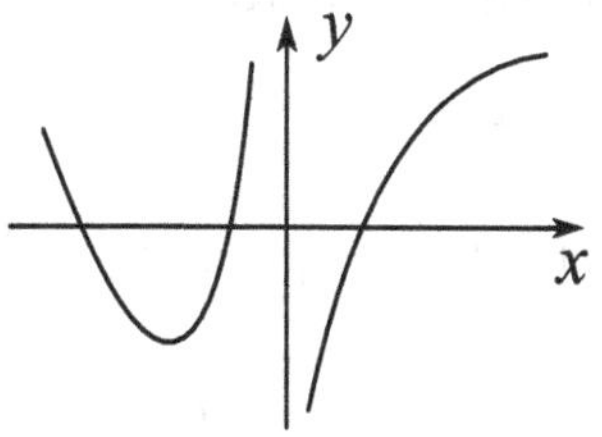

图 4.20

(2) 设函数 $f(x)$ 在定义域内可导，$y=f(x)$ 的图形如右图所示，则导函数 $y=f'(x)$ 的图形为

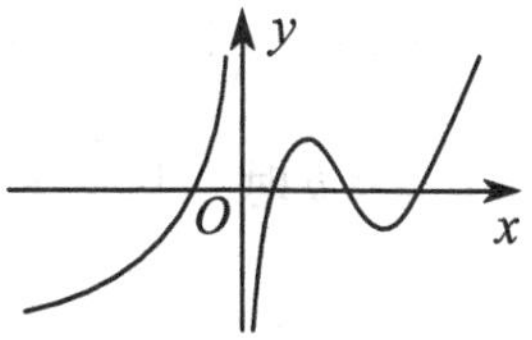

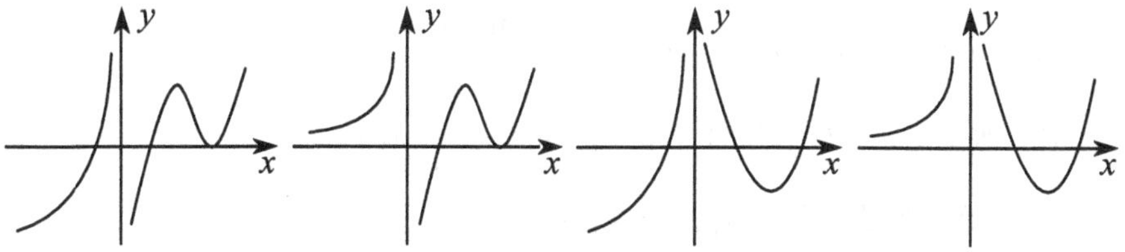

(A) (B) (C) (D)

图 4.21

(3) 设 $f(x)$ 有二阶连续导数，且 $f'(0)=0, \lim\limits_{x\to 0}\dfrac{f''(x)}{|x|}=2$, 则

(A) $f(0)$ 是 $f(x)$ 的极大值;

(B) $f(0)$ 是 $f(x)$ 的极小值;

(C) $(0,f(0))$ 是曲线 $y=f(x)$ 的拐点;

(D) $f(0)$ 不是 $f(x)$ 的极值，$(0,f(0))$ 也不是曲线 $y=f(x)$ 的拐点.

(4) 曲线 $y=\dfrac{1+\mathrm{e}^{-x^2}}{1-\mathrm{e}^{-x^2}}$

(A) 没有渐近线; (B) 仅有水平渐近线; (C) 仅有铅直渐近线;

(D) 既有水平渐近线又有铅直渐近线.

(5) 已知 $f(x)$ 在 $x=0$ 的某个邻域内连续, 且 $f(0)=0, \lim\limits_{x\to 0}\dfrac{f(x)}{1-\cos x}=2$, 则在点 $x=0$ 处

(A) 不可导; (B) 可导，且 $f'(0)\neq 0$;

(C) 取得极大值; (B) 取得极小值.

2. 证明下列不等式：

(1) 当 $\mathrm{e}<x_1<x_2$ 时，$\dfrac{x_1}{x_2}<\dfrac{\ln x_1}{\ln x_2}<\dfrac{x_2}{x_1}$;

(2) 当 $0<x_1<x_2<\dfrac{\pi}{2}$ 时，$\dfrac{\tan x_2}{\tan x_1}>\dfrac{x_2}{x_1}$;

(3) 当 $x>0$ 时，$\left(1+\dfrac{1}{x}\right)^x<\mathrm{e}<\left(1+\dfrac{1}{x}\right)^{x+1}$;

(4) 当 $0<a<b$ 时，$\ln\dfrac{b}{a}>\dfrac{2b-2a}{a+b}$;

(5) $\mathrm{e}^{\frac{x+y}{2}}\leq\dfrac{\mathrm{e}^x+\mathrm{e}^y}{2}$;

(6) 当 $x>0,\ y>0$ 时，$\ln\dfrac{x+y}{2}\geq\dfrac{\ln x+\ln y}{2}$.

(7) 当 $\mathrm{e}<a<b<\mathrm{e}^2$ 时，$\ln^2 b-\ln^2 a>\dfrac{4}{\mathrm{e}^2}(b-a)$.

3. 计算下列曲线的斜渐近线方程：

(1) $y=\dfrac{x^2}{2x+1}$, (2) $x^3+y^3-3axy=0$.

4. 设某银行总存款量与银行付给储户的利率的平方成正比. 若银行以 10% 的年利率把总存款的 90% 贷出，问银行给储户支付的年利率为多少时才能获得最大利润？

5. 从一条宽为 a 米的河垂直修建一条宽为 b 米的运河，问能从一条河驶入另一条河的船，其最大长度是多少？

6. 今欲生产一个容积为 V 的有盖圆柱形铁桶，问桶的底半径和高为何值时，用料最省？

7. 将边长为 a 的一块正方形铁皮的四角各剪去一个大小相同的小正方形，然后将四边折起来做成一个无盖的方盒. 问剪去的小正方形的边长为多少时，所得方盒的容积最大？

8. 一飞机沿抛物线路径 $y=\dfrac{x^2}{10000}$ (y 轴铅直向上，单位为米) 作俯冲飞行. 在坐标原点 O 处飞机的速度为 200 米 / 秒. 飞行员的体重为 70 千克. 求飞机俯冲至最底点即原点 O 处时坐椅对飞行员的反力.

9. 铁路上 AB 段的距离为 100km. 工厂 C 距 A 处为 20km,AC 垂直于 AB. 已知铁路每公里货运的运费与公路每公里货运的运费之比为 3:5. 为了使货物从供应站 B 运到工厂 C 的运费最省，问 D 点应选在何处？

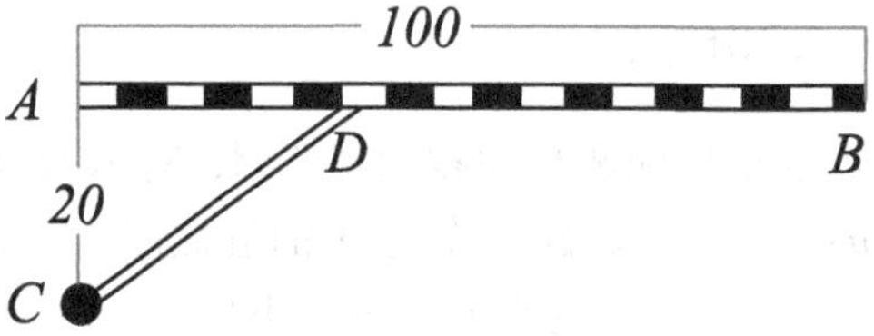

图 4.22

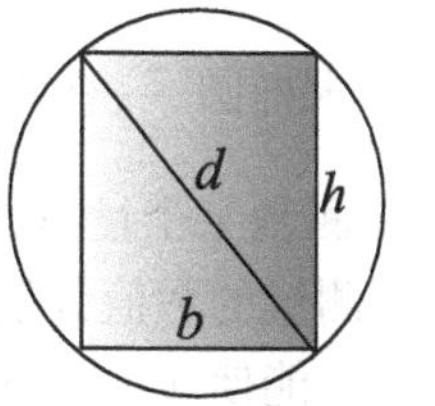

图 4.23

10. 把一个直径为 d 的圆木锯成截面为矩形的梁. 问矩形截面的高 h 和宽 b 应如何选择才能使梁的抗弯截面模量 $W=\dfrac{1}{6}bh^2$ 最大？

11. 设函数 $f(x)$ 在 $[a,b]$ 上二阶可导且 $f''(x)\geq 0$, 证明 $x,y\in[a,b]$ 时，必有

$$f\left(\frac{x+y}{2}\right)\leq\frac{f(x)+f(y)}{2}.$$

习 题 3.4 B

1. 过曲线 $y = x^2 + 1$ $(x > 0)$ 上的点 P 作该曲线的切线，求 P 点的坐标，使得切线与两个坐标轴围成三角形的面积最小？

2. 设 $0 < \alpha < \beta$, $x > 0$, $y > 0$, 试证 $(x^\alpha + y^\alpha)^{\frac{1}{\alpha}} > (x^\beta + y^\beta)^{\frac{1}{\beta}}$.

3. 设函数 $f(x)$ 在 $[0, +\infty)$ 可导，$\lim\limits_{x \to +\infty} f(x) = 0$, 且 $f(0) \cdot f'(0) \geq 0$. 试证存在 $\xi \in [0, +\infty)$, 使得 $f'(\xi) = 0$.

4. 设函数 $f(x)$ 在 x_0 处具有连续的 n 阶导数，且

$$f''(x_0) = \cdots = f^{(n-1)}(x_0) = 0,\ f^{(n)}(x_0) \neq 0,$$

则 (1) 当 n 为奇数时，点 $(x_0, f(x_0))$ 是曲线 $y = f(x)$ 的拐点;

(2) 当 n为偶数时，若 $f'(x_0) = 0$, $f^{(n)}(x_0) > 0$, 则 $f(x)$在 x_0点取极小值;

(3) 当 n为偶数时，若 $f'(x_0) = 0$, $f^{(n)}(x_0) < 0$, 则 $f(x)$在 x_0点取极大值.

5. 求摆线 $\begin{cases} x = a(t - \sin t) \\ y = a(1 - \cos t) \end{cases}$ 的曲率中心.

6. 求椭圆 $\dfrac{x^2}{a^2} + \dfrac{y^2}{b^2} = 1$ 的曲率中心.

7. 测量某个量 A, 由于仪器的精度和测量的技术等原因，对 A 做了 n 次测量，测量的数值分别是 $a_1, a_2, \cdots, a_n$. 取数 x 作为 A 的近似值，问 x 取何值时，才能使 x 与 a_i $(i = 1, 2, \cdots, n)$ 之差的平方和为最小？

8. 求下列曲线在某一点的曲率:

(1) $y = \ln \sec x$;　　(2) $x^3 + y^3 = 3xy$;

(3) $y = \sqrt{x} + \tan x$;　　(4) $y = \ln(x + \sin x)$;

(5) $\begin{cases} x = a\cos^3 t \\ y = a\sin^3 t \end{cases}$;　　(6) $\begin{cases} x = a\cos t \\ y = b\sin t \end{cases}$.

9. 证明曲线 $y=f(x)$ 在曲线上任意一点 M 处的曲率等于

$$K=|y''\cos^3\theta|=\left|\frac{\mathrm{d}\sin\theta}{\mathrm{d}x}\right|,$$

其中 θ 是 M 点切线的倾角.

10. 证明极坐标曲线 $r=r(\theta)$ 的曲率公式为

$$K=\frac{|r^2+2r'^2-rr''|}{(r^2+r'^2)^{3/2}}.$$

据此证明双纽线 $r^2=a^2\cos 2\theta$ 的曲率半径与对应点的极半径成反比.

11. 设函数 $f(x)$ 满足方程

$$f(x)+4f\left(-\frac{1}{x}\right)=\frac{1}{x},$$

求函数 $f(x)$ 的极值.

12. 设函数 $f(x)$ 在区间 $[0,1]$ 上存在二阶连续导数，$|f''(x)|\leq M$, 且 $f(x)$ 在 $(0,1)$ 内取得最大值，证明 $|f'(0)|+|f'(1)|\leq M$.

13. 设 $f(x)$ 是区间 (a,b) 上的下凸函数，若 $a<x<y<z<b$, 则

$$\begin{vmatrix} x & f(x) & 1 \\ y & f(y) & 1 \\ z & f(z) & 1 \end{vmatrix}\geq 0.$$

14. 设 $f(x)$ 是 (a,b) 内的下凸函数，若 $a<x<y<z<b$, 则有

$$\frac{f(y)-f(x)}{y-x}\leq\frac{f(z)-f(x)}{z-x}\leq\frac{f(z)-f(y)}{z-y}.$$

15. 设 $f(x)$ 是 (a,b) 内的下凸函数，若 $a<x<b$, 则有 $f'_-(x)\leq f'_+(x)$.

16. 设 $f(x)$ 是 (a,b) 内的下凸函数，若 $a<x<y<b$, 则有

$$f'_+(x)\leq\frac{f(y)-f(x)}{y-x}\leq f'_-(y).$$

17. 设 $f(x)=\sum\limits_{k=1}^{n}(a_k\cos kx+b_k\sin kx)$, 其中 a_k,b_k 为常数. 证明

(1) $f(x)$ 在 $[0,2\pi)$ 必有两个不同的零点;

(2) $f^{(m)}(x)$ 在 $[0,2\pi)$ 必有两个不同的零点.

18. 设 $f(x)$ 在 $(-\infty,+\infty)$ 上二阶连续可导且有界，证明必存在 $\xi\in(-\infty,+\infty)$, 使得 $f''(\xi)=0$.

19. 设

$$f(x)=\lim_{u\to x}\left(\frac{x-1}{u-1}\right)^{u/(x-u)},$$

讨论 $f(x)$ 的单调性，极值，凹凸性及拐点，并求曲线 $y=f(x)$ 的渐近线.

20. 设 $f(x)=|x-1|\,\mathrm{e}^{x-1}$, 讨论 $f(x)$ 的单调性，极值，凹凸性及拐点，并求曲线 $y=f(x)$ 的渐近线.

21. 设

$$f(x)=\begin{cases}x\,\mathrm{e}^{1/x}+x, & x<0\\ \arctan\sqrt[3]{(x-1)^2}, & x>0\end{cases},$$

讨论 $f(x)$ 的单调性，极值，并求曲线 $y=f(x)$ 的渐近线.

22. 假设光在介质 1 中和介质 2 中的速度分别为 v_1, v_2, 如果光线从介质 1 的 A 点出发经过界面折射到介质 2 的 B 点时，入射角和折射角分别为 α, β, 试用光行最速原理证明光的折射定律，即 $\dfrac{\sin\alpha}{\sin\beta}=\dfrac{v_1}{v_2}$.

23. 试用光行最速原理证明光的反射定律，即当光线从 A 点出发经过镜子反射到 B 点时，入射角等于反射角.

24. 设 $f(x)$ 是 $[a,b]$ 上的下凸函数，则对任意的 $x_0,x\in(a,b)$, 恒有

$$f(x)\geq f(x_0)+f'_+(x_0)(x-x_0),$$

$$f(x)\geq f(x_0)+f'_-(x_0)(x-x_0).$$

总 习 题 三

1. 设 $f''(x)\leq 0$ 在 $[1,+\infty)$ 上处处成立，且 $f(1)=2$, $f'(1)=-3$, 证明 $f(x)$ 在 $(1,+\infty)$ 内仅有一实根.

2. 假设函数 $f(x)$ 和 $g(x)$ 在 $[a,b]$ 上存在二阶导数, 并且 $g''(x)\neq 0, f(a)=f(b)=g(a)=g(b)=0$, 试证:

(1) 在开区间 (a,b) 内, $g(x)\neq 0$;

(2) 在开区间 (a,b) 内至少存在一点 ξ, 使 $\dfrac{f(\xi)}{g(\xi)}=\dfrac{f''(\xi)}{g''(\xi)}$.

3. 设 $0<a<b$, 证明

$$\frac{b-a}{1+b^2}<\arctan b-\arctan a<\frac{b-a}{1+a^2}.$$

4. 设 $0<x_1<x_2<x_3<\pi$, 证明

$$\frac{\sin x_3-\sin x_2}{x_3-x_2}<\frac{\sin x_2-\sin x_1}{x_2-x_1}.$$

5. 选择题

(1) 当 a 取下列哪个值时, 函数 $f(x)=2x^3-9x^2+12x-a$ 恰有两个不同的零点.

(A) 2; (B) 4; (C) 6; (D) 8.

(2) 设函数 $y=f(x)$ 在 $(0,+\infty)$ 内有界且可导, 则

(A) 当 $\lim\limits_{x\to+\infty}f(x)=0$ 时, 必有 $\lim\limits_{x\to+\infty}f'(x)=0$;

(B) 当 $\lim\limits_{x\to+\infty}f'(x)$ 存在时, 必有 $\lim\limits_{x\to+\infty}f'(x)=0$;

(C) 当 $\lim\limits_{x\to0+}f(x)=0$ 时, 必有 $\lim\limits_{x\to0+}f'(x)=0$;

(D) 当 $\lim\limits_{x\to0+}f'(x)$ 存在时, 必有 $\lim\limits_{x\to0+}f'(x)=0$.

6. 证明方程 $2^x-x^2-1=0$ 在整个数轴上仅有三个不同的实根.

7. 在椭圆 $\dfrac{x^2}{8}+\dfrac{y^2}{18}=1$, $(x\geq 0, y\geq 0)$ 上求一点 $P(x,y)$, 使该点的切线与椭圆弧及两坐标轴所围成的图形面积最小, 并求最小面积 (椭圆面积公式为 $S=\pi ab$).

8. 最初质量为 m_0 的雨滴在重力作用下下落. 由于蒸发而减少质量, 并且减少的速度与时间成正比 (比例系数为 k). 从它下落经过多少时, 动能达到最大? 最大的动能是多少?

9. 在半径是 a 的圆桌中央上空安装电灯，桌面上的照度是 $J = k\dfrac{\sin\varphi}{r^2}$，这里 r 是灯和被照明点的距离，φ 是光线与桌面的夹角，k 为常数. 为使桌面边缘照度尽可能地大，应把电灯安在离桌面多高的地方？

10. 设 $f(x)$ 在区间 $[a,b]$ 上连续，且 $f''(x) > 0$, 证明 $\dfrac{f(x)-f(a)}{x-a}$ 在 $[a,b]$ 上单调增加.

11. 设 $0 < \theta_1 < \theta_2 < \cdots < \theta_n < \pi$, 则

$$\sin\frac{\theta_1+\cdots+\theta_n}{n} > \frac{1}{n}(\sin\theta_1+\cdots+\sin\theta_n).$$

12. 讨论方程 $x^3+px+q=0$ 具有一个实根和三个实根的条件.

13. 设 $f(x)$ 在 $(-\infty,+\infty)$ 上二次可微，$f''(x) > 0$ 且

$$\lim_{x\to+\infty} f'(x) = A > 0,\ \lim_{x\to-\infty} f'(x) = B < 0,$$

又设 $f(x_0) < 0$, 证明方程 $f(x)=0$ 在 $(-\infty,+\infty)$ 上有且只有两个实根.

14. 设函数 $f(x)$ 具有连续的一阶导数，且 $f'(0)=0$, $f''(0)$ 存在，证明

$$\lim_{x\to 0}\frac{f(x)-f(x-x^2)}{x^3} = f''(0).$$

15. 设 $f(x)$ 在 $[0,+\infty)$ 上二次连续可微，$f(0)=f'(0)=0$ 且 $f''(x)>0$, 若 $u(x)$ 为曲线 $y=f(x)$ 在 $(x,f(x))$ 点的切线在横轴上的截距，则

$$\lim_{x\to 0+}\frac{x\,f(u(x))}{u(x)\,f(x)} = \frac{1}{2}.$$

16. 设 $f(x)$ 在 $[a,b]$ 上连续，在 (a,b) 内二阶可导. 若 $f(a)=f(b)=0$, 证明对任意的 $x\in(a,b)$, 存在 $\xi\in(a,b)$, 使得

$$f(x) = \frac{1}{2!}f''(\xi)(x-a)(x-b).$$

17. 设 $y=f(x)$ 在 $(-\infty,+\infty)$ 内二阶可导，若 $x\,y''+3x\,y'^2 = 1-\mathrm{e}^{-x}$, 则 $f(x)$ 的极值点必为极小值点.

18. 证明严格下凸函数的临界点存在时唯一且必为最小值点.

第四章　定积分与不定积分

一元函数的积分有定积分和不定积分之分，定积分解决的是线段上任意分布量的求和问题；不定积分解决的是导函数的逆运算问题．定积分和不定积分看起来互不相干，但微积分基本定理，即牛顿 - 莱布尼兹公式却紧紧地把它们联系在一起．不定积分解决了定积分的计算问题，定积分使不定积分有了更广泛的应用．

§4.1　定积分概念

定积分的概念起源于平面图形的面积等实际问题．人们为了定义和计算平面图形的面积，提出了用阶梯图形逼近平面图形的重要思想．定积分的产生和发展有效地解决了各种累积求和问题．

§4.1.1　定积分与可积性

图象类似阶梯形状的函数可形象地称为阶梯函数，除有限个间断点外，阶梯函数是一个局部常值函数．

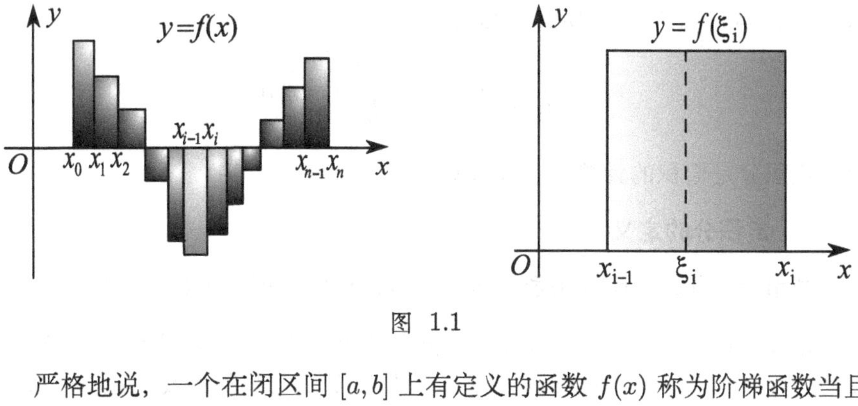

图　1.1

严格地说，一个在闭区间 $[a,b]$ 上有定义的函数 $f(x)$ 称为阶梯函数当且仅当存在有限个点：

$$a = x_0 < x_1 < \cdots < x_n = b,$$

使得 $f(x)$ 在每个开区间 (x_{i-1},x_i) 内恒为常数. 阶梯函数 $y=f(x)$ 在区间 $[a,b]$ 上的阶梯图形由边界为

$$x=x_{i-1},\ x=x_i,\ y=0,\ y=f(\xi_i)$$

的小矩形构成，其中 $\xi_i\in(x_{i-1},x_i)$.

由于每个小矩形的面积为 $|\,f(\xi_i)\,|\,(x_i-x_{i-1})$, 所以阶梯图形的面积为

$$S=\sum_{i=1}^{n}\Big|\,f(\xi_i)\,\Big|\,(x_i-x_{i-1}).$$

如果将上式中的绝对值去掉，则可以得到全体小矩形面积的代数和，称为阶梯函数的定积分：

$$\int_a^b f(x)\,\mathrm{d}x=\sum_{i=1}^{n}f(\xi_i)\,(x_i-x_{i-1}).$$

定积分是面积的代数表示，由于没有绝对值的限制，所以计算起来十分方便，更重要的是阶梯函数的定积分很容易推广到一般函数的定积分.

当 $f(x)>0$ 时，定积分 $\int_a^b f(x)\,\mathrm{d}x$ 表示阶梯图形的面积，当 $f(x)<0$ 时，定积分 $\int_a^b f(x)\,\mathrm{d}x$ 表示阶梯图形的面积负值. 一般地，定积分 $\int_a^b f(x)\,\mathrm{d}x$ 表示阶梯图形在 x 轴上、下两部分的面积差. 反过来阶梯图形的面积也可用定积分来表示. 如果记 $f^+(x)=\max(f(x),0)$, $f^-(x)=\max(-f(x),0)$, 则 $f(x)=f^+(x)-f^-(x)$ 且阶梯图形的面积为

$$S=\int_a^b f^+(x)\,\mathrm{d}x+\int_a^b f^-(x)\,\mathrm{d}x,$$

因此定积分是面积的计算方法和计算工具.

1. 定积分的定义

利用阶梯逼近，阶梯函数的定积分可以推广到可积函数的定积分.

定义 1.1 设函数 $f(x)$ 在闭区间 $[a,b]$ 上有定义, 称实数 I 为 $f(x)$ 在 $[a,b]$ 上的定积分, 记作 $\int_a^b f(x)\mathrm{d}x=I$, 如果存在 $[a,b]$ 上的阶梯函数列 $\alpha_n(x),\beta_n(x)$, 使得

(1) 当 $x \in [a,b]$ 且 $n \geq 1$ 时，恒有 $\alpha_n(x) \leq f(x) \leq \beta_n(x)$;

(2) $\lim\limits_{n\to\infty}\int_a^b \alpha_n(x)\mathrm{d}x = \lim\limits_{n\to\infty}\int_a^b \beta_n(x)\mathrm{d}x = I$.

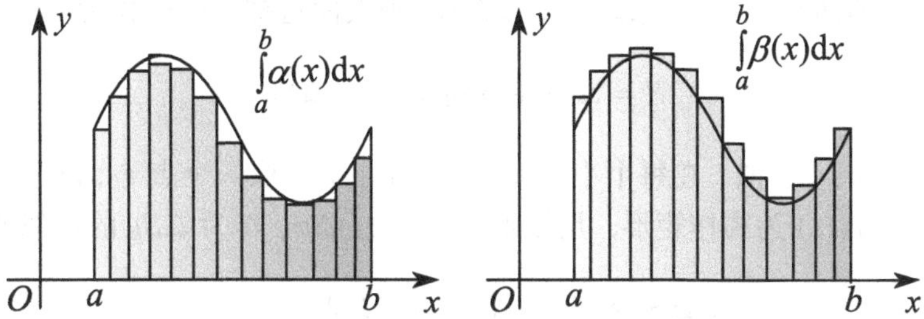

图 1.2

在定积分 $\int_a^b f(x)\mathrm{d}x$ 中，a, b 分别称为积分下限和上限，$[a,b]$ 称为积分区间，$f(x)$ 称为被积函数，$f(x)\mathrm{d}x$ 称为积分表达式或微分形式，x 称为积分变量，符号 $\int$ 称为积分号. 定积分存在的函数称为黎曼 (Riemman) 可积函数，在不引起误解时简称为可积函数.

对于定积分，需要解决的主要问题有三个. 一是如何将一个实际问题表示为定积分，实现这一目标的主要方法是“分割、近似、求和、取极限”，进一步可简化成微元法；二是如何判定一个函数是不是可积函数；三是如何计算定积分.

例 1.1　曲边梯形的面积

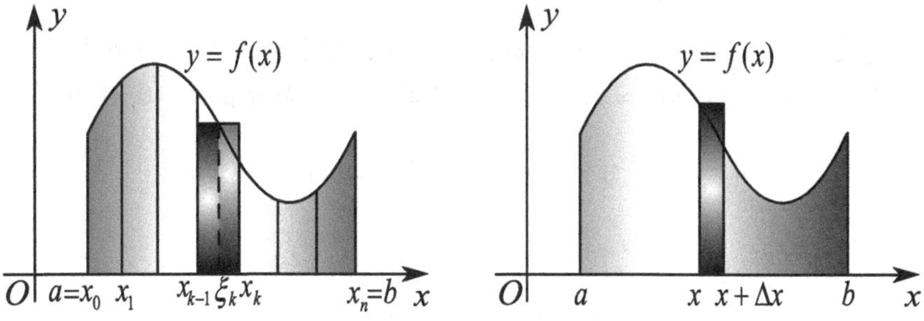

图 1.3

设 $y=f(x)$ 是 $[a,b]$ 上的非负连续函数. 由直线 $x=a, x=b, y=0$ 及曲线 $y=f(x)$ 围成的图形习惯上称为 **曲边梯形**. 对于曲边梯形的阶梯逼近，可以按照分割、近似、求和、取极限这五个步骤来完成.

第一步， **分割** 将区间 $[a,b]$ 用任意分点 $a=x_0<x_1<\cdots<x_n=b$ 分割成小区间 $[x_0,x_1]$, $[x_1,x_2]$, …, $[x_{n-1},x_n]$, 每个小区间的长度记为 $\Delta x_k=x_k-x_{k-1}$. 直线 $x=x_k$ 把曲边梯形分割成 n 个小曲边梯形，如果把这 n 个小曲边梯形的面积记为 $\Delta S_1,\Delta S_2,\ldots,\Delta S_n$, 则大曲边梯形的面积为

$$S=\Delta S_1+\Delta S_2+\cdots+\Delta S_n.$$

第二步， **近似** 在每个小区间 $[x_{k-1},x_k]$ 上任取一个点 ξ_k, 以 $[x_{k-1},x_k]$ 为底，以 $f(\xi_k)$ 为高作矩形，用矩形面积 $f(\xi_k)\Delta x_k$ 作为 ΔS_k 的近似值，即

$$\Delta S_k\approx f(\xi_k)\Delta x_k,\ k=1,2,\ldots,n.$$

第三步， **求和** 把这些小矩形的面积加起来可得到阶梯图形的面积，以此作为曲边梯形面积的近似值，即

$$\begin{aligned}S&=\Delta S_1+\Delta S_2+\cdots+\Delta S_n\\&\approx f(\xi_1)\Delta x_1+f(\xi_2)\Delta x_2+\cdots+f(\xi_n)\Delta x_n=\sum_{k=1}^{n}f(\xi_k)\Delta x_k.\end{aligned}$$

第四步， **取极限** 令 $\Delta=\max(\Delta x_1,\Delta x_2,\ldots,\Delta x_n)$. 当 $\Delta\to 0$ 时，如果上述和式的极限存在，则该极限就是曲边梯形的面积，即

$$S=\int_a^b f(x)\mathrm{d}x=\lim_{\Delta\to 0}\sum_{k=1}^{n}f(\xi_k)\Delta x_k.$$

根据上述分析，定积分的定义等价于

定义 1.2 *设函数 $f(x)$ 在 $[a,b]$ 上有定义，称常数 I 为 $f(x)$ 在 $[a,b]$ 上的定积分，记作 $\int_a^b f(x)\mathrm{d}x=I$, 如果对任意的 $\varepsilon>0$, 都存在 $\delta>0$, 使当*

$$a=x_0<x_1<\cdots<x_n=b,\quad x_{k-1}\le\xi_k\le x_k$$

且 $\max(x_1-x_0,\cdots,x_n-x_{n-1})<\delta$ 时，恒有

$$\left|\sum_{k=1}^{n}f(\xi_k)(x_k-x_{k-1})-I\right|<\varepsilon.$$

用阶梯图形逼近曲边梯形的分割、近似、求和、取极限过程可以抽象为微元法. 即对任意的 $x\in(a,b)$, 取以 $[x,x+\Delta x]$ 为底，以 $y=f(x)$ 为顶的小曲边梯形为微元. 当 $\Delta x\to 0$ 时，根据 $f(x)$ 的连续性，将 $f(x)$ 视为 $[x,x+\Delta x]$

上的常值函数，即视微元为小矩形，于是微元的面积为 $f(x)\Delta x = f(x)\mathrm{d}x$. 将微元面积 $f(x)\mathrm{d}x$ 沿区间 $[a,b]$ 加起来，记为 $\int_a^b f(x)\mathrm{d}x$, 则 $\int_a^b f(x)\mathrm{d}x$ 就是所求曲边梯形的面积.

微元法是实际问题到定积分表示的建模工具.

例 1.2 具上下边界图形的面积

设 $\alpha(x),\beta(x)$ 是 $[a,b]$ 上的连续函数且当 $a \le x \le b$ 时，恒有 $\alpha(x) \le \beta(x)$. 由曲线 $y=\alpha(x), y=\beta(x)$ 和直线 $x=a, x=b$ 围成的区域称为 $x-$ 型区域.

按照微元法，$x-$ 型区域的面积可用定积分表示如下. 对任意的 $x \in (a,b)$, 取区间 $[x, x+\Delta x]$ 上以 $y=\alpha(x), y=\beta(x)$ 为上下边界的图形为微元. 当 $\Delta x \to 0$ 时，由于 $\alpha(x),\beta(x)$ 为连续函数，所以可视 $\alpha(x),\beta(x)$ 是微元上的常值函数，因此微元可视为小矩形，故微元的面积为 $[\beta(x)-\alpha(x)]\mathrm{d}x$. 于是由直线 $x=a, x=b$ 及曲线 $y=\alpha(x), y=\beta(x)$ 围成的图形的面积为

$$S = \int_a^b [\,\beta(x) - \alpha(x)\,]\,\mathrm{d}x.$$

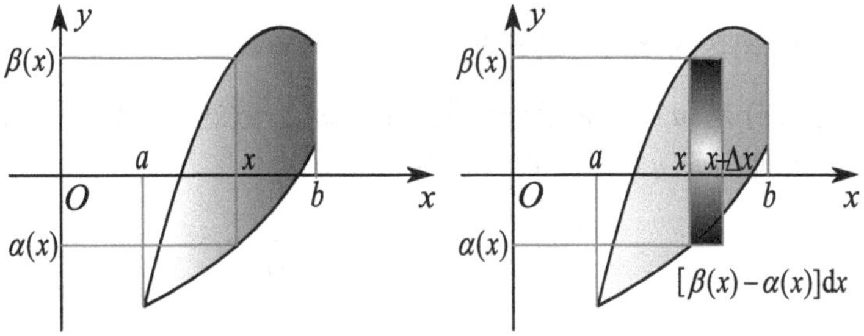

图 1.4

例 1.3 变速直线运动的路程

设运动物体以速度 $v=v(t)$ 作直线运动，现求时刻 $t=a$ 到 $t=b$ 这段时间内，物体经过的路程 s.

在时间间隔 $[t, t+\Delta t]$ 内，当 $\Delta t \to 0$ 时，物体的运动速度 $v(t)$ 可视为常数，因此物体在 $[t, t+\Delta t]$ 时间段经过的路程为 $v(t)\,\mathrm{d}t$, 于是物体在时间段 $[a,b]$ 经过的路程为

$$s = \int_a^b v(t)\,\mathrm{d}t.$$

例 1.4 非均匀直杆的质量

设区间 $[a,b]$ 上有一质量密度为 $\rho(x)$ 的直杆，现求该直杆的质量.

当 $\Delta x\to 0$ 时，直杆在区间 $[x,x+\Delta x]$ 上的质量密度可视为常数 $\rho(x)$，由此可知，直杆在区间 $[x,x+\Delta x]$ 上的质量为 $\rho(x)\,\mathrm{d}x$. 因此直杆的质量为

$$m=\int_a^b \rho(x)\,\mathrm{d}x.$$

2. **函数的可积性**

按照定义 1.1, 函数的可积性可以叙述为

定理 1.1 *函数 $f(x)$ 在 $[a,b]$ 上可积 $\iff$ 对任意的 $\varepsilon>0$, 都存在 $[a,b]$ 上的阶梯函数 $\alpha(x)$ 和 $\beta(x)$, 使得*

(1) 当 $x\in[a,b]$ 时，恒有 $\alpha(x)\le f(x)\le\beta(x)$;

(2) $\displaystyle\int_a^b[\beta(x)-\alpha(x)]\,\mathrm{d}x<\varepsilon$.

推论 1.1 *可积函数一定是有界函数.*

利用定理 1.1 可证连续函数的可积性.

定理 1.2 *闭区间上的连续函数一定是可积函数.*

证 设 $f(x)$ 是 $[a,b]$ 上的连续函数, 则 $f(x)$ 一致连续, 即对任意的 $\varepsilon>0$, 都存在 $\delta>0$, 使当 $x,y\in[a,b]$ 时，恒有

$$|f(x)-f(y)|<\frac{\varepsilon}{4(b-a)}.$$

取自然数 n, 满足 $\dfrac{b-a}{n}<\delta$. 记 $x_i=a+\dfrac{i}{n}(b-a)$, 并当 $x\in[x_{i-1},x_i)$ 时, 令 $\alpha(x),\beta(x)$ 分别是 $f(x)$ 在 $[x_{i-1},x_i]$ 上的最小值和最大值，则当 $x\in[a,b]$ 时，恒有 $\alpha(x)\le f(x)\le\beta(x)$ 及

$$\beta(x)-\alpha(x)<\frac{\varepsilon}{2(b-a)}.$$

于是 $\displaystyle\int_a^b[\beta(x)-\alpha(x)]\,\mathrm{d}x<\varepsilon$, 由此可知， $f(x)$ 是 $[a,b]$ 上的可积函数.

作为定理 1.2 的简单推广，有

定理 1.3 *闭区间上有界且最多只有有限个或可数个间断点的函数一定是可积函数. 特别闭区间上的单调有界函数一定是可积函数.*

根据连续函数的可积性，函数的可积性定理等价于

定理 1.4 函数 $f(x)$ 在 $[a,b]$ 上可积 $\Longleftrightarrow$ 对任意的 $\varepsilon>0$, 都存在 $[a,b]$ 上的连续函数 $\alpha(x),\beta(x)$, 使得

(1) 当 $x\in[a,b]$ 时，恒有 $\alpha(x)\le f(x)\le\beta(x)$;

(2) $\displaystyle\int_a^b[\,\beta(x)-\alpha(x)\,]\,\mathrm{d}x<\varepsilon$.

更深入一点，函数 $f(x)$ 在 $[a,b]$ 上可积 $\Longleftrightarrow$ $f(x)$ 在 $[a,b]$ 上有界，并且 $f(x)$ 在 $[a,b]$ 上的间断点集 D 的“长度” $=0$, 即对任意的 $\varepsilon>0$, 都存在开区间序列 $I_1,I_2,\cdots,I_n,\cdots$, 使得 $D\subset I_1\cup I_2\cup\cdots\cup I_n\cup\cdots$, 并且 $|I_1|+|I_2|+\cdots+|I_n|+\cdots<\varepsilon$. 其中 $|I_n|$ 表示区间长度.

3. 求和极限的计算

如果事先知道函数的可积性，那么函数的定积分可以通过函数平均值的极限计算. 反过来，也可以用定积分计算某些求和极限.

定理 1.5 设函数 $f(x)$ 在 $[a,b]$ 上可积，则

$$\int_a^b f(x)\,\mathrm{d}x=(b-a)\lim_{n\to\infty}\frac{f(x_1)+f(x_2)+\cdots+f(x_n)}{n}.$$

其中 $a+\dfrac{i-1}{n}(b-a)\le x_i\le a+\dfrac{i}{n}(b-a)$.

例 1.5 用定积分定义计算 $\displaystyle\int_0^1 x\,\mathrm{d}x$.

解 $\displaystyle\int_0^1 x\,\mathrm{d}x=\lim_{n\to\infty}\frac{1}{n}\sum_{i=1}^n\frac{i}{n}=\lim_{n\to\infty}\frac{n(n+1)}{2n^2}=\frac{1}{2}$.

例 1.6 用定积分定义计算 $\displaystyle\int_0^1 x^2\,\mathrm{d}x$.

解 $\displaystyle\int_0^1 x^2\,\mathrm{d}x=\lim_{n\to\infty}\frac{1}{n}\sum_{i=1}^n\left(\frac{i}{n}\right)^2=\lim_{n\to\infty}\frac{n(n+1)(2n+1)}{6n^3}=\frac{1}{3}$.

推论 1.2 设函数 $f(x)$ 在 $[0,1]$ 上连续，则

$$\lim_{n\to\infty}\frac{1}{n}\left[f\left(\frac{1}{n}\right)+f\left(\frac{2}{n}\right)+\cdots+f\left(\frac{n}{n}\right)\right]=\int_0^1 f(x)\,\mathrm{d}x.$$

利用推论 1.2, 常可计算一些求和极限. 把极限问题转化为积分问题的关键在于构造函数 $f(x)$.

例 1.7 试将极限 $\lim\limits_{n\to\infty} n\left(\dfrac{1}{n^2+1^2}+\dfrac{1}{n^2+2^2}+\cdots+\dfrac{1}{n^2+n^2}\right)$ 表示为定积分.

解 将原有求和形式凑成平均值形式, 然后将通项 $1/[1+(i/n)^2]$ 中的 i/n 换成 x, 即可得到被积函数 $1/(1+x^2)$.

$$\begin{aligned}
&\lim_{n\to\infty} n\left(\frac{1}{n^2+1^2}+\frac{1}{n^2+2^2}+\cdots+\frac{1}{n^2+n^2}\right)\\
&=\lim_{n\to\infty}\frac{1}{n}\left[\frac{1}{1+(1/n)^2}+\frac{1}{1+(2/n)^2}+\cdots+\frac{1}{1+(n/n)^2}\right]\\
&=\lim_{n\to\infty}\frac{1}{n}\sum_{i=1}^{n}\frac{1}{1+(i/n)^2}=\int_0^1\frac{1}{1+x^2}\,\mathrm{d}x.
\end{aligned}$$

例 1.8 试将下列极限表示为定积分:

(1) $\lim\limits_{n\to\infty}\dfrac{1+\sqrt{2}+\cdots+\sqrt{n}}{n\sqrt{n}}$;

(2) $\lim\limits_{n\to\infty} x_n$, 其中 $x_n=\sqrt[n]{\left(1+\dfrac{1^2}{n^2}\right)\left(1+\dfrac{2^2}{n^2}\right)\cdots\left(1+\dfrac{n^2}{n^2}\right)}$;

(3) $\lim\limits_{n\to\infty}\left[\dfrac{2^{1/n}}{n+1}+\dfrac{2^{2/n}}{n+\frac{1}{2}}+\cdots+\dfrac{2^{n/n}}{n+\frac{1}{n}}\right]$.

解 (1) $\lim\limits_{n\to\infty}\dfrac{1+\sqrt{2}+\cdots+\sqrt{n}}{n\sqrt{n}}=\displaystyle\int_0^1\sqrt{x}\,\mathrm{d}x$.

(2) 由于 $n\to\infty$ 时, 有

$$\begin{aligned}
\ln x_n&=\frac{1}{n}\left[\ln\left(1+\frac{1^2}{n^2}\right)+\ln\left(1+\frac{2^2}{n^2}\right)+\cdots+\ln\left(1+\frac{n^2}{n^2}\right)\right]\\
&\to\int_0^1\ln(1+x^2)\,\mathrm{d}x.
\end{aligned}$$

所以, 原式 $=\mathrm{e}^{\int_0^1\ln(1+x^2)\mathrm{d}x}$.

(3) 由于

$$\frac{1}{n+1}\sum_{i=1}^{n}2^{i/n} \le \lim_{n\to\infty}\left[\frac{2^{1/2}}{n+1}+\frac{2^{2/n}}{n+\dfrac{1}{2}}+\cdots+\frac{2^{n/n}}{n+\dfrac{1}{n}}\right] \le \frac{1}{n}\sum_{i=1}^{n}2^{i/n},$$

所以，原式 $= \lim\limits_{n\to\infty}\dfrac{1}{n}\sum\limits_{i=1}^{n}2^{i/n} = \int_0^1 2^x\,\mathrm{d}x.$

§4.1.2 定积分的性质

为了运算方便，当 $a=b$ 时，补充规定 $\int_a^b f(x)\mathrm{d}x = 0$; 当 $a>b$ 时，补充规定 $\int_a^b f(x)\mathrm{d}x = -\int_b^a f(x)\mathrm{d}x$. 为了表示方便，当函数 $f(x)$ 与可积函数 $g(x)$ 相差有限个点的函数值时，补充规定 $\int_a^b f(x)\mathrm{d}x = \int_a^b g(x)\mathrm{d}x$.

定积分的基本性质有三条，一是积分线性性，二是区间可加性，三是积分单调性.

定理 1.6 (积分线性性) 设 $f(x),g(x)$ 是 $[a,b]$ 上的可积函数， λ,μ 是任意常数，则 $f(x),g(x)$ 的线性组合 $\lambda f(x)+\mu g(x)$ 是 $[a,b]$ 上的可积函数，并且有

$$\int_a^b [\lambda f(x)+\mu g(x)]\,\mathrm{d}x = \lambda\int_a^b f(x)\,\mathrm{d}x + \mu\int_a^b g(x)\,\mathrm{d}x.$$

定理 1.7 (区间可加性) 设 $f(x)$ 是 $[a,b]$ 上的可积函数，若 $c\in(a,b)$, 则

$$\int_a^b f(x)\,\mathrm{d}x = \int_a^c f(x)\,\mathrm{d}x + \int_c^b f(x)\,\mathrm{d}x.$$

定理 1.8 (积分单调性) 设 $f(x),g(x)$ 是 $[a,b]$ 上的可积函数，若 $f(x)\le g(x), \forall x\in(a,b)$, 则

$$\int_a^b f(x)\,\mathrm{d}x \le \int_a^b g(x)\,\mathrm{d}x.$$

直接验证可知，上述三个性质对于阶梯函数成立，按照极限运算的线性性和单调性可知，它们对可积函数也成立. 作为基本性质的推论，有

推论 1.3 若 $f(x)$ 是 $[a,b]$ 上的非负可积函数，则 $\int_a^b f(x)\mathrm{d}x \ge 0$; 若 $f(x)$ 是 $[a,b]$ 上的非 0 非负连续函数，则 $\int_a^b f(x)\mathrm{d}x > 0$.

证 只需证后半部分. 由于 $f(x)$ 在 $[a,b]$ 上的非 0 非负且连续, 所以存在常数 $C>0$ 及区间 $[\alpha,\beta]\subset[a,b]$, 使当 $x\in[\alpha,\beta]$ 时, 恒有 $f(x)>C$. 于是

$$\begin{aligned}\int_a^b f(x)\,\mathrm{d}x &= \int_a^\alpha f(x)\,\mathrm{d}x+\int_\alpha^\beta f(x)\,\mathrm{d}x+\int_\beta^b f(x)\,\mathrm{d}x\\ &\geq 0+C(\beta-\alpha)+0>0.\end{aligned}$$

推论 1.4 设 $f(x),g(x)$ 是 $[a,b]$ 上的不恒等连续函数, 若 $f(x)\leq g(x),\forall x\in(a,b)$, 则

$$\int_a^b f(x)\,\mathrm{d}x<\int_a^b g(x)\,\mathrm{d}x.$$

推论 1.5 (绝对可积性) 设 $f(x)$ 是 $[a,b]$ 上的可积函数, 则 $|f(x)|$ 在 $[a,b]$ 上可积, 并且有

$$\left|\int_a^b f(x)\,\mathrm{d}x\right|\leq\int_a^b|f(x)|\,\mathrm{d}x.$$

推论 1.6 设 $f(x)$ 是 $[a,b]$ 上的可积函数, 若 m,M 分别是 $f(x)$ 在 $[a,b]$ 上的最小值和最大值, 则

$$m(b-a)\leq\int_a^b f(x)\,\mathrm{d}x\leq M(b-a).$$

把推论 1.6 与连续函数介值定理结合起来, 可以得到积分中值定理.

定理 1.9 设 $f(x)$ 是 $[a,b]$ 上的连续函数, 则存在 $\xi\in(a.b)$, 使得

$$\int_a^b f(x)\,\mathrm{d}x=f(\xi)(b-a).$$

证 设 m,M 分别是 $f(x)$ 在 $[a,b]$ 上的最小值和最大值且 $m<M$, 则由推论 1.4 可知,

$$m<\frac{1}{b-a}\int_a^b f(x)\,\mathrm{d}x<M.$$

根据连续函数介值定理, 存在 $\xi\in(a.b)$, 使得 $\dfrac{1}{b-a}\displaystyle\int_a^b f(x)\,\mathrm{d}x=f(\xi)$.

定理 1.10 设 $f(x),g(x)$ 是 $[a,b]$ 上的可积函数, 则 $f(x)g(x)$ 是 $[a,b]$ 上的可积函数.

证 * 不妨设 $f(x),g(x)\in(0,M)$, $M>0$(必要时对 $f(x),g(x)$ 作一个平移). 由于 $f(x),g(x)$ 在 $[a,b]$ 上可积, 所以对任意的 $\forall\varepsilon>0$, 存在阶梯函数

$\alpha_1, \alpha_2, \beta_1, \beta_2$, 使得

$$0 \le \alpha_1(x) \le f(x) \le \beta_1(x) \le M, \quad 0 \le \alpha_2(x) \le g(x) \le \beta_2(x) \le M$$

且

$$\int_a^b [\beta_1(x) - \alpha_1(x)]\,\mathrm{d}x < \frac{\varepsilon}{2M}, \quad \int_a^b [\beta_2(x) - \alpha_2(x)]\,\mathrm{d}x < \frac{\varepsilon}{2M}.$$

于是，有

$$\alpha_1(x)\alpha_2(x) \le f(x)g(x) \le \beta_1(x)\beta_2(x)$$

及

$$\begin{aligned}&\int_a^b [\beta_1(x)\beta_2(x) - \alpha_1(x)\alpha_2(x)]\,\mathrm{d}x \\ =&\int_a^b [\beta_1(x)(\beta_2(x) - \alpha_2(x)) + (\beta_1(x) - \alpha_1(x))\alpha_2(x)]\,\mathrm{d}x < \varepsilon.\end{aligned}$$

因此， $f(x)g(x)$ 是 $[a,b]$ 上的可积函数.

定理 1.11 (积分中值定理) 设 $f(x)$ 是 $[a,b]$ 上的连续函数， $g(x)$ 是 $[a,b]$ 上的不变号可积函数，则存在 $\xi \in [a,b]$, 使得

$$\int_a^b f(x)g(x)\,\mathrm{d}x = f(\xi)\int_a^b g(x)\,\mathrm{d}x.$$

证 不妨设 $g(x) \ge 0$, $\forall\, x \in [a,b]$, 且 m, M 分别为函数 $f(x)$ 在 $[a,b]$ 上的最小值和最大值，则有 $mg(x) \le f(x)g(x) \le Mg(x)$, 从而有

$$m\int_a^b g(x)\,\mathrm{d}x \le \int_a^b f(x)g(x)\,\mathrm{d}x \le M\int_a^b g(x)\,\mathrm{d}x.$$

于是，根据闭区间上连续函数的介值定理，存在 $\xi \in [a,b]$, 使得

$$\int_a^b f(x)g(x)\,\mathrm{d}x = f(\xi)\int_a^b g(x)\,\mathrm{d}x.$$

例 1.9 比较定积分 $\int_0^1 \mathrm{e}^x \mathrm{d}x$ 与 $\int_0^1 (1+x)\mathrm{d}x$ 的大小.

解 令 $f(x) = \mathrm{e}^x - (1+x)$, 则当 $0 \le x \le 1$ 时， $f'(x) = \mathrm{e}^x - 1 \ge 0$. 由此可知， $\mathrm{e}^x \ge 1 + x$. 故

$$\int_0^1 \mathrm{e}^x \mathrm{d}x > \int_0^1 (1+x)\mathrm{d}x.$$

例 1.10 证明不等式

$$\frac{\pi}{2} \le \int_0^{\pi/2} \left(1-\frac{\sin^2 x}{2}\right)^{-1/2} \mathrm{d}x \le \frac{\pi}{\sqrt{2}}.$$

证 因为 $0 \le \sin^2 x \le 1$, 所以 $\dfrac{1}{2} \le 1-\dfrac{\sin^2 x}{2} \le 1$. 于是有

$$\frac{\pi}{2} = \int_0^{\pi/2} \mathrm{d}x \le \int_0^{\pi/2} \left(1-\frac{\sin^2 x}{2}\right)^{-1/2} \mathrm{d}x \le \int_0^{\pi/2} \sqrt{2}\mathrm{d}x = \frac{\pi}{\sqrt{2}}.$$

例 1.11 证明 $\lim\limits_{n\to\infty} \displaystyle\int_0^{\pi/2} \cos^n x \mathrm{d}x = 0$.

证 对任意 $\varepsilon \in (0,1)$, 由于 $n \to \infty$ 时,

$$\begin{aligned} 0 \le \int_0^{\pi/2} \cos^n x \mathrm{d}x &= \int_\varepsilon^{\pi/2} \cos^n x \mathrm{d}x + \int_0^\varepsilon \cos^n x \mathrm{d}x \\ &\le \cos^n \varepsilon \cdot \left(\frac{\pi}{2}-\varepsilon\right) + \varepsilon \to \varepsilon, \end{aligned}$$

所以 $\lim\limits_{n\to\infty} \displaystyle\int_0^{\pi/2} \cos^n x \mathrm{d}x = 0$.

习 题 4.1 A

1. 比较下列定积分值的大小:

(1) $\displaystyle\int_0^1 \mathrm{e}^x \,\mathrm{d}x$ 与 $\displaystyle\int_0^1 x^3 \,\mathrm{d}x$; (2) $\displaystyle\int_0^{\pi/2} \sin^3 x \,\mathrm{d}x$ 与 $\displaystyle\int_0^{\pi/2} \sin^2 x \,\mathrm{d}x$;

(3) $\displaystyle\int_0^1 x \,\mathrm{d}x$ 与 $\displaystyle\int_0^1 \ln(1+x) \,\mathrm{d}x$; (4) $\displaystyle\int_1^2 \sqrt{x} \ln x \,\mathrm{d}x$ 与 $\displaystyle\int_1^2 x \ln x \,\mathrm{d}x$;

(5) $\displaystyle\int_1^2 \ln x \,\mathrm{d}x$ 与 $\displaystyle\int_1^2 \ln^2 x \,\mathrm{d}x$; (6) $\displaystyle\int_0^1 \mathrm{e}^x \,\mathrm{d}x$ 与 $\displaystyle\int_0^1 (1+x+\frac{x^2}{2}) \,\mathrm{d}x$.

2. 估计下列积分值:

(1) $\displaystyle\int_1^4 (x^2+1) \,\mathrm{d}x$; (2) $\displaystyle\int_{5\pi/4}^{\pi/4} (\sin^2 x+1) \,\mathrm{d}x$;

(3) $\displaystyle\int_{\sqrt{3}}^{1/\sqrt{3}} x \arctan x \,\mathrm{d}x$; (4) $\displaystyle\int_2^{-1} \mathrm{e}^{-x^2} \,\mathrm{d}x$.

3. 选择题 设在区间 $[a,b]$ 上 $f(x)>0$, $f'(x)<0$, $f''(x)>0$, 令

$$S_1=\int_a^b f(x)\,\mathrm{d}x,\quad S_2=f(b)(b-a),\quad S_3=\frac{1}{2}[f(a)+f(b)]\cdot(b-a),$$

则

(A) $S_1<S_2<S_3$;　(B) $S_2<S_1<S_3$;

(C) $S_3<S_1<S_2$;　(D) $S_2<S_3<S_1$.

4. 证明不等式 $\dfrac{1}{2}<\displaystyle\int_{\pi/4}^{\pi/2}\frac{\sin x}{x}\,\mathrm{d}x<\frac{\sqrt{2}}{2}$.

5. 试用定积分表示下列图形的面积:

(1) 由两条抛物线 $y^2=x$, $y=x^2$ 围成的图形;

(2) 由椭圆 $\dfrac{x^2}{a^2}+\dfrac{y^2}{b^2}=1$ 围成的图形.

6. 试将下列极限表示为定积分.

(1) $\displaystyle\lim_{n\to\infty}\left(\frac{1}{n+1}+\frac{1}{n+2}+\cdots+\frac{1}{n+n}\right)$;

(2) $\displaystyle\lim_{n\to\infty}\frac{1}{n}\sum_{i=1}^{n}\sqrt{1+\frac{i}{n}}$;

(3) $\displaystyle\lim_{n\to\infty}\left[\left(2-\frac{1^2}{n^2}\right)\left(2-\frac{2^2}{n^2}\right)\cdots\left(2-\frac{n^2}{n^2}\right)\right]^{1/n}$;

(4) $\displaystyle\lim_{n\to\infty}\left(\frac{1}{n^{p+1}}+\frac{2^p}{n^{p+1}}+\cdots+\frac{n^p}{n^{p+1}}\right)\quad(p>0)$;

(5) $\displaystyle\lim_{n\to\infty}\left(\frac{1}{\sqrt{n^2+1^2}}+\frac{1}{\sqrt{n^2+2^2}}+\cdots+\frac{1}{\sqrt{n^2+n^2}}\right)$.

习 题 4.1 B

1. 汽车以 $v_0=10\mathrm{m/s}$ 的速度行驶, 到某处需要减速停车. 设汽车在 t 时刻的刹车速度为 $v=v_0-10t^2\,\mathrm{m/s}$, 问汽车从开始刹车到停车走了多长?

2. 有一直杆长为 a, 密度为 $\rho=m_0\sqrt{x}$. 已知 $\displaystyle\int_0^x\sqrt{t}\,\mathrm{d}t=\frac{2}{3}\sqrt{x^3}$, 试求该直杆的质量.

3. 设 $f(x)$ 在 $[a,b]$ 上非负连续，若 $\int_a^b f(x)\mathrm{d}x = 0$, 则在 $[a,b]$ 上，恒有 $f(x)=0$.

4. 设 $f(x), g(x)$ 在 $[a,b]$ 上可积，证明柯西不等式和闵可夫斯基不等式:

(1) $\left(\int_a^b f(x)g(x)\,\mathrm{d}x\right)^2 \leq \left(\int_a^b f^2(x)\,\mathrm{d}x\right)\left(\int_a^b g^2(x)\,\mathrm{d}x\right)$;

(2) $\left(\int_a^b \left[f(x)+g(x)\right]^2\mathrm{d}x\right)^{1/2} \leq \left(\int_a^b f^2(x)\,\mathrm{d}x\right)^{1/2} + \left(\int_a^b g^2(x)\,\mathrm{d}x\right)^{1/2}$.

5. 证明:

(1) $\lim\limits_{n\to\infty}\int_0^1 \dfrac{x^n}{1+x}\,\mathrm{d}x = 0$; (2) $\lim\limits_{n\to\infty}\int_0^{\pi/2} \sin^n x\,\mathrm{d}x = 0$.

6. 证明下列不等式

(1) 若 $x\in[a,b]$ 时，恒有 $f(x)>0$, 且 $f(x)$ 在 $[a,b]$ 上可积，则

$$\int_a^b f(x)\,\mathrm{d}x\cdot\int_a^b \frac{\mathrm{d}x}{f(x)} \geq (b-a)^2;$$

(2) 设 $f(x)$ 在 $[a,b]$ 上可积，则 $\left(\int_a^b f(x)\,\mathrm{d}x\right)^2 \leq (b-a)\int_a^b f^2(x)\,\mathrm{d}x$.

7. 设 xOy 平面上有正方形 $D=\{(x,y)\,|\,0\leq x\leq 1,\ 0\leq y\leq 1\}$ 及直线 $l: x+y=t\ (t\geq 0)$. 若 $S(t)$ 表示正方形 D 位于直线 l 左下方部分的面积，试求 $\int_0^x S(t)\,\mathrm{d}t\ (x\geq 0)$.

8. 设 $f(x)$ 是 $[a,b]$ 上的可积函数，且 $F(x)=\int_0^x f(t)\,\mathrm{d}t$, 证明 $F(x)$ 是 $[a,b]$ 上的连续函数.

9. 设函数 $f(x)$ 在 $[1,+\infty)$ 上连续且单调递减，证明

$$\int_1^{n+1} f(x)\,\mathrm{d}x \leq \sum_{k=1}^n f(k) \leq f(1)+\int_1^n f(x)\,\mathrm{d}x.$$

10. 证明不等式 $\ln(n+1) < 1+\dfrac{1}{2}+\dfrac{1}{3}+\cdots+\dfrac{1}{n} < 1+\ln n$.

§4.2 微积分基本定理

利用定积分的定义来计算定积分是一件十分困难的事情，为了找到定积分计算的简便有效方法，需要讨论定积分与微分之间的内在联系.

§4.2.1 牛顿 –莱布尼兹公式

对于闭区间 $[a,b]$ 上的连续函数 $f(x)$, 按照几何意义，函数

$$F(x)=\int_a^x f(t)\,\mathrm{d}t$$

可称为面积函数.

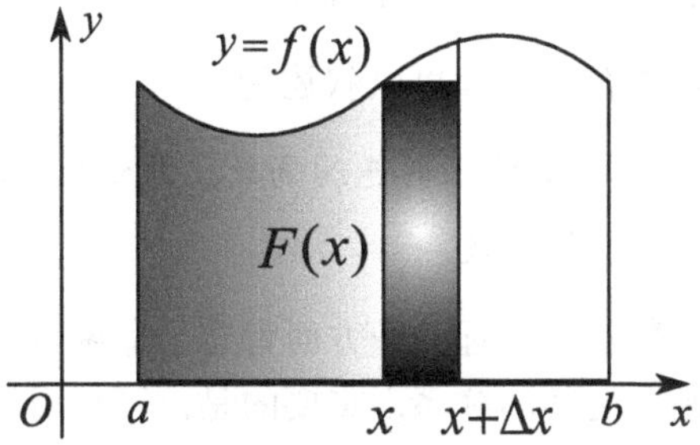

图 2.1

面积函数具有十分重要的结构和性质，下面就来研究它的可导性以及导函数的重要意义.

定理 2.1 设 $f(x)$ 是 $[a,b]$ 上的连续函数，则面积函数

$$F(x)=\int_a^x f(t)\,\mathrm{d}t$$

是 $[a,b]$ 上的可导函数，并且有

$$F'(x)=\frac{\mathrm{d}}{\mathrm{d}x}\int_a^x f(t)\,\mathrm{d}t=f(x).$$

证 由于 $x, x+\Delta x\in[a,b]$ 时，有

$$\frac{\Delta F}{\Delta x}=\frac{F(x+\Delta x)-F(x)}{\Delta x}=\frac{1}{\Delta x}\int_x^{x+\Delta x} f(t)\,\mathrm{d}t,$$

由于 $f(x)$ 在 $[a,b]$ 上连续，所以根据积分中值定理，在 x 与 $x+\Delta x$ 之间存在 ξ，使得

$$\int_x^{x+\Delta x} f(t)\,\mathrm{d}t = f(\xi)\Delta x, \text{即} \ \frac{\Delta F}{\Delta x} = f(\xi),$$

因此

$$F'(x) = \lim_{\Delta x\to 0}\frac{\Delta F}{\Delta x} = \lim_{\xi\to x} f(\xi) = f(x).$$

定理 2.1 表明，连续函数一定存在原函数，并且面积函数是它的一个原函数，其中原函数是指

定义 2.1 如果在区间 I 上，可导函数 $F(x)$ 的导函数为 $f(x)$，即当 $x\in I$ 时，恒有

$$F'(x) = f(x), \text{或} \ \ \mathrm{d}F(x) = f(x)\,\mathrm{d}x,$$

则称 $F(x)$ 是 $f(x)$ 在区间 I 上的一个原函数.

连续函数的原函数存在定理可以叙述为

定理 2.2 设 $f(x)$ 是 $[a,b]$ 上的连续函数，则面积函数 $F(x)=\int_a^x f(t)\,\mathrm{d}t$ 是 $f(x)$ 在 $[a,b]$ 上的一个原函数.

连续函数的原函数存在定理，一方面肯定了原函数的存在性，另一方面揭示了定积分与原函数之间的联系. 重要的是，可利用原函数计算定积分.

定理 2.3 (Newton-Leibniz 公式) 如果函数 $F(x)$ 是连续函数 $f(x)$ 在区间 $[a,b]$ 上的一个原函数，则

$$\int_a^b f(x)\,\mathrm{d}x = F(x)\Big|_a^b = F(b)-F(a).$$

证 由于面积函数 $\int_a^x f(t)\,\mathrm{d}t$ 也是 $f(x)$ 在区间 $[a,b]$ 上的原函数，所以根据常数定理可知，存在常数 C，使得

$$F(x) = \int_a^x f(t)\,\mathrm{d}t + C.$$

由此可知

$$F(b)-F(a) = \int_a^b f(x)\,\mathrm{d}x.$$

例 2.1 求 $\int_0^1 x^2\,\mathrm{d}x$.

解 由于 $\dfrac{1}{3}x^3$ 是 x^2 的一个原函数，所以

$$\int_0^1 x^2\,\mathrm{d}x = \frac{1}{3}x^3\Big|_0^1 = \frac{1}{3}.$$

例 2.2 计算曲线 $y = \sin x$ 在 $[0,\pi]$ 上与 x 轴围成图形的面积.

解 由于 $-\cos x$ 是 $\sin x$ 的一个原函数，所以所求图形的面积为

$$\int_0^{\pi} \sin x\,\mathrm{d}x = -\cos x\Big|_0^{\pi} = 2.$$

§4.2.2 不定积分的概念

定积分的计算归结为原函数的计算，因此需要研究原函数，即不定积分的计算方法.

定义 2.2 *函数 $f(x)$ 在区间 $[a,b]$ 上的全体原函数称为 $f(x)$ 在 $[a,b]$ 上的不定积分，记作 $\int f(x)\,\mathrm{d}x$.*

如果函数 $F(x)$ 是函数 $f(x)$ 在区间 $[a,b]$ 上的一个原函数，则有

$$\int f(x)\,\mathrm{d}x = \{F(x)+C \mid C\text{为实数}\}.$$

习惯上将 $\{F(x)+C \mid C\text{为实数}\}$ 简记为 $F(x)+C$. 即

$$\int f(x)\,\mathrm{d}x = F(x)+C.$$

其中 $f(x)$ 称为被积函数， $f(x)\,\mathrm{d}x$ 称为积分表达式， x 称为积分变量，符号 $\int$ 称为积分号. C 称为积分常数.

由于 $\int f(x)\,\mathrm{d}x$ 是 $f(x)$ 的原函数，所以有

$$\frac{\mathrm{d}}{\mathrm{d}x}\int f(x)\,\mathrm{d}x = f(x) \text{ 或 } \mathrm{d}\int f(x)\,\mathrm{d}x = f(x)\,\mathrm{d}x.$$

类似地有

$$\int F'(x)\,\mathrm{d}x = F(x)+C \text{ 或 } \int \mathrm{d}F(x) = F(x)+C.$$

例 2.3 由于

$$(\sin x)' = \cos x,\qquad (\ln|x|)' = \frac{1}{x},\qquad (\arctan x)' = \frac{1}{1+x^2},$$

所以有
$$\int \sin x \, dx = \cos x + C,$$
$$\int \frac{1}{x} \, dx = \ln|x| + C,$$
$$\int \frac{1}{1+x^2} \, dx = \arctan x + C.$$

一般地，有基本积分公式表.

基本积分公式表

(1) $\int k \, dx = kx + C$, (k 为常数);

(2) $\int x^\mu \, dx = \frac{1}{\mu+1} x^{\mu+1} + C$, $(\mu \neq -1)$;

(3) $\int \frac{1}{x} \, dx = \ln|x| + C$;

(4) $\int e^x \, dx = e^x + C$;

(5) $\int a^x \, dx = \frac{a^x}{\ln a} + C$, $(a > 0, a \neq 1)$;

(6) $\int \cos x \, dx = \sin x + C$;

(7) $\int \sin x \, dx = -\cos x + C$;

(8) $\int \frac{1}{\cos^2 x} \, dx = \int \sec^2 x \, dx = \tan x + C$;

(9) $\int \frac{1}{\sin^2 x} \, dx = \int \csc^2 x \, dx = -\cot x + C$;

(10) $\int \sec x \tan x \, dx = \sec x + C$;

(11) $\int \csc x \cot x \, dx = -\csc x + C$;

(12) $\int \mathrm{sh} x \, dx = \mathrm{ch} x + C$;

(13) $\int \mathrm{ch} x \, dx = \mathrm{sh} x + C$;

(14) $\int \frac{1}{1+x^2}\,\mathrm{d}x = \arctan x + C$;

(15) $\int \frac{1}{a^2+x^2}\,\mathrm{d}x = \frac{1}{a}\arctan\frac{x}{a} + C,\ (a>0)$;

(16) $\int \frac{1}{1-x^2}\,\mathrm{d}x = \frac{1}{2}\ln\left|\frac{1+x}{1-x}\right| + C$;

(17) $\int \frac{1}{a^2-x^2}\,\mathrm{d}x = \frac{1}{2a}\ln\left|\frac{a+x}{a-x}\right| + C,\ (a>0)$;

(18) $\int \tan x\,\mathrm{d}x = -\ln|\cos x| + C$;

(19) $\int \cot x\,\mathrm{d}x = \ln|\sin x| + C$;

(20) $\int \sec x\,\mathrm{d}x = \ln|\sec x + \tan x| + C$;

(21) $\int \csc x\,\mathrm{d}x = \ln|\csc x - \cot x| + C$;

(22) $\int \frac{1}{\sqrt{1-x^2}}\,\mathrm{d}x = \arcsin x + C$;

(23) $\int \frac{1}{\sqrt{a^2-x^2}}\,\mathrm{d}x = \arcsin\frac{x}{a} + C,\ (a>0)$;

(24) $\int \sqrt{a^2-x^2}\,\mathrm{d}x = \frac{x}{2}\sqrt{a^2-x^2} + \frac{a^2}{2}\arcsin\frac{x}{a} + C,\ (a>0)$;

(25) $\int \frac{1}{\sqrt{x^2\pm 1}}\,\mathrm{d}x = \ln(x+\sqrt{x^2\pm 1}\,) + C$;

(26) $\int \frac{1}{\sqrt{x^2\pm a^2}}\,\mathrm{d}x = \ln(x+\sqrt{x^2\pm a^2}) + C,\ (a>0)$;

(27) $\int \sqrt{x^2\pm a^2}\,\mathrm{d}x = \frac{x}{2}\sqrt{x^2\pm a^2} \pm \frac{a^2}{2}\ln|x+\sqrt{x^2\pm a^2}| + C,\ (a>0)$;

(28) $\int \ln x\,\mathrm{d}x = x\ln x - x + C$;

(29) $\int \arcsin x\,\mathrm{d}x = x\arcsin x + \sqrt{1-x^2} + C$;

(30) $\int \arccos x\,\mathrm{d}x = x\arccos x - \sqrt{1-x^2} + C$;

(31) $\int \arctan x\,\mathrm{d}x = x\arctan x - \frac{1}{2}\ln(1+x^2) + C$.

例 2.4 验证积分公式

$$\int \sqrt{a^2-x^2}\,\mathrm{d}x = \frac{x}{2}\sqrt{a^2-x^2}+\frac{a^2}{2}\arcsin\frac{x}{a}+C,\ (a>0).$$

证 由于

$$\left(\frac{x}{2}\sqrt{a^2-x^2}+\frac{a^2}{2}\arcsin\frac{x}{a}+C\right)' = \sqrt{a^2-x^2},$$

所以结论成立.

例 2.5 求 $\int \frac{1}{x^3}\,\mathrm{d}x$.

解 $\int \frac{1}{x^3}\,\mathrm{d}x = \int x^{-3}\,\mathrm{d}x = \frac{x^{-3+1}}{-3+1}+C = -\frac{1}{2x^2}+C.$

例 2.6 求 $\int x^3\sqrt{x}\,\mathrm{d}x$.

解 $\int x^3\sqrt{x}\,\mathrm{d}x = \int x^{7/2}\,\mathrm{d}x = \frac{x^{\frac{7}{2}+1}}{\frac{7}{2}+1}+C = \frac{2}{9}x^4\sqrt{x}+C.$

例 2.7 求 $\int \frac{1}{x^2\sqrt[3]{x}}\,\mathrm{d}x$.

解 $\int \frac{1}{x^2\sqrt[3]{x}}\,\mathrm{d}x = \int x^{-7/3}\,\mathrm{d}x = \frac{x^{-\frac{7}{3}+1}}{-\frac{7}{3}+1}+C = -\frac{3}{4}x^{-4/3}+C.$

例 2.8 求 $\int_{-1}^{\sqrt{3}} \frac{\mathrm{d}x}{1+x^2}$.

解

$$\begin{aligned}\int_{-1}^{\sqrt{3}} \frac{\mathrm{d}x}{1+x^2} &= \arctan x\Big|_{-1}^{\sqrt{3}}\\ &= \arctan\sqrt{3}-\arctan(-1) = \frac{7\pi}{12}.\end{aligned}$$

例 2.9 计算余弦曲线 $y=\cos x$ 在 $\left[-\frac{\pi}{2},\frac{\pi}{2}\right]$ 上与 x 轴所围图形的面积.

解 $S = \int_{-\pi/2}^{\pi/2}\cos x\,\mathrm{d}x = \sin x\Big|_{-\pi/2}^{\pi/2} = 2.$

例 2.10 求 $\int_0^1 \sqrt{x\sqrt{x}}\,\mathrm{d}x$.

解

$$\int_0^1 \sqrt{x\sqrt{x}}\,\mathrm{d}x = \int_0^1 x^{3/4}\,\mathrm{d}x = \frac{4}{7}x^{7/4}\Big|_0^1 = \frac{4}{7}.$$

由于求导运算具有线性性，所以不定积分也具有线性性，即线性组合的不定积分等于不定积分的线性组合：

$$\int [\lambda f(x) + \mu g(x)]\,\mathrm{d}x = \lambda \int f(x)\,\mathrm{d}x + \mu \int g(x)\,\mathrm{d}x.$$

其中 λ, μ 为常数.

例 2.11 求 $\int \frac{(x-1)^3}{x^2}\,\mathrm{d}x$.

解 $$\int \frac{(x-1)^3}{x^2}\,\mathrm{d}x = \int \frac{x^3 - 3x^2 + 3x - 1}{x^2}\,\mathrm{d}x = \int \left(x - 3 + \frac{3}{x} - \frac{1}{x^2}\right)\mathrm{d}x$$

$$= \frac{1}{2}x^2 - 3x - 3\ln|x| + \frac{1}{x} + C.$$

例 2.12 求 $\int \tan^2 x\,\mathrm{d}x$.

解 $$\int \tan^2 x\,\mathrm{d}x = \int (\sec^2 x - 1)\,\mathrm{d}x$$

$$= \int \sec^2 x\,\mathrm{d}x - \int \mathrm{d}x = \tan x - x + C.$$

例 2.13 求 $\int \frac{1+x+x^2}{x(1+x^2)}\,\mathrm{d}x$.

解 $$\int \frac{1+x+x^2}{x(1+x^2)}\,\mathrm{d}x = \int \left[\frac{1}{1+x^2} + \frac{1}{x}\right]\mathrm{d}x = \int \frac{1}{1+x^2}\,\mathrm{d}x + \int \frac{1}{x}\,\mathrm{d}x$$

$$= \arctan x + \ln|x| + C.$$

例 2.14 求 $\int (1-x)^2\sqrt{x}\,\mathrm{d}x$.

解 $$\int (1-x)^2\sqrt{x}\,\mathrm{d}x = \int (x^{1/2} - 2x^{3/2} + x^{5/2})\,\mathrm{d}x$$

$$= \int x^{1/2}\,\mathrm{d}x - 2\int x^{3/2}\,\mathrm{d}x + \int x^{5/2}\,\mathrm{d}x$$

$$= \frac{2}{3}x^{3/2} - \frac{4}{5}x^{5/2} + \frac{2}{7}x^{7/2}C.$$

例 2.15 求 $\int \sin^2 \frac{x}{2}\, \mathrm{d}x$.

解 $\int \sin^2 \frac{x}{2}\, \mathrm{d}x = \int \frac{1-\cos x}{2}\, \mathrm{d}x$

$$= \frac{1}{2}\int \mathrm{d}x - \frac{1}{2}\int \cos x\, \mathrm{d}x = \frac{1}{2}x - \frac{1}{2}\sin x + C.$$

函数 $f(x)$ 的原函数 $F(x)$ 的图形称为 $f(x)$ 的积分曲线. 函数 $f(x)$ 的任何一条积分曲线都是另一条积分曲线沿 y 轴方向的平移; 反过来, 任何一条积分曲线的纵向平移都是积分曲线.

习 题 4.2 A

1. 求下列各导数:

(1) $\frac{\mathrm{d}}{\mathrm{d}x}\left(\int_a^b \sin x^2\ \mathrm{d}x\right)$; (2) $\frac{\mathrm{d}}{\mathrm{d}b}\int_a^b \sin x^2\ \mathrm{d}x$;

(3) $\frac{\mathrm{d}}{\mathrm{d}x}\int_0^{x^2} \frac{\mathrm{d}t}{\sqrt{1+t^4}}$; (4) $\frac{\mathrm{d}}{\mathrm{d}x}\int_{\cos x}^{\sin x} \sin t^2\ \mathrm{d}t$.

2. 求下列极限:

(1) $\lim\limits_{x\to+\infty} \frac{\int_0^x (\arctan t)^2\ \mathrm{d}t}{\sqrt{x^2+1}}$; (2) $\lim\limits_{x\to+\infty} \frac{\left(\int_0^x \mathrm{e}^{t^2}\ \mathrm{d}t\right)^2}{\int_0^x \mathrm{e}^{2t^2}\ \mathrm{d}t}$;

(3) $\lim\limits_{x\to+\infty} \frac{1}{\sqrt{\ln x + x^2}}\int_0^x \arctan\sqrt{t}\ \mathrm{d}t$; (4) $\lim\limits_{x\to+\infty} \left(\int_0^x \mathrm{e}^{t^2}\ \mathrm{d}t\right)^{1/x^2}$;

(5) $\lim\limits_{x\to 0} \frac{1}{x}\int_0^x \frac{1-\cos t}{t}\ \mathrm{d}t$; (6) $\lim\limits_{x\to 0} \frac{1}{x}\int_0^x \sin t\cdot\cos\frac{1}{t}\ \mathrm{d}t$.

3. 求下列不定积分:

(1) $\int \frac{\mathrm{d}x}{x^2}$; (2) $\int x\sqrt{x}\ \mathrm{d}x$; (3) $\int \frac{\mathrm{d}x}{\sqrt{x}}$;

(4) $\int \frac{\mathrm{d}x}{x^2\sqrt{x}}$; (5) $\int x^2\sqrt[3]{x}\ \mathrm{d}x$; (6) $\int \frac{(1-x)^2}{\sqrt{x}}\ \mathrm{d}x$;

(7) $\int (x^2-3x+2)\,\mathrm{d}x$;

(8) $\int \dfrac{3x^4+3x^2+1}{x^2+1}\,\mathrm{d}x$;

(9) $\int 3^x\mathrm{e}^x\,\mathrm{d}x$;

(10) $\int \mathrm{e}^x\left(1-\dfrac{\mathrm{e}^{-x}}{\sqrt{x}}\right)\mathrm{d}x$;

(11) $\int \sec x(\sec x-\tan x)\,\mathrm{d}x$;

(12) $\int \cos^2\dfrac{x}{2}\,\mathrm{d}x$;

(13) $\int \dfrac{1}{1+\cos 2x}\,\mathrm{d}x$;

(14) $\int \dfrac{\cos 2x}{\cos x-\sin x}\,\mathrm{d}x$;

(15) $\int \dfrac{\cos 2x}{\cos^2 x\sin^2 x}\,\mathrm{d}x$;

(16) $\int \left(1-\dfrac{1}{x^2}\right)\sqrt{x\sqrt{x}}\,\mathrm{d}x$.

4. 验证下列积分公式：

(1) $\int \dfrac{1}{\sqrt{x^2\pm 1}}\,\mathrm{d}x=\ln(x+\sqrt{x^2\pm 1})+C$;

(2) $\int \sqrt{x^2+a^2}\,\mathrm{d}x=\dfrac{x}{2}\sqrt{x^2+a^2}+\dfrac{a^2}{2}\ln|x+\sqrt{x^2+a^2}|+C$.

5 求由 $\int_0^y \mathrm{e}^t\,\mathrm{d}t+\int_0^x \cos t\,\mathrm{d}t=0$ 所确定的隐函数 y 关于 x 的二阶导数.

习　题 4.2 B

1. 计算下列各题：

(1) 设 $\begin{cases} x=\int_0^t \sin u\,\mathrm{d}u \\ y=\int_0^t \cos u\,\mathrm{d}u \end{cases}$，求 $\dfrac{\mathrm{d}y}{\mathrm{d}x}$;

(2) $\lim\limits_{x\to 0}\dfrac{\int_0^{x^2}\sin t\,\mathrm{d}t}{x^4}$;

(3) 设 $\begin{cases} x=\int_0^t \mathrm{e}^{-u^2}\,\mathrm{d}u \\ y=\int_0^{t^2} \dfrac{\sin u}{u}\,\mathrm{d}u \end{cases}$，求 $\dfrac{\mathrm{d}y}{\mathrm{d}x}$;

(4) $\lim\limits_{x\to 0}\dfrac{\int_0^{x^2}\sin^{3/2} t\,\mathrm{d}t}{\int_0^x t(t-\sin t)\,\mathrm{d}t}$.

2. 设 $f(x)$ 在 $[a,b]$ 上连续且单调增，讨论 $F(x)=\dfrac{1}{x-a}\int_a^x f(t)\,\mathrm{d}t$ 在 (a,b) 内的单调性.

3. 设 $f(x)$ 在 $[0,+\infty)$ 上连续且恒正，讨论函数 $F(x)=\dfrac{\int_0^x tf(t)\,\mathrm{d}t}{\int_0^x f(t)\,\mathrm{d}t}$ 在 $[0,+\infty)$ 上的单调性.

4. 求参数方程 $x=\int_0^t \sin^2 s\,\mathrm{d}s,\ y=\int_0^t \cos^2 s\,\mathrm{d}s$ 所表示函数 y 关于 x 的二阶导数.

5. 设 $f(x)$ 为连续可微函数，证明 $y(x)=\dfrac{1}{\omega}\int_0^x f(t)\sin\omega(x-t)\,\mathrm{d}t$ 满足微分方程 $y''+\omega^2y=f(x)$ 和初始条件 $y(0)=y'(0)=0$.

6. 证明下列各题：

(1) $\lim\limits_{n\to\infty}\int_0^{1/2}\dfrac{x^n}{1+x^2}\,\mathrm{d}x=0$; (2) $\lim\limits_{n\to\infty}\int_0^1\dfrac{x^n\mathrm{e}^x}{1+\mathrm{e}^x}\,\mathrm{d}x=0$;

(3) $\lim\limits_{n\to\infty}\int_n^{n+p}\dfrac{\sin x}{x}\,\mathrm{d}x=0$; (4) $\lim\limits_{n\to\infty}\int_0^1\dfrac{nx}{1+n^2x^4}\,\mathrm{d}x=\dfrac{\pi}{4}$.

7. 求函数 $f(x)=\int_0^x (t-1)(t-2)\mathrm{e}^{-t^2}\,\mathrm{d}t$ 在 $[0,1]$ 上的极值点.

8. 设 $f(x)=-2a+\int_0^x (t^2-a^2)\,\mathrm{d}t$, 试求 $f(x)$ 的极大值 $M(a)$; 又问 a 为何值时， $M(a)$ 有最小值.

9. 证明下列不等式：

(1) $1<\int_0^{\pi/2}\dfrac{\sin x}{x}\,\mathrm{d}x<\dfrac{\pi}{2}$; (2) 当 $p>0$ 时，$\dfrac{p}{p+1}<\int_0^1\dfrac{\mathrm{d}x}{1+x^p}<1$;

(3) $\dfrac{\pi}{2}\mathrm{e}^{-R}<\int_0^{\pi/2}\mathrm{e}^{-R\sin x}\,\mathrm{d}x<\int_0^{\pi/2}\mathrm{e}^{-\frac{2R}{\pi}x}\,\mathrm{d}x$.

10. 选择题 (1) 已知函数 $y=y(x)$ 在任意点 x 处的增量 $\Delta y=\dfrac{y\Delta x}{1+x^2}+\alpha$, 且当 $\Delta x\to 0$ 时， α 是 Δx 的高阶无穷小， $y(0)=\pi$, 则 $y(1)$ 等于

(A) 2π; (B) π; (C) $\mathrm{e}^{\pi/4}$; (D) $\pi\mathrm{e}^{\pi/4}$.

(2) 若函数 $f(x)$ 在区间 $(-2,2)$ 内存在原函数，则 $f(x)$ 在区间 $[-1,1]$ 上

(A) 不一定有界; (B) 必有界但不一定可积;

(C) 必可积但不一定连续; (D) 必连续但不一定可导.

§4.3 积分方法

不定积分和微分互为逆运算,复合函数求导公式的积分形式称为换元法,乘积函数求导公式的积分形式称为分部积分法. 换元法和分部积分法是积分计算的基本方法.

§4.3.1 换元积分法

利用积分公式可直接计算的积分是十分有限的,大量的定积分和不定积分需要通过变量代换化简后计算. 变量代换法也称为换元积分法. 按照微分的“凑”与“拆”,换元法可分为第一类换元法和第二类换元法.

1. 第一类换元法

设 $F(u)$ 是函数 $f(u)$ 的一个原函数,即

$$F'(u) = f(u), \quad \int f(u)\,\mathrm{d}u = F(u) + C.$$

如果 $u = \varphi(x)$ 是一个可导函数,那么根据复合函数微分法,有

$$(F \circ \varphi)'(x) = F' \circ \varphi(x) \cdot \varphi'(x) = f \circ \varphi(x) \cdot \varphi'(x).$$

这意味着 $F \circ \varphi(x)$ 是 $f \circ \varphi(x) \cdot \varphi'(x)$ 的一个原函数,故

$$\int f \circ \varphi(x) \cdot \varphi'(x)\,\mathrm{d}x = F \circ \varphi(x) + C = \int f(u)\,\mathrm{d}u\Big|_{u=\varphi(x)}.$$

于是有

定理 3.1 (第一换元法) 设 $f(u)$ 存在原函数, $u = \varphi(x)$ 可导,则

$$\int f \circ \varphi(x) \cdot \varphi'(x)\,\mathrm{d}x = \int f(u)\,\mathrm{d}u\Big|_{u=\varphi(x)}.$$

如果 $F(u)$ 是函数 $f(u)$ 的一个原函数,则第一换元法也可以忽略中间变量而直接写成

$$\int f \circ \varphi(x)\,\mathrm{d}\varphi(x) = F \circ \varphi(x) + C.$$

这种方法常称为"凑微分"方法.

同理, 有定积分换元公式.

推论 3.1 设函数 $u=\varphi(x)$ 在区间 $I=[a,b]$ 上连续可导, 函数 $f(u)$ 在区间 $\varphi(I)=\{\varphi(x)\,|\,x\in[a,b]\}$ 上连续, 若 $\alpha=\varphi(a),\beta=\varphi(b)$, 则

$$\int_a^b f\circ\varphi(x)\cdot\varphi'(x)\,\mathrm{d}x=\int_{\varphi(a)}^{\varphi(b)} f(u)\,\mathrm{d}u=\int_\alpha^\beta f(u)\,\mathrm{d}u.$$

证 当 $\varphi(x)\neq 0$ 时, 这是定理 3.1 的直接推论. 一般地, 可令

$$F(t)=\int_a^t f(\varphi(x))\cdot\varphi'(x)\,\mathrm{d}x-\int_\alpha^{\varphi(t)} f(u)\,\mathrm{d}u,$$

则由 $F(a)=0$ 及

$$F'(t)=f(\varphi(t))\cdot\varphi'(t)-f(\varphi(t))\cdot\varphi'(t)=0$$

可推知结论成立.

例 3.1 求 $\int x\sqrt{1-x^2}\,\mathrm{d}x$.

解
$$\int x\sqrt{1-x^2}\,\mathrm{d}x=-\frac{1}{2}\int(1-x^2)^{1/2}\,\mathrm{d}(1-x^2)$$
$$=-\frac{1}{2}\cdot\frac{2}{3}(1-x^2)^{3/2}+C=-\frac{1}{3}(1-x^2)^{3/2}+C.$$

例 3.2 求 $\int\tan x\,\mathrm{d}x$.

解
$$\int\tan x\,\mathrm{d}x=\int\frac{\sin x}{\cos x}\,\mathrm{d}x=\int\frac{1}{\cos x}\,\mathrm{d}\cos x=-\ln|\cos x|+C.$$

例 3.3 求 $\int\frac{1}{a^2+x^2}\,\mathrm{d}x,\ (a>0)$.

解
$$\int\frac{1}{a^2+x^2}\,\mathrm{d}x=\frac{1}{a}\int\frac{1}{1+(\frac{x}{a})^2}\,\mathrm{d}\left(\frac{x}{a}\right)=\frac{1}{a}\arctan\frac{x}{a}+C.$$

例 3.4 求 $\int\frac{1}{\sqrt{a^2-x^2}}\,\mathrm{d}x,\ (a>0)$.

解
$$\int\frac{1}{\sqrt{a^2-x^2}}\,\mathrm{d}x=\int\frac{1}{\sqrt{1-(\frac{x}{a})^2}}\,\mathrm{d}\frac{x}{a}=\arcsin\frac{x}{a}+C.$$

例 3.5 求 $\int \frac{1}{a^2-x^2}\,\mathrm{d}x,\ (a>0)$.

解 $$\int \frac{1}{a^2-x^2}\,\mathrm{d}x = \frac{1}{2a}\int\left(\frac{1}{a+x}+\frac{1}{a-x}\right)\mathrm{d}x$$
$$=\frac{1}{2a}\left(\int\frac{\mathrm{d}(a+x)}{a+x}-\int\frac{\mathrm{d}(a-x)}{a-x}\right)=\frac{1}{2a}\ln\left|\frac{a+x}{a-x}\right|+C.$$

例 3.6 求 $\int \frac{\sin x}{1+\sin x}\,\mathrm{d}x$.

解 $$\int\frac{\sin x}{1+\sin x}\,\mathrm{d}x=\int\frac{\sin x(1-\sin x)}{1-\sin^2 x}\,\mathrm{d}x=\int\frac{\sin x}{\cos^2 x}\,\mathrm{d}x-\int\frac{\sin^2 x}{\cos^2 x}\,\mathrm{d}x$$
$$=-\int\frac{\mathrm{d}\cos x}{\cos^2 x}+\int(1-\frac{1}{\cos^2 x})\,\mathrm{d}x$$
$$=\sec x-\tan x+x+C.$$

例 3.7 求 $\int \frac{\sin 2x}{\sqrt{a^2\cos^2 x+b^2\sin^2 x}}\,\mathrm{d}x,\ (b\neq a)$.

解 $$\int\frac{\sin 2x}{\sqrt{a^2\cos^2 x+b^2\sin^2 x}}\,\mathrm{d}x=\frac{1}{b^2-a^2}\int\frac{\mathrm{d}(a^2\cos^2 x+b^2\sin^2 x)}{\sqrt{a^2\cos^2 x+b^2\sin^2 x}}$$
$$=\frac{2}{b^2-a^2}\sqrt{a^2\cos^2 x+b^2\sin^2 x}+C.$$

例 3.8 求 $\int \sec x\,\mathrm{d}x$.

解 $$\int\sec x\,\mathrm{d}x=\int\frac{\mathrm{d}\sin x}{1-\sin^2 x}=\frac{1}{2}\ln\left|\frac{1+\sin x}{1-\sin x}\right|+C$$
$$=\ln|\sec x+\tan x|+C.$$

例 3.9 求 $\int_0^{\pi/2}\cos^3 x\sin x\,\mathrm{d}x$.

解 $$\int_0^{\pi/2}\cos^3 x\sin x\,\mathrm{d}x=-\int_0^{\pi/2}\cos^3 x\,\mathrm{d}\cos x=-\frac{1}{4}\cos^4 x\Big|_0^{\pi/2}=\frac{1}{4}.$$

例 3.10 求 $\int_0^{\pi}\sqrt{\sin^2 x-\sin^4 x}\,\mathrm{d}x$.

解
$$\begin{aligned}\int_0^{\pi}\sqrt{\sin^2 x-\sin^4 x}\,\mathrm{d}x &= \int_0^{\pi}|\sin x\cos x|\,\mathrm{d}x\\ &= \int_0^{\pi/2}\sin x\cos x\,\mathrm{d}x-\int_{\pi/2}^{\pi}\sin x\cos x\,\mathrm{d}x\\ &= \frac{1}{2}\sin^2 x\Big|_0^{\pi/2}-\frac{1}{2}\sin^2 x\Big|_{\pi/2}^{\pi}=1.\end{aligned}$$

常用的凑微分方法可列表如下:

(1) $\int f(ax+b)\,\mathrm{d}x=\frac{1}{a}\int f(ax+b)\,\mathrm{d}(ax+b)$;

(2) $\int f(ax^n+b)x^{n-1}\,\mathrm{d}x=\frac{1}{na}\int f(ax^n+b)\,\mathrm{d}(ax^n+b)$;

(3) $\int f(\mathrm{e}^x)\mathrm{e}^x\,\mathrm{d}x=\int f(\mathrm{e}^x)\,\mathrm{d}\mathrm{e}^x$;

(4) $\int f(\frac{1}{x})\frac{1}{x^2}\,\mathrm{d}x=-\int f(\frac{1}{x})\,\mathrm{d}\frac{1}{x}$;

(5) $\int f(\ln x)\frac{1}{x}\,\mathrm{d}x=\int f(\ln x)\,\mathrm{d}\ln x$;

(6) $\int f(\sqrt{x})\frac{1}{\sqrt{x}}\,\mathrm{d}x=2\int f(\sqrt{x})\,\mathrm{d}\sqrt{x}$;

(7) $\int f(\sin x)\cos x\,\mathrm{d}x=\int f(\sin x)\,\mathrm{d}\sin x$;

(8) $\int f(\cos x)\sin x\,\mathrm{d}x=-\int f(\cos x)\,\mathrm{d}\cos x$;

(9) $\int f(\tan x)\sec^2 x\,\mathrm{d}x=\int f(\tan x)\,\mathrm{d}\tan x$;

(10) $\int f(\cot x)\csc^2 x\,\mathrm{d}x=-\int f(\cot x)\,\mathrm{d}\cot x$;

(11) $\int \frac{f(\arcsin x)}{\sqrt{1-x^2}}\,\mathrm{d}x=\int f(\arcsin x)\,\mathrm{d}\arcsin x$;

(12) $\int \frac{f(\arctan x)}{1+x^2}\,\mathrm{d}x=\int f(\arctan x)\,\mathrm{d}\arctan x$.

例 3.11 求 $\displaystyle\int \frac{x^2}{\sqrt[4]{x^3+2}}\,\mathrm{d}x$.

解 $\displaystyle\int \frac{x^2\,\mathrm{d}x}{\sqrt[4]{x^3+2}} = \frac{1}{3}\int (x^3+2)^{-1/4}\,\mathrm{d}(x^3+2) = \frac{4}{9}(x^3+2)^{3/4}C.$

例 3.12 求 $\displaystyle\int 3x\sqrt{1-2x^2}\,\mathrm{d}x$.

解

$$\int 3x\sqrt{1-2x^2}\,\mathrm{d}x = -\frac{3}{4}\int (1-2x^2)^{1/2}\,\mathrm{d}(1-2x^2) = -\frac{1}{2}(1-2x^2)^{3/2}+C.$$

例 3.13 求 $\displaystyle\int \sqrt[3]{1-x^2}x\,\mathrm{d}x$.

解 $\displaystyle\int \sqrt[3]{1-x^2}x\,\mathrm{d}x = -\frac{1}{2}\int (1-x^2)^{1/3}\,\mathrm{d}(1-x^2) = -\frac{3}{8}(1-x^2)^{4/3}+C.$

例 3.14 求 $\displaystyle\int \frac{\cos\sqrt{x}}{\sqrt{x}}\,\mathrm{d}x$.

解 $\displaystyle\int \frac{\cos\sqrt{x}}{\sqrt{x}}\,\mathrm{d}x = 2\int \cos\sqrt{x}\,\mathrm{d}\sqrt{x} = 2\sin\sqrt{x}+C.$

例 3.15 求 $\displaystyle\int x\sec^2(4x^2-5)\,\mathrm{d}x$.

解

$$\int x\sec^2(4x^2-5)\,\mathrm{d}x = \frac{1}{8}\int \sec^2(4x^2-5)\,\mathrm{d}(4x^2-5) = \frac{1}{8}\tan(4x^2-5)+C.$$

2. 第二类换元法

第一换元法的反向使用称为第二换元法，也称为“拆微分”法.

定理 3.2 (第二换元法) 设 $x=\varphi(t)$ 在区间 I 上连续可导且 $\varphi'(t)\neq 0$，若 $f(x)$ 在区间 $\varphi(I)$ 上存在原函数，则

$$\int f(x)\,\mathrm{d}x = \int f\circ\varphi(t)\cdot\varphi'(t)\,\mathrm{d}t\Big|_{t=\varphi^{-1}(x)}.$$

其中 $t=\varphi^{-1}(x)$ 是 $x=\varphi(t)$ 的反函数，$\varphi(I)=\{\varphi(t)|\ t\in I\}$.

证 设 $f(x)=F'(x)$，则 $F\circ\varphi(t)$ 是 $f\circ\varphi(t)\cdot\varphi'(t)$ 的原函数. 由此可知，原命题成立.

同理，有定积分换元公式.

推论 3.2 设函数 $x=\varphi(t)$ 在区间 $I=[\alpha,\beta]$ 上连续可导且 $\varphi'(t)\neq 0$, 函数 $f(x)$ 在区间 $\varphi(I)$ 上连续，若 $\varphi^{-1}(a)=\alpha, \varphi^{-1}(b)=\beta$, 则有

$$\int_a^b f(x)\,\mathrm{d}x=\int_{\varphi^{-1}(a)}^{\varphi^{-1}(b)} f\circ\varphi(t)\cdot\varphi'(t)\,\mathrm{d}t=\int_\alpha^\beta f\circ\varphi(t)\cdot\varphi'(t)\,\mathrm{d}t.$$

例 3.16 求 $\int x^2\sqrt{x+1}\,\mathrm{d}x$.

解 令 $u=x+1$, 则

$$\begin{aligned}\int x^2\sqrt{x+1}\,\mathrm{d}x &=\int (u-1)^2\sqrt{u}\,\mathrm{d}u=\int (u^{5/2}-2u^{3/2}+u^1/2)\,\mathrm{d}u\\ &=2u^{3/2}\left[\frac{1}{7}u^2-\frac{2}{5}u+\frac{1}{3}\right]+C\\ &=2(x+1)^{3/2}\left[\frac{1}{7}(x+1)^2-\frac{2}{5}(x+1)+\frac{1}{3}\right]+C.\end{aligned}$$

例 3.17 求

(1) $\int \frac{1}{\sqrt{x^2-a^2}}\,\mathrm{d}x$, (2) $\int \frac{1}{\sqrt{x^2+a^2}}\,\mathrm{d}x$, $(a>0)$.

解 (1) 由于 $x<0$ 时可用变量代换 $x=-t$ 处理，所以只需考虑 $x>0$.

(方法一) 用三角代换. 设 $x=a\sec t$, $0<t<\frac{\pi}{2}$, 则

$$\begin{aligned}\int \frac{1}{\sqrt{x^2-a^2}}\,\mathrm{d}x &=\int \frac{a\sec t\tan t\,\mathrm{d}t}{\sqrt{a^2\sec^2 t-a^2}}=\int \sec t\,\mathrm{d}t\\ &=\ln|\sec t+\tan t|+C=\ln|x+\sqrt{x^2-a^2}|+C.\end{aligned}$$

(方法二) 用双曲代换. 设 $x=a\,\mathrm{ch}\,t$, 则

$$\begin{aligned}\int \frac{1}{\sqrt{x^2-a^2}}\,\mathrm{d}x &=\int \frac{a\,\mathrm{sh}\,t}{a\,\mathrm{sh}\,t}\,\mathrm{d}t=\int \mathrm{d}t=t+C\\ &=\mathrm{arch}\,\frac{x}{a}+C=\ln(x+\sqrt{x^2-a^2})+C.\end{aligned}$$

(2) 用双曲代换. 设 $x=a\,\mathrm{sh}\,t$, 则

$$\int \frac{1}{\sqrt{x^2+a^2}}\,\mathrm{d}x =\int \frac{a\,\mathrm{ch}\,t}{a\,\mathrm{ch}\,t}\,\mathrm{d}t=\int \mathrm{d}t=t+C$$

$$= \operatorname{arsh}\frac{x}{a} + C = \ln(x + \sqrt{x^2 + a^2}) + C.$$

例 3.18 求 $\displaystyle\int \frac{x\,\mathrm{d}x}{(x^2+1)\sqrt{1-x^2}}$.

解 不妨设 $x > 0$. 令 $x = \sin t,\ 0 < t < \dfrac{\pi}{2}$, 则

$$\int \frac{x\,\mathrm{d}x}{(x^2+1)\sqrt{1-x^2}} = \int \frac{\sin t\cos t}{(\sin^2 t + 1)\cos t}\,\mathrm{d}t = -\int \frac{\mathrm{d}\cos t}{2-\cos^2 t}$$

$$= -\frac{1}{2\sqrt{2}}\int \left(\frac{1}{\sqrt{2}-\cos t} + \frac{1}{\sqrt{2}+\cos t}\right)\,\mathrm{d}t$$

$$= -\frac{1}{2\sqrt{2}}\ln\left|\frac{\sqrt{2}+\cos t}{\sqrt{2}-\cos t}\right| + C = -\frac{1}{2\sqrt{2}}\ln\left|\frac{\sqrt{2}+\sqrt{1-x^2}}{\sqrt{2}-\sqrt{1-x^2}}\right| + C.$$

例 3.19 求 $\displaystyle\int \frac{1}{1+\sqrt{1-x^2}}\,\mathrm{d}x$.

解 不妨设 $x > 0$. 令 $x = \sin t,\ 0 < t < \dfrac{\pi}{2}$, 则

$$\int \frac{\mathrm{d}x}{1+\sqrt{1-x^2}} = \int \frac{\cos t}{1+\cos t}\,\mathrm{d}t = \int \frac{\cos t - \cos^2 t}{1-\cos^2 t}\,\mathrm{d}t$$

$$= \int \frac{\mathrm{d}\sin t}{\sin^2 t} - \int \frac{1-\sin^2 t}{\sin^2 t}\,\mathrm{d}t$$

$$= -\frac{1}{\sin t} + \cot t + t + C$$

$$= -\frac{1}{x} + \frac{\sqrt{1-x^2}}{x} + \arcsin x + C.$$

例 3.20 求 $\displaystyle\int_0^a \sqrt{a^2-x^2}\,\mathrm{d}x,\ (a>0)$.

解 设 $x = a\sin t$, 则 x 从 0 变到 a 时, t 从 0 变到 $\pi/2$. 故

$$\int_0^a \sqrt{a^2-x^2}\,\mathrm{d}x = a^2\int_0^{\pi/2} \cos^2 t\,\mathrm{d}t$$

$$= \frac{a^2}{2}\left(t + \frac{1}{2}\sin 2t\right)\Big|_0^{\pi/2} = \frac{a^2}{4}.$$

例 3.21 设 $f(x)$ 是 $[-a, a]$ 上的连续函数，证明

(1) 当 $f(x)$ 为偶函数时, $\int_{-a}^{a} f(x)\,\mathrm{d}x = 2\int_{0}^{a} f(x)\,\mathrm{d}x$;

(2) 当 $f(x)$ 为奇函数时, $\int_{-a}^{a} f(x)\,\mathrm{d}x = 0$.

证 当 $x \in [-a, 0]$ 时, 令 $x = -t$, 则有

$$\begin{aligned}\int_{-a}^{a} f(x)\,\mathrm{d}x &= \int_{-a}^{0} f(x)\,\mathrm{d}x + \int_{0}^{a} f(x)\,\mathrm{d}x \\ &= -\int_{a}^{0} f(-t)\,\mathrm{d}t + \int_{0}^{a} f(x)\,\mathrm{d}x = \int_{0}^{a} [\,f(x) + f(-x)\,]\,\mathrm{d}x \\ &= \begin{cases} 2\int_{0}^{a} f(x)\,\mathrm{d}x, & \text{当 } f(x) \text{ 为偶函数时} \\ 0, & \text{当 } f(x) \text{ 为奇函数时} \end{cases}.\end{aligned}$$

例 3.22 设 $f(x)$ 在 $[0,1]$ 上连续, 证明

(1) $\int_{0}^{\pi/2} f(\sin x)\,\mathrm{d}x = \int_{0}^{\pi/2} f(\cos x)\,\mathrm{d}x$;

(2) $\int_{0}^{\pi} f(\sin x)\,\mathrm{d}x = 2\int_{0}^{\pi/2} f(\sin x)\,\mathrm{d}x$;

(3) $\int_{0}^{\pi} x f(\sin x)\,\mathrm{d}x = \frac{\pi}{2}\int_{0}^{\pi} f(\sin x)\,\mathrm{d}x$.

证 (1) 作代换 $x = \frac{\pi}{2} - t$, 则 x 从 0 变到 $\frac{\pi}{2}$ 时, t 从 $\frac{\pi}{2}$ 变到 0. 故

$$\int_{0}^{\pi/2} f(\sin x)\,\mathrm{d}x = \int_{\pi/2}^{0} f(\cos t)(-\,\mathrm{d}t) = \int_{0}^{\pi/2} f(\cos x)\,\mathrm{d}x.$$

(2) 令 $x = \pi - t$, 则

$$\int_{\pi/2}^{\pi} f(\sin x)\,\mathrm{d}x = -\int_{0}^{\pi/2} f(\sin t)\,\mathrm{d}t = \int_{\pi/2}^{0} f(\sin x)\,\mathrm{d}x.$$

于是

$$\int_{0}^{\pi} f(\sin x)\,\mathrm{d}x = \int_{0}^{\pi/2} f(\sin x)\,\mathrm{d}x + \int_{\pi/2}^{\pi} f(\sin x)\,\mathrm{d}x = 2\int_{0}^{\pi/2} f(\sin x)\,\mathrm{d}x.$$

(3) 令 $x=\pi-t$, 则

$$\begin{aligned}\int_0^{\pi} xf(\sin x)\,\mathrm{d}x &= \int_{\pi}^{0}(\pi-t)f(\sin t)(-\,\mathrm{d}t)\\ &=\pi\int_0^{\pi} f(\sin x)\,\mathrm{d}x-\int_0^{\pi} xf(\sin x)\,\mathrm{d}x.\end{aligned}$$

由此可知 (3) 成立.

例 3.23 计算 $\displaystyle\int_0^{\pi}\frac{x\sin x}{1+\cos^2 x}\,\mathrm{d}x$.

解 利用上题结果. 因 $\dfrac{\sin x}{1+\cos^2 x}=\dfrac{\sin x}{2-\sin^2 x}$, 故有

$$\begin{aligned}\int_0^{\pi}\frac{x\sin x}{1+\cos^2 x}\,\mathrm{d}x &= \frac{\pi}{2}\int_0^{\pi}\frac{\sin x}{1+\cos^2 x}\,\mathrm{d}x=2\cdot\frac{\pi}{2}\int_0^{\pi/2}\frac{\sin x}{1+\cos^2 x}\,\mathrm{d}x\\ &=-\pi\int_0^{\pi/2}\frac{\mathrm{d}\cos x}{1+\cos^2 x}=-\pi\arctan\cos x\Big|_0^{\pi/2}=\frac{\pi^2}{4}.\end{aligned}$$

例 3.24 计算 $\displaystyle\int_1^{3}\frac{\arctan\sqrt{x}}{\sqrt{x}(1+x)}\,\mathrm{d}x$.

解 设 $\sqrt{x}=t$, 则 x 从 1 变到 3 时, t 从 1 变到 $\sqrt{3}$. 故

$$\begin{aligned}\int_1^{3}\frac{\arctan\sqrt{x}}{\sqrt{x}(1+x)}\,\mathrm{d}x &= 2\int_1^{\sqrt{3}}\frac{\arctan t}{1+t^2}\,\mathrm{d}t\\ &=2\int_1^{\sqrt{3}}\arctan t\,\mathrm{d}(\arctan t)=\arctan^2 t\Big|_1^{\sqrt{3}}=\frac{7\pi^2}{144}.\end{aligned}$$

例 3.25 设

$$f(x)=\begin{cases} x\mathrm{e}^{-x^2}, & x\geq 0\\ \dfrac{1}{1+\cos x}, & -1<x<0\end{cases},$$

计算 $\displaystyle\int_1^{4} f(x-2)\,\mathrm{d}x$.

解 设 $x-2=t$, 则 x 从 1 变到 4 时, t 从 -1 变到 2. 故

$$\int_1^{4} f(x-2)\,\mathrm{d}x = \int_{-1}^{2} f(t)\,\mathrm{d}t=\int_{-1}^{0}\frac{\mathrm{d}t}{1+\cos t}+\int_0^{2}t\mathrm{e}^{-t^2}\,\mathrm{d}t$$

$$= \int_{-1}^{0} \frac{\mathrm{d}(\frac{t}{2})}{\cos^2 \frac{t}{2}} - \frac{1}{2}\int_0^2 \mathrm{e}^{-t^2}\,\mathrm{d}(-t^2)$$

$$= \tan\frac{t}{2}\Big|_{-1}^{0} - \frac{1}{2}\mathrm{e}^{-t^2}\Big|_0^2 = -\tan\frac{1}{2} - \frac{1}{2}\mathrm{e}^{-4} + \frac{1}{2}.$$

例 3.26 求下列定积分:

(1) $\displaystyle\int_{1/4}^{1/2} \frac{\arcsin\sqrt{x}}{\sqrt{x(1-x)}}\,\mathrm{d}x$; (2) $\displaystyle\int_0^a \frac{\mathrm{d}x}{x+\sqrt{a^2-x^2}}$, $(a>0)$.

解 (1) 令 $u=\arcsin\sqrt{x}$, 则

$$\int_{1/4}^{1/2} \frac{\arcsin\sqrt{x}}{\sqrt{x(1-x)}}\,\mathrm{d}x = 2\int_{\pi/6}^{\pi/4} u\,\mathrm{d}u = \frac{5}{144}\pi^2.$$

(2) 令 $x=a\sin t,\ t=\dfrac{\pi}{2}-u$, 则

$$\int_0^a \frac{\mathrm{d}x}{x+\sqrt{a^2-x^2}} = \int_0^{\pi/2} \frac{\cos t}{\sin t+\cos t}\,\mathrm{d}t = \int_0^{\pi/2} \frac{\sin u}{\sin u+\cos u}\,\mathrm{d}u$$

$$= \frac{1}{2}\left[\int_0^{\pi/2} \frac{\cos t}{\sin t+\cos t}\,\mathrm{d}t + \int_0^{\pi/2} \frac{\sin u}{\sin u+\cos u}\,\mathrm{d}u\right]$$

$$= \frac{1}{2}\int_0^{\pi/2} \frac{\sin t+\cos t}{\sin t+\cos t}\,\mathrm{d}t = \frac{\pi}{4}.$$

§4.3.2 分部积分法

由于 $(uv)'=u'v+uv'$, 所以有

定理 3.3 (分部积分公式) 设 $u=u(x), v=v(x)$ 是区间 $[a,b]$ 上的连续可导函数，则

$$\int u\,\mathrm{d}v = uv - \int v\,\mathrm{d}u, \qquad \int_a^b u\,\mathrm{d}v = uv\Big|_a^b - \int_a^b v\,\mathrm{d}u.$$

例 3.27 求 $\displaystyle\int x\cos x\,\mathrm{d}x$.

解 $\displaystyle\int x\cos x\,\mathrm{d}x = \int x\,\mathrm{d}\sin x = x\sin x - \int \sin x\,\mathrm{d}x$

$$= x\sin x + \int \mathrm{d}\cos x = x\sin x + \cos x + C.$$

例 3.28 求 (1) $\int \ln x\,\mathrm{d}x$; (2) $\int x\ln x\,\mathrm{d}x$.

解 (1) $\int \ln x\,\mathrm{d}x = x\ln x - \int x\,\mathrm{d}\ln x$

$$= x\ln x - \int \mathrm{d}x = x\ln x - x + C.$$

(2) $\int x\ln x\,\mathrm{d}x = \frac{1}{2}\int \ln x\,\mathrm{d}x^2$

$$= \frac{1}{2}x^2\ln x - \frac{1}{2}\int x\,\mathrm{d}x = \frac{1}{2}x^2\ln x - \frac{x^2}{4} + C.$$

例 3.29 求 $\int \arccos x\,\mathrm{d}x$.

解 $\int \arccos x\,\mathrm{d}x = x\arccos x + \int \frac{x}{\sqrt{1-x^2}}\,\mathrm{d}x$

$$= x\arccos x - \frac{1}{2}\int (1-x^2)^{-1/2}\,\mathrm{d}(1-x^2)$$

$$= x\arccos x - \sqrt{1-x^2} + C.$$

例 3.30 求 $\int x\arctan x\,\mathrm{d}x$.

解 $\int x\arctan x\,\mathrm{d}x = \frac{1}{2}\int \arctan x\,\mathrm{d}x^2 = \frac{1}{2}x^2\arctan x - \frac{1}{2}\int \frac{x^2}{1+x^2}\,\mathrm{d}x$

$$= \frac{1}{2}x^2\arctan x - \frac{1}{2}\int \left(1 - \frac{1}{1+x^2}\right)\mathrm{d}x$$

$$= \frac{1}{2}(x^2+1)\arctan x - \frac{1}{2}x + C.$$

例 3.31 求 $\int \mathrm{e}^x\sin x\,\mathrm{d}x$.

解 $\int \mathrm{e}^x\sin x\,\mathrm{d}x = -\int \mathrm{e}^x\,\mathrm{d}\cos x = -\mathrm{e}^x\cos x + \int \mathrm{e}^x\cos x\,\mathrm{d}x$

$$= -e^x \cos x + \int e^x \, d\sin x$$

$$= -e^x \cos x + e^x \sin x - \int e^x \sin x \, dx.$$

由此可知,

$$\int e^x \sin x \, dx = \frac{1}{2}(-e^x \cos x + e^x \sin x) + C.$$

例 3.32 求 $\int \sec^3 x \, dx$.

解 $\int \sec^3 x \, dx = \int \sec x \, d\tan x = \sec x \tan x - \int \sec x \tan^2 x \, dx$

$$= \sec x \tan x - \int \sec x(\sec^2 x - 1) \, dx$$

$$= \sec x \tan x - \int \sec^3 x \, dx + \int \sec x \, dx$$

$$= \sec x \tan x + \ln|\sec x + \tan x| - \int \sec^3 x \, dx.$$

由此可知,

$$\int \sec^3 x \, dx = \frac{1}{2}(\sec x \tan x + \ln|\sec x + \tan x|) + C.$$

例 3.33 求 $\int \sin \ln x \, dx$.

解 $\int \sin \ln x \, dx = x \sin \ln x - \int \cos \ln x \, dx$

$$= x \sin \ln x - x \cos \ln x - \int \sin \ln x \, dx$$

$$= \frac{1}{2}[x \sin \ln x - x \cos \ln x] + C.$$

例 3.34 求 $\int_0^{1/2} \arcsin x \, dx$.

解 $\int_0^{1/2} \arcsin x \, dx = x \arcsin x\Big|_0^{1/2} - \int_0^{1/2} \frac{x}{\sqrt{1-x^2}} \, dx$

$$= \frac{1}{2} \cdot \frac{\pi}{6} - \frac{1}{2}\int_0^{1/2} (1-x^2)^{-1/2}\,\mathrm{d}(1-x^2)$$

$$= \frac{\pi}{12} + \sqrt{1-x^2}\Big|_0^{1/2} = \frac{\pi}{12} + \frac{\sqrt{3}}{2} - 1.$$

例 3.35 求 $\displaystyle\int_0^3 \arcsin\sqrt{\frac{x}{1+x}}\,\mathrm{d}x$.

解 $$\int_0^3 \arcsin\sqrt{\frac{x}{1+x}}\,\mathrm{d}x = x\arcsin\sqrt{\frac{x}{1+x}}\,\Bigg|_0^3 - \int_0^3 \frac{x}{2\sqrt{x}(1+x)}\,\mathrm{d}x$$

$$= \pi - \int_0^3 \left(1 - \frac{1}{1+(\sqrt{x})^2}\right)\mathrm{d}\sqrt{x}$$

$$= \pi - (\sqrt{x} - \arctan\sqrt{x})\Big|_0^3 = \frac{4}{3}\pi - \sqrt{3}.$$

例 3.36 求 $\displaystyle\int_{-\frac{\pi}{4}}^{\frac{\pi}{4}} \frac{\mathrm{e}^{x/2}(\cos x - \sin x)}{\sqrt{\cos x}}\,\mathrm{d}x$.

解 $$\int_{-\frac{\pi}{4}}^{\frac{\pi}{4}} \frac{\mathrm{e}^{x/2}(\cos x - \sin x)}{\sqrt{\cos x}}\,\mathrm{d}x = \int_{-\frac{\pi}{4}}^{\frac{\pi}{4}} \mathrm{e}^{x/2}\sqrt{\cos x}\,\mathrm{d}x - \int_{-\frac{\pi}{4}}^{\frac{\pi}{4}} \frac{\mathrm{e}^{x/2}\sin x}{\sqrt{\cos x}}\,\mathrm{d}x$$

$$= \int_{-\frac{\pi}{4}}^{\frac{\pi}{4}} \mathrm{e}^{x/2}\sqrt{\cos x}\,\mathrm{d}x + 2\int_{-\frac{\pi}{4}}^{\frac{\pi}{4}} \mathrm{e}^{x/2}\,\mathrm{d}\sqrt{\cos x}$$

$$= 2\mathrm{e}^{x/2}\sqrt{\cos x}\Big|_{-\frac{\pi}{4}}^{\frac{\pi}{4}} = \sqrt[4]{8}(8^{\frac{\pi}{8}} - \mathrm{e}^{-\frac{\pi}{8}}).$$

例 3.37 求 $\displaystyle\int_0^1 \frac{\ln(1+x)}{(2-x)^2}\,\mathrm{d}x$.

解 $$\int_0^1 \frac{\ln(1+x)}{(2-x)^2}\,\mathrm{d}x = \int_0^1 \ln(1+x)\,\mathrm{d}\left(\frac{1}{2-x}\right)$$

$$= \frac{\ln(1+x)}{2-x}\Big|_0^1 - \int_0^1 \frac{1}{2-x}\cdot\frac{\mathrm{d}x}{1+x}$$

$$= \ln 2 + \frac{1}{3}\int_0^1 \left(\frac{1}{2-x} - \frac{1}{1+x}\right)\mathrm{d}x = \frac{1}{3}\ln 2.$$

例 3.38 设曲线 C 的方程为 $y=f(x)$, 点 $(3,2)$ 是它的一个拐点，直线 l_1

与 l_2 分别是曲线 C 在点 $(0,0)$ 与 $(3,2)$ 处的切线，其交点为 $(2,4)$. 设函数 $f(x)$ 具有三阶连续导数，计算定积分 $\int_0^3 (x^2+x)f'''(x)\,\mathrm{d}x$.

解 根据题意，有 $f''(3)=0, f'(0)=2, f'(3)=-2, f(0)=0, f(3)=2$. 于是，有

$$\begin{aligned}&\int_0^3 (x^2+x)f'''(x)\,\mathrm{d}x\\&=(x^2+x)f''(x)\Big|_0^3-\int_0^3(2x+1)f''(x)\,\mathrm{d}x\\&=-\int_0^3(2x+1)f''(x)\,\mathrm{d}x\\&=-(2x+1)f''(x)\Big|_0^3+2\int_0^3 f'(x)\,\mathrm{d}x=20.\end{aligned}$$

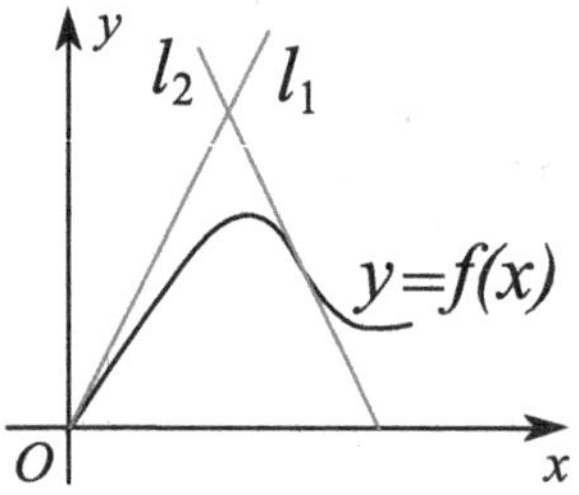

图 3.1

常用的分部积分技巧小结如下：

(1) 如果积分类型为

$$\int P_n(x)\mathrm{e}^{kx}\,\mathrm{d}x, \int P_n(x)\sin ax\,\mathrm{d}x, \int P_n(x)\cos ax\,\mathrm{d}x,$$

其中 $P_n(x)$ 为 n 次多项式， k,a 为常数，则可选

$$u(x)=P_n(x), \qquad \mathrm{d}v(x)=\mathrm{e}^{kx}\,\mathrm{d}x, \sin ax\,\mathrm{d}x, \cos ax\,\mathrm{d}x.$$

(2) 如果积分类型为

$$\int \mathrm{e}^{kx}\sin(ax+b)\,\mathrm{d}x, \int \mathrm{e}^{kx}\cos(ax+b)\,\mathrm{d}x,$$

其中 k,a,b 为常数，则可选

$$u(x)=\mathrm{e}^{kx}, \qquad \mathrm{d}v(x)=\sin(ax+b)\,\mathrm{d}x,\ \cos(ax+b)\,\mathrm{d}x,$$

也可选 $u(x)=\sin(ax+b),\ \cos(ax+b), \quad \mathrm{d}v(x)=\mathrm{e}^{kx}\,\mathrm{d}x$.

(3) 如果积分类型为

$$\int P_n(x)\ln x\,\mathrm{d}x, \int P_n(x)\arcsin x\,\mathrm{d}x, \int P_n(x)\arccos x\,\mathrm{d}x,$$

其中 $P_n(x)$ 为 n 次多项式，则可选

$$u(x) = \ln x, \arcsin x, \arccos x, \qquad \mathrm{d}v(x) = P_n(x)\,\mathrm{d}x.$$

利用分部积分法还可以建立一些不定积分的递推公式.

例 3.39　求 $I_n = \displaystyle\int \sin^n x\,\mathrm{d}x$.

解　
$$\begin{aligned}
I_n &= \int \sin^{n-1} x\,\mathrm{d}(-\cos x)\\
&= -\sin^{n-1} x\cos x + \int \cos x\,\mathrm{d}(\sin^{n-1} x)\\
&= -\sin^{n-1} x\cos x + (n-1)\int \sin^{n-2} x(1-\sin^2 x)\,\mathrm{d}x\\
&= -\sin^{n-1} x\cos x + (n-1)\int \sin^{n-2} x\,\mathrm{d}x - (n-1)\int \sin^n x\,\mathrm{d}x\\
&= -\sin^{n-1} x\cos x + (n-1)I_{n-2} - (n-1)I_n.
\end{aligned}$$

由此可知，

$$I_n = -\frac{1}{n}\sin^{n-1} x\cos x + \frac{n-1}{n}I_{n-2}.$$

这是一个递推公式，反复利用它可使 I_n 的计算最后归为 I_0 或 I_1 的计算.

习　题 4.3 A

1. 求下列不定积分：

(1) $\displaystyle\int \frac{1}{1-2x}\,\mathrm{d}x$;　　(2) $\displaystyle\int \frac{\sin\sqrt{x}}{\sqrt{x}}\,\mathrm{d}x$;

(3) $\displaystyle\int \frac{x^3}{x+3}\,\mathrm{d}x$;　　(4) $\displaystyle\int \tan\sqrt{1+x^2}\cdot\frac{x\,\mathrm{d}x}{\sqrt{1+x^2}}$;

(5) $\displaystyle\int \frac{\mathrm{d}x}{\sin x\cos x}$;　　(6) $\displaystyle\int x\mathrm{e}^{-x^2}\,\mathrm{d}x$;

(7) $\displaystyle\int \frac{x}{\sqrt{2-3x^2}}\,\mathrm{d}x$;　　(8) $\displaystyle\int \frac{\sin x}{\cos x}\,\mathrm{d}x$;

(9) $\int \tan^3 x \sec x \, \mathrm{d}x$;　(10) $\int \frac{\mathrm{e}^{2\arccos x}}{\sqrt{1-x^2}} \, \mathrm{d}x$;

(11) $\int \frac{\mathrm{d}x}{(\arcsin x)^2\sqrt{1-x^2}}$;　(12) $\int \frac{x^2 \, \mathrm{d}x}{\sqrt{a^2-x^2}}$.

2. 求下列不定积分:

(1) $\int x \cos x \, \mathrm{d}x$;　(2) $\int x^2 \ln x \, \mathrm{d}x$;

(3) $\int \arccos x \, \mathrm{d}x$;　(4) $\int x\mathrm{e}^{-x} \, \mathrm{d}x$;

(5) $\int x^2 \arctan x \, \mathrm{d}x$;　(6) $\int x^2 \sin x \, \mathrm{d}x$;

(7) $\int x^2 \sin x \cos x \, \mathrm{d}x$;　(8) $\int \mathrm{e}^x \sin^2 x \, \mathrm{d}x$;

(9) $\int \ln^2(x+\sqrt{1+x^2}) \, \mathrm{d}x$;　(10) $\int x \ln(x+1) \, \mathrm{d}x$;

(11) $\int (\arccos x)^2 \, \mathrm{d}x$;　(12) $\int x^2 \sin^2 \frac{x}{2} \, \mathrm{d}x$;

(13) $\int \mathrm{e}^{2x} \cos x \, \mathrm{d}x$;　(14) $\int x \arctan x \, \mathrm{d}x$;

(15) $\int \ln(1+x^2) \, \mathrm{d}x$;　(16) $\int x \sec^2 x \, \mathrm{d}x$;

(17) $\int x^2 \ln x \, \mathrm{d}x$;　(18) $\int \cos \ln x \, \mathrm{d}x$;

(19) $\int \frac{\arctan \sqrt{x}}{\sqrt{x}} \, \mathrm{d}x$;　(20) $\int \frac{\ln(1+x)}{\sqrt{1+x}} \, \mathrm{d}x$;

(21) $\int \frac{\ln \cos x}{\cos^2 x} \, \mathrm{d}x$;　(22) $\int \frac{x}{1-\cos x} \, \mathrm{d}x$.

3. 求下列定积分:

(1) $\int_0^{\pi} \cos(x+\frac{\pi}{6}) \, \mathrm{d}x$;　(2) $\int_0^{\pi} (1-\sin^3 x) \, \mathrm{d}x$;

(3) $\displaystyle\int_{\pi/6}^{\pi/2} \sin^2 x \,\mathrm{d}x$;

(4) $\displaystyle\int_{0}^{\pi/2} \sin x \cos^3 x \,\mathrm{d}x$;

(5) $\displaystyle\int_{1/\sqrt{2}}^{1} \frac{\sqrt{1-x^2}}{x^2} \,\mathrm{d}x$;

(6) $\displaystyle\int_{0}^{\sqrt{3}} \sqrt{3-x^2} \,\mathrm{d}x$;

(7) $\displaystyle\int_{0}^{\pi} x \sin x \,\mathrm{d}x$;

(8) $\displaystyle\int_{0}^{2} x^2\sqrt{1+x^3} \,\mathrm{d}x$;

(9) $\displaystyle\int_{1}^{\sqrt{3}} x \arctan x \,\mathrm{d}x$;

(10) $\displaystyle\int_{0}^{\pi} x^2 \sin^2 x \,\mathrm{d}x$;

(11) $\displaystyle\int_{1}^{4} \frac{\ln x}{\sqrt{x}} \,\mathrm{d}x$;

(12) $\displaystyle\int_{0}^{\pi/2} \mathrm{e}^{3x} \sin x \,\mathrm{d}x$;

(13) $\displaystyle\int_{1}^{\mathrm{e}} x \ln x \,\mathrm{d}x$;

(14) $\displaystyle\int_{1}^{\mathrm{e}} \sin \ln x \,\mathrm{d}x$;

(15) $\displaystyle\int_{1/\mathrm{e}}^{\mathrm{e}} |\ln x| \,\mathrm{d}x$;

(16) $\displaystyle\int_{0}^{1} x \arcsin x \,\mathrm{d}x$;

习 题 4.3 B

1. 求下列不定积分：

(1) $\displaystyle\int \frac{\mathrm{d}x}{x\sqrt{x^2-1}}$;

(2) $\displaystyle\int \frac{\mathrm{d}x}{(x^2+1)\sqrt{x^2+1}}$;

(3) $\displaystyle\int \frac{\sqrt{x^2-4}}{x} \,\mathrm{d}x$;

(4) $\displaystyle\int \frac{\mathrm{d}x}{1+\sqrt{2x}}$;

(5) $\displaystyle\int \frac{\mathrm{d}x}{1-\sqrt{1-x^2}}$;

(6) $\displaystyle\int \frac{\mathrm{d}x}{x+\sqrt{1-x^2}}$;

(7) $\displaystyle\int \frac{\mathrm{d}x}{x\sqrt{1+\ln x}}$;

(8) $\displaystyle\int \frac{\sqrt{x+1}-1}{\sqrt{x+1}+1} \,\mathrm{d}x$.

2. 设函数 $f(x)$ 在 $[0,a]$ 上可积，证明：

(1) 若 $f(a-x)=f(x)$，则 $\displaystyle\int_0^a f(x)\,\mathrm{d}x = 2\int_0^{a/2} f(x)\,\mathrm{d}x$;

(2) 若 $f(a-x)=-f(x)$, 则 $\int_0^a f(x)\,\mathrm{d}x=0$;

3. 求下列定积分：

(1) $\int_0^{\pi/2}\sin^n x\,\mathrm{d}x$;

(2) $\int_0^{\pi/2}\cos^n x\,\mathrm{d}x$;

(3) $\int_0^3 \arcsin\sqrt{\dfrac{x}{1+x}}\,\mathrm{d}x$;

(4) $\int_0^{\pi}\sin^{n-1}x\cos(n+1)x\,\mathrm{d}x$;

(5) $\int_0^1 \dfrac{\ln(1+x)}{(3x+2)^2}\,\mathrm{d}x$;

(6) $\int_0^{\pi/4}\tan^3 x\,\mathrm{d}x$.

4. 证明下列递推公式：

(1) 设 $I_n=\int x^n\mathrm{e}^{ax}\,\mathrm{d}x\ (a\neq 0)$, 则 $I_n=\dfrac{1}{a}x^n\mathrm{e}^{ax}-\dfrac{n}{a}I_{n-1}$;

(2) 设 $I_n=\int x^n\sin ax\,\mathrm{d}x\ (a\neq 0)$, 则

$$I_n=-\frac{x^n}{a}\cos ax+\frac{nx^{n-1}}{a^2}\sin ax-\frac{n(n-1)}{a^2}I_{n-2};$$

(3) 设 $I_n=\int(\arcsin x)^n\,\mathrm{d}x$, 则

$$I_n=x(\arcsin x)^n+n\sqrt{1-x^2}(\arcsin x)^{n-1}-n(n-1)I_{n-2};$$

(4) 设 $I_{n,m}=\int x^n(\ln x)^m\,\mathrm{d}x$, 则

$$I_{n,m}=\frac{x^{n+1}}{n+1}(\ln x)^m-\frac{m}{n+1}I_{n,m-1};$$

(5) 设 $I_n=\int\tan^n x\,\mathrm{d}x$, 则 $I_n=\dfrac{1}{n-1}\tan^{n-1}x-I_{n-2}$;

(6) 设 $I_n=\int\cos^n x\,\mathrm{d}x$, 则 $I_n=\dfrac{1}{n}\cos^{n-1}x\sin x+\dfrac{n-1}{n}I_{n-2}$;

(7) 设 $I_{m,n}=\int\sin^m x\cos^n x\,\mathrm{d}x$, 则

$$I_{m,n}=\frac{1}{m+n}\sin^{m+1}x\cos^{n-1}x+\frac{n-1}{m+n}I_{m,n-2}.$$

§4.4 变限积分与分段积分

变限积分既是一类积分，又是一种方法．通过变限积分，一方面建立了定积分与不定积分的内在联系，证明了微积分基本定理；另一方面建立了多重积分与累次积分的内在联系，解决了多重积分的计算和一元化问题.

§4.4.1 变限积分的导数

对于闭区间 $[a,b]$ 上的连续函数 $f(x)$, 前面证明了面积函数

$$F(x)=\int_a^x f(t)\,\mathrm{d}t$$

是连续可导函数，并且有 $F'(x)=f(x)$. 将这一结论一般化，便有

定理 4.1 (变限积分求导公式) 设 $\alpha(x),\beta(x)$ 是 $[a,b]$ 到 $[A,B]$ 的可导函数，若 $f(x)$ 是 $[A,B]$ 上的连续函数，则"变限导数 = 上代上导 − 下代下导"，即

$$\left(\int_{\alpha(x)}^{\beta(x)} f(t)\,\mathrm{d}t\right)'=f(\beta)\beta'(x)-f(\alpha)\alpha'(x).$$

证 令

$$F(x)=\int_a^x f(t)\,\mathrm{d}t, G(x)=\int_{\alpha(x)}^{\beta(x)} f(t)\,\mathrm{d}t,$$

则

$$G(x)=F(\beta(x))-F(\alpha(x)).$$

根据 $F'(x)=f(x)$ 及复合函数求导公式，有

$$G'(x)=f(\beta(x))\beta'(x)-f(\alpha(x))\alpha'(x).$$

例 4.1 求极限 $\lim\limits_{x\to 0}\dfrac{\displaystyle\int_{\cos x}^1 \mathrm{e}^{-t^2}\,\mathrm{d}t}{x^2}$.

解 用罗必达法则，有

$$\lim_{x\to 0}\frac{\displaystyle\int_{\cos x}^1 \mathrm{e}^{-t^2}\,\mathrm{d}t}{x^2}=\lim_{x\to 0}\frac{\mathrm{e}^{-\cos^2 x}\sin x}{2x}=\frac{1}{2\mathrm{e}}.$$

例 4.2　求极限 $\lim\limits_{x\to0+}\dfrac{\displaystyle\int_0^{\sin x}\sqrt{\tan t}\,\mathrm{d}t}{\displaystyle\int_0^{\tan x}\sqrt{\sin t}\,\mathrm{d}t}$.

解　用罗必达法则，有

$$\lim_{x\to0+}\frac{\displaystyle\int_0^{\sin x}\sqrt{\tan t}\,\mathrm{d}t}{\displaystyle\int_0^{\tan x}\sqrt{\sin t}\,\mathrm{d}t}=\lim_{x\to0+}\frac{\sqrt{\tan\sin x}\cdot\cos x}{\sqrt{\sin\tan x}\cdot\sec^2 x}=1.$$

例 4.3 设 $f(x)$ 是连续可导函数且 $f(0)=0, f'(0)\neq0$, 求

$$\lim_{x\to0}\frac{\displaystyle\int_0^{x^2}f(t)\,\mathrm{d}t}{x^2\displaystyle\int_0^{x}f(t)\,\mathrm{d}t}.$$

解　反复应用罗必达法则并注意化简可得

$$\begin{aligned}\lim_{x\to0}\frac{\displaystyle\int_0^{x^2}f(t)\,\mathrm{d}t}{x^2\displaystyle\int_0^{x}f(t)\,\mathrm{d}t}&=\lim_{x\to0}\frac{2f(x^2)}{2\displaystyle\int_0^{x}f(t)\,\mathrm{d}t+xf(x)}=\lim_{x\to0}\frac{4f'(x^2)}{\frac{3f(x)}{x}+f'(x)}\\&=\frac{4f'(0)}{\lim\limits_{x\to0}\frac{3f(x)}{x}+f'(0)}=\frac{4f'(0)}{3f'(0)+f'(0)}=1.\end{aligned}$$

例 4.4 设

$$\begin{cases}x=\cos t^2,\\ y=t\cos t^2-\displaystyle\int_1^{t^2}\frac{1}{2\sqrt{u}}\cos u\,\mathrm{d}u,\end{cases}$$

求 $\dfrac{\mathrm{d}y}{\mathrm{d}x},\dfrac{\mathrm{d}^2y}{\mathrm{d}x^2}$.

解　$x'=-2t\sin t^2$,

$$y'=\cos t^2-2t^2\sin t^2-\frac{1}{2t}\cos t^2\cdot2t=-2t^2\sin t^2,$$

$$\frac{\mathrm{d}y}{\mathrm{d}x}=t,$$

$$\frac{\mathrm{d}^2y}{\mathrm{d}x^2}=\frac{\mathrm{d}}{\mathrm{d}x}(\frac{\mathrm{d}y}{\mathrm{d}x})=\frac{\mathrm{d}t}{\mathrm{d}x}=-\frac{1}{2t\sin t^2}.$$

例 4.5 设 $f(x)$ 在 $[0,+\infty)$ 内连续且 $f(x)>0$, 则 $F(x)=\dfrac{\int_0^x tf(t)\,\mathrm{d}t}{\int_0^x f(t)\,\mathrm{d}t}$ 在 $(0,+\infty)$ 内严格增.

证 因为 $x\in(0,+\infty)$, 有

$$F'(x)=\frac{f(x)\int_0^x(x-t)f(t)\,\mathrm{d}t}{\left(\int_0^x f(t)\,\mathrm{d}t\right)^2}>0.$$

所以 $F(x)$ 在 $(0,+\infty)$ 内严格增.

例 4.6 设函数 $f(x)$ 连续，且 $f(0)\neq 0$, 求极限 $\lim\limits_{x\to 0}\dfrac{\int_0^x(x-t)f(t)\,\mathrm{d}t}{x\int_0^x f(x-t)\,\mathrm{d}t}$.

解 这是一个含参变量积分，分子可以通过简单变形将参变量提到积分号之外；分母可以通过变量代换将参变量置换到积分的上下限. 令 $u=x-t$, 则由罗必达法则，有

$$\text{原式}=\lim_{x\to 0}\frac{x\displaystyle\int_0^x f(t)\,\mathrm{d}t-\int_0^x tf(t)\,\mathrm{d}t}{x\displaystyle\int_0^x f(x-t)\,\mathrm{d}t}=\lim_{x\to 0}\frac{x\displaystyle\int_0^x f(t)\,\mathrm{d}t-\int_0^x tf(t)\,\mathrm{d}t}{x\displaystyle\int_0^x f(u)\,\mathrm{d}u}$$

$$=\lim_{x\to 0}\frac{\displaystyle\int_0^x f(t)\,\mathrm{d}t}{\displaystyle\int_0^x f(u)\,\mathrm{d}u+xf(x)}=\lim_{x\to 0}\frac{\dfrac{1}{x}\displaystyle\int_0^x f(t)\,\mathrm{d}t}{\dfrac{1}{x}\displaystyle\int_0^x f(u)\,\mathrm{d}u+f(x)}$$

$$=\frac{f(0)}{f(0)+f(0)}=\frac{1}{2}.$$

例 4.7 求极限 $\lim\limits_{y\to 0}\dfrac{\int_y^{y^2}\frac{\sin xy}{x}\,\mathrm{d}x}{y^2}$.

解 令 $xy=t$, 则有

$$\lim_{y\to 0}\frac{\displaystyle\int_y^{y^2}\frac{\sin xy}{x}\,\mathrm{d}x}{y^2}=\lim_{y\to 0}\frac{\displaystyle\int_{y^2}^{y^3}\frac{\sin t}{t}\,\mathrm{d}t}{y^2}$$

$$= \lim_{y\to 0}\frac{\dfrac{\sin y^3}{y^3}\cdot 3y^2-\dfrac{\sin y^2}{y^2}\cdot 2y}{2y}=-1.$$

例 4.8 求由

$$\int_0^y \mathrm{e}^{\sin x}\,\mathrm{d}x+\int_0^x \cos y^2\,\mathrm{d}y=0$$

所确定的隐函数 y 对 x 的二阶导数 $\dfrac{\mathrm{d}^2y}{\mathrm{d}x^2}$.

解 方程两端对 x 求导，有

$$\mathrm{e}^{\sin y}y'+\cos x^2=0,\text{即 } y'=-\cos x^2\cdot \mathrm{e}^{-\sin y}.$$

于是

$$\begin{aligned} y'' &= 2x\sin x^2\cdot \mathrm{e}^{-\sin y}+\cos x^2\cdot \mathrm{e}^{-\sin y}\cdot\cos y\cdot y' \\ &= 2x\sin x^2\cdot \mathrm{e}^{-\sin y}-\cos^2 x^2\cdot \mathrm{e}^{-2\sin y}\cdot\cos y. \end{aligned}$$

有些问题在形式上可能不是变限积分，但可以通过转化或构造变限积分得到解决.

例 4.9 设 $f(x)$ 是以正数 T 为周期的连续函数，则对任意实数 a, 都有

$$\int_a^{a+T} f(x)\,\mathrm{d}x=\int_0^T f(x)\,\mathrm{d}x.$$

证 令 $F(a)=\displaystyle\int_a^{a+T} f(x)\,\mathrm{d}x$, 则有

$$F'(a)=f(a+T)-f(a)=0.$$

因此，必有 $F(a)=F(0)$. 此即 $\displaystyle\int_a^{a+T} f(x)\,\mathrm{d}x=\int_0^T f(x)\,\mathrm{d}x$.

例 4.10 设 $f(x)=\displaystyle\int_x^{x+\frac{\pi}{2}} |\sin x|\,\mathrm{d}x$.

(1) 证明 $f(x)$ 是以 π 为周期的周期函数;

(2) 求 $f(x)$ 的值域.

证 (1) 由于 $f(0)=f(\pi)=1$, 且

$$(f(x+\pi)-f(x))'=\left[\int_{x+\pi}^{x+\pi+\frac{\pi}{2}} |\sin t|\,\mathrm{d}t-\int_x^{x+\frac{\pi}{2}} |\sin t|\,\mathrm{d}t\right]'$$

$$= \left|\sin(x+\pi+\frac{\pi}{2})\right| - |\sin(x+\pi)| - \left|\sin(x+\frac{\pi}{2})\right| + |\sin(x)| = 0.$$

所以 $f(x)$ 是以 π 为周期的周期函数.

(2) 计算导数，有

$$f'(x) = |\sin(x+\frac{\pi}{2})| - |\sin x| = |\cos x| - |\sin x|.$$

令 $f'(x)=0$, 得 $x_1 = \frac{\pi}{4}$, $x_2 = \frac{3\pi}{4}$ 及

$$f(\frac{\pi}{4}) = \int_{\pi/4}^{3\pi/4} \sin t \, dt = \sqrt{2},$$

$$\begin{aligned} f(\frac{3\pi}{4}) &= \int_{3\pi/4}^{5\pi/4} |\sin t| \, dt \\ &= \int_{3\pi/4}^{\pi} \sin t \, dt - \int_{\pi}^{5\pi/4} \sin t \, dt = 2-\sqrt{2}. \end{aligned}$$

又

$$f(0) = \int_0^{\pi/2} \sin t \, dt = 1, \ f(\pi) = \int_{\pi}^{3\pi/2} (-\sin t) \, dt = 1,$$

所以 $f(x)$ 的最小值是 $2-\sqrt{2}$, 最大值是 $\sqrt{2}$. 故 $f(x)$ 的值域是 $[2-\sqrt{2}, \sqrt{2}]$.

例 4.11 设 $f(x)$ 在 $[0,+\infty)$ 上连续且 $\lim\limits_{x\to+\infty} f(x) = A$, 则

$$\lim_{n\to\infty} \int_0^1 f(nx) \, dx = A.$$

证 令 $t = nx$, 则

$$\begin{aligned} \lim_{n\to\infty} \int_0^1 f(nx) \, dx &= \lim_{n\to\infty} \frac{1}{n} \int_0^n f(t) \, dt \\ &= \lim_{x\to+\infty} \frac{1}{x} \int_0^x f(t) \, dt = \lim_{x\to+\infty} f(x) = A. \end{aligned}$$

例 4.12 设 $f(x) = \int_0^x \cos\frac{1}{t} \, dt$, 证明 $f'(0) = 0$.

证 利用分部积分法，有

$$f(x)=-\int_0^x t^2\,\mathrm{d}\sin\frac{1}{t}=-x^2\sin\frac{1}{x}+2\int_0^x t\sin\frac{1}{t}\,\mathrm{d}t.$$

于是

$$f'(0)=\lim_{x\to 0}\frac{2}{x}\int_0^x t\sin\frac{1}{t}\,\mathrm{d}t=\lim_{x\to 0}2x\sin\frac{1}{x}=0.$$

例 4.13 设函数 $f(x)$ 在闭区间 $[a,b]$ 上连续且 $a<\alpha<\beta<b$, 证明

$$\lim_{t\to 0}\frac{1}{t}\int_\alpha^\beta [f(x+t)-f(x)]\,\mathrm{d}x=f(\beta)-f(\alpha).$$

证 作变量代换并应用罗必达法则，有

$$\begin{aligned}\lim_{t\to 0}\frac{1}{t}\int_\alpha^\beta [f(x+t)-f(x)]\,\mathrm{d}x&=\lim_{t\to 0}\frac{1}{t}\Big(\int_\alpha^\beta f(x+t)\,\mathrm{d}x-\int_\alpha^\beta f(x)\,\mathrm{d}x\Big)\\&=\lim_{t\to 0}\frac{1}{t}\Big(\int_{\alpha+t}^{\beta+t} f(x)\,\mathrm{d}x-\int_\alpha^\beta f(x)\,\mathrm{d}x\Big)\\&=f(\beta)-f(\alpha).\end{aligned}$$

例 4.14 设函数 $f(x)$ 连续， $\varphi(x)=\displaystyle\int_0^1 f(xt)\,\mathrm{d}t$, 且 $\displaystyle\lim_{x\to 0}\frac{f(x)}{x}=A$, 求 $\varphi'(x)$ 并讨论 $\varphi'(x)$ 在 $x=0$ 处的连续性.

解 由 $f(x)$ 的连续性和 $\displaystyle\lim_{x\to 0}\frac{f(x)}{x}=A$ 可知， $f(0)=0$, 从而 $\varphi(0)=0$. 令 $u=xt$, 则当 $x\neq 0$ 时，有

$$\varphi(x)=\frac{\int_0^x f(u)\,\mathrm{d}u}{x}.$$

于是

$$\varphi'(x)=\frac{xf(x)-\int_0^x f(u)\,\mathrm{d}u}{x^2},\ (x\neq 0);$$

$$\varphi'(0)=\lim_{x\to 0}\frac{\varphi(x)-\varphi(0)}{x-0}=\lim_{x\to 0}\frac{\int_0^x f(u)\,\mathrm{d}u}{x^2}=\frac{f(x)}{2x}=\frac{A}{2}.$$

由于

$$\lim_{x\to 0}\varphi'(x)=\lim_{x\to 0}\Big(\frac{f(x)}{x}-\frac{\int_0^x f(u)\,\mathrm{d}u}{x^2}\Big)=\frac{A}{2},$$

所以 $\varphi'(x)$ 在 $x=0$ 处连续.

例 4.15 设 $F(x)=\int_a^b f(y)|x-y|\,\mathrm{d}y$, 其中 $f(y)$ 可微 $(a<b)$. 求 $F'(x)$.

解 按照 $x<a$, $a<x<b$, $x>b$, 分情况讨论.

(i) 当 $x<a$ 时，有

$$F(x)=\int_a^b f(y)(y-x)\,\mathrm{d}y=\int_a^b f(y)y\,\mathrm{d}y-x\int_a^b f(y)\,\mathrm{d}y.$$

$$F'(x)=-\int_a^b f(y)\,\mathrm{d}y.$$

(ii) 当 $a<x<b$ 时，有

$$\begin{aligned}F(x) &= \int_a^x f(y)(x-y)\,\mathrm{d}y+\int_x^b f(y)(y-x)\,\mathrm{d}y\\ &= x\int_a^x f(y)\,\mathrm{d}y-\int_a^x f(y)y\,\mathrm{d}y+\int_x^b f(y)y\,\mathrm{d}y-x\int_x^b f(y)\,\mathrm{d}y.\\ F'(x) &= \int_a^x f(y)\,\mathrm{d}y-\int_x^b f(y)\,\mathrm{d}y.\end{aligned}$$

(iii) 当 $x>b$ 时，有

$$F(x)=\int_a^b f(y)(x-y)\,\mathrm{d}y=x\int_a^b f(y)\,\mathrm{d}y-\int_a^b f(y)y\,\mathrm{d}y.$$

$$F'(x)=\int_a^b f(y)\,\mathrm{d}y.$$

由于

$$F'(a-)=F'(a+)=-\int_a^b f(y)\,\mathrm{d}y,\ F'(b-)=F'(b+)=\int_a^b f(y)\,\mathrm{d}y,$$

所以 $F'(a)=-\int_a^b f(y)\,\mathrm{d}y$, $F'(b)=\int_a^b f(y)\,\mathrm{d}y$.

例 4.16 设 C_1 和 C_2 分别是 $y=\dfrac{1}{2}(1+\mathrm{e}^x)$ 和 $y=\mathrm{e}^x$ 的图象，过点 $(0,1)$ 的曲线 C_3 是一单调增函数的图象. 过 C_2 上任一点 $M(x,y)$ 分别作垂直于

x 轴和 y 轴的直线 l_x 和 l_y. 记 C_1, C_2 与 l_x 所围图形的面积为 $S_1(x)$; C_2, C_3 与 l_y 所围图形的面积为 $S_2(x)$. 如果总有 $S_1(x) = S_2(x)$, 求曲线 C_3 的方程 $x = \varphi(y)$.

解 由 $S_1(x) = S_2(x)$ 可得

$$\int_0^x \left[\mathrm{e}^x - \frac{1}{2}(1+\mathrm{e}^x)\right] \mathrm{d}x = \int_1^y [\ln y - \varphi(y)]\, \mathrm{d}y.$$

两边对 x 求导，得

$$\frac{1}{2}\mathrm{e}^x - \frac{1}{2} = [\ln y - \varphi(y)]\frac{\mathrm{d}y}{\mathrm{d}x}.$$

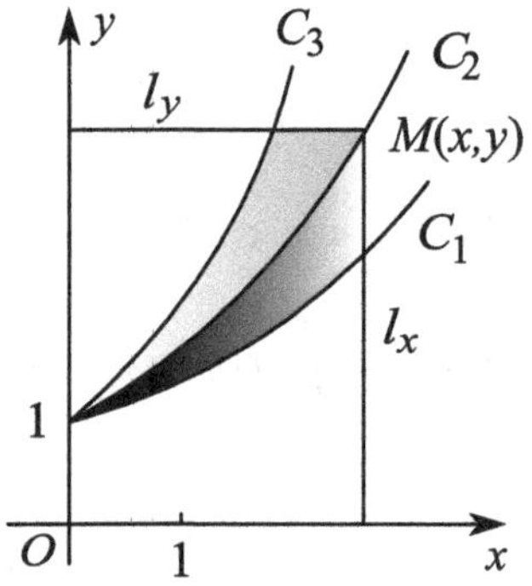

图 4.1

将 $y = \mathrm{e}^x$ 代入得

$$\frac{1}{2}\mathrm{e}^x - \frac{1}{2} = [\ln y - \varphi(\mathrm{e}^x)]\mathrm{e}^x.$$

即

$$\varphi(\mathrm{e}^x) = x + \frac{1}{2\mathrm{e}^x} - \frac{1}{2},$$

或

$$\varphi(y) = \ln y + \frac{1}{2y} - \frac{1}{2}.$$

故曲线 C_3 的方程为 $x = \ln y + \dfrac{1}{2y} - \dfrac{1}{2}$.

例 4.17 求常数 α, 使极限 $\lim\limits_{x\to 0}\displaystyle\int_{-x}^{x} \frac{1}{x}\left(1 - \frac{|t|}{x}\right)\cos(\alpha - t)\,\mathrm{d}t$ 存在，并求此极限值.

解 由于

$$\begin{aligned}
&\lim_{x\to 0}\int_{-x}^{x} \frac{1}{x}\left(1 - \frac{|t|}{x}\right)\cos(\alpha - t)\,\mathrm{d}t \\
=& \lim_{x\to 0}\left[\cos\alpha \int_{-x}^{x} \frac{1}{x}\left(1 - \frac{|t|}{x}\right)\cos t\,\mathrm{d}t + \sin\alpha \int_{-x}^{x} \frac{1}{x}\left(1 - \frac{|t|}{x}\right)\sin t\,\mathrm{d}t\right] \\
=& \lim_{x\to 0}\left[\cos\alpha \int_{-x}^{x} \frac{1}{x}\left(1 - \frac{|t|}{x}\right)\cos t\,\mathrm{d}t + 0\right] \\
=& 2\cos\alpha \lim_{x\to 0}\frac{x\displaystyle\int_0^x \cos t\,\mathrm{d}t - \int_0^x |t|\cos t\,\mathrm{d}t}{x^2}
\end{aligned}$$

$$= 2\cos\alpha \lim_{x\to 0} \frac{\displaystyle\int_0^x \cos t \, \mathrm{d}t + (x - |x|)\cos x}{2x} = \begin{cases} \cos\alpha, & x \to 0+ \\ 3\cos\alpha, & x \to 0- \end{cases},$$

所以当 $\cos\alpha = 3\cos\alpha$, 即 $\alpha = k\pi + \dfrac{\pi}{2}$, $k \in \mathbb{Z}$ 时，极限存在且极限为 0.

§4.4.2 三角乘积的积分

考察形如

$$\int \sin^k x \cos^n x \, \mathrm{d}x, \qquad \int \tan^k x \sec^n x \, \mathrm{d}x,$$

$$\int \sin Ax \sin Bx \, \mathrm{d}x, \qquad \int \sin Ax \cos Bx \, \mathrm{d}x, \qquad \int \cos Ax \cos Bx \, \mathrm{d}x$$

的三角积分，其中 k, n 为非负整数.

例 4.18 求 $\displaystyle\int \sin^3 x \cos^2 x \, \mathrm{d}x$.

解 令 $u = \cos x$, 则

$$\begin{aligned}\int \sin^3 x \cos^2 x \, \mathrm{d}x &= \int \sin^2 x \cos^2 x \sin x \, \mathrm{d}x = -\int (1 - \cos^2 x)\cos^2 x \, \mathrm{d}\cos x \\ &= -\int (1 - u^2)u^2 \, \mathrm{d}u = \int (u^4 - u^2) \, \mathrm{d}u \\ &= \frac{1}{5}u^5 - \frac{1}{3}u^3 + C = \frac{1}{5}\cos^5 x - \frac{1}{3}\cos^3 x + C.\end{aligned}$$

例 4.19 求 $\displaystyle\int \sin^4 x \cos^7 x \, \mathrm{d}x$.

解 令 $u = \sin x$, 则

$$\begin{aligned}\int \sin^4 x \cos^7 x \, \mathrm{d}x &= \int \sin^4 x \cos^6 x \, \mathrm{d}\sin x = \int u^4(1 - u^2)^3 \, \mathrm{d}u \\ &= \int (u^4 - 3u^6 + 3u^8 - u^{10}) \, \mathrm{d}u \\ &= \frac{1}{5}u^5 - \frac{3}{7}u^7 + \frac{1}{3}u^9 - \frac{1}{11}u^{11} + C \\ &= \frac{1}{5}\cos^5 x - \frac{3}{7}\cos^7 x + \frac{1}{3}\cos^9 x - \frac{1}{11}\cos^{11} x + C.\end{aligned}$$

例 4.20 求 $\int \sin^5 x \,\mathrm{d}x$.

解 令 $u = \cos x$, 则

$$\int \sin^5 x \,\mathrm{d}x = -\int (1-\cos^2 x)^2 \,\mathrm{d}\cos x = -\int (1-u^2)^2 \,\mathrm{d}u$$

$$= -\int (1-2u^2+u^4)\mathrm{d}u = -(u - \frac{2}{3}u^3 + \frac{1}{5}u^5) + C$$

$$= -\cos x + \frac{2}{3}\cos^3 x - \frac{1}{5}\cos^5 x + C.$$

例 4.21 求 $\int \tan^2 x \sec^4 x \,\mathrm{d}x$.

解 令 $u = \tan x$, 则

$$\int \tan^2 x \sec^4 x \,\mathrm{d}x = \int \tan^2 x(1+\tan^2 x)\,\mathrm{d}\tan x = \int u^2(1+u^2)\,\mathrm{d}u$$

$$= \int (u^4+u^2)du = \frac{1}{5}u^5 + \frac{1}{3}u^3 + C$$

$$= \frac{1}{5}\tan^5 x + \frac{1}{3}\tan^3 x + C.$$

例 4.22 求 $\int \tan^3 x \sec x \,\mathrm{d}x$.

解 令 $u = \sec x$, 则

$$\int \tan^3 x \sec x \,\mathrm{d}x = \int (\sec^2 x - 1)\,\mathrm{d}\sec x = \int (u^2-1)\,\mathrm{d}u$$

$$= \frac{1}{3}\sec^3 x - \sec x + C.$$

例 4.23 求 $\int \tan^2 x \sec x \,\mathrm{d}x$.

解 $$\int \tan^2 x \sec x \,\mathrm{d}x = \int (\sec^3 x - \sec x)\,\mathrm{d}x$$

$$= \int \sec x \,\mathrm{d}\tan x - \ln|\sec x + \tan x|$$

$$= \sec x \tan x - \int \tan x \, \mathrm{d} \sec x - \ln|\sec x + \tan x|$$

$$= \sec x \tan x - \int \tan^2 x \sec x \, \mathrm{d}x - \ln|\sec x + \tan x|$$

$$= \frac{1}{2}(\sec x \tan x - \ln|\sec x + \tan x|) + C.$$

在三角乘积的积分中，常用半角公式

$$\cos^2 x = \frac{1+\cos 2x}{2}, \quad \sin^2 x = \frac{1-\cos 2x}{2}$$

与积化和差公式

$$\sin Ax \cos Bx = \frac{1}{2}[\sin(A+B)x + \sin(A-B)x],$$
$$\sin Ax \sin Bx = \frac{1}{2}[\cos(A-B)x - \cos(A+B)x],$$
$$\cos Ax \cos Bx = \frac{1}{2}[\cos(A-B)x + \cos(A+B)x].$$

将问题化简.

例 4.24 求 $\int \cos^2 x \sin^4 x \, \mathrm{d}x$.

解 原式 $= \int (\cos^2 x)(\sin^2 x)^2 \, \mathrm{d}x = \int \left(\frac{1+\cos 2x}{2}\right)\left(\frac{1-\cos 2x}{2}\right)^2 \mathrm{d}x$

$$= \frac{1}{8}\int (1 - \cos 2x - \cos^2 2x + \cos^3 2x) \, \mathrm{d}x$$

$$= \frac{1}{8}\left(x - \frac{\sin 2x}{2} - \int \frac{1+\cos 4x}{2} \mathrm{d}x + \frac{1}{2}\int (1-\sin^2 2x) \, \mathrm{d}\sin 2x\right)$$

$$= \frac{1}{8}\left(x - \frac{\sin 2x}{2} - \frac{x}{2} - \frac{\sin 4x}{8} + \frac{\sin 2x}{2} - \frac{\sin^3 2x}{6}\right) + C$$

$$= \frac{x}{16} - \frac{\sin 4x}{64} - \frac{\sin^3 2x}{48} + C.$$

例 4.25 求 $\int \sin 7x \cos 3x \, \mathrm{d}x$.

解 $\int \sin 7x \cos 3x \, \mathrm{d}x = \frac{1}{2}\int [\sin(7+3)x + \sin(7-3)x] \, \mathrm{d}x$

$$= -\frac{1}{40}(2\cos 10x + 5\cos 4x) + C.$$

例 4.26 求 $\int \sin 3x \sin 2x \, \mathrm{d}x$.

解 原式 $= \frac{1}{2}\int [\cos(3x-2x) - \cos(3x+2x)] \, \mathrm{d}x = \frac{1}{2}\sin x - \frac{1}{10}\sin 5x + C.$

例 4.27 求 $\int \cos 4x \cos 2x \, \mathrm{d}x$.

解 原式 $= \frac{1}{2}\int [\cos 2x + \cos 6x] \, \mathrm{d}x = \frac{1}{4}\sin 2x + \frac{1}{12}\sin 6x + C.$

例 4.28 求 $\int (1+\cos 3x)^{3/2} \, \mathrm{d}x$.

解 利用半角公式可化为三角乘积的积分.

$$\begin{aligned}\int (1+\cos 3x)^{3/2} \, \mathrm{d}x &= 2\sqrt{2}\int \cos^3\left(\frac{3x}{2}\right) \mathrm{d}x \\ &= 2\sqrt{2}\int \left(1-\sin^2\left(\frac{3x}{2}\right)\right)\cos\left(\frac{3x}{2}\right) \mathrm{d}x \\ &= \frac{4\sqrt{2}}{9}\left[3\sin\left(\frac{3x}{2}\right) - \sin^3\left(\frac{3x}{2}\right)\right] + C.\end{aligned}$$

例 4.29 求 $\int \frac{1}{\sqrt{1-\sin 2x}} \, \mathrm{d}x$.

解 利用半角公式，有

$$\begin{aligned}\int \frac{\mathrm{d}x}{\sqrt{1-\sin 2x}} &= \int \frac{\mathrm{d}x}{\sqrt{1-\cos\left(\frac{\pi}{2}-2x\right)}} = \pm\frac{\sqrt{2}}{2}\int \frac{\mathrm{d}x}{\sin\left(\frac{\pi}{4}-x\right)} \\ &= \mp\frac{\sqrt{2}}{2}\ln\left|\csc\left(\frac{\pi}{4}-x\right) - \cot\left(\frac{\pi}{4}-x\right)\right| + C.\end{aligned}$$

§4.4.3 分段函数的积分

计算分段函数的不定积分，可以先在每个分段区间上计算不定积分，然后讨论分段积分在每个分段点处的连续性.

例 4.30 设

$$f(x)=\begin{cases}1, & x<0\\ x+1, & 0\leq x\leq 1,\\ 2x, & x>1\end{cases},$$

求 $\int f(x)\,\mathrm{d}x$.

解 当 $x<0$ 时,

$$\int f(x)\,\mathrm{d}x=\int \mathrm{d}x=x+C_1.$$

当 $0\leq x\leq 1$ 时,

$$\int f(x)\,\mathrm{d}x=\int (x+1)\,\mathrm{d}x=\frac{1}{2}x^2+x+C_2.$$

当 $x>1$ 时,

$$\int f(x)\,\mathrm{d}x=\int 2x\,\mathrm{d}x=x^2+C_3.$$

由于 $f(x)$ 在 $(-\infty,+\infty)$ 内连续，所以 $f(x)$ 的原函数在 $(-\infty,+\infty)$ 内连续．分别考虑原函数在 $x=0,x=1$ 的点的单侧极限，有

$$C_1=C_2,\ \frac{1}{2}+1+C_2=1+C_3.$$

由此可得， $C_1=C_2=C_3-\dfrac{1}{2}$. 于是

$$\int f(x)\,\mathrm{d}x=\begin{cases}x+C, & x<0\\ \dfrac{1}{2}x^2+x+C, & 0\leq x\leq 1.\\ x^2+\dfrac{1}{2}+C, & x>1\end{cases}$$

例 4.31 求 $\int \max(x^3,x^2,1)\,\mathrm{d}x$.

解 令 $f(x)=\max(x^3,x^2,1)$, 则有 $f(x)=\begin{cases}x^3, & x\geq 1\\ x^2, & x\leq -1.\\ 1, & |x|<1\end{cases}$

当 $x \geq 1$ 时,

$$\int f(x)\,\mathrm{d}x = \int x^3\,\mathrm{d}x = \frac{1}{4}x^4 + C_1.$$

当 $x \leq -1$ 时,

$$\int f(x)\,\mathrm{d}x = \int x^2\,\mathrm{d}x = \frac{1}{3}x^3 + x + C_2.$$

当 $|x| < 1$ 时,

$$\int f(x)\,\mathrm{d}x = \int\,\mathrm{d}x = x + C_3.$$

由于 $f(x)$ 在 $(-\infty,+\infty)$ 内连续，所以 $f(x)$ 的原函数在 $(-\infty,+\infty)$ 内连续．分别考虑原函数在 $x=1, x=-1$ 的点的单侧极限，有

$$\frac{1}{4} + C_1 = 1 + C_3,\ -1 + C_3 = -\frac{1}{3} - 1 + C_2.$$

由此可得,

$$\int f(x)\,\mathrm{d}x = \begin{cases} \dfrac{1}{4}x^4 + \dfrac{3}{4} + C, & x \geq 1 \\ \dfrac{1}{3}x^3 + \dfrac{1}{3} + C, & x \leq -1. \\ x + C, & |x| < 1 \end{cases}$$

计算分段函数的定积分时，可以先计算每个分段区间上的定积分，然后对这些分段积分求和.

例 4.32 设 $f(x) = \begin{cases} 2x + \dfrac{3}{2}x^2, & -1 \leq x < 0 \\ \dfrac{x\mathrm{e}^x}{(\mathrm{e}^x+1)^2}, & 0 \leq x \leq 1 \end{cases}$，求 $F(x) = \displaystyle\int_{-1}^{x} f(t)\,\mathrm{d}t$.

解 当 $-1 \leq x < 0$ 时,

$$F(x) = \int_{-1}^{x}\left(2t + \frac{3}{2}t^2\right)\,\mathrm{d}t = x^2 + \frac{1}{2}x^3 - \frac{1}{2};$$

当 $0 \leq x \leq 1$ 时，令 $\mathrm{e}^t = u$, 则

$$F(x) = F(0-) + \int_0^x \frac{t\mathrm{e}^t}{(\mathrm{e}^t+1)^2}\,\mathrm{d}t$$

$$= -\frac{1}{2} - \int_0^x t\,\mathrm{d}\left(\frac{1}{\mathrm{e}^t+1}\right) = -\frac{1}{2} - \frac{x}{\mathrm{e}^x+1} + \int_0^x \left(\frac{t}{\mathrm{e}^t+1}\right)\mathrm{d}t$$

$$= -\frac{1}{2} - \frac{x}{\mathrm{e}^x+1} + \int_1^{\mathrm{e}^x}\left(\frac{1}{u} - \frac{1}{u+1}\right)\mathrm{d}u$$

$$= -\frac{1}{2} - \frac{x}{\mathrm{e}^x+1} + x - \ln(\mathrm{e}^x+1) + \ln 2.$$

例 4.33　求下列积分：

(1) $\int_{-2}^{2}\max(x, x^2)\,\mathrm{d}x$;　　　　(2) $\int_{-3}^{2}\min(2, x^2)\,\mathrm{d}x$.

解　设 $f(x) = \max(x, x^2), g(x) = \min(2, x^2)$, 则

$$f(x) = \begin{cases} x^2, & -2 \le x < 0 \\ x & 0, \le x < 1 \\ x^2, & 1 \le x \le 2 \end{cases}, \quad g(x) = \begin{cases} 2, & -3 \le x \le -\sqrt{2} \\ x^2 & -\sqrt{2} < x \le \sqrt{2} \\ 2, & \sqrt{2} < x \le 2 \end{cases}.$$

于是

$$\int_{-2}^{2} f(x)\,\mathrm{d}x = \int_{-2}^{0} x^2\,\mathrm{d}x + \int_0^1 x\,\mathrm{d}x + \int_1^2 x^2\,\mathrm{d}x = \frac{11}{2}.$$

$$\int_{-3}^{2} g(x)\,\mathrm{d}x = \int_{-3}^{-\sqrt{2}} 2\,\mathrm{d}x + \int_{-\sqrt{2}}^{\sqrt{2}} x^2\,\mathrm{d}x + \int_{\sqrt{2}}^{2} 2\,\mathrm{d}x = 10 - \frac{8}{3}\sqrt{2}.$$

计算复合型分段函数的定积分时，一般需要先作变量代换以化简积分表达式.

例 4.34　设 $f(x) = \begin{cases} \dfrac{1}{x+1}, & x \ge 0 \\ \dfrac{1}{1+\mathrm{e}^x}, & x < 0 \end{cases}$, 求 $\int_0^2 f(x-1)\,\mathrm{d}x$.

解　设 $t = x - 1$, 则

$$\int_0^2 f(x-1)\,\mathrm{d}x = \int_{-1}^{1} f(t)\,\mathrm{d}t = \int_{-1}^{0}\frac{\mathrm{d}t}{1+\mathrm{e}^t} + \int_0^1 \frac{\mathrm{d}t}{1+t}$$

$$= \int_{-1}^{0}\left(\frac{1}{\mathrm{e}^t} - \frac{1}{1+\mathrm{e}^t}\right)\mathrm{d}\mathrm{e}^t + \ln 2 = \ln(1+\mathrm{e}).$$

含有绝对值的积分可按分段函数的积分处理.

例 4.35 求 $\int_0^1 t|t-x|\,\mathrm{d}t$.

解 当 $x<0$ 时,

$$\int_0^1 t|t-x|\,\mathrm{d}t=\int_0^1 t(t-x)\,\mathrm{d}t=\frac{1}{3}-\frac{x}{2};$$

当 $0\le x\le 1$ 时,

$$\int_0^1 t|t-x|\,\mathrm{d}t=\int_0^x t(x-t)\,\mathrm{d}t+\int_x^1 t(t-x)\,\mathrm{d}t=\frac{1}{3}x^3-\frac{1}{2}x+\frac{1}{3};$$

当 $x>1$ 时,

$$\int_0^1 t|t-x|\,\mathrm{d}t=\int_0^t t(x-t)\,\mathrm{d}t=\frac{x}{2}-\frac{1}{3}.$$

故

$$\int_0^1 t|t-x|\,\mathrm{d}t=\begin{cases}\dfrac{1}{3}-\dfrac{x}{2}, & x<0\\ \dfrac{1}{3}x^3-\dfrac{1}{2}x+\dfrac{1}{3}, & 0\le x\le 1\\ \dfrac{x}{2}-\dfrac{1}{3}, & x>1\end{cases}.$$

例 4.36 设

$$f(x)=\begin{cases}\mathrm{e}^{|x|}\ln\dfrac{\mathrm{e}^x+\mathrm{e}^{-x}}{2}, & x<0\\ |2-x|-2, & x\ge 0\end{cases},$$

求 $\int_0^x f(t)\,\mathrm{d}t$.

解 当 $x<0$ 时, 令 $u=\mathrm{e}^{-t}$, 则

$$\begin{aligned}\int_0^x f(t)\,\mathrm{d}t&=-\int_1^{\mathrm{e}^{-x}}\ln\frac{u^{-1}+u}{2}\,\mathrm{d}u\\&=-u\ln\frac{u^{-1}+u}{2}\Big|_1^{\mathrm{e}^{-x}}+\int_1^{\mathrm{e}^{-x}}\left(1-\frac{2}{1+u^2}\right)\mathrm{d}u\end{aligned}$$

$$= -e^{-x}\ln\frac{e^{x}+e^{-x}}{2} - 2\arctan e^{-x} + e^{-x} - 1 + \frac{\pi}{2};$$

当 $0 \le x \le 2$ 时,

$$\int_0^x f(t)\,dt = \int_0^x (-t)\,dt = -\frac{1}{2}x^2;$$

当 $x > 2$ 时,

$$\int_0^x f(t)\,dt = -\frac{1}{2}x^2\Big|_{x=2} + \int_2^x (t-4)\,dt = \frac{1}{2}x^2 - 4x + 6 - \frac{1}{2}.$$

习 题 4.4 A

1. 求下列不定积分:

(1) $\int \cos^3 x\,dx$; (2) $\int \sin 2x\cos 3x\,dx$;

(3) $\int \sin^2 x\,dx$; (4) $\int \cos^2(3x)\,dx$;

(5) $\int \sin^2 x\cos^3 x\,dx$; (6) $\int \sin^3(3x)\cos^5(3x)\,dx$;

(7) $\int \cos^3\left(\frac{x}{3}\right)dx$; (8) $\int \cos^2 x\sin^4 x\,dx$;

(9) $\int \sin^4 x\,dx$; (10) $\int \sin^2 x\cos^2 x\,dx$;

(11) $\int \sin^4(3x)\cos^2(3x)\,dx$; (12) $\int \sin 3x\cos 2x\,dx$;

(13) $\int \sin 3x\cos 5x\,dx$; (14) $\int \cos 4x\cos 2x\,dx$;

(15) $\int \tan^4 x\,dx$; (16) $\int \tan^5 x\,dx$.

2. 求下列极限:

(1) $\lim\limits_{x\to+\infty}\dfrac{\left(\int_0^x e^{\sqrt{t}}\,dt\right)^2}{\int_0^{x^2} e^{2\sqrt{t}}\,dt}$; (2) $\lim\limits_{x\to+\infty}\dfrac{\ln x\int_2^x \frac{dt}{\ln t}}{\sqrt{x^2+\ln x}}$;

(3) $\lim\limits_{x\to+\infty}\dfrac{\displaystyle\int_0^{\ln x}\arctan t^2\,\mathrm{d}t}{\sqrt{x^2+1}}$; (4) $\lim\limits_{x\to+\infty}\left(\displaystyle\int_0^x \mathrm{e}^{t^2}\,\mathrm{d}t\right)^{\frac{1}{x^2+1}}$.

3. 确定正数 a 和 b, 使

$$\lim_{x\to 0}\frac{1}{bx-\sin x}\int_0^x\frac{t^2}{\sqrt{a+t^2}}\,\mathrm{d}t=2.$$

4. 若 $f(x)=\begin{cases}\dfrac{\displaystyle\int_0^{1-\cos x}\mathrm{e}^{x^2}\,\mathrm{d}x}{x^2}, & x\neq 0\\ a, & x=0\end{cases}$ 在 $x=0$ 处连续, 则 $a=$ ________.

5. 设 $f(x)=\begin{cases}\dfrac{2}{x^2}(1-\cos x), & x<0\\ 1, & x=0\\ \dfrac{1}{x}\displaystyle\int_0^x\cos t^2\,\mathrm{d}t, & x>0\end{cases}$, 试讨论 $f(x)$ 在 $x=0$ 处的连续性与可导性.

6. 设 $f(x)$ 为连续函数，证明

$$\int_0^x f(t)\,(x-t)\,\mathrm{d}t=\int_0^x\left[\int_0^t f(u)\,\mathrm{d}u\right]\mathrm{d}t.$$

习 题 4.4 B

1. 求下列分段函数的积分:

(1) 设 $f(x)=\begin{cases}1, & -\infty<x<0\\ x+1, & 0\leq x\leq 1\\ 2x, & 1<x<+\infty\end{cases}$, 求 $\displaystyle\int f(x)\,\mathrm{d}x$;

(2) 设 $f(x)=\begin{cases}x+1, & x\leq 1\\ \dfrac{1}{2}x^2, & x>1\end{cases}$, 求 $\displaystyle\int_0^2 f(x)\,\mathrm{d}x$;

(3) 设 $f(x)=\begin{cases}\dfrac{1}{x+1}, & x\geq 0\\ \dfrac{1}{1+\mathrm{e}^x}, & x<0\end{cases}$，求 $\displaystyle\int_{1/2}^{2}\frac{f(\sqrt{x}-1)}{\sqrt{x}}\,\mathrm{d}x$;

2. 设 $F(x)=\begin{cases}\dfrac{\int_0^x tf(t)\,\mathrm{d}t}{x^2}, & x\neq 0\\ c, & x=0\end{cases}$，其中 $f(0)=0$ 且 $f(x)$ 具有连续的导数，试确定 c 使 $F(x)$ 连续，并讨论 $F'(x)$ 的连续性.

3. 设 $f(x)=\begin{cases}\dfrac{1}{x^2}(1-\cos\sqrt{2}x), & x<0\\ 1, & x=0\\ \dfrac{1}{x}\displaystyle\int_0^{\sin x}\cos t^2\,\mathrm{d}t, & x>0\end{cases}$，试讨论 $f(x)$ 在 $x=0$ 处的连续性与可导性.

4. 计算极限 $\displaystyle\lim_{n\to\infty}\int_0^{\pi/2}\cos x\cdot\left(1+\frac{2\sin x}{n}\right)^n\mathrm{d}x$.

5. 设 $f(x)=\begin{cases}\dfrac{A(\cos 2x-\cos 3x)}{x^2}, & x<0\\ 4, & x=0\\ \dfrac{B\sin x+\int_0^x\cos t^2\,\mathrm{d}t}{x}, & x>0\end{cases}$

在 $x=0$ 处连续，试确定 A, B.

6. 设 $f(x)$ 连续，且 $\displaystyle\lim_{x\to 0}\frac{f(x)}{x}=2$，令 $F(x)=\begin{cases}\displaystyle\int_0^1 f(xt)\,\mathrm{d}t, & x>0\\ 0, & x=0\\ \dfrac{\int_0^x\ln(1+2t)\,\mathrm{d}t}{x}, & x<0\end{cases}$，

求 $F'(0)$.

7. 求由方程 $\displaystyle\int_0^y\mathrm{e}^{t^2}\,\mathrm{d}t+\int_0^{x^2}\frac{\sin t}{\sqrt{t}}\,\mathrm{d}t=1$ 所确定的隐函数 y 关于 x 的导数和二阶导数.

8. 设当 $x>0$ 时，函数 $f(x)$ 可导且满足方程 $f(x)=1+\dfrac{1}{x}\displaystyle\int_1^x f(t)\,\mathrm{d}t$. 求 $f(x)$.

9. 设 $g(t)$ 是非负连续函数，证明函数 $f(x)=\int_{-a}^{a}|x-t|\,g(t)\,\mathrm{d}t$ 是区间 $[-a,a]$ 上的下凸函数.

10. 试确定常数 a,b, 使极限 $\lim\limits_{x\to 0}\left(\dfrac{a}{x^2}+\dfrac{1}{x^4}+\dfrac{b}{x^5}\int_0^x \mathrm{e}^{-t^2}\,\mathrm{d}t\right)$ 存在，并求该极限值.

11. 当 $x\geq 0$ 时，$f_0(x)>0$. 若令 $f_n(x)=\int_0^x f_{n-1}(t)\,\mathrm{d}t\ (n=1,2,\cdots)$, 则

$$f_n(x)=\frac{1}{(n-1)!}\int_0^x (x-t)^{n-1}f_0(t)\,\mathrm{d}t.$$

12. 设 $f(x)$ 在 $[0,2\pi]$ 上的导函数非负连续，若 n 为自然数，证明

$$\left|\int_0^{2\pi} f(x)\sin nx\,\mathrm{d}x\right|\leq \frac{2\left[f(2\pi)-f(0)\right]}{n}.$$

总 习 题 四

1. 选择题

(1) 设 $f(x)$ 有连续导数, 且 $f(0)=0, f'(0)\neq 0, F(x)=\int_0^x (x^2-t^2)f(t)\,\mathrm{d}t$, 当 $x\to 0$ 时，$F'(x)$ 与 x^k 是同阶无穷小，则 $k=$ __________.

(A) 1;　　(B) 2;　　(C) 3;　　(D) 4.

(2) 设 $f(x)=\int_0^{1-\cos x}\sin t^2\,\mathrm{d}t,\ g(x)=\dfrac{x^5}{5}+\dfrac{x^6}{6}$, 则当 $x\to 0$ 时，$f(x)$ 是 $g(x)$ 的 __________.

(A) 低阶无穷小;　　(B) 高阶无穷小;

(C) 等价无穷小;　　(D) 同阶但非等价无穷小.

(3) 设 $F(x)=\int_0^x (2t-x)f(t)\,\mathrm{d}t$, $f(x)$ 可导, 且 $f'(x)>0$, 则 __________.

(A) $F(0)$ 是极大值;　　(B) $F(0)$ 是极小值;

(C) $F(0)$ 不是极值，但 $(0, F(0))$ 是曲线 $y=F(x)$ 的拐点坐标;

(D) $F(0)$ 不是极值， $(0, F(0))$ 也不是曲线 $y=F(x)$ 的拐点坐标.

(4) 设 $f(x)=\int_0^{\sqrt{1+x}-1}\ln(1+t)\ \mathrm{d}t, g(x)=\int_0^{x/2}\arcsin t\ \mathrm{d}t$, 则当 $x\to 0$ 时， $f(x)$ 是 $g(x)$ 的 ________.

(A) 低阶无穷小; (B) 高阶无穷小;

(C) 等价无穷小; (D) 同阶无穷小.

(5) 设 $f(x)=\int_x^{x+2\pi}\mathrm{e}^{\sin t}\sin t\,\mathrm{d}t$, 则 $f(x)$

(A) 为正常数; (B) 为负常数

(C) 恒为零; (D) 不为常数.

2. 求下列极限:

(1) $\lim\limits_{x\to+\infty}\dfrac{\displaystyle\int_0^x\frac{\mathrm{d}x}{\sqrt[3]{x^3+5x^2+2}}}{\ln x}$; (2) $\lim\limits_{x\to\infty}\dfrac{\mathrm{e}^{-x^2}}{x}\displaystyle\int_0^x\sin^2 t\mathrm{e}^{t^2}\ \mathrm{d}t$;

(3) $\lim\limits_{x\to 0}\dfrac{\displaystyle\int_0^{x^2}t\mathrm{e}^t\sin t\ \mathrm{d}t}{x^6\mathrm{e}^x}$; (4) $\lim\limits_{x\to+\infty}\dfrac{\displaystyle\int_0^x|\sin t|\ \mathrm{d}t}{x}$;

(5) $\lim\limits_{x\to+\infty}\displaystyle\int_x^{x+2004}\frac{\sin(\mathrm{e}^{1/t^2}-1)}{\ln(1+\frac{1}{t^2})}\ \mathrm{d}t$; (6) $\lim\limits_{x\to 0}\dfrac{\displaystyle\int_0^x t^2\mathrm{e}^{t^2}\ \mathrm{d}t}{x\mathrm{e}^{x^2}}$.

3. 设 $f(x)$ 在 $x=12$ 的邻域内为可导函数, 且 $\lim\limits_{x\to 12}f(x)=0$, $\lim\limits_{x\to 12}f'(x)=1000$, 求极限

$$\lim_{x\to 12}\frac{\displaystyle\int_{12}^x\left[t\int_t^{12}f(u)\ \mathrm{d}u\right]\ \mathrm{d}t}{(12-x)^3}.$$

4. 设 $f(x)$ 在 $[0,1]$ 上连续可微， $f(0)=f(1)=0$, 证明

$$\left|\int_0^1 f(x)\ \mathrm{d}x\right|\le\frac{1}{2}\int_0^1|f'(x)|\ \mathrm{d}x.$$

5. 已知两曲线 $y=f(x)$与 $y=\displaystyle\int_0^{\arctan x}\mathrm{e}^{-t^2}\ \mathrm{d}t$ 在点 $(0,0)$处的切线重合,

写出切线方程，并求极限 $\lim\limits_{n\to\infty} nf(\dfrac{2}{n})$.

6. 设函数 $f(x)$ 在 $[0,1]$ 上可导，且 $|f'(x)|\le M$, 试证

$$\left|\int_0^1 f(x)\,\mathrm{d}x-\frac{1}{n}\sum_{k=1}^{n}f\Big(\frac{k}{n}\Big)\right|\le\frac{M}{2n}.$$

7. 计算下列极限：

(1) $\lim\limits_{n\to\infty}\left(\dfrac{\sin\dfrac{\pi}{n}}{n+1}+\dfrac{\sin\dfrac{2\pi}{n}}{n+\dfrac{1}{2}}+\cdots+\dfrac{\sin\pi}{n+\dfrac{1}{n}}\right)$,

(2) $\lim\limits_{n\to\infty}\left(\dfrac{n}{n^2+1+1}+\dfrac{n}{n^2+1+2}+\cdots+\dfrac{n}{n^2+1+n}\right)$.

8. 设 $f(x^2-1)=\ln\dfrac{x^2}{x^2-2}$, $f\circ\varphi(x)=\ln x$, 计算 $\int\varphi(x)\,\mathrm{d}x$.

9. 设 $I_n=\int\dfrac{\mathrm{d}x}{\sin^n x}$, 证明 I_n 满足递推公式

$$I_n=\frac{\cos x}{(n-1)\sin^{n-1}x}+\frac{n-2}{n-1}\,I_{n-2}\ (n\ge 3),$$

并求出 $\int\dfrac{\mathrm{d}x}{\sin^3 x}$.

10. 求函数 $f(x)=\int_0^x\dfrac{3x+1}{x^2-x+1}\,\mathrm{d}x$ 在 [0,1] 上的最值和最值点.

第五章　分类积分与积分应用

函数的原函数一般不是初等函数，存在初等原函数的函数称为初等可积函数. 常见的初等可积函数有有理函数、三角有理函数和一些特殊无理函数. 有理函数的积分可以通过分解为部分分式的方法计算，其它初等可积函数的积分大多可通过变量代换的方法化为有理函数的积分. 定积分是从大量的实际问题中概括和提炼出来的，有着十分广泛的应用. 利用定积分解决物理和几何问题，一是要掌握建模方法，二是要熟练积分方法.

§5.1　积分的分类计算

初等可积与黎曼可积是两个完全不同的概念，闭区间上的连续函数一定是黎曼可积的，但未必初等可积，例如 $\int e^{-x^2}\,dx, \int \frac{\sin x}{x}\,dx, \int \sin x^2\,dx, \int \frac{dx}{\ln x}$ 等不能用初等函数表示，这也说明初等函数的原函数可能不是初等函数. 本节主要讨论有理函数、三角有理式和一些特殊无理函数的初等积分问题.

§5.1.1　有理函数的积分

由一个变量和一些实数经过有限次四则运算得到的函数称为有理函数，一个函数 $R(x)$ 为有理函数当且仅当存在多项式

$$P(x) = a_0x^n + a_1x^{n-1} + \cdots + a_{n-1}x + a_n,\ (a_0 \neq 0),$$

$$Q(x) = b_0x^m + b_1x^{m-1} + \cdots + b_{m-1}x + b_m,\ (b_0 \neq 0),$$

使得 $R(x) = \dfrac{P(x)}{Q(x)}$.

为了方便，约定 $P(x), Q(x)$ 之间无公因式. 当 $m > n$ 时，称 $R(x)$ 为真分式；当 $m \leq n$ 时，称 $R(x)$ 为假分式. 由于假分式可以分解为一个多项式与一个真分式的和，如

$$\frac{x^4 + x^2 + x + 1}{x^2 + 1} = x^2 + \frac{x + 1}{x^2 + 1},$$

所以讨论有理函数的不定积分归结为讨论真分式的不定积分.

一 有理函数的分解

结构最简单的有理函数，即形如

(1) $\dfrac{A}{x-a}$;　　(2) $\dfrac{A}{(x-a)^n}$;

(3) $\dfrac{Mx+N}{x^2+px+q}$;　　(4) $\dfrac{Mx+N}{(x^2+px+q)^n}$

的函数称为**部分分式**, 其中 A, M, N 为常数， $p^2-4q<0, n\geq 2$.

由代数基本定理可知，每个真分式都可以表示成一些部分分式的和，并当 $Q(x)$ 存在因式分解

$$Q(x)=(x-a)^k\varphi(x)$$

时，真分式 $R(x)$ 具有下列分解

$$R(x)=\frac{A_1}{x-a}+\frac{A_2}{(x-a)^2}+\cdots+\frac{A_k}{(x-a)^k}+\frac{\psi(x)}{\varphi(x)};$$

当 $Q(x)$ 存在因式分解

$$Q(x)=(x^2+px+q)^k\varphi(x),\ p^2-4q<0$$

时，真分式 $R(x)$ 具有下列分解

$$R(x)=\frac{M_1x+N_1}{x^2+px+q}+\frac{M_2x+N_2}{(x^2+px+q)^2}+\cdots+\frac{M_kx+N_k}{(x^2+px+q)^k}+\frac{\psi(x)}{\varphi(x)}.$$

其中 $\dfrac{\psi(x)}{\varphi(x)}$ 是真分式， $A_1, M_1, N_1, \cdots, A_k, M_k, N_k$ 为待定系数.

例如，真分式 $\dfrac{x^2+x+1}{x(x-1)^3}$ 可分解成

$$\frac{x^2+x+1}{x(x-1)^3}=\frac{A_1}{x}+\frac{B_1}{x-1}+\frac{B_2}{(x-1)^2}+\frac{B_2}{(x-1)^3};$$

真分式 $\dfrac{x^2+x+1}{x^2(x^2+1)^3}$ 可分解成

$$\frac{x^2+x+1}{x^2(x^2+1)^3}=\frac{A_1}{x}+\frac{A_2}{x^2}+\frac{M_1x+N_1}{x^2+1}+\frac{M_2x+N_2}{(x^2+1)^2}+\frac{M_3x+N_3}{(x^2+1)^3}.$$

计算待定系数的常用方法有通分法、特值法和极限法，也可以综合使用这些方法.

例 1.1 设

$$R(x)=\frac{1}{(1+2x)(1+x^2)},$$

分解 $R(x)$ 为部分分式的和.

解 用通分法. 作形式分解

$$\frac{1}{(1+2x)(1+x^2)}=\frac{A}{1+2x}+\frac{Bx+C}{1+x^2}.$$

右端通分，两端的分子应相等，由此可得

$$1=A(1+x^2)+(Bx+C)(1+2x).$$

两个多项式无条件相等时，同次幂的系数必须相等，由此可得

$$\begin{cases} A+2B=0\\ B+2C=0\\ A+C=1. \end{cases}$$

解此三元一次方程组可得 $A=\frac{4}{5},B=-\frac{2}{5},C=\frac{1}{5}$. 于是

$$R(x)=\frac{4}{5(1+2x)}+\frac{-2x+1}{5(1+x^2)}.$$

例 1.2 设

$$R(x)=\frac{x^3+2x^2+1}{(x-1)(x-2)(x-3)^2},$$

分解 $R(x)$ 为部分分式的和.

解 用极限与特值法. 作形式分解

$$R(x)=\frac{A}{x-1}+\frac{B}{x-2}+\frac{C}{x-3}+\frac{D}{(x-3)^2},$$

则

$$A=\lim_{x\to 1}R(x)(x-1)=-1;$$

$$B=\lim_{x\to 2}R(x)(x-2)=17;$$

$$D=\lim_{x\to 3}R(x)(x-3)^2=23.$$

令 $x=0$, 可得 $C=-15$, 于是

$$R(x)=-\frac{1}{x-1}+\frac{17}{x-2}-\frac{15}{x-3}+\frac{23}{(x-3)^2}.$$

二　部分分式的积分

有理函数的积分最终归结为部分分式的积分，第一型和第二型部分分式的积分公式为

(1) $\displaystyle\int\frac{A}{x-a}\mathrm{d}x=A\ln|x-a|+C;$

(2) $\displaystyle\int\frac{A}{(x-a)^n}\mathrm{d}x=-\frac{A}{n-1}\cdot\frac{1}{(x-a)^{n-1}}+C.$

第三型部分分式的积分公式为

$$\begin{aligned}&\int\frac{Mx+N}{x^2+px+q}\mathrm{d}x\\&=\frac{M}{2}\int\frac{\mathrm{d}(x^2+px+q)}{x^2+px+q}+(N-p_1M)\int\frac{\mathrm{d}(x+p_1)}{(x+p_1)^2+a^2}\\&=\frac{M}{2}\ln(x^2+px+q)+\frac{N-p_1M}{a}\arctan\frac{x+p_1}{a}+C.\end{aligned}$$

其中 $p_1=\dfrac{p}{2}$, $a=\sqrt{q-p_1^2}$.

第四型部分分式的积分方法为

$$\begin{aligned}&\int\frac{Mx+N}{(x^2+px+q)^n}\mathrm{d}x\\&=\frac{M}{2}\int\frac{\mathrm{d}(x^2+px+q)}{(x^2+px+q)^n}+(N-p_1M)\int\frac{\mathrm{d}(x+p_1)}{[(x+p_1)^2+a^2]^n}\\&=\frac{M}{2(1-n)}\cdot\frac{1}{(x^2+px+q)^{n-1}}+(N-p_1M)\int\frac{\mathrm{d}(x+p_1)}{[(x+p_1)^2+a^2]^n}.\end{aligned}$$

其中 $p_1=\dfrac{p}{2}$, $a=\sqrt{q-p_1^2}$. 积分

$$I_n=\int\frac{\mathrm{d}x}{(x^2+a^2)^n},\ n>1$$

可用递推方法计算.

由分部积分法

$$\begin{aligned}I_{n-1}&=\int\frac{\mathrm{d}x}{(x^2+a^2)^{n-1}}=\frac{x}{(x^2+a^2)^{n-1}}-\int x\mathrm{d}\frac{1}{(x^2+a^2)^{n-1}}\\&=\frac{x}{(x^2+a^2)^{n-1}}+2(n-1)\int\frac{x^2}{(x^2+a^2)^n}\mathrm{d}x\\&=\frac{x}{(x^2+a^2)^{n-1}}+2(n-1)\int\left[\frac{1}{(x^2+a^2)^{n-1}}-\frac{a^2}{(x^2+a^2)^n}\right]\mathrm{d}x\\&=\frac{x}{(x^2+a^2)^{n-1}}+2(n-1)(I_{n-1}-a^2I_n).\end{aligned}$$

由此可得递推公式

$$I_n=\frac{1}{2a^2(n-1)}\left[\frac{x}{(x^2+a^2)^{n-1}}+(2n-3)I_{n-1}\right].$$

根据

$$I_1=\int\frac{\mathrm{d}x}{x^2+a^2}=\frac{1}{a}\arctan\frac{x}{a}+C,$$

由递推公式可得

$$\begin{aligned}I_2&=\frac{1}{2a^2}\left[\frac{x}{x^2+a^2}+\frac{1}{a}\arctan\frac{x}{a}\right]+C,\\I_3&=\frac{1}{4a^2}\left\{\frac{x}{(x^2+a^2)^2}+\frac{3}{2a^2}\left[\frac{x}{x^2+a^2}+\frac{1}{a}\arctan\frac{x}{a}\right]\right\}+C.\end{aligned}$$

综上所述，部分分式的原函数都是初等函数. 因此，有理函数的原函数都是初等函数，换句话说，有理函数都是可积出函数.

三　有理分式的积分

例 1.3　求 $\displaystyle\int\frac{1}{x(x-1)^2}\,\mathrm{d}x$.

解 作形式分解

$$\frac{1}{x(x-1)^2}=\frac{A}{x}+\frac{B}{x-1}+\frac{C}{(x-1)^2}.$$

由极限法可得， $A=1, C=1$, 令 $x=2$ 可得， $B=-1$. 于是

$$\int\frac{1}{x(x-1)^2}\mathrm{d}x=\int\left[\frac{1}{x}-\frac{1}{x-1}+\frac{1}{(x-1)^2}\right]\mathrm{d}x$$

$$=\ln\left|\frac{x}{x-1}\right|-\frac{1}{x-1}+C.$$

例 1.4 设

$$R(x)=\frac{2x+2}{x^5-x^4+2x^3-2x^2+x-1},$$

求 $\int R(x)\,\mathrm{d}x$.

解 作形式分解

$$R(x)=\frac{2x+2}{(x-1)(x^2+1)^2}=\frac{A}{x-1}+\frac{Bx+C}{x^2+1}+\frac{Dx+E}{(x^2+1)^2}.$$

由极限法有， $A=\left.\frac{2x+2}{(x^2+1)^2}\right|_{x=1}=1$ 及

$$(2x+2)\Big|_{x^2=-1}=(x-1)(Dx+E)\Big|_{x^2=-1}.$$

因此 $D=-2, E=0$. 令 $x=0$, 可得 $C=-1$, 令 $x=2$, 可得 $B=-1$. 于是

$$\int R(x)\,\mathrm{d}x=\int\left[\frac{1}{x-1}-\frac{x+1}{x^2+1}-\frac{2x}{(x^2+1)^2}\right]\mathrm{d}x$$

$$=\ln|x-1|+\frac{1}{2}\ln(x^2+1)-\arctan x+\frac{1}{x^2+1}+C.$$

例 1.5 设 $R(x)=\frac{x-1}{x^2+2x+3}$, 求 $\int R(x)\,\mathrm{d}x$.

解 $\int R(x)\,\mathrm{d}x=\frac{1}{2}\int\frac{\mathrm{d}(x^2+2x+3)}{x^2+2x+3}-2\int\frac{\mathrm{d}(x+1)}{(x+1)^2+(\sqrt{2})^2}$

$$=\frac{1}{2}\ln(x^2+2x+3)-\sqrt{2}\arctan\frac{x+1}{\sqrt{2}}+C.$$

有理函数的积分应视具体情况尽量采用简单算法.

例 1.6 设 $R(x)=\dfrac{1}{x(x^{10}+1)^2}$, 求 $\int R(x)\,\mathrm{d}x$.

解 令 $x^{10}=t$, 则

$$\begin{aligned}\int R(x)\,\mathrm{d}x&=\frac{1}{10}\int\frac{\mathrm{d}t}{t(1+t)^2}=\frac{1}{10}\int\frac{(1+t)-t}{t(1+t)^2}\,\mathrm{d}t\\&=\frac{1}{10}\int\left[\frac{1}{t}-\frac{1}{t+1}\right]\mathrm{d}t-\frac{1}{10}\int\frac{\mathrm{d}(1+t)}{(1+t)^2}\\&=\frac{1}{10}\left[\ln\frac{t}{t+1}+\frac{1}{t+1}\right]+C=\frac{1}{10}\left[\ln\frac{x^{10}}{x^{10}+1}+\frac{1}{x^{10}+1}\right]+C.\end{aligned}$$

例 1.7 设

$$R(x)=\frac{x^2-1}{x^4+x^3+x^2+x+1},$$

求 $\int R(x)\,\mathrm{d}x$.

解 由于

$$\int R(x)\,\mathrm{d}x=\int\frac{1-\frac{1}{x^2}}{\frac{x^4+x^3+x^2+x+1}{x^2}}\,\mathrm{d}x=\int\frac{\mathrm{d}\left(x+\frac{1}{x}\right)}{\left(x+\frac{1}{x}\right)^2+\left(x+\frac{1}{x}\right)-1},$$

所以只要令 $x+\dfrac{1}{x}=t$, 则有

$$\begin{aligned}\int R(x)\,\mathrm{d}x&=\int\frac{\mathrm{d}t}{t^2+t-1}=\int\frac{\mathrm{d}t}{(t+1/2)^2-(\sqrt{5}/2)^2}\\&=\frac{1}{\sqrt{5}}\ln\left|\frac{2t+1-\sqrt{5}}{2t+1+\sqrt{5}}\right|+C=\frac{1}{\sqrt{5}}\ln\left|\frac{2x^2+(1-\sqrt{5})x+2}{2x^2+(1+\sqrt{5})x+2}\right|+C.\end{aligned}$$

例 1.8 设 $R(x)=\dfrac{x^2+1}{x^4+1}$, 求 $\int R(x)\,\mathrm{d}x$.

解
$$\begin{aligned}\int R(x)\,\mathrm{d}x&=\int\frac{1+\dfrac{1}{x^2}}{x^2+\dfrac{1}{x^2}}\,\mathrm{d}x=\int\frac{\mathrm{d}\left(x-\dfrac{1}{x}\right)}{\left(x-\dfrac{1}{x}\right)^2+(\sqrt{2})^2}\\&=\frac{1}{\sqrt{2}}\arctan\frac{x^2-1}{\sqrt{2}x}+C.\end{aligned}$$

§5.1.2　三角有理式的积分

形如 $R(\sin x,\cos x)$ 的函数称为三角有理式. 若设 $\tan\dfrac{x}{2}=t$, $|x|<\pi$, 则有

$$\sin x=\frac{2t}{1+t^2},\ \cos x=\frac{1-t^2}{1+t^2},\ \mathrm{d}x=\frac{2\mathrm{d}t}{1+t^2}.$$

由此可得万能代换公式

$$\int R(\sin x,\cos x)\mathrm{d}x=\int R\Big(\frac{2t}{1+t^2},\frac{1-t^2}{1+t^2}\Big)\frac{2\mathrm{d}t}{1+t^2}.$$

通过万能代换公式, 总能将三角有理式的积分转化为有理函数的积分. 这意味着三角有理式的原函数都是初等函数.

例 1.9　设

$$R(x)=\frac{1+\sin x}{\sin x(1+\cos x)},$$

求 $\int R(x)\,\mathrm{d}x$.

解　令 $\tan\dfrac{x}{2}=t$, 则 $\sin x=\dfrac{2t}{1+t^2}$, $\cos x=\dfrac{1-t^2}{1+t^2}$, $\mathrm{d}x=\dfrac{2\,\mathrm{d}t}{1+t^2}$. 于是

$$\begin{aligned}\int R(x)\,\mathrm{d}x&=\frac{1}{2}\int\Big(\frac{1}{t}+t+2\Big)\mathrm{d}t\\&=\frac{1}{4}\tan^2\frac{x}{2}+\tan\frac{x}{2}+\frac{1}{2}\ln\Big|\tan\frac{x}{2}\Big|+C.\end{aligned}$$

例 1.10　设

$$R(x)=\frac{3-\sin x}{3+\cos x},$$

求 $\int R(x)\,\mathrm{d}x$.

解法 1　令 $\tan\dfrac{x}{2}=t$, 则

$$\begin{aligned}\int R(x)\,\mathrm{d}x&=\int\frac{3t^2-2t+3}{(t^2+2)(t^2+1)}\mathrm{d}t=\int\Big(\frac{2t+3}{t^2+2}-\frac{2t}{t^2+1}\Big)\mathrm{d}t\\&=\int\frac{\mathrm{d}t^2}{t^2+2}+3\int\frac{\mathrm{d}t}{t^2+2}-\int\frac{\mathrm{d}t^2}{t^2+1}\\&=\ln(t^2+2)+\frac{3}{\sqrt{2}}\arctan\frac{t}{\sqrt{2}}-\ln(t^2+1)+C\end{aligned}$$

$$= \ln(\frac{3+\cos x}{2}) + \frac{3}{\sqrt{2}}\arctan\left(\frac{1}{\sqrt{2}}\tan\frac{x}{2}\right) + C.$$

解法 2 令 $\tan\frac{x}{2} = t$, 则

$$\begin{aligned}\int R(x)\,\mathrm{d}x &= \int \frac{\mathrm{d}(3+\cos x)}{3+\cos x} + 3\int \frac{\mathrm{d}x}{3+\cos x} \\ &= \ln(3+\cos x) + 3\int \frac{\mathrm{d}t}{t^2+2} \\ &= \ln(3+\cos x) + \frac{3}{\sqrt{2}}\arctan\left(\frac{1}{\sqrt{2}}\tan\frac{x}{2}\right) + C.\end{aligned}$$

对于三角有理式的积分也要具体情况具体分析，例如

$$\begin{aligned}\int \frac{\sin 2x}{a+b\sin x}\mathrm{d}x &= 2\int \frac{\sin x}{a+b\sin x}\mathrm{d}\sin x \\ &= \frac{2}{b^2}\int \frac{a+b\sin x-a}{a+b\sin x}\mathrm{d}(a+b\sin x) \\ &= \frac{2}{b^2}(a+b\sin x) - \frac{2a}{b^2}\ln|a+b\sin x| + C.\end{aligned}$$

如果改用代换 $\tan\frac{x}{2} = t$, 则会使计算变得很复杂.

例 1.11 设

$$R(x) = \frac{1}{\sin^3 x\cos^5 x},$$

求 $\int R(x)\,\mathrm{d}x$.

解 令 $\tan x = t$, 则 $\cos x = \frac{1}{\sqrt{1+t^2}}$, $\frac{\mathrm{d}x}{\cos^2 x} = \mathrm{d}t$. 于是

$$\begin{aligned}\int R(x)\,\mathrm{d}x &= \int \frac{1}{\tan^3 x}\cdot\frac{1}{\cos^6 x}\cdot\frac{\mathrm{d}x}{\cos^2 x} = \int \frac{(1+t^2)^3}{t^3}\,\mathrm{d}t \\ &= \int (t^3 + 3t + 3t^{-1} + t^{-3})\,\mathrm{d}t \\ &= \frac{1}{4}\tan^4 x + \frac{3}{2}\tan^2 x + 3\ln|\tan x| - \frac{1}{2\tan^2 x} + C.\end{aligned}$$

例 1.12 求 $\int \sin^5 x\cos^5 x\mathrm{d}x$.

解 令 $\cos 2x = t$, 则

$$\int \sin^5 x\cos^5 x\mathrm{d}x = -\frac{1}{2^6}\int (1-t^2)^2\mathrm{d}t$$

$$= -\frac{1}{2^6}(\cos 2x - \frac{2}{3}\cos^3 2x + \frac{1}{5}\cos^5 2x) + C.$$

例 1.13 求 $\int \sin 4x\sin 3x\mathrm{d}x$.

解 利用积化和差公式可得

$$\int \sin 4x\sin 3x\mathrm{d}x = \frac{1}{2}\int (\cos x - \cos 7x)\mathrm{d}x$$

$$= \frac{1}{2}\sin x - \frac{1}{14}\sin 7x + C.$$

例 1.14 求下列函数的不定积分.

(1) $\int \frac{\sin x}{1+\sin x}\mathrm{d}x$; (2) $\int \frac{\mathrm{d}x}{1+\sin x+\cos x}$; (3) $\int \frac{x+\sin x}{1+\cos x}\mathrm{d}x$.

解 (1) $\int \frac{\sin x}{1+\sin x}\mathrm{d}x = \int \frac{\sin x(1-\sin x)}{\cos^2 x}\mathrm{d}x$

$$= -\int \frac{\mathrm{d}\cos x}{\cos^2 x} - \int \frac{1-\cos^2 x}{\cos^2 x}\mathrm{d}x = \frac{1}{\cos x} - \tan x + x + C.$$

(2) 令 $\tan\frac{x}{2} = t$, 则

$$\int \frac{\mathrm{d}x}{1+\sin x+\cos x} = \int \frac{\mathrm{d}t}{1+t} = \ln\left|1+\tan\frac{x}{2}\right| + C.$$

(3) $\int \frac{x+\sin x}{1+\cos x}\mathrm{d}x = \int \frac{x+2\sin x\cos x}{2\cos^2\frac{x}{2}}\mathrm{d}x$

$$= \int x\mathrm{d}\tan\frac{x}{2} + \int \tan\frac{x}{2}\mathrm{d}x = x\tan\frac{x}{2} + C.$$

§5.1.3 特殊无理函数的积分

对于一些简单的无理函数的积分，也可以通过一些变量代换将其转化为有理函数的积分.

1 线商类无理式的积分

由无理函数 $u=\sqrt[n]{\dfrac{ax+b}{cx+d}}$ 与二元有理函数 $R(x,u)$ 构成的复合函数的积分，即

$$\int R(x,\ \sqrt[n]{(ax+b)/(cx+d)}\,)\mathrm{d}x,(\ n>1,ad\neq bc)$$

可以通过 **开方代换**

$$t=\ \sqrt[n]{(ax+b)/(cx+d)}$$

转化为有理函数的积分. 因此上述线商类无理式是初等可积函数.

$$\int R\Big(x,\ \sqrt[n]{\frac{ax+b}{cx+d}}\Big)\mathrm{d}x=n(ad-bc)\int R\Big(\frac{b-t^nd}{t^nc-a},t\Big)\frac{t^{n-1}\mathrm{d}t}{(t^nc-a)^2}.$$

例 1.15 求 $\displaystyle\int\frac{1}{\sqrt{x+1}+\sqrt[3]{x+1}}\mathrm{d}x.$

解 令 $\sqrt[6]{x+1}=t$, 则

$$\int\frac{1}{\sqrt{x+1}+\sqrt[3]{x+1}}\mathrm{d}x=6\int\frac{t^3\mathrm{d}t}{t+1}=6\int(t^2-t+1-\frac{1}{t+1})\mathrm{d}t$$

$$=6(\frac{t^3}{3}-\frac{t^2}{2}+t-\ln|t+1|)+C$$

$$=2\sqrt{x+1}-3\sqrt[3]{x+1}+6\sqrt[6]{x+1}-6\ln(\sqrt[6]{x+1}+1)+C.$$

例 1.16 求 $\displaystyle\int\frac{1}{x}\sqrt{\frac{1-x}{1+x}}\mathrm{d}x.$

解 令 $\sqrt{\dfrac{1-x}{1+x}}=t$, 则

$$\int\frac{1}{x}\sqrt{\frac{1-x}{1+x}}\mathrm{d}x=-4\int\frac{t^2\mathrm{d}t}{(1-t^2)(1+t^2)}=\int\Big(\frac{-2}{1-t^2}+\frac{2}{1+t^2}\Big)\mathrm{d}t$$

$$=\ln\left|\frac{1-t}{1+t}\right|+2\arctan t+C$$

$$=\ln\left|\frac{1-\sqrt{1-x^2}}{x}\right|+\arctan\sqrt{\frac{1-x}{1+x}}+C.$$

例 1.17 求 $\displaystyle\int\frac{1}{1+\sqrt{x}+\sqrt{x+1}}\mathrm{d}x.$

解 变形化为线商类无理式的积分.

$$\int \frac{1}{1+\sqrt{x}+\sqrt{x+1}}\mathrm{d}x = \int \frac{1+\sqrt{x}-\sqrt{x+1}}{2\sqrt{x}}\mathrm{d}x$$

$$= \sqrt{x}+\frac{1}{2}x-\frac{1}{2}\int\sqrt{\frac{x+1}{x}}\mathrm{d}x$$

令 $\sqrt{\dfrac{x+1}{x}}=t$, 则

$$\int\sqrt{\frac{x+1}{x}}\mathrm{d}x = \int t\mathrm{d}\frac{1}{t^2-1} = \frac{t}{t^2-1}-\int\frac{\mathrm{d}t}{t^2-1}$$

$$= \frac{t}{t^2-1}+\frac{1}{2}\ln\left|\frac{t+1}{t-1}\right|+C$$

$$= \sqrt{x^2+x}+\frac{1}{2}\ln|2x+1+2\sqrt{x^2+x}|+C.$$

所以

$$原积分 = \sqrt{x}+\frac{1}{2}x-\frac{1}{2}\sqrt{x^2+x}-\frac{1}{4}\ln|2x+1+2\sqrt{x^2+x}|+C.$$

例 1.18 求 $\displaystyle\int\frac{x^{1/7}+x^{1/2}}{x^{8/7}+x^{15/14}}\mathrm{d}x.$

解 由于指数分母的最小公倍数为 14, 故令 $\sqrt[14]{x}=t$. 于是

$$\int\frac{x^{1/7}+x^{1/2}}{x^{8/7}+x^{15/14}}\mathrm{d}x = 14\int(t^4-t^3+t^2-t+1)\mathrm{d}t$$

$$= 14\Big(\frac{1}{5}x^{5/14}-\frac{1}{4}x^{2/7}+\frac{1}{3}x^{3/14}-\frac{1}{2}x^{1/7}+x^{1/14}\Big)+C.$$

例 1.19 设

$$R(x)=\frac{\sqrt{x+1}+2}{(x+1)^2-\sqrt{x+1}},$$

求 $\displaystyle\int R(x)\,\mathrm{d}x.$

解 令 $\sqrt{x+1}=t$, 则

$$\int R(x)\,\mathrm{d}x = 2\int\frac{t+2}{t^3-1}\mathrm{d}t = \int\Big(\frac{2}{t-1}-\frac{2t+2}{t^2+t+1}\Big)\mathrm{d}t$$

$$= \ln\frac{(t-1)^2}{t^2+t+1}-\frac{2}{\sqrt{3}}\arctan\frac{2t+1}{\sqrt{3}}+C.$$

其中 $t=\sqrt{x+1}$.

例 1.20 设

$$R(x)=\frac{1}{\sqrt[3]{(x+1)^2(x-1)}},$$

求 $\int R(x)\,\mathrm{d}x$.

解 令 $\sqrt[3]{\dfrac{x+1}{x-1}}=t$, 则

$$\begin{aligned}\int R(x)\,\mathrm{d}x&=\int\sqrt[3]{\frac{x+1}{x-1}}\cdot\frac{\mathrm{d}x}{x+1}=-3\int\frac{\mathrm{d}t}{t^3-1}\\&=\int\Big(-\frac{1}{t-1}+\frac{t+2}{t^2+t+1}\Big)\mathrm{d}t\\&=\frac{1}{2}\ln\left|\frac{t^2+t+1}{(t-1)^2}\right|+\sqrt{3}\arctan\frac{2t+1}{\sqrt{3}}+C.\end{aligned}$$

其中 $t=\sqrt[3]{(x+1)/(x-1)}$.

2 二次类无理式的积分

由无理函数 $u=\sqrt{ax^2+bx+c}$ 与二元有理函数 $R(x,u)$ 构成的复合函数的积分，即

$$\int R(x,\sqrt{ax^2+bx+c})\mathrm{d}x,(\ a\neq 0,b^2-4ac\neq 0)$$

可通过 **配方运算** 变成平方和或平方差形式，然后利用 **三角代换** 或双曲代换化为有理函数的积分．令

$$x+\frac{b}{2a}=t,\qquad\frac{|b^2-4ac|}{4a^2}=k^2,$$

则原积分可转化为下列三种积分

$$\int R^*(t,\sqrt{t^2+k^2})\mathrm{d}t,\ \int R^*(t,\sqrt{t^2-k^2})\mathrm{d}t,\ \int R^*(t,\sqrt{k^2-t^2})\mathrm{d}t$$

之一．分别令 $t=k\tan u,t=k\sec u,t=k\sin u$, 则这三种积分都可化为三角有理式的积分．因此上述二次类无理式也是初等可积函数．

对于二次类无理式，有时用欧拉代换可能更方便一些.

(1) 当 $a>0$ 时，令 $\sqrt{ax^2+bx+c}=t\pm\sqrt{a}x$, 即使用 **欧拉代换**

$$x=\frac{t^2-c}{b\mp\sqrt{a}t},$$

则原积分可转化为有理函数的积分.

(2) 当 $ax^2+bx+c=a(x-\alpha)(x-\beta),\alpha\neq\beta$ 时，由于二次根式

$$\sqrt{ax^2+bx+c}=|x-\alpha|\cdot\sqrt{\frac{a(x-\beta)}{x-\alpha}},$$

可化为线商类无理式，所以原积分可通过 **开方代换**

$$\sqrt{\frac{a(x-\beta)}{(x-\alpha)}}=t,$$

化为有理函数的积分.

例 1.21 计算 $\displaystyle\int\frac{\mathrm{d}x}{x^2\sqrt{a^2-x^2}}$, $(a>0)$.

解 令 $x=a\sin t,|t|<\pi/2$, 则

$$\int\frac{\mathrm{d}x}{x^2\sqrt{a^2-x^2}}=\frac{1}{a^2}\int\frac{\mathrm{d}t}{\sin^2 t}=-\frac{1}{a^2}\cot t+C=-\frac{\sqrt{a^2-x^2}}{a^2x}+C.$$

例 1.22 计算 $\displaystyle\int\frac{\mathrm{d}x}{\sqrt{x^2+10x+21}}$.

解 令 $x+5=2\sec t$, 则

$$\begin{aligned}\int\frac{\mathrm{d}x}{\sqrt{x^2+10x+21}}&=\int\frac{\mathrm{d}(x+5)}{\sqrt{(x+5)^2-4}}=\int\sec t\mathrm{d}t\\&=\ln|\sec t+\tan t|+C\\&=\ln|x+5+\sqrt{x^2+10x+21}|+C.\end{aligned}$$

例 1.23 计算 $\displaystyle\int\frac{\mathrm{d}x}{\sqrt{ax^2+bx+c}}$.

解 根据公式

$$\int \frac{\mathrm{d}x}{\sqrt{x^2 \pm a^2}} = \ln|x + \sqrt{x^2 \pm a^2}| + C, \int \frac{\mathrm{d}x}{\sqrt{a^2 - x^2}} = \arcsin\frac{x}{a} + C,$$

当 $a > 0$ 时，有

$$\int \frac{\mathrm{d}x}{\sqrt{ax^2 + bx + c}} = \frac{1}{\sqrt{a}} \ln\left|ax + \frac{b}{2} + \sqrt{a} \cdot \sqrt{ax^2 + bx + c}\right| + C;$$

当 $a < 0, b^2 - 4ac > 0$ 时，有

$$\int \frac{\mathrm{d}x}{\sqrt{ax^2 + bx + c}} = -\frac{1}{\sqrt{-a}} \arcsin\frac{2ax + b}{\sqrt{b^2 - 4ac}} + C.$$

例 1.24 计算 $\displaystyle\int \frac{\mathrm{d}x}{x + \sqrt{x^2 - x + 1}}$.

解 令 $x + \sqrt{x^2 - x + 1} = t$, 则

$$原式 = 2\int \frac{t^2 - t + 1}{t(2t-1)^2}\mathrm{d}t = -\frac{3}{2} \cdot \frac{1}{2t - 1} + \ln|t| - \frac{3}{2}\ln|2t - 1| + C.$$

其中 $t = x + \sqrt{x^2 - x + 1}$.

例 1.25 计算 $\displaystyle\int \frac{\mathrm{d}x}{(x^2 + a^2)\sqrt{a^2 - x^2}}$, $(a > 0)$.

解 令 $\sqrt{a^2 - x^2} = t(a - x)$, 则

$$\begin{aligned} 原式 &= \frac{1}{2a^2}\int \left(\frac{1}{t^2 + \sqrt{2}t + 1} + \frac{1}{t^2 - \sqrt{2}t + 1}\right)\mathrm{d}t \\ &= \frac{1}{\sqrt{2}a^2}[\arctan(\sqrt{2}t + 1) + \arctan(\sqrt{2}t - 1)] + C. \end{aligned}$$

其中 $t = \sqrt{(a + x)/(a - x)}$.

习 题 5.1 A

1. 求下列有理函数的不定积分：

(1) $\displaystyle\int \frac{\mathrm{d}x}{(x + 1)(x^2 + 1)}$;　　(2) $\displaystyle\int \frac{\mathrm{d}x}{x^3 + 1}$;

(3) $\displaystyle\int \frac{dx}{(x+1)(x+2)^2}$; (4) $\displaystyle\int \frac{x^2+1}{x^3-5x^2+6x}\,dx$;

(5) $\displaystyle\int \frac{dx}{(x^3-3x+2)^2}$; (6) $\displaystyle\int \frac{x^3+1}{x(x-1)^3}\,dx$;

(7) $\displaystyle\int \frac{2+x}{(x^2+1)(x^2+4)}\,dx$; (8) $\displaystyle\int \frac{dx}{x^2-7x+10}$;

(9) $\displaystyle\int \frac{x^5+x^4-8}{x^3-x}\,dx$; (10) $\displaystyle\int \frac{2x^2+x}{x^2+3x-10}\,dx$;

(11) $\displaystyle\int \frac{x^2+1}{(x+1)^2(x-1)}\,dx$; (12) $\displaystyle\int \frac{dx}{(x^2+1)(x^2+x+1)}$;

(13) $\displaystyle\int \frac{dx}{x^4+1}$; (14) $\displaystyle\int \left(\frac{x-1}{x+1}\right)^2 dx$;

(15) $\displaystyle\int \frac{x^5-2x^3-1}{x^3-x^2}\,dx$; (16) $\displaystyle\int \frac{x^2\,dx}{(x-1)^2(x^2+1)}$;

(17) $\displaystyle\int \frac{x^2\,dx}{(x^2+2x+2)^2}$; (18) $\displaystyle\int \frac{x\,dx}{(1+x)(1+x^2)^2}$;

(19) $\displaystyle\int \frac{x^6+x^4-4x^2-2}{x^3(x^2+1)^2}\,dx$; (20) $\displaystyle\int \frac{dx}{(x+1)(x+2)^2(x+3)^3}$.

2. 求下列三角有理式的不定积分:

(1) $\displaystyle\int \frac{\tan x}{1+\cos x}\,dx$; (2) $\displaystyle\int \frac{\cos x}{1+\cos x}\,dx$;

(3) $\displaystyle\int \frac{dx}{\sin x+\cos x}$; (4) $\displaystyle\int \frac{\sin x\cos x}{\sin x+\cos x}\,dx$;

(5) $\displaystyle\int \frac{dx}{5-3\cos x}$; (6) $\displaystyle\int \frac{\cos x}{\sin x-\tan x}\,dx$;

(7) $\displaystyle\int \sin x\cos 6x\,dx$; (8) $\displaystyle\int \cos 4x\cos 7x\,dx$;

(9) $\displaystyle\int \frac{dx}{2+\sin x}$; (10) $\displaystyle\int \frac{\sin^3 x}{\cos^3 x}\,dx$;

(11) $\displaystyle\int \frac{\cot x}{1+\sin x}\,dx$; (12) $\displaystyle\int \frac{dx}{\sin x\cos^4 x}$;

(13) $\int \frac{1-\tan x}{1+\tan x}\,\mathrm{d}x$;

(14) $\int \frac{1+\tan x}{\sin^2 x}\,\mathrm{d}x$;

(15) $\int \frac{\sin^2 x+1}{\cos^4 x}\,\mathrm{d}x$;

(16) $\int \frac{\mathrm{d}x}{1+\sin x-\cos x}$;

(17) $\int \frac{\sin^5 x}{\cos^4 x}\,\mathrm{d}x$;

(18) $\int \frac{\tan x\cos^6 x}{\sin^4 x}\,\mathrm{d}x$;

(19) $\int \frac{1-\sin x+\cos x}{1+\sin x-\cos x}\,\mathrm{d}x$;

(20) $\int \frac{\mathrm{d}x}{a^2\sin^2 x+b^2\cos^2 x}$.

习 题 5.1 B

1. 求下列无理函数的不定积分:

(1) $\int \frac{\sqrt[4]{x}}{\sqrt[3]{x}+\sqrt{x}}\,\mathrm{d}x$;

(2) $\int \frac{\sqrt{x}}{\sqrt[3]{x}-1}\,\mathrm{d}x$;

(3) $\int \frac{2+x}{\sqrt[3]{3-x}}\,\mathrm{d}x$;

(4) $\int \sqrt{\frac{1-x}{1+x}}\cdot\frac{\mathrm{d}x}{x^2}$;

(5) $\int \frac{\mathrm{d}x}{\sqrt{4x^2-9}}$;

(6) $\int \frac{\sqrt{x-1}}{x}\,\mathrm{d}x$;

(7) $\int \frac{\mathrm{d}x}{x\sqrt{x^2-1}}$;

(8) $\int \frac{\mathrm{d}x}{x^2\sqrt{2x-1}}$;

(9) $\int \sqrt{\frac{1-x}{1+x}}\,\mathrm{d}x$;

(10) $\int \frac{x\,\mathrm{d}x}{\sqrt{1+x-x^2}}$;

(11) $\int \frac{\mathrm{d}x}{\sqrt{x(1-x)}}$;

(12) $\int \frac{\mathrm{d}x}{x^4\sqrt{1+x^2}}$;

(13) $\int \frac{\mathrm{d}x}{\sqrt{x}(1-\sqrt[3]{x})}$;

(14) $\int \frac{\mathrm{d}x}{\sqrt{1+x}+\sqrt[3]{(1+x)^2}}$;

(15) $\int \frac{x^2+1}{x\sqrt{x^4+1}}\,\mathrm{d}x$;

(16) $\int \frac{\mathrm{d}x}{x^2\sqrt{1-x^2}}$;

(17) $\int \frac{\sqrt[3]{x}\,\mathrm{d}x}{x(\sqrt{x}+\sqrt[3]{x})}$;

(18) $\int \frac{\mathrm{d}x}{x+\sqrt{x^2+x+1}}$;

(19) $\int \frac{\sqrt{x+1}-\sqrt{x-1}}{\sqrt{x+1}+\sqrt{x-1}}\,\mathrm{d}x$;　　(20) $\int \frac{\mathrm{d}x}{x-\sqrt{x^2-1}}$.

2. 求下列无理函数的不定积分 $(a>0)$:

(1) $\int \frac{\mathrm{d}x}{\sqrt{x}(1-\sqrt[3]{x})}$;　　(2) $\int \frac{\mathrm{d}x}{\sqrt{1+x}+\sqrt{(1+x)^3}}$;

(3) $\int \frac{1+2x^2}{x\sqrt{1+x^4}}\,\mathrm{d}x$;　　(4) $\int \frac{\mathrm{d}x}{x\sqrt{x^2-x+2}}$;

(5) $\int \frac{\mathrm{d}x}{x\sqrt{-3+4x-x^2}}$;　　(6) $\int \frac{\mathrm{d}x}{(2ax-x^2)^{3/2}}$;

(7) $\int \frac{\mathrm{d}x}{\sqrt[3]{(1+x^3)^4}}$;　　(8) $\int \frac{\mathrm{d}x}{x^3\sqrt[5]{1+\frac{1}{x}}}$;

(9) $\int \frac{\mathrm{d}x}{x^2\sqrt{a^2-x^2}}$;　　(10) $\int \frac{1-x^2}{(1+x^2)\sqrt{1+x^4}}\,\mathrm{d}x$.

3. 求下列不定积分 $(a>0)$:

(1) $\int \frac{\ln(x+\sqrt{1+x^2}\,)}{\sqrt{1+x^2}}\,\mathrm{d}x$;　　(2) $\int \arcsin\sqrt{\frac{x}{x+a}}\,\mathrm{d}x$;

(3) $\int \ln(\sqrt{1+x}+\sqrt{1-x})\,\mathrm{d}x$;　　(4) $\int \left(\frac{\ln x}{x}\right)^3\mathrm{d}x$;

(5) $\int x\arctan x\,\ln(1+x^2)\,\mathrm{d}x$;　　(6) $\int \frac{\ln x}{(1+x^2)^{3/2}}\,\mathrm{d}x$;

(7) $\int \frac{\sqrt{\ln(x+\sqrt{1+x^2}\,)+5}}{\sqrt{1+x^2}}\,\mathrm{d}x$;　　(8) $\int \frac{\arcsin \mathrm{e}^x}{\mathrm{e}^x}\,\mathrm{d}x$;

(9) $\int (x\ln x)^{3/2}(\ln x+1)\,\mathrm{d}x$;　　(10) $\int \frac{\sin 2x}{\sqrt{1+\cos^4 x}}\,\mathrm{d}x$;

(11) $\int \sqrt{(x^2+x)\mathrm{e}^x}\,(x^2+3x+1)\mathrm{e}^x\,\mathrm{d}x$;　　(12) $\int \frac{\arctan \mathrm{e}^{x/2}}{\mathrm{e}^{x/2}(1+\mathrm{e}^x)}\,\mathrm{d}x$;

(13) $\int \mathrm{e}^{\mathrm{e}^x\cos x}(\cos x-\sin x)\mathrm{e}^x\,\mathrm{d}x$;　　(14) $\int \frac{\arctan\frac{1}{x}}{1+x^2}\,\mathrm{d}x$;

(15) $\int \frac{\cos^2 x-\sin x}{\cos x\cdot(1+\cos x\cdot \mathrm{e}^{\sin x})}\,\mathrm{d}x$;　　(16) $\int \frac{1-\ln x}{(x-\ln x)^2}\,\mathrm{d}x$;

(17) $\displaystyle\int \frac{\ln x+2}{x\ln x\cdot(1+x\ln^2 x)}\,\mathrm{d}x$;　　(18) $\displaystyle\int \frac{x\arccos x}{(1-x^2)^{3/2}}\,\mathrm{d}x$;

(19) $\displaystyle\int \frac{\sqrt{x-1}\arctan\sqrt{x-1}}{x}\,\mathrm{d}x$;　　(20) $\displaystyle\int \frac{\ln x}{\sqrt{3x-2}}\,\mathrm{d}x$.

§5.2　定积分的应用

不论是在理论问题还是在实际问题中，定积分都有着十分广泛的应用. 在理论应用方面，本节主要讨论一些积分等式和积分不等式；在实际应用方面，本节主要讨论一些几何和物理问题.

§5.2.1　积分等式与积分不等式 *

积分常出现在许多综合问题中，例如含参变量积分、积分微分方程等，本小节仅就积分等式和积分不等式问题作一些分析和讨论.

例 2.1　设 $f(x)$ 连续，证明

(1) $\displaystyle\int_0^{2\pi} f(|\cos x|)\,\mathrm{d}x = 4\int_0^{\pi/2} f(|\cos x|)\,\mathrm{d}x$;

(2) $\displaystyle\int_0^1 \ln f(x+t)\,\mathrm{d}t = \int_0^x \ln\frac{f(1+t)}{f(t)}\,\mathrm{d}t + \int_0^1 \ln f(t)\,\mathrm{d}t$.

证　(1) 根据周期性，有

$$\int_0^{2\pi} f(|\cos x|)\,\mathrm{d}x = 2\int_0^{\pi} f(|\cos x|)\,\mathrm{d}x.$$

根据对称性，当 $x\in\left[\dfrac{\pi}{2},\pi\right]$ 时，令 $x=\pi-t$, 则有

$$\begin{aligned}\int_0^{\pi} f(|\cos x|)\,\mathrm{d}x &= \int_0^{\pi/2} f(|\cos x|)\,\mathrm{d}x + \int_{\pi/2}^{\pi} f(|\cos x|)\,\mathrm{d}x\\ &= \int_0^{\pi/2} f(|\cos x|)\,\mathrm{d}x - \int_{\pi/2}^{0} f(|\cos t|)\,\mathrm{d}t\\ &= 2\int_0^{\pi/2} f(|\cos x|)\,\mathrm{d}x.\end{aligned}$$

(2) 令 $x+t=u$, 则有

$$\begin{aligned}\int_0^1 \ln f(x+t)\,\mathrm{d}t &= \int_x^{x+1} \ln f(u)\,\mathrm{d}u \\ &= \int_x^0 \ln f(u)\,\mathrm{d}u + \int_0^1 \ln f(u)\,\mathrm{d}u + \int_1^{x+1} \ln f(u)\,\mathrm{d}u.\end{aligned}$$

令 $u=t+1$, 则有

$$\int_1^{x+1} \ln f(u)\,\mathrm{d}u = \int_0^x \ln f(t+1)\,\mathrm{d}t.$$

于是,

$$\int_0^1 \ln f(x+t)\,\mathrm{d}t = \int_0^x \ln \frac{f(1+t)}{f(t)}\,\mathrm{d}t + \int_0^1 \ln f(t)\,\mathrm{d}t.$$

例 2.2 设函数 $f(x)$ 连续，且关于 $x=T$ 对称， $a<T<b$, 证明

$$\int_a^b f(x)\,\mathrm{d}x = 2\int_T^b f(x)\,\mathrm{d}x + \int_a^{2T-b} f(x)\,\mathrm{d}x.$$

证 令

$$F(t) = \int_a^t f(x)\,\mathrm{d}x - 2\int_T^t f(x)\,\mathrm{d}x - \int_a^{2T-t} f(x)\,\mathrm{d}x,$$

则由对称性可知,

$$F'(t) = -f(t) + f(2T-t) = 0.$$

根据 $F(T)=0$ 知， $F(b)=0$, 故

$$\int_a^b f(x)\,\mathrm{d}x = 2\int_T^b f(x)\,\mathrm{d}x + \int_a^{2T-b} f(x)\,\mathrm{d}x.$$

例 2.3 设 $f(x), g(x)$ 在 $[a,b]$ 上连续，证明至少存在一个 $\xi \in (a,b)$, 使得

$$f(\xi)\int_\xi^b g(x)\,\mathrm{d}x = g(\xi)\int_a^\xi f(x)\,\mathrm{d}x.$$

证 作辅助函数

$$F(x) = \int_a^x f(t)\,\mathrm{d}t \cdot \int_x^b g(t)\,\mathrm{d}t,$$

则 $F(x)$ 在 $[a,b]$ 上连续，在 (a,b) 内可导且 $F(a)=F(b)=0$. 根据罗尔定理，存在 $\xi\in(a,b)$, 使得 $F'(\xi)=0$. 由此可知，

$$f(\xi)\int_{\xi}^{b} g(x)\,\mathrm{d}x = g(\xi)\int_{a}^{\xi} f(x)\,\mathrm{d}x.$$

例 2.4 设 $f(x),g(x)$ 在 $[a,b]$ 上连续，且 $g(x)\neq 0,\forall x\in(a,b)$, 证明至少存在一个 $\xi\in(a,b)$, 使得

$$\frac{\int_a^b f(x)\,\mathrm{d}x}{\int_a^b g(x)\,\mathrm{d}x}=\frac{f(\xi)}{g(\xi)}.$$

证 作辅助函数

$$F(x)=\int_a^b f(x)\,\mathrm{d}x\int_a^x g(t)\,\mathrm{d}t-\int_a^b g(x)\,\mathrm{d}x\int_a^x f(t)\,\mathrm{d}t,$$

则 $F(x)$ 在 $[a,b]$ 上连续，在 (a,b) 内可导且 $F(a)=F(b)=0$. 根据罗尔定理，存在 $\xi\in(a,b)$, 使得 $F'(\xi)=0$. 由此可知，

$$\frac{\int_a^b f(x)\,\mathrm{d}x}{\int_a^b g(x)\,\mathrm{d}x}=\frac{f(\xi)}{g(\xi)}.$$

例 2.5 设函数 $f(x)$ 在 $[a,b]$ 上具有连续的二阶导数，证明至少存在一个 $\xi\in(a,b)$, 使得

$$\int_a^b f(x)\,\mathrm{d}x=(b-a)f\left(\frac{a+b}{2}\right)+\frac{1}{24}(b-a)^3f''(\xi).$$

证 令

$$F(x)=\int_a^x f(t)\,\mathrm{d}t,$$

则在 x 与 $x_0=\dfrac{a+b}{2}$ 之间存在 ξ, 使得

$$\begin{aligned}F(x)&=F(x_0)+F'(x_0)(x-x_0)+\frac{1}{2}F''(x_0)(x-x_0)^2+\frac{1}{3!}F'''(\xi)(x-x_0)^3\\&=F(x_0)+f(x_0)(x-x_0)+\frac{1}{2}f'(x_0)(x-x_0)^2+\frac{1}{3!}f''(\xi)(x-x_0)^3.\end{aligned}$$

于是

$$F(b)-F(a)=(b-a)f\Big(\frac{a+b}{2}\Big)+\frac{1}{24}(b-a)^3\frac{f''(\xi_1)+f''(\xi_2)}{2}.$$

根据连续函数介值定理，存在 $\xi\in(a,b)$, 使得

$$f''(\xi)=\frac{f''(\xi_1)+f''(\xi_2)}{2},$$

故有

$$\int_a^b f(x)\,\mathrm{d}x=(b-a)f\Big(\frac{a+b}{2}\Big)+\frac{1}{24}(b-a)^3f''(\xi).$$

例 2.6 设函数 $f(x)$ 在 $[a,b]$ 上连续且

$$\int_0^\pi f(x)\cos x\,\mathrm{d}x=\int_0^\pi f(x)\sin x\,\mathrm{d}x=0,$$

则存在 $0<x_1<x_2<\pi$, 使 $f(x_1)=f(x_2)=0$.

证 由于 $x\in(0,\pi)$ 时，恒有 $\sin x>0$, 所以 $\int_a^b f(x)\sin x\,\mathrm{d}x=0$ 蕴含 $f(x)$ 是 $(0,\pi)$ 内的变号函数，因此由 $f(x)$ 的连续性可知，存在 $x_0\in(0,\pi)$, 使得 $f(x_0)=0$.

如果 $f(x)$ 在 $(0,\pi)$ 内的零点唯一，则当 $x\neq x_0$ 时，必有 $\sin(x-x_0)\cdot f(x)$ 恒正或恒负，于是

$$\int_0^\pi \sin(x-x_0)f(x)\,\mathrm{d}x\neq 0.$$

另一方面，

$$\begin{aligned}&\int_0^\pi \sin(x-x_0)f(x)\,\mathrm{d}x\\&=\cos x_0\int_0^\pi \sin x\,f(x)\,\mathrm{d}x-\sin x_0\int_0^\pi \cos x\,f(x)\,\mathrm{d}x=0,\end{aligned}$$

矛盾. 故 $f(x)$ 在 $(0,\pi)$ 内至少有两个零点.

例 2.7 设 $f(x),g(x)$ 在 $[a,b]$ 上可积，证明

$$\Big[\int_a^b f(x)g(x)\,\mathrm{d}x\Big]^2\leq\int_a^b f^2(x)\,\mathrm{d}x\cdot\int_a^b g^2(x)\,\mathrm{d}x.$$

证 由于对任意的 t, 都有

$$\int_a^b [tf(x)+g(x)]^2\,\mathrm{d}x \geq 0,$$

即

$$t^2\int_a^b f^2(x)\,\mathrm{d}x + 2t\int_a^b f(x)\cdot g(x)\,\mathrm{d}x + \int_a^b g^2(x)\,\mathrm{d}x \geq 0,$$

所以必有

$$\left[2\int_a^b f(x)\cdot g(x)\,\mathrm{d}x\right]^2 - 4\int_a^b f^2(x)\,\mathrm{d}x\cdot\int_a^b g^2(x)\,\mathrm{d}x \leq 0,$$

此即

$$\left[\int_a^b f(x)g(x)\,\mathrm{d}x\right]^2 \leq \int_a^b f^2(x)\,\mathrm{d}x\cdot\int_a^b g^2(x)\,\mathrm{d}x.$$

例 2.8 设 $f(x), g(x)$ 是 $[a,b]$ 上的连续增函数 $(a>0)$, 证明

$$\int_a^b f(x)\,\mathrm{d}x\cdot\int_a^b g(x)\,\mathrm{d}x \leq (b-a)\int_a^b f(x)g(x)\,\mathrm{d}x.$$

证 作辅助函数

$$F(x)=\int_a^x f(t)\,\mathrm{d}t\cdot\int_a^x g(t)\,\mathrm{d}t-(x-a)\int_a^x f(t)g(t)\,\mathrm{d}t,$$

则有

$$\begin{aligned}F'(x) &= f(x)\int_a^x g(t)\,\mathrm{d}t + g(x)\int_a^x f(t)\,\mathrm{d}t - \int_a^x f(t)g(t)\,\mathrm{d}t - \int_a^x f(x)g(x)\,\mathrm{d}t\\ &= -\int_a^x [f(x)-f(t)]\cdot[g(x)-g(t)]\,\mathrm{d}t < 0.\end{aligned}$$

于是 $F(b)\leq F(a)=0$. 由此可知原命题成立.

例 2.9 设 $f(x)$ 在 $[a,b]$ 上不恒为 0, 且其导数 $f'(x)$ 连续, 并且有 $f(a)=f(b)=0$, 证明存在 $\xi\in[a,b]$, 使得

$$|f'(\xi)| \geq \frac{4}{(b-a)^2}\int_a^b |f(x)|\,\mathrm{d}x.$$

证 由于 $f'(x)$ 连续，所以存在 $\xi\in[a,b]$, 使得

$$|f'(\xi)|=\max_{a\leq x\leq b}|f'(x)|.$$

由于

$$|f(x)|=|f(x)-f(a)|\leq|f'(\xi)|\cdot|x-a|,$$

$$|f(x)|=|f(x)-f(b)|\leq|f'(\xi)|\cdot|x-b|,$$

所以

$$\begin{aligned}\int_a^b|f(x)|\,\mathrm{d}x&=\int_a^{\frac{a+b}{2}}|f(x)|\,\mathrm{d}x+\int_{\frac{a+b}{2}}^b|f(x)|\,\mathrm{d}x\\&\leq|f'(\xi)|\left[\int_a^{\frac{a+b}{2}}(x-a)\,\mathrm{d}x+\int_{\frac{a+b}{2}}^b(b-x)\,\mathrm{d}x\right]\\&=\frac{(b-a)^2}{4}|f'(\xi)|.\end{aligned}$$

由此可知原命题成立.

例 2.10 设 $f(x)$ 在 $[a,b]$ 上单调增，且 $f''(x)>0$, 证明

$$(b-a)f(a)<\int_a^b f(x)\,\mathrm{d}x<(b-a)\cdot\frac{f(a)+f(b)}{2}.$$

证 由于 $f(x)$ 单调增,所以当 $x>a$ 时,恒有 $f(x)\geq f(a)$. 又因 $f''(x)>0$, 所以

$$\int_a^b f(x)\,\mathrm{d}x>(b-a)f(a).$$

由于 $f''(x)>0$, 所以当 $t\neq x$ 时， $f(t)>f(x)+f'(x)(t-x)$. 于是

$$f(a)+f(b)>2f(x)+(a+b)f'(x)-2xf'(x).$$

两端积分，有

$$\begin{aligned}\int_a^b\big[f(a)+f(b)\big]\,\mathrm{d}x&>\int_a^b\big[2f(x)+(a+b)f'(x)-2xf'(x)\big]\,\mathrm{d}x\\&=4\int_a^b f(x)\,\mathrm{d}x+(a+b)\Big[f(b)-f(a)-2xf(x)\Big]_a^b\end{aligned}$$

$$= 4\int_a^b f(x)\,\mathrm{d}x + (a-b)\Big[f(a)+f(b)\Big].$$

由此可知，$\displaystyle\int_a^b f(x)\,\mathrm{d}x < (b-a)\cdot\frac{f(a)+f(b)}{2}$.

例 2.11 设 $f(x)$ 在 $[a,b]$ 上二次连续可微，且 $f\Big(\dfrac{a+b}{2}\Big)=0$. 证明

$$\Big|\int_a^b f(x)\,\mathrm{d}x\Big| \le \frac{M}{24}(b-a)^3.$$

其中 $M=\max\limits_{a\le x\le b}|f''(x)|$.

证 根据泰勒展式，存在 $\xi\in(a,b)$, 使得 $x\in[a,b]$ 时，恒有

$$\begin{aligned}f(x) &= f\Big(\frac{a+b}{2}\Big)+f'\Big(\frac{a+b}{2}\Big)\Big(x-\frac{a+b}{2}\Big)+\frac{1}{2}f''(\xi)\Big(x-\frac{a+b}{2}\Big)^2\\ &= f'\Big(\frac{a+b}{2}\Big)\Big(x-\frac{a+b}{2}\Big)+\frac{1}{2}f''(\xi)\Big(x-\frac{a+b}{2}\Big)^2.\end{aligned}$$

于是有

$$\begin{aligned}\Big|\int_a^b f(x)\,\mathrm{d}x\Big| &\le \Big|\int_a^b f'\Big(\frac{a+b}{2}\Big)\Big(x-\frac{a+b}{2}\Big)\,\mathrm{d}x\Big| + \Big|\int_a^b \frac{1}{2}f''(\xi)\Big(x-\frac{a+b}{2}\Big)^2\,\mathrm{d}x\Big|\\ &\le \Big|\frac{1}{2}f'\Big(\frac{a+b}{2}\Big)\Big(x-\frac{a+b}{2}\Big)^2\Big|_a^b\Big| + \int_a^b \frac{1}{2}M\Big(x-\frac{a+b}{2}\Big)^2\,\mathrm{d}x\\ &= 0+\frac{M}{6}\Big(x-\frac{a+b}{2}\Big)^3\Big|_a^b = \frac{M}{24}(b-a)^3.\end{aligned}$$

例 2.12 设函数 $f(x)$ 在闭区间 $[a,b]$ 上连续，在开区间 (a,b) 内可导，且 $f'(x)>0$. 若极限 $\lim\limits_{x\to a+}\dfrac{f(2x-a)}{x-a}$ 存在，证明：

(1) 在 (a,b) 内，$f(x)>0$;

(2) 在 (a,b) 内存在 ξ, 使 $\dfrac{b^2-a^2}{\displaystyle\int_a^b f(x)\,\mathrm{d}x}=\dfrac{2\xi}{f(\xi)}$;

(3) 在 (a,b) 内存在与 (2) 中 ξ 相异的点 η, 使

$$f'(\eta)(b^2-a^2)=\frac{2\xi}{\xi-a}\int_a^b f(x)\,\mathrm{d}x.$$

证 (1) 由 $\lim\limits_{x\to a+}\dfrac{f(2x-a)}{x-a}$ 存在可知,

$$f(a)=\lim_{x\to a+}f(2x-a)=0.$$

由 $f'(x)>0$ 可知, $f(x)>f(a)=0$.

(2) 令

$$g(x)=x^2,\qquad F(x)=\int_a^x f(t)\,\mathrm{d}t,$$

则由柯西中值定理可知, 存在 $\xi\in(a,b)$, 使得

$$\frac{b^2-a^2}{\displaystyle\int_a^b f(x)\,\mathrm{d}x}=\frac{g(b)-g(a)}{F(b)-F(a)}=\frac{g'(\xi)}{F'(\xi)}=\frac{2\xi}{f(\xi)}.$$

(3) 根据拉格朗日中值定理, 存在 $\eta\in(a,\xi)$, 使得

$$f(\xi)=f(\xi)-f(a)=f'(\eta)(\xi-a).$$

将此式代入结论 (2), 即可得

$$f'(\eta)(b^2-a^2)=\frac{2\xi}{\xi-a}\int_a^b f(x)\,\mathrm{d}x.$$

例 2.13 设函数 $f(x)$ 在闭区间 $[-a,a]$ 上具有二阶连续导数, $f(0)=0$,

(1) 写出 $f(x)$ 的带拉格朗日余项的一阶麦克劳林公式;

(2) 证明在 $[-a,a]$ 上至少存在一点 η, 使

$$a^3f''(\eta)=3\int_{-a}^a f(x)\,\mathrm{d}x.$$

证 (1) 根据泰勒公式, 在 0 和 x 之间存在 ξ, 使得

$$f(x)\ =f(0)+f'(0)x+\frac{1}{2}f''(\xi)x^2=f'(0)x+\frac{1}{2}f''(\xi)x^2.$$

(2) 根据积分中值定理, 在 0 和 ξ 之间存在 η, 使得

$$\int_{-a}^a f(x)\,\mathrm{d}x\ =\int_{-a}^a[f'(0)x+\frac{1}{2}f''(\xi)x^2]\,\mathrm{d}x=\frac{1}{2}\int_{-a}^a x^2f''(\xi)\,\mathrm{d}x$$

$$= \frac{1}{2} f''(\eta) \int_{-a}^{a} x^2 \, \mathrm{d}x = \frac{1}{3} a^3 f''(\eta).$$

例 2.14 设函数 $f(x)$ 在闭区间 $[a,b]$ 上具有二阶连续导数，且 $f''(x) < 0$, $f(a) = f(b) = 0$. 证明：

(1) 在 (a,b) 内， $f(x) > 0$;

(2) $\displaystyle\int_a^b \frac{|f''(x)|}{f(x)} \, \mathrm{d}x > \frac{4}{b-a}$;

(3) $\displaystyle\int_a^b |f'(x)|^2 \, \mathrm{d}x < \frac{b-a}{4}(f'(a) - f'(b))^2$.

证 (1) 设 $x \in (a,b)$, 则存在 $0 < t < 1$, 使得 $x = (1-t)a + tb$. 由 $f''(x) < 0$ 可知， $f(x)$ 是 $[a,b]$ 上的严格上凸函数，故有

$$f(x) > (1-t)f(a) + tf(b) = 0.$$

(2) 由拉格朗日中值定理，当 $x \in (a,b)$ 时有

$$f(x) = f(x) - f(a) = f'(\xi)(x-a), \quad (\xi \in (a,b)).$$

由 $f''(x) < 0$ 可知， $f'(a) > f'(\xi) > 0$ 且

$$f(x) < f'(a)(x-a).$$

于是，由 $(x-a)(b-x) \leq (\frac{b-a}{2})^2$ 可得，

$$\int_a^b \frac{|f''(x)|}{f(x)} \, \mathrm{d}x > \int_a^b \frac{|f''(x)|}{f'(a)(x-a)} \, \mathrm{d}x = \frac{1}{f'(a)} \int_a^b \frac{f''(x)(x-b)}{(x-a)(b-x)} \, \mathrm{d}x$$

$$\geq \frac{4}{f'(a)(b-a)^2} \int_a^b f''(x)(x-b) \, \mathrm{d}x$$

$$= \frac{4}{f'(a)(b-a)^2} \left[f'(x)(x-b) \Big|_a^b - \int_a^b f'(x) \, \mathrm{d}x \right] = \frac{4}{b-a}.$$

(3) 由 $f(x) < f'(a)(x-a)$, $f''(x) < 0$, 有

$$\int_a^b |f'(x)|^2 \, \mathrm{d}x = \int_a^b f'(x) \, \mathrm{d}f(x)$$

$$
\begin{aligned}
&= f'(x)f(x)\Big|_a^b - \int_a^b f(x)f''(x)\,\mathrm{d}x = -\int_a^b f(x)f''(x)\,\mathrm{d}x \\
&\le \int_a^b f'(a)(a-x)f''(x)\,\mathrm{d}x = f'(a)\int_a^b (a-x)f''(x)\,\mathrm{d}x \\
&= f'(a)\Big[(a-x)f'(x)\Big|_a^b - \int_a^b f'(x)\,\mathrm{d}x\Big] \\
&= f'(a)f'(b)(a-b) \le \frac{b-a}{4}(f'(a)-f'(b))^2.
\end{aligned}
$$

例 2.15 设 $f(x)$ 在 $[a,b]$ 上非负连续，则

$$\lim_{n\to\infty}\sqrt[n]{\int_a^b \big[f(x)\big]^n\,\mathrm{d}x} = \max_{a\le x\le b} f(x).$$

证 记 $M=\max\limits_{a\le x\le b} f(x)$. 由于 $f(x)$ 在 $[a,b]$ 上连续，所以对任意的 $\varepsilon>0$, 都存在子区间 $[\alpha,\beta]$, 使当 $x\in[\alpha,\beta]$ 时，恒有

$$f(x) > M-\varepsilon.$$

于是，当 $n\to\infty$ 时有

$$
\begin{aligned}
M \leftarrow M\sqrt[n]{b-a} &\ge \sqrt[n]{\int_a^b \big[f(x)\big]^n\,\mathrm{d}x} \\
&\ge \sqrt[n]{\int_\alpha^\beta \big[f(x)\big]^n\,\mathrm{d}x} \\
&> (M-\varepsilon)\sqrt[n]{\beta-\alpha} \to M-\varepsilon.
\end{aligned}
$$

由此可知，$\lim\limits_{n\to\infty}\sqrt[n]{\int_a^b \big[f(x)\big]^n\,\mathrm{d}x} = M$.

例 2.16 设 $f(x)$ 是 T 周期函数且在 $[0,T]$ 上可积，证明

$$\lim_{x\to+\infty}\frac{1}{x}\int_0^x f(t)\,\mathrm{d}t = \frac{1}{T}\int_0^T f(t)\,\mathrm{d}t.$$

证 设 m 为整数且 $mT\le x<(m+1)T$, 则由 $f(x)$ 的周期性，有

$$\int_0^{mT} f(t)\,\mathrm{d}t = m\int_0^T f(t)\,\mathrm{d}t.$$

于是

$$\begin{aligned}\lim_{x\to+\infty}\frac{1}{x}\int_0^x f(t)\,\mathrm{d}t &= \lim_{x\to+\infty}\frac{1}{x}\Big[\int_0^{mT} f(t)\,\mathrm{d}t+\int_{mT}^x f(t)\,\mathrm{d}t\Big]\\ &= \lim_{x\to+\infty}\frac{m}{x}\int_0^T f(t)\,\mathrm{d}t=\frac{1}{T}\int_0^T f(t)\,\mathrm{d}t.\end{aligned}$$

例 2.17 设 $f(x)$ 是 $[a,b]$ 上的可积函数, $g(x)$ 是 T 周期函数且在 $[0,T]$ 上可积, 证明

$$\lim_{p\to\infty}\int_a^b f(x)g(p\,x)\,\mathrm{d}x=\frac{1}{T}\int_0^T g(x)\,\mathrm{d}x\cdot\int_a^b f(x)\,\mathrm{d}x.$$

证 当 $f(x)$ 为常值函数时, 根据例 2.16, 有

$$\begin{aligned}\lim_{p\to\infty}\int_a^b f(x)g(px)\,\mathrm{d}x &= \lim_{p\to\infty} f(x)\cdot\frac{1}{p}\int_{pa}^{pb} g(t)\,\mathrm{d}t\\ &= f(x)\cdot\frac{b-a}{T}\int_0^T g(x)\,\mathrm{d}x=\frac{1}{T}\int_0^T g(x)\,\mathrm{d}x\cdot\int_a^b f(x)\,\mathrm{d}x.\end{aligned}$$

由此可知, 当 $f(x)$ 为阶梯函数时结论成立. 由于必要时可用 $g(x)+C$ 代替 $g(x)$, 所以只需证明 $g(x)\geq 0$ 时结论成立.

设 $\alpha_n(x),\beta_n(x)$ 为阶梯函数, 且

(i) $\alpha_n(x)\leq f(x)\leq\beta_n(x)$,

(ii) $\lim\limits_{n\to\infty}\int_a^b\alpha_n(x)\,\mathrm{d}x=\lim\limits_{n\to\infty}\int_a^b\beta_n(x)\,\mathrm{d}x=\int_a^b f(x)\,\mathrm{d}x$,

则有

$$\begin{aligned}\int_a^b f(x)g(px)\,\mathrm{d}x &\leq \int_a^b\beta_n(x)g(px)\,\mathrm{d}x\\ &\to\frac{1}{T}\int_0^T g(x)\,\mathrm{d}x\cdot\int_a^b\beta_n(x)\,\mathrm{d}x\ (p\to\infty)\\ &\to\frac{1}{T}\int_0^T g(x)\,\mathrm{d}x\cdot\int_a^b f(x)\,\mathrm{d}x\ (n\to\infty),\end{aligned}$$

及

$$\begin{aligned}\int_a^b f(x)g(px)\,\mathrm{d}x &\geq \int_a^b \alpha_n(x)g(px)\,\mathrm{d}x \\ &\to \frac{1}{T}\int_0^T g(x)\,\mathrm{d}x\cdot\int_a^b \alpha_n(x)\,\mathrm{d}x\ (p\to\infty) \\ &\to \frac{1}{T}\int_0^T g(x)\,\mathrm{d}x\cdot\int_a^b f(x)\,\mathrm{d}x\ (n\to\infty).\end{aligned}$$

于是根据两边夹法则，有

$$\lim_{p\to\infty}\int_a^b f(x)g(px)\,\mathrm{d}x = \frac{1}{T}\int_0^T g(x)\,\mathrm{d}x\cdot\int_a^b f(x)\,\mathrm{d}x.$$

例 2.18 设 $f(x)$ 是 $[a,b]$ 上的非负递减函数， $g(x)$ 是 $[a,b]$ 上的连续函数，若 $f(x)$ 的导函数连续，则存在 $\xi\in[a,b]$, 使得

$$\int_a^b f(x)g(x)\,\mathrm{d}x = f(a)\int_a^\xi g(x)\,\mathrm{d}x.$$

证 令

$$G(x)=\int_a^x g(t)dt,$$

则由积分中值定理，存在 $\eta\in[a,b]$, 使得

$$\begin{aligned}\int_a^b f(x)g(x)\,\mathrm{d}x &= f(b)G(b)-\int_a^b G(x)f'(x)\,\mathrm{d}x \\ &= f(b)G(b)-G(\eta)\int_a^b f'(x)\,\mathrm{d}x \\ &= f(b)G(b)-G(\eta)(f(b)-f(a)).\end{aligned}$$

若令

$$m=\min_{a\leq x\leq b}G(x), M=\max_{a\leq x\leq b}G(x),$$

则有

$$f(b)G(b)-G(\eta)(f(b)-f(a))\leq f(b)G(b)-M(f(b)-f(a))$$

$$= f(b)(G(b)-M)+M\,f(a)\le M\,f(a),$$

$$f(b)G(b)-G(\eta)(f(b)-f(a))\ge f(b)G(b)-m(f(b)-f(a))$$

$$= f(b)(G(b)-m)+m\,f(a)\ge m\,f(a).$$

于是根据连续函数介值定理可知，存在 $\xi\in[a,b]$, 使得

$$\int_a^b f(x)g(x)\,\mathrm{d}x = f(b)G(b)-G(\eta)(f(b)-f(a)) = f(a)G(\xi).$$

例 2.19 设函数 $f(x)$ 二阶可导且恒有 $f''(x)\ge 0$, 若 $g(x)$ 是 $[0,a]$ 上的连续函数，则有

$$\frac{1}{a}\int_0^a f\circ g(t)\,\mathrm{d}t \ge f\Big(\frac{1}{a}\int_0^a g(t)\,\mathrm{d}t\Big).$$

证 令 $x_0=\dfrac{1}{a}\displaystyle\int_0^a g(t)\,\mathrm{d}t$. 由 $f''(x)\ge 0$ 可知， $f(x)$ 是下凸函数，即

$$f(x)\ge f(x_0)+f'(x_0)(x-x_0).$$

因此

$$\int_0^a f\circ g(t)\,\mathrm{d}t \ \ge \int_0^a f(x_0)\,\mathrm{d}t+\int_0^a f'(x_0)(g(t)-x_0)\,\mathrm{d}t$$

$$= af(x_0)+f'(x_0)\Big(\int_0^a g(t)\,\mathrm{d}t-ax_0\Big)=af(x_0).$$

故 $\dfrac{1}{a}\displaystyle\int_0^a f\circ g(t)\,\mathrm{d}t\ge f\Big(\frac{1}{a}\int_0^a g(t)\,\mathrm{d}t\Big)$.

§5.2.2 定积分在几何学中的应用

利用定积分可以解决几何和物理中的弧长、面积、体积、质量和引力等问题. 从实际问题到定积分的建模过程通常用微元法.

1. **微元法**

一个非均匀但连续分布在闭区间 $[a,b]$ 上的物理量或几何量 Q, 如果具有区间可加性，即任意给定一个区间分割： $a=x_0<x_1<\cdots<x_n=b$, 都有整

体量 Q 等于部分量 $\Delta Q_1, \Delta Q_2, \cdots, \Delta Q_n$ 的和：$Q = \Delta Q_1 + \Delta Q_2 + \cdots + \Delta Q_n$. 那么这种量就是密度函数 $f(x)$ 的定积分，即

$$Q = \int_a^b f(x)\,\mathrm{d}x.$$

几何中的面积、体积、弧长，物理中的质量、功、引力等都具有区间可加性，因此这些量都可以用定积分计算.

一个间接分布在闭区间 $[a,b]$ 上的可求和量 Q 的计算常用微元法. 取可求和量 Q 在子区间 $[t, t+\Delta t]$ 上的分布图 $G_{t,\Delta t}$ 为微元. 如果微元 $G_{t,\Delta t}$ 的测度 (即弧长、面积或体积) $\mathrm{mes}(G_{t,\Delta t})$ 可以用微分 $\mathrm{d}\varphi(t)$ 代替，即存在连续可微函数 $\varphi(t)$, 使当 $\Delta t \to 0$ 时，恒有

$$\mathrm{mes}(G_{t,\Delta t}) = \mathrm{d}\varphi(t) + o(\Delta t),$$

则当 Q 在微元 $G_{t,0}$ 上的平均分布或密度函数为 $f(t)$ 时，可求和量 Q 的计算公式为 $Q = \displaystyle\int_a^b f(t)\,\mathrm{d}\varphi(t)$.

在计算 $G_{t,\Delta t}$ 的测度微分 $\mathrm{d}\varphi(t)$ 时，通常将决定 $G_{t,\Delta t}$ 边界的一些连续变量视为常数，按照这种方法可以快速得到微元测度的微分. 导数 $\varphi'(x)$ 可称为测度变化率.

2. **平面图形的面积**

(1) $x-$ **型区域的面积** 由上下两条曲线 $y = y_{上} = f(x), y = y_{下} = g(x)$ 和左右两条直线 $x = a, x = b$ 围成的平面图形，其微元面积为 $(y_{上} - y_{下})\,\mathrm{d}x$, 图形面积为

$$S = \int_{x_{小}}^{x_{大}} (y_{上} - y_{下})\,\mathrm{d}x = \int_a^b [\,f(x) - g(x)]\,\mathrm{d}x.$$

例 2.20 求由抛物线 $x^2 = 4ay$ 箕舌线 $y = \dfrac{8a^3}{x^2+4a^2}$ $(a>0)$ 所围成图形的面积.

解 两方程消去 y 解 x 得 $x_{小} = -2a, x_{大} = 2a$. 由于

$$\left.\frac{x^2}{4a}\right|_{x=0} < \left.\frac{8a^3}{x^2+4a^2}\right|_{x=0},$$

所以

$$y_{上} = \frac{8a^3}{x^2+4a^2}, \ y_{下} = \frac{x^2}{4a}.$$

于是，所求图形的面积为

$$S = \int_{-2a}^{2a} (y_{上} - y_{下})\,\mathrm{d}x = \int_{-2a}^{2a} \Big(\frac{8a^3}{x^2+4a^2} - \frac{x^2}{4a}\Big)\,\mathrm{d}x = 2a^2(\pi - \frac{2}{3}).$$

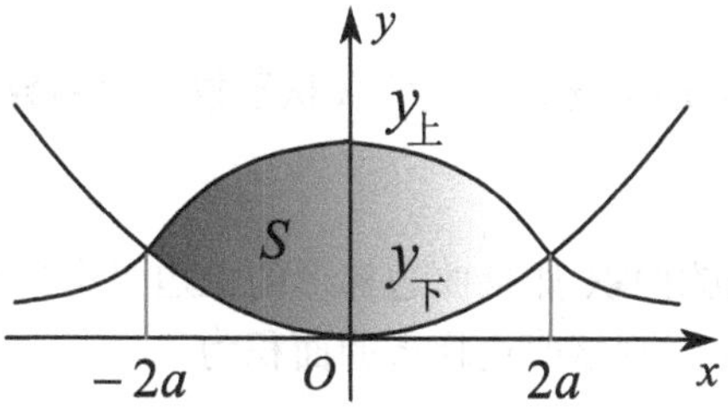

图 2.1

(2) $y-$ **型区域的面积** 由左右两条曲线 $x = x_{左} = \psi(y), x = x_{右} = \varphi(y)$ 和上下两条直线 $y = d, y = c$ 围成的平面图形，其微元面积为 $(x_{右} - x_{左})\,\mathrm{d}x$，图形面积为

$$S = \int_{y_{小}}^{y_{大}} (x_{右} - x_{左})\,\mathrm{d}y = \int_c^d [\varphi(y) - \psi(y)]\,\mathrm{d}y.$$

例 2.21 求抛物线 $y^2 = 2x$ 与直线 $y = x - 4$ 围成图形的面积.

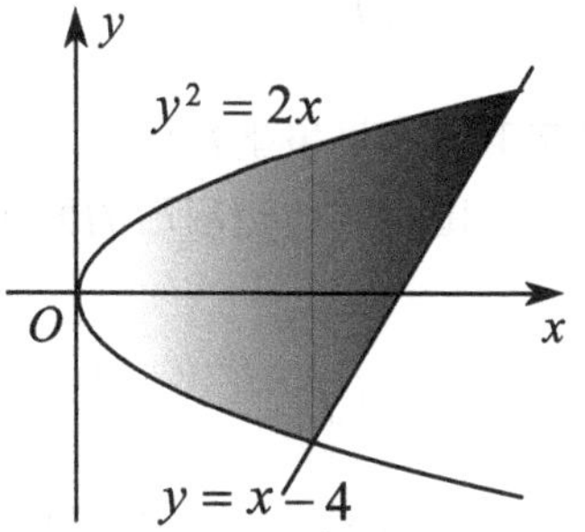

图 2.2

解 两方程消 x 解 y 得 $y = -2, 4$. 由于

$$\frac{y^2}{2}\Big|_{y=0} < y + 4\Big|_{y=0},$$

所以

$$x_{右} = \frac{1}{2}y^2, \quad x_{左} = y + 4.$$

于是，所求图形的面积为

$$S = \int_{-2}^{4}(x_{右} - x_{左})\,\mathrm{d}y = \int_{-2}^{4}\left(y + 4 - \frac{y^2}{2}\right)\mathrm{d}y = 18.$$

积分变量选为 x 还是选为 y 应使被积函数的原函数较容易求得，并且尽可能少地分割积分域.

(3) **参数型区域的面积** 如果曲边梯形的上边界由参数方程 $x = x(t), y = y(t)\ (\alpha \leq t \leq \beta)$ 确定，则该曲边梯形的面积为

$$S = \pm\int_{\alpha}^{\beta} y(t)\,\mathrm{d}x(t).$$

例 2.22 求椭圆 $\dfrac{x^2}{a^2} + \dfrac{y^2}{b^2} = 1$ 所围图形的面积.

解 由于椭圆的参数方程为 $x = a\cos t, y = \sin t, 0 \leq t \leq 2\pi$, 所以椭圆的面积为

$$S = 4\int_{0}^{a} y\,\mathrm{d}x = \int_{\pi/2}^{0} b\sin t\,\mathrm{d}(a\cos t) = \pi ab.$$

(4) **极坐标型区域的面积**. 如果极坐标曲线 $r = f(\theta)$ 是连续的，那么由 $r = f(\theta)$ 和射线 $\theta = \alpha, \theta = \beta$ 围成的曲边扇形的面积为

$$S = \frac{1}{2}\int_{\alpha}^{\beta} f^2(\theta)\,\mathrm{d}\theta.$$

这是因为，在微观意义下，连续函数 $r = f(\theta)$ 是区间 $[\theta, \theta + \mathrm{d}\theta]$ 上的常值函数. 因此，微元是一个圆扇形，即由圆弧 $r = f(\theta)$ 和射线 $\theta = \theta, \theta = \theta + \mathrm{d}\theta$ 围成，这表明微元的面积为

$$\mathrm{d}S = \frac{1}{2}f^2(\theta)\,\mathrm{d}\theta.$$

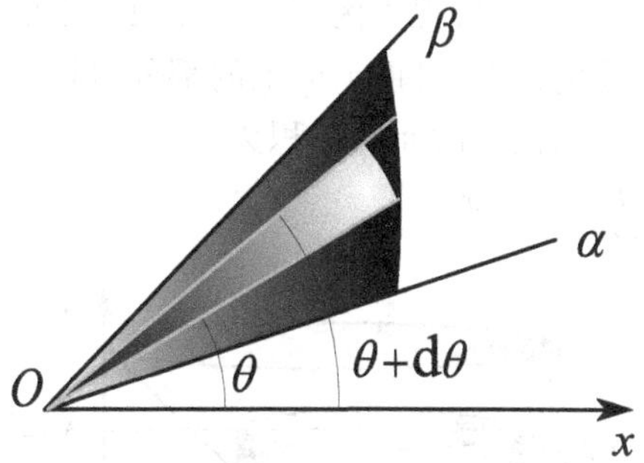

图 2.3

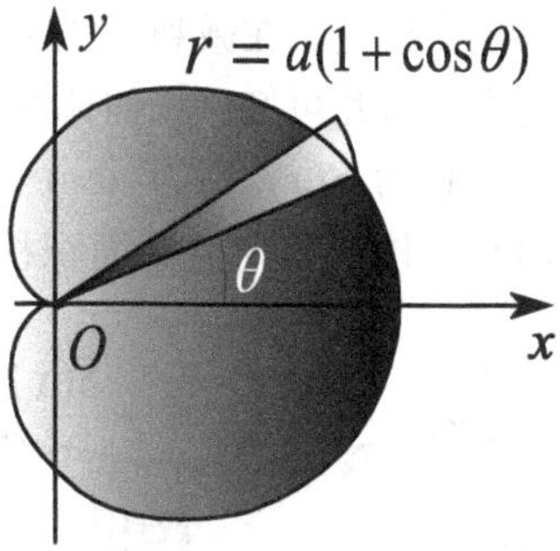

图 2.4

例 2.23 求心脏线 $r = a(1+\cos\theta)$ $(a > 0)$ 所围图形的面积.

解 由于 θ 的取值范围是 $[0, 2\pi]$, 所以所求图形的面积为

$$S = \frac{1}{2}\int_0^{2\pi} [a(1+\cos\theta)]^2 \, \mathrm{d}\theta = \frac{3}{2}\pi a^2.$$

例 2.24 求叶形线

$$x^3 + y^3 - 3axy = 0 \ (a > 0)$$

围成图形的面积.

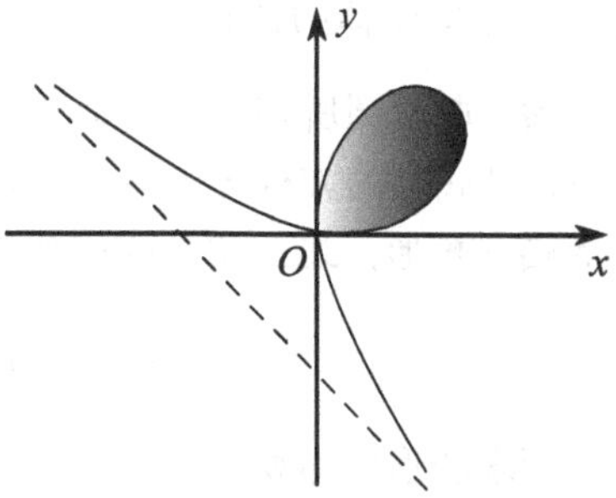

图 2.5

解 将 $x = r\cos\theta$, $y = r\sin\theta$ 代入叶形线方程, 有

$$r = \frac{3a\sin\theta\cos\theta}{\sin^3\theta + \cos^3\theta}.$$

所围图形的面积为

$$S = \frac{1}{2}\int_0^{\pi/2} \left[\frac{3a\sin\theta\cos\theta}{\sin^3\theta+\cos^3\theta}\right]^2 \mathrm{d}\theta = \frac{3a^2}{2}\int_0^{\pi/2} \frac{\mathrm{d}\tan^3\theta}{(1+\tan^3\theta)^2} = \frac{3a^2}{2}.$$

3. **特殊几何体的体积**

(1) **几何体体积的截面算法** 如果一个几何体在 x 轴的正投影区间为 $[a, b]$, 并且在每一点 $x \in [a, b]$ 的横截面面积为 $S(x)$, 那么当 $S(x)$ 在 $[a, b]$ 上连续时, 该几何体的体积为

$$V = \int_a^b S(x) \, \mathrm{d}x.$$

这是因为，在微观意义下，连续函数 $S(x)$ 可视为区间 $[x, x+\,\mathrm{d}x]$ 上的常值函数. 由此可知，几何体的微元，即几何体在区间 $[a,b]$ 上的部分可视为一个底面积为 $S(x)$，高为 $\mathrm{d}x$ 的正柱形，因此柱形微元的体积为 $\mathrm{d}V = S(x)\,\mathrm{d}x$. 从而几何体的体积为截面积积分 $V=\int_a^b S(x)\,\mathrm{d}x$.

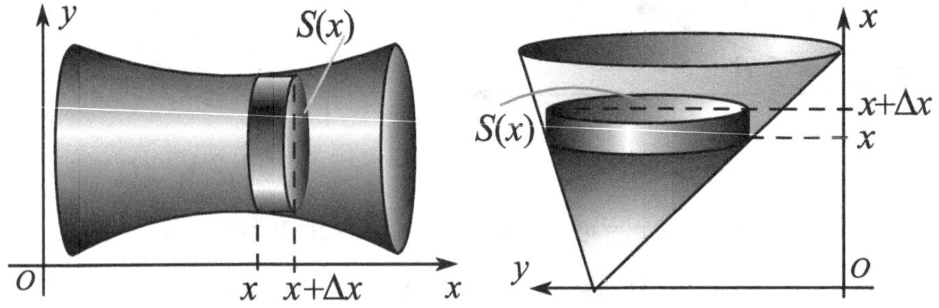

图 2.6

例 2.25 求以半径为 R 的圆为底，平行且等于底圆直径的线段为顶，高为 h 的正劈锥体的体积 V.

解 取底圆所在平面为 xOy 平面，圆心 O 为坐标原点，并使 x 轴与锥顶平行，则底圆的方程为 $x^2+y^2=R^2$，过 $x\in(-R,R)$ 点垂直于 x 轴的截面为一等腰三角形，此三角形的面积为

$$S(x)=h\cdot|y|=h\sqrt{R^2-x^2}.$$

于是所求图形的体积为

$$V=\int_{-R}^{R} S(x)\,\mathrm{d}x=2h\int_0^R\sqrt{R^2-x^2}\,\mathrm{d}x=\frac{\pi}{2}R^2h.$$

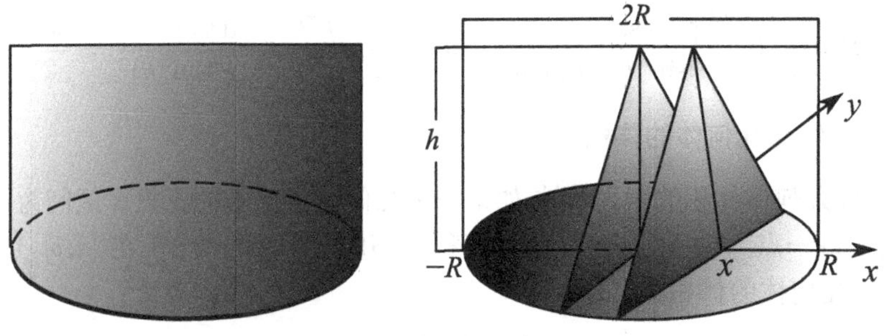

图 2.7

例 2.26 一平面经过半径为 R 的圆柱体的底圆中心，并与底面交成角 α. 计算圆柱体被平面截下部分的体积.

解 建立平面直角坐标系，使得底圆的截下部分为 $x^2+y^2 \leq R^2, y \geq 0$, 则过 $x \in (-R, R)$ 点垂直于 x 轴的截面为一直角三角形，其面积为

$$S(x)=\frac{1}{2}(R^2-x^2)\tan\alpha,$$

于是所求图形的体积为

$$V=\int_{-R}^{R}\frac{1}{2}(R^2-x^2)\tan\alpha\,\mathrm{d}x=\frac{2}{3}R^2\tan\alpha.$$

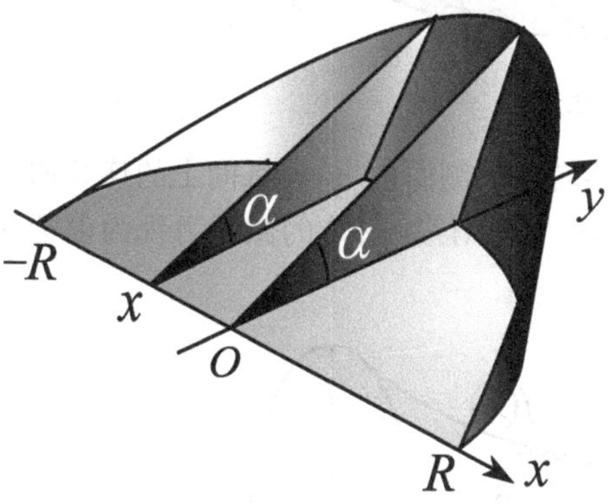

图 2.8

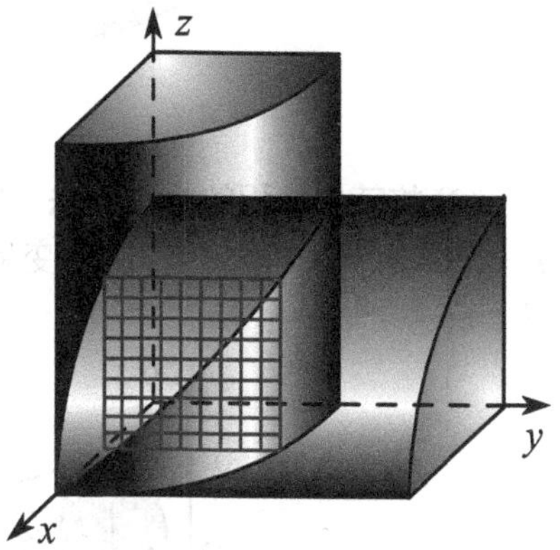

图 2.9

例 2.27 求圆柱面 $x^2+y^2=R^2$ 与 $x^2+z^2=R^2$ 所围成几何体的体积.

解 图 2.9 给出了所求体积的 $\frac{1}{8}$ 部分，由于沿 x 方向的垂直截面是一个边长为 $y=\sqrt{R^2-x^2}$ 的正方形，所以几何体的截面面积为 $S(x)=R^2-x^2$. 于是按照已知截面体的体积计算公式，所求几何体的体积为

$$V=8\int_0^R S(x)\,\mathrm{d}x=8\int_0^R(R^2-x^2)\,\mathrm{d}x=\frac{16}{3}R^3.$$

例 2.28 一半径为 R 的圆底几何体沿底圆一直径的垂直截面都为等边三角形，试计算该几何体的体积.

解 设底圆方程为 $x^2+y^2=R^2$, 给定的底圆直径为 x 轴，则沿 x 轴的垂直截面面积为

$$S(x)=\frac{1}{2}\cdot 2y\cdot\sqrt{3}\,y=\sqrt{3}\,(R^2-x^2).$$

于是所求几何体的体积为

$$V = \sqrt{3}\int_{-R}^{R}(R^2 - x^2)\,\mathrm{d}x = \frac{4\sqrt{3}}{3}R^3.$$

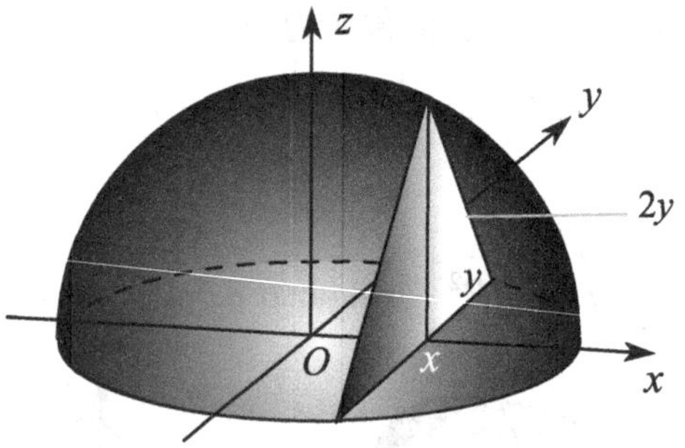

图 2.10

(2) **旋转体体积的柱形算法** 如果旋转体的侧面由 $[a,b]$ 区间上的连续曲线 $y=f(x)$ 绕 x 轴生成，即绕自变量旋转，那么该旋转体的微元可视为以圆片 $y^2+z^2 \le f^2(x)$ 为

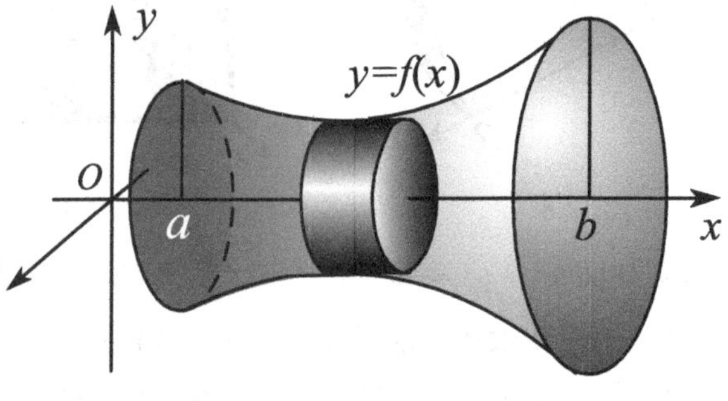

图 2.11

底，以 $\mathrm{d}x$ 为高的直圆柱．按照圆柱体的体积公式，即底面积 × 高计算，柱形微元的体积为 $\mathrm{d}V = \pi f^2(x)\,\mathrm{d}x$. 由此可知，柱结构旋转体的体积为圆面积积分，即

$$V = \pi\int_a^b f^2(x)\,\mathrm{d}x.$$

例 2.29 求椭圆 $\dfrac{x^2}{a^2}+\dfrac{y^2}{b^2}=1$ 绕 x 轴旋转所得旋转体的体积.

解 $V = \pi\displaystyle\int_{-a}^{a} y^2\,\mathrm{d}x = \pi b^2\int_{-a}^{a}(1-\frac{x^2}{a^2})\,\mathrm{d}x = \frac{4}{3}\pi ab^2.$

例 2.30 计算摆线 $x=a(t-\sin t), y=a(1-\cos t)$, $(0\le t\le 2\pi)$ 分别绕 y 轴和直线 $y=a$ 旋转所得旋转体的体积.

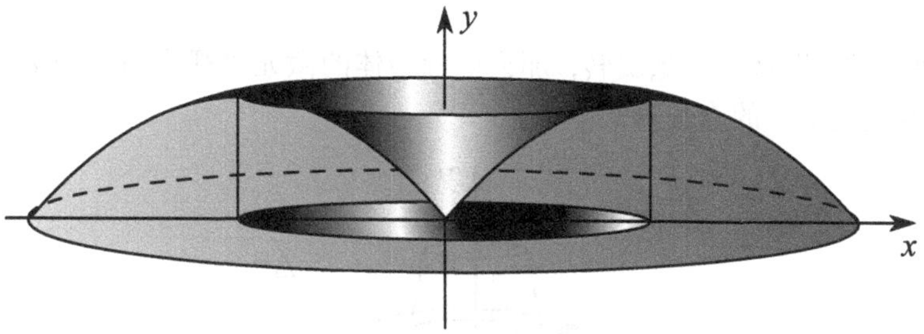

图 2.12

解 (i) 按照柱形算法，绕 y 轴的旋转体体积为外旋转体与内旋转体的体积差，即

$$
\begin{aligned}
V &=\pi\int_0^{2a} x_{外}^2\,\mathrm{d}y-\pi\int_0^{2a} x_{内}^2\,\mathrm{d}y\\
&=\pi\int_{2\pi}^{\pi} a^2(t-\sin t)^2\,\mathrm{d}(a-a\cos t)-\pi\int_0^{\pi} a^2(t-\sin t)^2\,\mathrm{d}(a-a\cos t)\\
&=6\pi^3a^3.
\end{aligned}
$$

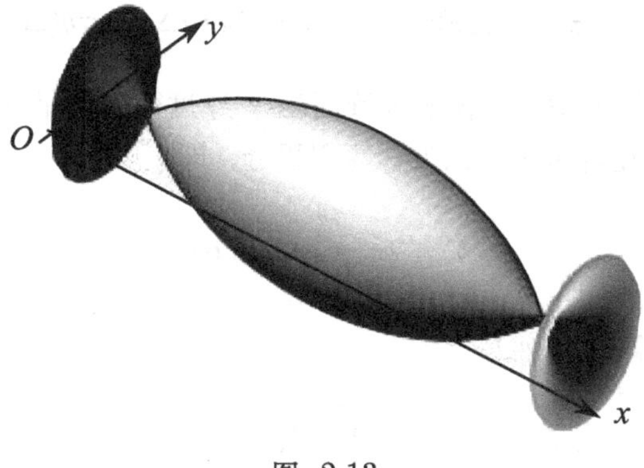

图 2.13

(ii) 绕直线 $y=a$ 的旋转体体积为

$$
V=\pi\int_0^{2\pi a}(y-a)^2\,\mathrm{d}x=\pi\int_0^{2\pi} a^2\cos^2 t\,\mathrm{d}[\,a(t-\sin t)\,]=\pi^2a^3.
$$

(3) **旋转体体积的管形算法** 如果旋转体由曲边梯形

$$0 \leq y \leq f(x), a \leq x \leq b$$

绕 y 轴生成，即绕因变量旋转，那么该旋转体的微元可视为内径为 x，高度为 $f(x)$，厚度为 Δx 的直圆管.

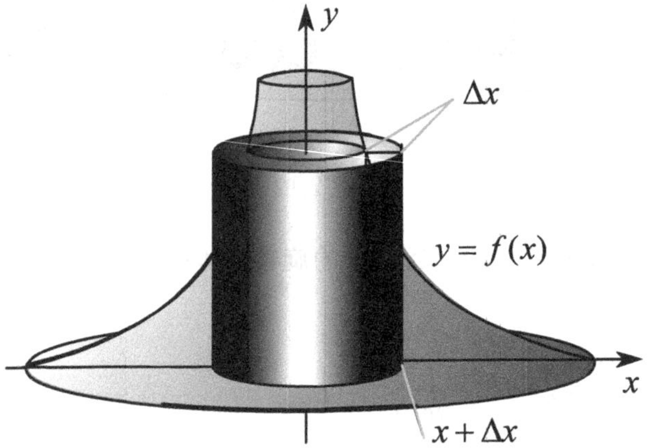

图 2.14

由于直圆管的体积为

$$\Delta V = \pi(x+\Delta x)^2 y - \pi x^2 y = 2\pi xy\Delta x + \pi y(\Delta x)^2.$$

取线性主部，则管形微元的体积为管面积 × 厚度微分，即 $\mathrm{d}V = 2\pi xy\,\mathrm{d}x$. 由此可知，管结构旋转体的体积为管面积积分，即

$$V = 2\pi\int_a^b xf(x)\,\mathrm{d}x.$$

图 2.15

例 2.31 求环面体，即圆片 $(x-a)^2+y^2\leq R^2$, $(0<R<a)$ 绕 y 轴旋转所得旋转体的体积.

解 按照管特征旋转体的体积公式，有

$$V=2\cdot 2\pi\int_{a-R}^{a+R}xy\,\mathrm{d}x=4\pi\int_{a-R}^{a+R}x\sqrt{R^2-(x-a)^2}\,\mathrm{d}x=2\pi^2aR^2.$$

其中变量代换取为 $x-a=R\sin t$.

(4) **旋转体体积的锥形算法*** 设 $0\leq\alpha<\beta\leq\pi$, 则由非负连续曲线 $r=r(\theta)$ 与射线 $\theta=\alpha$, $\theta=\beta$ 围成的极扇形绕极轴旋转一周所得旋转体为锥形几何体. 在 xOy 平面上，取极扇形的对应于区间 $[\theta,\theta+\mathrm{d}\theta]$ 的部分为 $\theta-$ 微元，取极扇形的对应于矩形 $[\theta,\theta+\mathrm{d}\theta;r,r+\mathrm{d}r]$ 的部分为 $(r,\theta)-$ 微元.

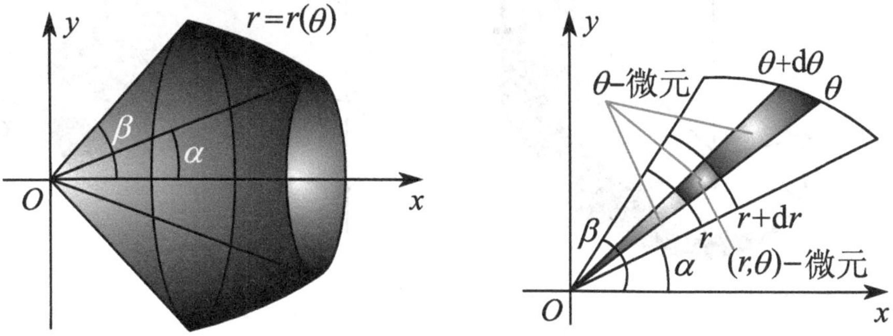

图 2.16

由于 $(r,\theta)-$ 微元可视为长宽分别为 $r\mathrm{d}\theta,\mathrm{d}r$ 的矩形，所以 $(r,\theta)-$ 微元的面积为 $r\mathrm{d}\theta\cdot\mathrm{d}r$. 于是由 $(r,\theta)-$ 微元产生的旋转体的体积为

$$r\mathrm{d}\theta\cdot\mathrm{d}r\cdot 2\pi\, r\sin\theta=(2\pi\, r^2\sin\theta\,\mathrm{d}\theta)\,\mathrm{d}r.$$

其中 $2\pi\, r\sin\theta$ 为旋转周长. 由此可知，由 $\theta-$ 微元产生的旋转体的体积为

$$\int_0^{r(\theta)}(2\pi\, r^2\sin\theta\,\mathrm{d}\theta)\,\mathrm{d}r=\frac{2\pi}{3}\,r^3\sin\theta\,\mathrm{d}\theta.$$

故由极扇形产生的旋转体的体积为

$$V=\int_\alpha^\beta\frac{2\pi}{3}\,r^3\sin\theta\,\mathrm{d}\theta=\frac{2\pi}{3}\int_\alpha^\beta r^3(\theta)\sin\theta\,\mathrm{d}\theta.$$

其中微体积公式

$$\mathrm{d}V = \frac{2\pi}{3}\, r^3(\theta)\sin\theta\,\mathrm{d}\theta$$

表示 θ- 微元产生的旋转体的体积，即锥形微元的体积.

例 2.32 求心脏线 $\rho = a(1+\cos\theta)$ 所围平面图形绕极轴旋转所得旋转体的体积.

解 按照锥结构旋转体的体积公式，所求旋转体的体积为

$$V = \frac{2\pi}{3}\int_0^{\pi}\big[a(1+\cos\theta)\big]^3\sin\theta\,\mathrm{d}\theta = \frac{8}{3}\,\pi a^3.$$

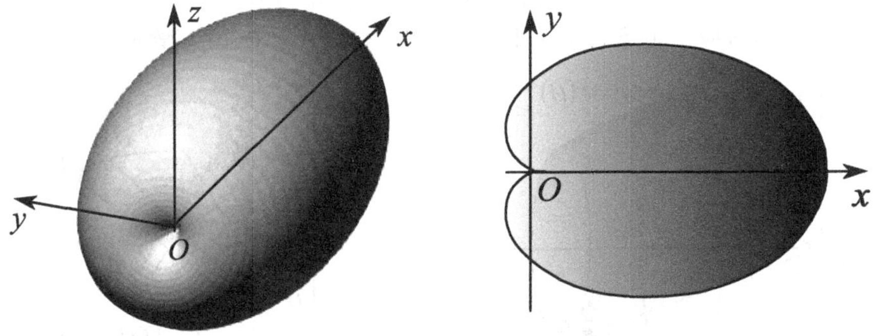

图 2.17

4. **平面曲线的弧长**

设 L 是平面上一条连接 A, B 两点的连续曲线，依次在 L 上取顶点 $A = M_0,\ M_1,\ \cdots,\ M_n = B$, 并用直线段把相邻两个顶点连接起来，这样就得到一

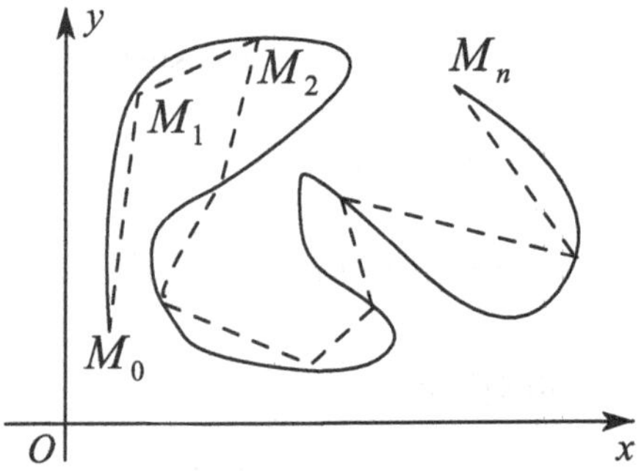

图 2.18

条 L 的内接折线. 如果 L 的全体内接折线的长度集存在最小上界 M, 则称 M 是曲线 L 的弧长. 连续曲线不一定是可求长曲线, 但闭区间上的单调, 下凸或上凸的连续曲线一定是可求长的.

(1) **显式曲线的弧长** 如果曲线 L 由连续可微函数 $y=f(x),(a \leq x \leq b)$ 给出, 则 L 是可求长曲线, 并且有弧长公式

$$s=\int_a^b \sqrt{1+[\,f'(x)\,]^2}\,\mathrm{d}x.$$

事实上, 设 $a=x_0<x_1<\cdots<x_n=b$, M_i 是坐标为 $(x_i,f(x_i))$ 的点, 则有

$$\overline{M_{i-1}M_i}=\sqrt{(\Delta x_i)^2+(\Delta y_i)^2}=\sqrt{1+\left(\frac{\Delta y_i}{\Delta x_i}\right)^2}\Delta x_i=\sqrt{1+[\,f'(\xi_i)\,]^2}\Delta x_i,$$

其中 $\Delta y_i=f'(\xi_i)\Delta x_i$, $\xi_i\in[x_{i-1},x_i]$.

由于 $\int_a^b \sqrt{1+[\,f'(x)\,]^2}\,\mathrm{d}x$存在, 所以

$$\lim_{\Delta\to 0}\sum_{i=1}^{n}\overline{M_{i-1}M_i}=\lim_{\Delta\to 0}\sum_{i=1}^{n}\sqrt{1+[\,f'(\xi_i)\,]^2}\Delta x_i=\int_a^b \sqrt{1+[\,f'(x)\,]^2}\,\mathrm{d}x.$$

其中 $\Delta=\max\limits_{0<i\leq n}(x_i-x_{i-1})$. 由此可知, L 是可求长曲线, 并且有弧长公式

$$s=\int_a^b \sqrt{1+[\,f'(x)\,]^2}\,\mathrm{d}x$$

及微弧长公式, 即微观勾股定理

$$\mathrm{d}s^2=\mathrm{d}x^2+\mathrm{d}y^2.$$

(2) **参数曲线的弧长** 如果 $L: x=x(t), y=y(t), (a\leq t\leq b)$ 是一条简单光滑曲线, 即不自交的连续可微曲线, 其中可微性指 $x'(t), y'(t)$ 都是 $[a,b]$ 上的连续函数, 则 L 是可求长曲线, 并且有弧长公式

$$s=\int_a^b \sqrt{x'^2+y'^2}\,\mathrm{d}t.$$

(3) **极坐标曲线的弧长** 如果连续可微曲线的极坐标方程为 $r=r(\theta)$, $\alpha\le\theta\le\beta$, 则因其参数方程为

$$x=r(\theta)\cos\theta, y=r(\theta)\sin\theta,\ \alpha\le\theta\le\beta$$

而有弧长公式

$$s=\int_{\alpha}^{\beta}\sqrt{r^2+r'^2}\,\mathrm{d}\theta.$$

例 2.33 计算星形线 $x=a\cos^3 t, y=a\sin^3 t,\ 0\le t\le 2\pi$ 的全长.

解

$$s=4\int_0^{\pi/2}\sqrt{x'^2+y'^2}\,\mathrm{d}t=12a\int_0^{\pi/2}\sin t\cos t\,\mathrm{d}t=6a.$$

例 2.34 求悬链线 $y=a\,\mathrm{ch}\,\dfrac{x}{a}$ 在 $0\le x\le b$ 之间的弧长.

解

$$s=\int_0^b\sqrt{1+\left[\left(a\,\mathrm{ch}\frac{x}{a}\right)'\right]^2}\,\mathrm{d}x=a\,\mathrm{sh}\,\frac{b}{a}.$$

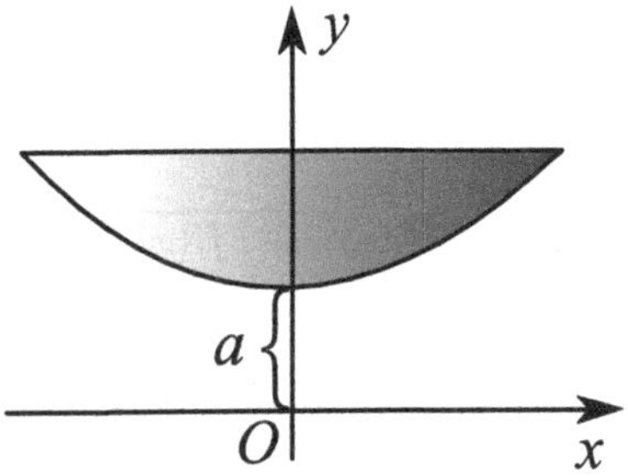

图 2.19

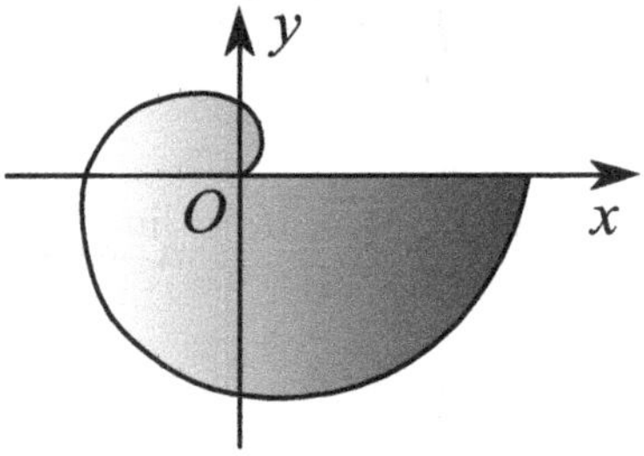

图 2.20

例 2.35 求阿基米德螺线 $r=a\theta,\ a>0$ 在 $0\le\theta\le 2\pi$ 之间的弧长.

解

$$\begin{aligned}s&=\int_0^{2\pi}\sqrt{r^2+r'^2}\,\mathrm{d}\theta=a\int_0^{2\pi}\sqrt{1+\theta^2}\,\mathrm{d}\theta\\&=\frac{a}{2}\left[2\pi\sqrt{1+4\pi^2}+\ln(2\pi+\sqrt{1+4\pi^2}\,)\right].\end{aligned}$$

5. **旋转面的面积** *

曲线 $L:\ y=f(x)$, $(a\le x\le b)$ 绕 x 轴的旋转面之面积可定义为 L 的全体内接折线绕 x 轴的旋转面面积的最小上界. 令 $a=x_0<x_1<\cdots<x_n=b$,

M_i 是坐标为 $(x_i, f(x_i))$ 的点，则线段 $M_{i-1}M_i$ 绕 x 轴的旋转体是一圆台，其侧面积为平均周长 × 母线长，即

$$S_i = \pi\big[\,|f(x_{i-1})| + |f(x_i)|\,\big]\sqrt{\Delta x_i^2 + \Delta y_i^2}.$$

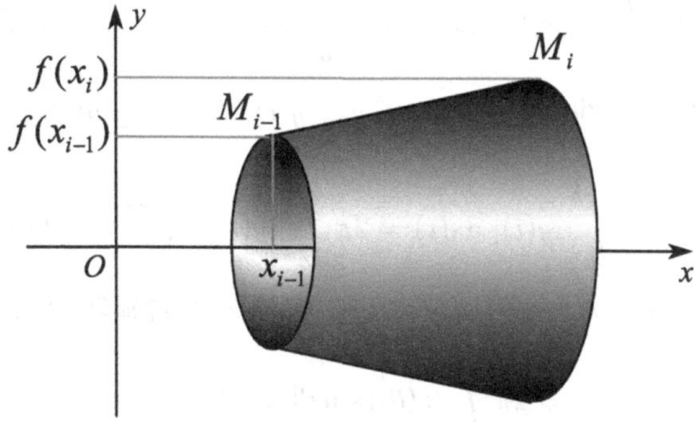

图 2.21

如果 L 是连续可微曲线，则据此可推出旋转面的微元面积 = 周长 × 微弧长，即有微面积公式

$$\mathrm{d}S = 2\pi y\,\mathrm{d}s = 2\pi|f(x)|\cdot\sqrt{1+[\,f'(x)\,]^2}\,\mathrm{d}x.$$

按照微元法，旋转面的面积为微元面积的连续和，即

$$S = 2\pi\int_a^b |f(x)|\sqrt{1+[\,f'(x)\,]^2}\,\mathrm{d}x.$$

事实上，由于 L 是连续可微曲线，所以存在 $\xi_i \in [x_{i-1}, x_i]$, 使得

$$\Delta y_i = f'(\xi_i)\Delta x_i,$$

并当 $\Delta x_i \to 0$ 时，有

$$|f(x_{i-1})| + |f(x_i)| - 2|f(\xi_i)| \to 0.$$

于是，有

$$S_i = 2\pi|f(\xi_i)|\sqrt{1+[\,f'(\xi_i)\,]^2}\,\Delta x_i + o(\Delta x_i).$$

由于内接折线绕 x 轴的旋转面面积为 $S_1 + S_2 + \cdots + S_n$ 且

$$\lim_{\Delta\to 0}\sum_{i=1}^n S_i = \lim_{\Delta\to 0}\sum_{i=1}^n 2\pi|f(\xi_i)|\sqrt{1+[\,f'(\xi_i)\,]^2}\,\Delta x_i$$

$$= 2\pi \int_a^b |f(x)| \cdot \sqrt{1+[\,f'(x)\,]^2}\,\mathrm{d}x.$$

所以连续可微曲线 L：$y = f(x)$, $(a \le x \le b)$ 绕 x 轴的旋转面面积为

$$S = 2\pi \int_a^b |f(x)|\,\mathrm{d}s(x) = 2\pi \int_a^b |f(x)| \cdot \sqrt{1+[\,f'(x)\,]^2}\,\mathrm{d}x.$$

一般地，参数曲线 L：$x = x(t), y = y(t)$, $(a \le t \le b)$ 绕 x 轴的旋转面面积为

$$S = 2\pi \int_a^b |y(t)|\,\mathrm{d}s(t) = 2\pi \int_a^b |y(t)| \cdot \sqrt{x'^2 + y'^2}\,\mathrm{d}t.$$

极坐标曲线 L：$r = r(\theta)$, $(\alpha \le \theta \le \beta)$ 绕 x 轴的旋转面面积为

$$\begin{aligned} S &= 2\pi \int_\alpha^\beta r(\theta)|\sin\theta|\,\mathrm{d}s(\theta) \\ &= 2\pi \int_\alpha^\beta r(\theta)|\sin\theta| \cdot \sqrt{r^2 + r'^2}\,\mathrm{d}\theta. \end{aligned}$$

其中 $s = s(\theta)$ 为弧长函数.

例 2.36 求半径为 R 的球面的表面面积.

解 1 视球面为上半圆周 $y = \sqrt{R^2 - x^2}$ 绕 x 轴的旋转面，有

$$\begin{aligned} S &= 2\pi \int_{-R}^R \sqrt{R^2 - x^2} \cdot \sqrt{1 + \Big(\frac{-x}{\sqrt{R^2 - x^2}}\Big)^2}\,\mathrm{d}x \\ &= 4\pi \int_0^R R\,\mathrm{d}x = 4\pi R^2. \end{aligned}$$

解 2 在极坐标之下，有 $r = R$ 及

$$\begin{aligned} S &= 2\pi \int_0^\pi R\sin\theta \cdot \sqrt{r^2 + r'^2}\,\mathrm{d}\theta \\ &= 2\pi R^2 \int_0^\pi \sin\theta\,\mathrm{d}\theta = 4\pi R^2. \end{aligned}$$

例 2.37 求圆 $x^2 + (y-a)^2 = R^2 (0<R<a)$ 绕 x轴旋转所得环面的面积.

解 由 $x^2 + (y-a)^2 = R^2$ 可得

$$y_{外} = a + \sqrt{R^2 - x^2}, \qquad y_{内} = a - \sqrt{R^2 - x^2}.$$

于是环面的面积为

$$
\begin{aligned}
S &= S_{外} + S_{内} \\
&= 2\pi \int_{-R}^{R} y_{外} \sqrt{1+(y'_{外})^2}\,\mathrm{d}x + 2\pi \int_{-R}^{R} y_{内} \sqrt{1+(y'_{内})^2}\,\mathrm{d}x \\
&= 4\pi \int_0^R (a+\sqrt{R^2-x^2}) \cdot \sqrt{1+\Big(\frac{x}{\sqrt{R^2-x^2}}\Big)^2}\,\mathrm{d}x \\
&\quad +4\pi \int_0^R (a-\sqrt{R^2-x^2}) \cdot \sqrt{1+\Big(\frac{x}{\sqrt{R^2-x^2}}\Big)^2}\,\mathrm{d}x \\
&= 8\pi a R \int_0^R \frac{1}{\sqrt{R^2-x^2}}\,\mathrm{d}x = 4\pi^2 aR.
\end{aligned}
$$

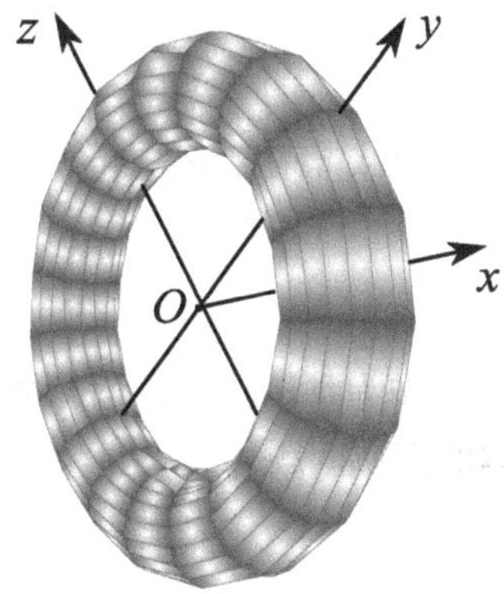

图 2.22

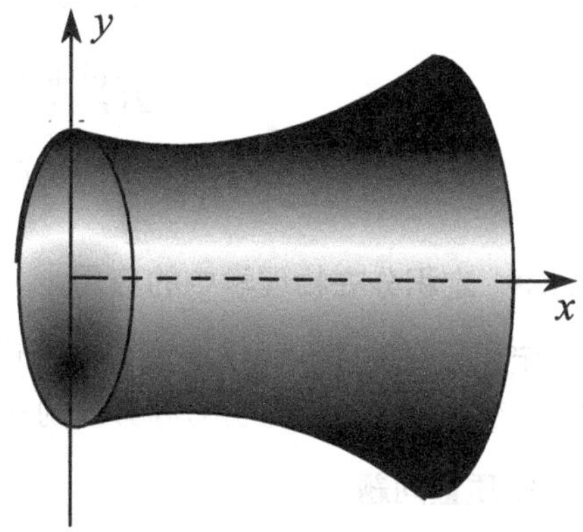

图 2.23

例 2.38　曲线 $y=\dfrac{\mathrm{e}^x+\mathrm{e}^{-x}}{2}$ 与直线 $x=0, x=t\ (t>0)$ 及 $y=0$ 围成一曲边梯形. 该曲边梯形绕 x 轴旋转一周得一旋转体, 其体积为 $V(t)$, 侧面积为 $S(t)$, 在 $x=t$ 处的底面积为 $F(t)$.

(i) 求 $\dfrac{S(t)}{V(t)}$ 的值;　　(ii) 计算极限 $\lim\limits_{t\to+\infty}\dfrac{S(t)}{F(t)}$.

解　(i) 由于

$$S(t) = 2\pi \int_0^t y\sqrt{1+y'^2}\,\mathrm{d}x$$

$$= 2\pi \int_0^t \frac{e^x + e^{-x}}{2} \sqrt{1 + \frac{e^{2x} - 2 + e^{-2x}}{4}}\, dx$$

$$= 2\pi \int_0^t \left(\frac{e^x + e^{-x}}{2}\right)^2 dx,$$

$$V(t) = \pi \int_0^t \left(\frac{e^x + e^{-x}}{2}\right)^2 dx,$$

所以 $\dfrac{S(t)}{V(t)} = 2.$

(ii) 由于 $F(t) = \pi y^2\big|_{x=t} = \pi\left(\dfrac{e^t + e^{-t}}{2}\right)^2$, 所以

$$\lim_{t\to+\infty} \frac{S(t)}{F(t)} = \lim_{t\to+\infty} \frac{2\pi\displaystyle\int_0^t \left(\frac{e^x + e^{-x}}{2}\right)^2 dx}{\pi\left(\dfrac{e^t + e^{-t}}{2}\right)^2}$$

$$= \lim_{t\to+\infty} \frac{2\left(\dfrac{e^t + e^{-t}}{2}\right)^2}{2\left(\dfrac{e^t + e^{-t}}{2}\right)\left(\dfrac{e^t - e^{-t}}{2}\right)} = \lim_{t\to+\infty} \frac{e^t + e^{-t}}{e^t - e^{-t}} = 1.$$

§5.2.3 定积分在物理学中的应用

定积分在物理和力学中有着十分广泛的应用，作为举例，主要考虑物体质量、变力作功、压力引力等方面的一些最基本的简单问题.

1. **质量问题**

如果物体在区间 $[a,b]$ 上的测度微分是 $d\varphi(t)$, 质量密度是 $\rho(t)$, 则该物体的质量是 $m = \displaystyle\int_a^b \rho(t)\, d\varphi(t)$.

例 2.39 长为 a 的直杆上任一点的质量密度 ρ 与该点到某一端点的距离平方成正比，求该杆的质量.

解 设直杆位于区间 $[0,a]$ 上且质量密度为 $\rho = kx^2$, 于是所求质量为

$$m = \int_0^a \rho\ dx = k\int_0^a x^2\ dx = \frac{k}{3}a^3.$$

例 2.40 半径为 R 的半球体中，到底面距离为 x 的点处的质量密度为 $p + qx$ $(p > 0, q > 0)$, 求这半球体的质量.

解 由于微元是底面半径为 $\sqrt{R^2-x^2}$, 高为 $\mathrm{d}x$ 的直圆柱，所以所求质量为

$$m=\int_0^R (p+qx)\cdot\pi(R^2-x^2)\,\mathrm{d}x=\frac{\pi}{12}R^3(8p+3qR).$$

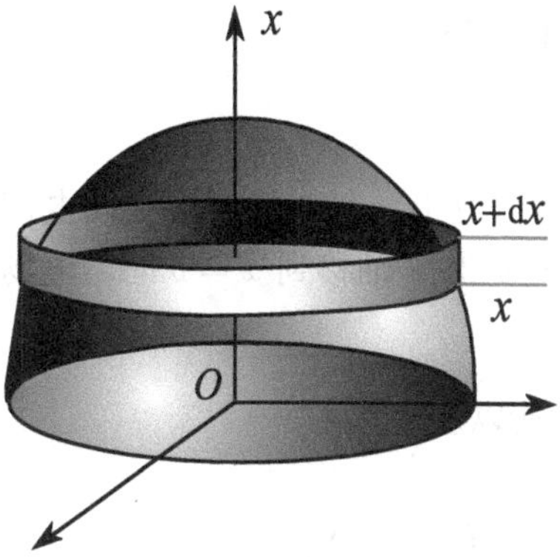

图 2.24

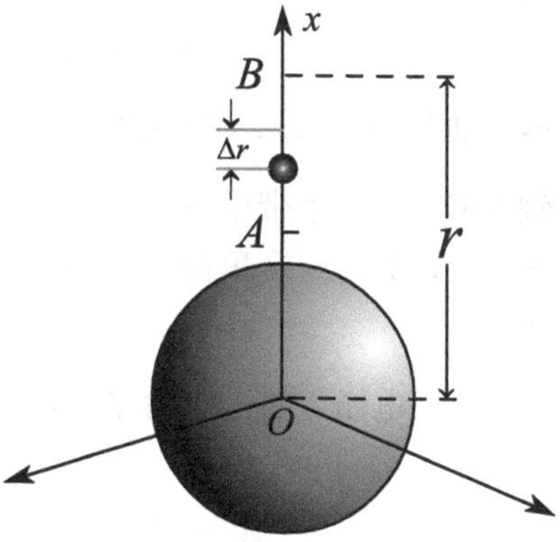

图 2.25

2. **变力作功**

如果质点在变力 $f(x)$ 作用下作直线运动，那么变力对质点所作的功为 $W=\int_a^b f(x)\,\mathrm{d}x$.

例 2.41 从地面垂直发射质量为 m 的物体. 计算从 A 点飞到 B 点，克服地球引力所消耗的功. 若要物体飞离地球引力范围，物体的初速度 v_0 应该是多少？

解 由地球对物体的引力为 $F=mg\left(\dfrac{R}{r}\right)^2$. 其中 R 是地球半径， r 是地球中心到物体的距离， g 是重力加速度. 设 $OA=r_A, OB=r_B$, 则克服地球引力所消耗的功为

$$W=\int_{r_A}^{r_B} F\,\mathrm{d}r=\int_{r_A}^{r_B} mg\left(\frac{R}{r}\right)^2\mathrm{d}r=mgR^2\left(\frac{1}{r_A}-\frac{1}{r_B}\right).$$

取 $r_A=R$, 并令 $r_B\to+\infty$, 则可得物体从地面飞出地球引力范围所需消耗的功为

$$\widetilde{W}=\lim_{r_B\to+\infty} mgR^2\left(\frac{1}{R}-\frac{1}{r_B}\right)=mgR.$$

要使物体脱离地球引力范围，发射物体时给予物体的动能至少要等于消耗的功，即

$$\frac{1}{2}mv_0^2 = mgR.$$

故所求速度为

$$v_0 = \sqrt{2gR} \approx 11.2(\mathrm{km/s}).$$

这个速度通常称为第二宇宙速度.

例 2.42 设一个带电量为 $+q$ 的点电荷位于 x 轴的原点，在此电荷产生的电场中，计算另一个单位正电荷从 $x=a$ 沿 x 轴移到 $x=b$ 时，电场力对它所作的功.

解 由于电场力的大小为 $f=k\dfrac{q}{x^2}$, 所以所求功为

$$W=\int_a^b k\frac{q}{x^2}\,\mathrm{d}x = kq\left(\frac{1}{a}-\frac{1}{b}\right).$$

例 2.43 半径为 R, 密度为 ρ(大于 1) 的球沉于深为 H(大于 $2R$) 的水池底，现将其从水中取出，需作多少功？

解 (1) 计算将球从池底提升到球顶与水表面相切时所需作的功 W_1. 球在水中所受外力：

$$F_1 = 重力 - 浮力 = \frac{4}{3}\pi R^3\cdot\rho g - \frac{4}{3}\pi R^3\cdot g.$$

于是

$$W_1 = F_1\cdot(H-2R) = \frac{4}{3}\pi R^3(\rho-1)g(H-2R).$$

(2) 计算球进一步提升时所作的功 W_2. 球浮出水面 x 单位时所受外力：

$$\begin{aligned}F_2 &= 重力 - 浮力 = \frac{4}{3}\pi R^3\cdot\rho g - 球在水下部分的体积\cdot g\\ &= \frac{4}{3}\pi R^3\cdot\rho g - \pi(2R-x)^2\cdot\left(R-\frac{2R-x}{3}\right)g\\ &= \frac{\pi g}{3}\left[\,4R^3(\rho-1)-x^3+3Rx^2\,\right].\end{aligned}$$

于是

$$W_2 = \frac{\pi g}{3}\int_0^{2R}[\,4R^3(\rho-1)-x^3+3Rx^2\,]\,\mathrm{d}x$$

$$= \frac{\pi g}{3}\left[4R^3(\rho-1)x-\frac{1}{4}x^4+Rx^3\right]_0^{2R} = \frac{4\pi R^4}{3}(2\rho-1)g.$$

综上所述，将球从池底捞出外力需作的功为

$$W = W_1+W_2 = \frac{4}{3}\pi R^3(\rho-1)g(H-2R)+\frac{4\pi R^4}{3}(2\rho-1)g.$$

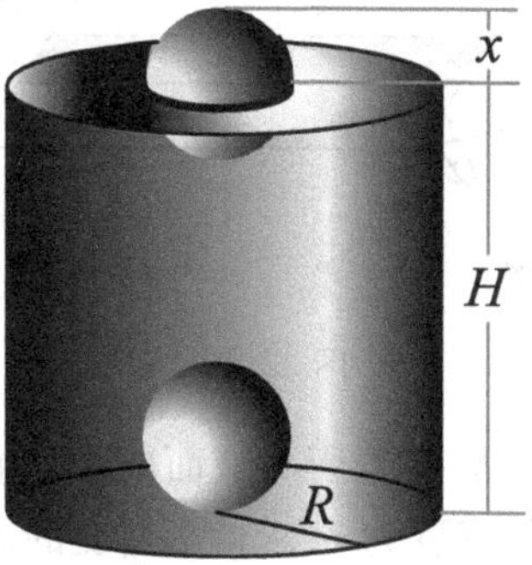

图 2.26

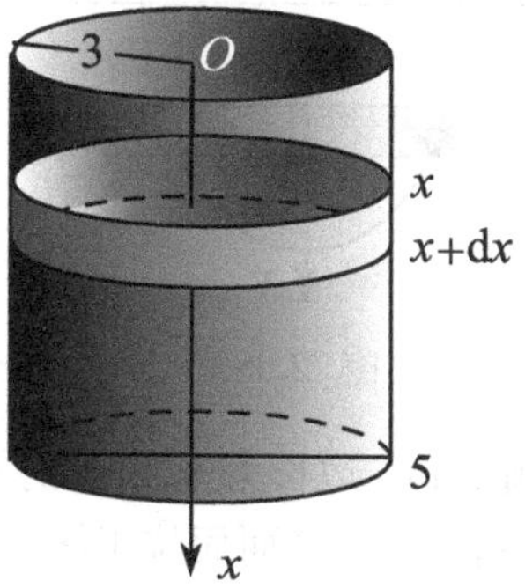

图 2.27

例 2.44 一圆柱形贮水桶高为 5 米，底半径为 3 米，桶内盛满水. 如果把桶内水全部吸出，问至少需要作多少功？

解 取深度 x 为积分变量，并使积分区间为 $[0,5]$. 区间 $[x, x+\mathrm{d}x]$ 之间的水重为 $9.8\pi\cdot 3^2\,\mathrm{d}x$, 吸出这部分水需要克服重力所作的功为

$$\mathrm{d}W = 9.8\pi\cdot 3^2\,\mathrm{d}x\cdot x.$$

因此，所求功为

$$W = \int_0^5 x\cdot 9.8\pi\cdot 3^2\,\mathrm{d}x \approx 3642(\mathrm{kJ}).$$

3. 压力与引力

例 2.45 设半椭圆形板 $\frac{x^2}{400}+\frac{y^2}{100}\leq 1\ (x\geq 0)$ 垂直于水面且短轴恰在水平面上，求该板所受水的压力.

解 半椭圆形板在 $[x, x+\mathrm{d}x]$ 之间的微元面积为 $\sqrt{400-x^2}\,\mathrm{d}x$, 在水深 x 处的压强是 gx, 故所求压力为

$$P=\int_0^{20} gx\cdot\sqrt{400-x^2}\,\mathrm{d}x=\frac{8000g}{3}.$$

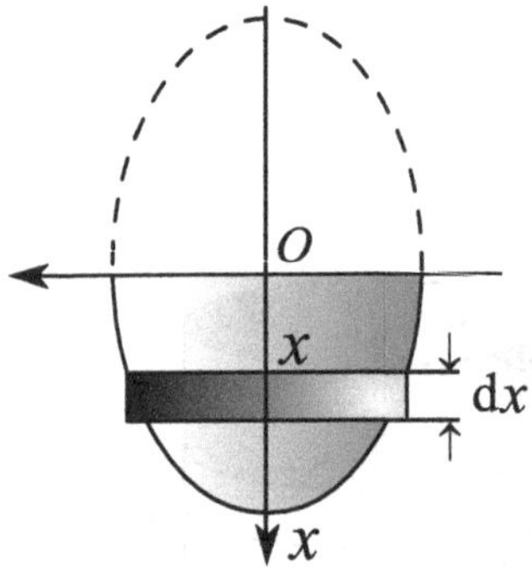

图 2.28

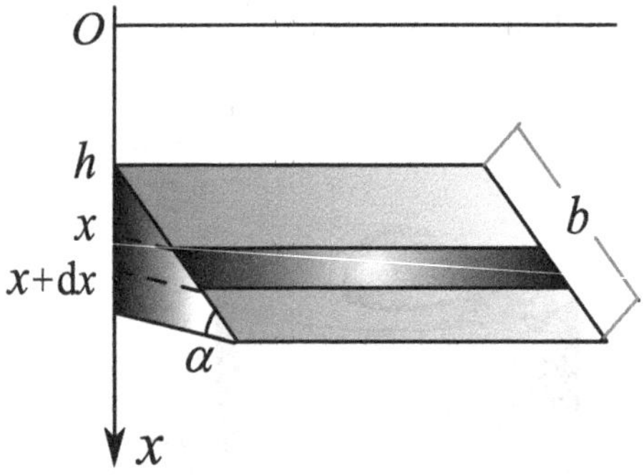

图 2.29

例 2.46 边长为 a 和 b 的矩形薄板 $a>b$, 放置于与液面成 α 角的液体内, 长边平行于液面而位于深度 h 处. 设液体密度为 ρ, 求薄板所受的压力 P.

解 设积分变量为深度 x, 则薄板在 $[x, x+\mathrm{d}x]$ 之间的面积为 $\dfrac{a}{\sin\alpha}\,\mathrm{d}x$. 由于在深度 x 处的压强是 ρgx, 所以所求压力为

$$P=\int_h^{h+b\sin\alpha}\rho gx\cdot\frac{a}{\sin\alpha}\,\mathrm{d}x=ab\rho g(h+\frac{b}{2}\sin\alpha).$$

例 2.47 某闸门的形状与大小如图 2.30 所示，其中直线 l 为对称轴，闸门的上部为矩形 $ABCD$, 下部由抛物线 $y=x^2$ 与线段 AB 围成. 当水面与闸门的上端相平时，欲使闸门矩形部分承受的水压力与闸门下部承受的水压力之比为 5 : 4, 闸门矩形部分的高 h 应为多少米？

解 闸门矩形部分承受的水压力为

$$P_1=2\int_1^{h+1}\rho g(h+1-y)\,\mathrm{d}y=2\rho g\left[(h+1)y-\frac{y^2}{2}\right]_1^{h+1}=\rho gh^2.$$

其中 ρ 为水的密度， g 为重力加速度. 闸门下部承受的水压力为

$$P_2=2\int_0^1\rho g(h+1-y)\sqrt{y}\,\mathrm{d}y=4\rho g\Big(\frac{1}{3}h+\frac{2}{15}\Big).$$

根据题意有 $P_1 : P_2 = 5 : 4$, 即 $\dfrac{h^2}{4(\frac{1}{3}h+\frac{2}{15})} = \dfrac{5}{4}$. 解之可得闸门矩形部分的高 h 应为 2 米.

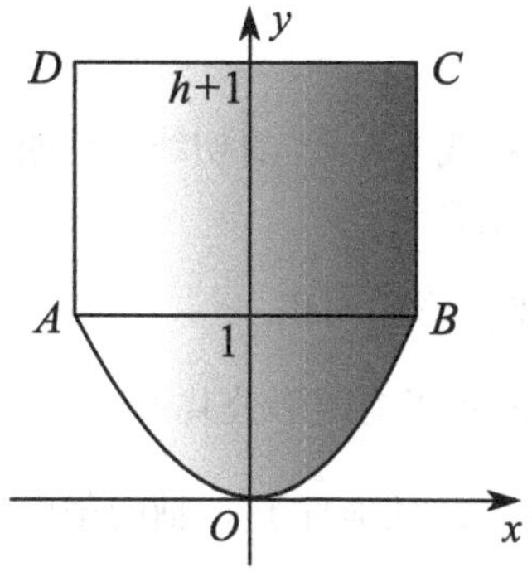

图 2.30

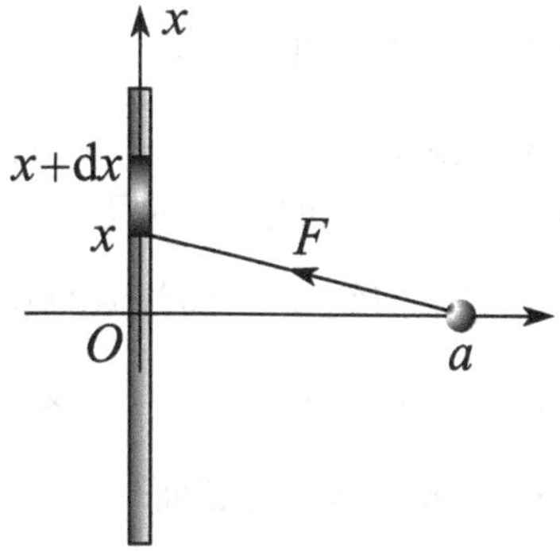

图 2.31

例 2.48 设有一长度为 l, 质量为 M 的均匀细直杆, 在其中垂线上距杆 a 处有一质量为 m 的质点 A. 试计算细杆对质点 A 的引力.

解 取杆为 x 轴, 杆的中点为原点, 则细杆在 $[x, x+\mathrm{d}x]$ 之间的质量为 $\dfrac{M}{l}\,\mathrm{d}x$, 该微元对质点 A 的引力为

$$\mathrm{d}F = \frac{km}{a^2+x^2} \cdot \frac{M}{l}\,\mathrm{d}x.$$

其中 k 为引力系数. 该引力在细杆中垂线方向的分量为 $\mathrm{d}F \cdot \dfrac{a}{\sqrt{a^2+x^2}}$. 于是所求引力为

$$F_x = \int_{-l/2}^{l/2} \frac{akm}{(a^2+x^2)^{3/2}} \cdot \frac{M}{l}\,\mathrm{d}x = \frac{2kmM}{a\sqrt{4a^2+l^2}}.$$

习 题 5.2 A

1. 曲线 $y = 3 - \dfrac{1}{3}x^2$ 与直线 $y = 0$ 所围图形被 $x = 2$ 分为左右两部分, 分别求其绕直线 $x = 2$ 所得旋转体的体积.

2. 求两个椭圆面

$$\frac{x^2}{a^2}+\frac{y^2}{b^2}\le 1,\qquad \frac{x^2}{b^2}+\frac{y^2}{a^2}\le 1$$

的公共部分的面积，其中 $a>b>0$.

3. 从抛物线 $y=x^2-1$ 上的点 P 引抛物线 $y=x^2$ 的切线，证明该切线与 $y=x^2$ 所围成的图形面积与 P 点的位置无关.

4. 求双纽线 $\rho^2=2a^2\cos 2\theta\ (a>0)$ 所围图形的面积.

5. 求两曲线 $\rho=\sqrt{2}\cos\theta$ 及 $\rho^2=\sqrt{3}\sin 2\theta$ 所围图形公共部分的面积.

6. 一几何体以椭圆面 $\dfrac{x^2}{10^2}+\dfrac{y^2}{5^2}\le 1$ 为底，且垂直于 x 轴的截面都为等边三角形，试计算该几何体的体积.

7. 过点 $P(1,0)$ 作抛物线 $y=\sqrt{x-2}$ 的切线，该切线与上述抛物线及 x 轴围成一平面图形，求此图形绕 x 轴旋转一周所成旋转体体积.

8. 由抛物线 $y=x^2$ 与 $y=4x^2$ 绕 y 轴旋转一周构成一个高为 H 的容器. 如果该容器中盛满水，问要将水全部抽出，外力需作多少功？

9. 计算介于圆 $\rho=4\sin\theta$ 之内和双纽线 $\rho^2=8\cos 2\theta$ 之外图形的面积.

10. 将绕在半径为 R 的圆上的细线绽开拉直，使细线与圆周始终相切，则细线端点的运动轨迹称为圆的绽开线，它的方程为

$$x=R(\cos t+t\ \sin t),\ y=R(\sin t-t\ \cos t).$$

求 t 从 0 到 2π 时绽开线的弧长.

11. 有一等腰梯形闸门，其上底长为 10 米，下底长为 6 米，高为 20 米. 该闸门与水面垂直，且上底恰好位于水平面上. 求该闸门一侧所受到的水压力.

12. 设星形线 $x=a\cos^3 t,\ y=a\sin^3 t$ 上每一点处的线密度的大小等于该点到原点距离的立方，在原点 O 处有一单位质点，求星形线在第一象限的弧段对这质点的引力.

习 题 5.2 B

1. 设 $f(x)$ 在 $[0,2]$ 上连续，在 $(0,2)$ 内可导， $f(0)=f(2)=1$, 且 $|f'(x)\le 1|$, 试证 $1\le\int_0^2 f(x)\,\mathrm{d}x\le 3$.

2. 设 $f(x)$ 在 $[a,b]$ 上连续，在 (a,b) 内可导，且 $|f'(x)\le M|, f(a)=0$, 试证

$$M\ge\frac{2}{(b-a)^2}\left|\int_a^b f(x)\,\mathrm{d}x\right|.$$

3. 设 $f(x)$ 在 $[0,2]$ 上连续，在 $(0,2)$ 内可导，若

$$f(0)=f\left(\frac{1}{2}\right),\quad 2\int_{1/2}^1 f(x)\,\mathrm{d}x=f(2),$$

证明存在 $\xi\in(0,2)$, 使得 $f''(\xi)=0$.

4. 设 $f(x)$ 是 $[0,1]$ 上的非负递减的连续函数，且 $0<a<b<1$, 则

$$\int_0^a f(x)\,\mathrm{d}x\ge\frac{a}{b}\int_a^b f(x)\,\mathrm{d}x.$$

5. 设 $f(x)$ 在 $[0,1]$ 上有连续的导数，则当 $x\in[0,1]$ 时，有

$$|f(x)|\le\int_0^1(|f(t)|+|f'(t)|)\,\mathrm{d}t.$$

6. 设 $f'(x)$ 在 $[a,b]$ 上连续，试证

$$\max_{a\le x\le b}|f(x)|\le\frac{1}{b-a}\left|\int_a^b f(x)\,\mathrm{d}x\right|+\int_a^b|f'(x)|\,\mathrm{d}x.$$

7. 设 $x\in[a,b]$ 时， $f(x)\ge 0, f''(x)\le 0$, 试证 $f(x)\le\dfrac{2}{b-a}\displaystyle\int_a^b f(x)\,\mathrm{d}x$.

8. 设 $f(x),g(x)$ 在 $[0,1]$ 上的导数连续，且 $f(0)=0$, $f'(x)\ge 0$, $g'(x)\ge 0$. 证明对任何 $a\in[0,1]$, 有

$$\int_0^a g(x)f'(x)\,\mathrm{d}x+\int_0^1 f(x)g'(x)\,\mathrm{d}x\ge f(a)g(1).$$

9. 用铁锤将铁钉击入木板，设木板对铁钉的阻力与铁钉击入木板的深度平方成正比，在铁锤击第一次时，能将铁钉击入木板内 1cm, 如果铁锤每次打击所做的功相等，问铁锤第二次能把铁钉又击入多少 cm?

10. 求星形线 $x^{2/3}+y^{2/3}=a^{2/3}$ $(a>0)$ 绕 x 旋转所得旋转体的体积与表面积.

11. 求心脏线 $\rho=a(1+\cos\theta)$ 绕极轴旋转所得旋转面的面积.

12. 将抛物线 $y=ax-x^2$ 在横坐标 0 与 c $(0<c<a)$ 之间的弧段绕 x 轴旋转，问 c 为何值时，所得旋转体体积 V 等于弦 OP (P 为抛物线与 $x=c$ 的交点) 绕 y 轴旋转所得锥体体积 $V_{锥}$.

13. 设 $-\dfrac{\pi}{2}\leq\alpha<\beta\leq\dfrac{\pi}{2}$, 则由非负连续曲线 $r=r(\theta)$ 与射线 $\theta=\alpha$, $\theta=\beta$ 围成的极扇形绕 y 轴旋转一周所得旋转体的体积为

$$V=\frac{2\pi}{3}\int_\alpha^\beta r^3(\theta)\cos\theta\,\mathrm{d}\theta.$$

14. 计算由双纽线 $r^2=a^2\cos2\theta$ 分别绕 x 轴和 y 轴旋转所得旋转体的体积和表面积.

15. 设 $f(x)$ 是 $[a,b]$ 上的非负递减函数， $g(x)$ 是 $[a,b]$ 上的可积函数，则存在 $\xi\in[a,b]$, 使得

$$\int_a^b f(x)g(x)\,\mathrm{d}x=f(a)\int_a^\xi g(x)\,\mathrm{d}x.$$

16. 设 $f(x)$ 是 $[a,b]$ 上的单调函数， $g(x)$ 是 $[a,b]$ 上的可积函数，则存在 $\xi\in[a,b]$, 使得

$$\int_a^b f(x)g(x)\,\mathrm{d}x=f(a)\int_a^\xi g(x)\,\mathrm{d}x+f(b)\int_\xi^b g(x)\,\mathrm{d}x.$$

17. 设 $f(x),g(x)$ 在 $[a,b]$ 上连续且恒正，若 $d_n=\displaystyle\int_a^b g(x)\big[f(x)\big]^n\,\mathrm{d}x$, 则

$$\lim_{n\to\infty}\frac{d_{n+1}}{d_n}=\max_{a\leq x\leq b}f(x).$$

18. 设函数 $f(x)$ 在 $[a,b]$ 上可积，证明

$$\lim_{n\to\infty}\int_a^b f(x)\cos nx\,\mathrm{d}x=0,\quad \lim_{n\to\infty}\int_a^b f(x)\sin nx\,\mathrm{d}x=0.$$

19. 某水坝中有一三角形的闸门, 这闸门笔直地竖立在水中, 它的底边与水平面相齐, 已知三角形底边长为 a 米, 高为 h 米, 求闸门所受的水压力.

20. 边长为 a 的正方形薄板垂直沉没水中, 其一顶点位于水面, 一条对角线平行于水面, 试求薄板所受的压力 P.

21. 求椭圆柱 $4x^2+y^2=a^2$ 介于平面 $z=0$ 与 $z=my$ 部分的体积.

22. 设有一质量均匀的细直杆 AB, 其长为 l, 质量为 M.

(1) 在 AB 的延长线上与端点 B 的距离为 a 处有一质量为 m 的质点 N_1, 试求细杆对 N_1 处质点的引力;

(2) 在 AB 的过 B 端垂线上与 B 的距离为 a 处有一质量为 m 的质点 N_2, 试求细杆对 N_2 处质点的引力.

23. 设 $x(t),y(t)$ 是 $[a,b]$ 上的可微函数且 $x'(t),y'(t)$ 在 $[a,b]$ 上可积, 证明参数曲线 $x=x(t),y=y(t)$ 在 $[a,b]$ 上的弧长为

$$s=\int_a^b\sqrt{[x'(t)]^2+[y'(t)]^2}\,\mathrm{d}t.$$

24. 证明曲线 $r=r(\theta)$, $0\le\alpha\le\theta\le\beta\le\pi$ 绕极轴旋转一周所得曲面的面积为

$$S=2\pi\int_\alpha^\beta r\sin\theta\cdot\sqrt{r^2+r'^2}\,\mathrm{d}\theta.$$

§5.3 广义积分

定积分的分割、求和、取极限过程有两个限制过于苛刻, 一是积分区间必须有界, 二是被积函数必须有界. 在一些理论问题和实际问题中, 常常需要去掉这两个限制, 这样就出现了广义积分. 无穷区间上的广义积分通常称为无穷积分, 无界函数的广义积分通常称为瑕积分.

§5.3.1 无穷积分

定义 3.1 设函数 $f(x)$ 在区间 $[a,+\infty)$ 上有定义, 如果 $f(x)$ 在每个区间 $[a,b]$ 上都可积, 则称 $\lim\limits_{b\to+\infty}\int_a^b f(x)\,\mathrm{d}x$ 为 $f(x)$ 在 $[a,+\infty)$ 上的无穷积分, 记

作 $\int_a^{+\infty} f(x)\,\mathrm{d}x$. 如果 $\lim\limits_{b\to+\infty}\int_a^b f(x)\,\mathrm{d}x$ 存在，则称 $\int_a^{+\infty} f(x)\,\mathrm{d}x$ 收敛，否则称为发散.

类似地，有 $\int_{-\infty}^b f(x)\,\mathrm{d}x$ 收敛 $\iff \lim\limits_{a\to-\infty}\int_a^b f(x)\,\mathrm{d}x$ 存在；$\int_{-\infty}^{+\infty} f(x)\,\mathrm{d}x$ 收敛 $\iff \int_0^{+\infty} f(x)\,\mathrm{d}x$ 与 $\int_{-\infty}^0 f(x)\,\mathrm{d}x$ 同时收敛.

例 3.1 讨论下列广义积分的敛散性.

(1) $\int_0^{+\infty}\frac{1}{1+x^2}\,\mathrm{d}x$; (2) $\int_0^{+\infty}\cos x\,\mathrm{d}x$.

解 (1) 由于

$$\int_0^{+\infty}\frac{1}{1+x^2}\,\mathrm{d}x=\arctan x\Big|_0^{+\infty}=\lim_{x\to+\infty}\arctan x=\frac{\pi}{2},$$

所以 $\int_0^{+\infty}\frac{1}{1+x^2}\,\mathrm{d}x$ 收敛.

(2) 由于

$$\int_0^{+\infty}\cos x\,\mathrm{d}x=\sin x\Big|_0^{+\infty}=\lim_{b\to+\infty}\sin b=\text{不存在},$$

所以 $\int_0^{+\infty}\cos x\,\mathrm{d}x$ 发散.

例 3.2 证明无穷积分 $\int_1^{+\infty}\frac{1}{x^p}\,\mathrm{d}x$ 在 $p>1$ 时收敛，而在 $p\leq 1$ 时发散.

证 由于

$$\int_1^{+\infty}\frac{1}{x^p}\,\mathrm{d}x=\begin{cases}\ln x\Big|_1^{+\infty}, & p=1\\[2mm] \dfrac{x^{1-p}}{1-p}\Big|_1^{+\infty}, & p\neq 1\end{cases}=\begin{cases}+\infty, & p\leq 1\\[2mm] \dfrac{1}{p-1}, & p>1\end{cases},$$

所以 $\int_1^{+\infty}\frac{1}{x^p}\,\mathrm{d}x$ 在 $p>1$ 时收敛，而在 $p\leq 1$ 时发散.

按照不等式 $0\leq f(x)\leq g(x)$, 可称 $\int_a^{+\infty} f(x)\,\mathrm{d}x$ 为小积分，$\int_a^{+\infty} g(x)\,\mathrm{d}x$ 为大积分. 要证明一个积分收敛，最基本的方法就是构造一个收敛的大积分；要证明一个积分发散，最基本的方法就是构造一个发散的小积分. 当大积分收敛时，小积分一定收敛；当小积分发散时，大积分一定发散. 构造大小积分的方法通常称为比较法.

定理 3.1 (比较判别法) 设函数 $f(x),g(x)$ 是 $[a,+\infty)$ 上的连续函数，如果 $x\to+\infty$ 时，恒有 $0\le f(x)\le g(x)$, 则

(1) $\int_a^{+\infty} g(x)\,\mathrm{d}x$ 收敛 $\Longrightarrow \int_a^{+\infty} f(x)\,\mathrm{d}x$ 收敛；(大积分收敛小收敛)

(2) $\int_a^{+\infty} f(x)\,\mathrm{d}x$ 发散 $\Longrightarrow \int_a^{+\infty} g(x)\,\mathrm{d}x$ 发散. (小积分发散大发散)

证 (1) 不妨设 $x\ge a$ 时, 恒有 $0\le f(x)\le g(x)$, 则函数 $F(b)=\int_a^b f(x)\,\mathrm{d}x$ 为单调增函数,并且有 $F(b)\le\int_a^{+\infty} g(x)\,\mathrm{d}x$. 于是根据单调有界法则, $\lim\limits_{b\to+\infty} F(b)$ 存在，故 $\int_a^{+\infty} f(x)\,\mathrm{d}x$ 收敛.

(2) 命题 (2) 是命题 (1) 的逆否命题，故为等价命题.

推论 3.1 (极限判别法) 设 $f(x)$, $g(x)$ 在 $[a,+\infty)$上非负连续,若 $\lim\limits_{x\to+\infty}\dfrac{f(x)}{g(x)}=l$, 则

(1) 当 $0<l<+\infty$, 即 $f(x)\sim l\cdot g(x)$ 时， $\int_a^{+\infty} f(x)\,\mathrm{d}x$ 与 $\int_a^{+\infty} g(x)\,\mathrm{d}x$ 同时收敛或同时发散；

(2) 当 $l=0$ 或 $l<+\infty$ 时， $\int_a^{+\infty} f(x)\,\mathrm{d}x$ 发散 $\Longrightarrow \int_a^{+\infty} g(x)\,\mathrm{d}x$ 发散；

(3) 当 $l=+\infty$ 或 $l>0$ 时， $\int_a^{+\infty} f(x)\,\mathrm{d}x$ 收敛 $\Longrightarrow \int_a^{+\infty} g(x)\,\mathrm{d}x$ 收敛.

证 (1) 由于 $0<l<+\infty$, 所以当 $x\to+\infty$ 时，恒有 $\dfrac{l}{2}<\dfrac{f(x)}{g(x)}<2l$. 于是根据比较判别法可知， $\int_a^{+\infty} f(x)\,\mathrm{d}x$ 与 $\int_a^{+\infty} g(x)\,\mathrm{d}x$ 同时收敛或同时发散.

(2) 由于 $l=0$, 所以当 $x\to+\infty$ 时，恒有 $\dfrac{f(x)}{g(x)}<1$. 于是根据比较判别法可知， $\int_a^{+\infty} f(x)\,\mathrm{d}x$ 发散 $\Longrightarrow \int_a^{+\infty} g(x)\,\mathrm{d}x$ 发散.

(3) 由于 $l=+\infty$, 所以当 $x\to+\infty$ 时，恒有 $\dfrac{f(x)}{g(x)}>1$. 于是根据比较判别法可知， $\int_a^{+\infty} f(x)\,\mathrm{d}x$ 收敛 $\Longrightarrow \int_a^{+\infty} g(x)\,\mathrm{d}x$ 收敛.

推论 3.2 (柯西判别法) 设 $f(x)$在 $[a,+\infty)$上非负连续,若 $\lim\limits_{x\to+\infty} x^p f(x)=l$, 则 (1) 当 $0\le l<+\infty$, $p>1$ 时， $\int_a^{+\infty} f(x)\,\mathrm{d}x$ 收敛；

(2) 当 $0<l\le+\infty$, $p\le1$ 时， $\int_a^{+\infty} f(x)\,\mathrm{d}x$ 发散.

证 (1) 设 $l < L < +\infty$, 则由 $\lim\limits_{x\to+\infty} x^p f(x) = l$ 可知，当 $x \to +\infty$ 时，恒有 $0 \le f(x) \le \dfrac{L}{x^p}$. 由于 $p > 1$ 时，大积分 $\displaystyle\int_a^{+\infty} \frac{L}{x^p}\,\mathrm{d}x$ 收敛，所以根据比较判别法，小积分 $\displaystyle\int_a^{+\infty} f(x)\,\mathrm{d}x$ 收敛.

(2) 设 $0 < L < l$, 则由 $\lim\limits_{x\to+\infty} x^p f(x) = l$ 可知，当 $x \to +\infty$ 时，恒有 $f(x) \ge \dfrac{L}{x^p}$. 由于 $p \le 1$ 时，小积分 $\displaystyle\int_a^{+\infty} \frac{L}{x^p}\,\mathrm{d}x$ 发散，所以根据比较判别法，大积分 $\displaystyle\int_a^{+\infty} f(x)\,\mathrm{d}x$ 发散.

推论 3.3 (绝对收敛法) 设函数 $f(x)$ 在 $[a, +\infty)$ 上连续，若 $\displaystyle\int_a^{+\infty} |f(x)|\,\mathrm{d}x$ 收敛，则 $\displaystyle\int_a^{+\infty} f(x)\,\mathrm{d}x$ 收敛.

证 由比较判别法可知，

$$\int_a^{+\infty} \frac{|f(x)| + f(x)}{2}\,\mathrm{d}x \text{ 与 } \int_a^{+\infty} \frac{|f(x)| - f(x)}{2}\,\mathrm{d}x$$

都收敛，两式相减可知，$\displaystyle\int_a^{+\infty} f(x)\,\mathrm{d}x$ 收敛.

例 3.3 判断广义积分 $\displaystyle\int_0^{+\infty} \frac{\arctan x}{1 + x^p}\,\mathrm{d}x$, $(p > 0)$ 的敛散性.

证 由于

$$\lim_{x\to+\infty} x^p \cdot \frac{\arctan x}{1 + x^p} = \frac{\pi}{2},$$

所以当 $p > 1$ 时，原积分收敛；当 $p \le 1$ 时，原积分发散.

例 3.4 讨论广义积分 $\displaystyle\int_2^{+\infty} \frac{1}{x^p (\ln x)^q}\,\mathrm{d}x$, $(p > 0, q > 0)$ 的敛散性.

证 (1) 当 $p > 1$ 时，由

$$\lim_{x\to+\infty} x^p \cdot \frac{1}{x^p (\ln x)^q} = 0$$

可知，原积分收敛；

(2) 当 $p < 1$ 时，取 $p < s < 1$, 则有

$$\lim_{x\to+\infty} x^s \cdot \frac{1}{x^p (\ln x)^q} = +\infty,$$

由此可知，原积分发散；

(3) 当 $p=1$ 时，由于

$$\int_2^{+\infty}\frac{1}{x^p(\ln x)^q}\,\mathrm{d}x=\int_2^{+\infty}\frac{\mathrm{d}\ln x}{(\ln x)^q},$$

所以当 $q>1$ 时，原积分收敛；当 $q\leq 1$ 时，原积分发散.

§5.3.2 瑕积分

简单的暇积分可以仿照莱布尼兹公式计算.

例 3.5 求 $\lim\limits_{n\to\infty}\dfrac{\sqrt[n]{n!}}{n}$.

解 令 $x_n=\dfrac{\sqrt[n]{n!}}{n}$, 则当 $n\to\infty$ 时，有

$$\begin{aligned}\ln x_n &= \frac{1}{n}\left[\ln\frac{1}{n}+\ln\frac{2}{n}+\cdots+\ln\frac{n}{n}\right]\\ &\to\int_0^1\ln x\ \mathrm{d}x=x\ln x\Big|_0^1-\int_0^1\ \mathrm{d}x=-1.\end{aligned}$$

所以，原式 $=\mathrm{e}^{-1}$.

定义 3.2 设函数 $f(x)$ 在区间 $(a,b]$ 上有定义，如果 $f(x)$ 在 $(a,b]$ 的每个闭子区间上都可积，且当 $x\to a+$ 时，$f(x)$ 无界，即 a 是 $f(x)$ 的瑕点，则称 $\lim\limits_{c\to a+}\int_c^b f(x)\,\mathrm{d}x$ 为 $f(x)$ 在 $(a,b]$ 上的瑕积分，记作 $\int_a^b f(x)\,\mathrm{d}x$. 如果 $\lim\limits_{c\to a+}\int_c^b f(x)\,\mathrm{d}x$ 存在，则称 $\int_a^b f(x)\,\mathrm{d}x$ 收敛，否则称为发散.

类似地，当 b 是 $f(x)$ 的瑕点时，$\int_a^b f(x)\,\mathrm{d}x=\lim\limits_{c\to b-}\int_a^c f(x)\,\mathrm{d}x$; 当 $c\in(a,b)$ 是 $f(x)$ 的瑕点时，$\int_a^b f(x)\,\mathrm{d}x=\lim\limits_{t\to c-}\int_a^t f(x)\,\mathrm{d}x+\lim\limits_{t\to c+}\int_t^b f(x)\,\mathrm{d}x$.

例 3.6 讨论下列瑕积分的敛散性.

(1) $\int_0^a\dfrac{1}{\sqrt{a^2-x^2}}\,\mathrm{d}x\ (a>0)$;　　(2) $\int_0^1\ln x\,\mathrm{d}x$.

解 (1) 由于 $\int_0^a\dfrac{1}{\sqrt{a^2-x^2}}\,\mathrm{d}x=\arcsin\dfrac{x}{a}\Big|_0^a=\dfrac{\pi}{2}$, 所以原积分收敛.

(2) 由于 $\int_0^1 \ln x\,\mathrm{d}x = \left[x\ln x - x\right]_0^1 = -1$, 所以原积分收敛.

例 3.7 证明瑕积分 $\int_a^b \frac{1}{(x-a)^q}\,\mathrm{d}x$ 在 $q<1$ 时收敛, 而在 $q\geq 1$ 时发散.

解 由于

$$\int_a^b \frac{1}{(x-a)^q}\,\mathrm{d}x = \begin{cases} \ln(x-a)\big|_a^b, & q=1 \\ \left.\frac{(x-a)^{1-q}}{1-q}\right|_a^b, & q\neq 1 \end{cases} = \begin{cases} +\infty, & q\geq 1 \\ \frac{(b-a)^{1-q}}{1-q}, & q<1 \end{cases},$$

所以 $\int_a^b \frac{1}{(x-a)^q}\,\mathrm{d}x$ 在 $q<1$ 时收敛, 而在 $q\geq 1$ 时发散.

仿照无穷积分的证明, 有

定理 3.2 (比较判别法) 设函数 $f(x), g(x)$ 是 $(a,b]$ 上的连续函数, 如果 $x\to a+$ 时, 恒有 $0\leq f(x)\leq g(x)$, 则

(1) $\int_a^b g(x)\,\mathrm{d}x$ 收敛 $\Longrightarrow \int_a^b f(x)\,\mathrm{d}x$ 收敛;

(2) $\int_a^b f(x)\,\mathrm{d}x$ 发散 $\Longrightarrow \int_a^b g(x)\,\mathrm{d}x$ 发散.

推论 3.4 (极限判别法) 设 $f(x), g(x)$ 在 $(a,b]$ 上非负连续, 若 $\lim\limits_{x\to a+}\frac{f(x)}{g(x)} = l$, 则

(1) 当 $0<l<+\infty$, 即 $f(x)\sim l\cdot g(x)$ 时, $\int_a^b f(x)\,\mathrm{d}x$ 与 $\int_a^b g(x)\,\mathrm{d}x$ 同时收敛或同时发散;

(2) 当 $l=0$ 或 $l<+\infty$ 时, $\int_a^b f(x)\,\mathrm{d}x$ 发散 $\Longrightarrow \int_a^b g(x)\,\mathrm{d}x$ 发散;

(3) 当 $l=+\infty$ 或 $l>0$ 时, $\int_a^b f(x)\,\mathrm{d}x$ 收敛 $\Longrightarrow \int_a^b g(x)\,\mathrm{d}x$ 收敛.

推论 3.5 (柯西判别法) 设函数 $f(x)$ 在 $(a,b]$ 上非负连续, 若

$$\lim_{x\to a+}(x-a)^q f(x) = l,$$

则 (1) 当 $0\leq l<+\infty$, $q<1$ 时, $\int_a^b f(x)\,\mathrm{d}x$ 收敛;

(2) 当 $0<l\leq+\infty$, $q\geq 1$ 时, $\int_a^b f(x)\,\mathrm{d}x$ 发散.

推论 3.6 (绝对收敛法) 设函数 $f(x)$ 在 $(a,b]$ 上连续，若 $\int_a^b |f(x)|\,\mathrm{d}x$ 收敛，则 $\int_a^b f(x)\,\mathrm{d}x$ 收敛.

例 3.8 讨论瑕积分 $\int_0^1 x^{p-1}(1-x)^{q-1}\,\mathrm{d}x$ 的敛散性.

解 当 $p \geq 1, q \geq 1$ 时，原积分是定积分，故有 $p < 1$ 或 $q < 1$. 令

$$I_1 = \int_0^{1/2} x^{p-1}(1-x)^{q-1}\,\mathrm{d}x,\ I_2 = \int_{1/2}^1 x^{p-1}(1-x)^{q-1}\,\mathrm{d}x.$$

(1) 由于 $x \to 0+$ 时，

$$x^{p-1}(1-x)^{q-1} \sim x^{p-1},$$

所以 $p > 0$ 时， I_1 收敛； $p \leq 0$ 时， I_1 发散.

(2) 由于 $x \to 1-$ 时，

$$x^{p-1}(1-x)^{q-1} \sim (1-x)^{q-1},$$

所以 $q > 0$ 时， I_2 收敛； $q \leq 0$ 时， I_2 发散.

综上所述， $p > 0, q > 0$ 时，原积分收敛， $p \leq 0$ 或 $q \leq 0$ 时，原积分发散.

例 3.9 讨论广义积分 $\int_1^{+\infty} \frac{1}{x^p(\ln x)^q}\,\mathrm{d}x$, $(p > 0, q > 0)$ 的敛散性.

解 由于 $x \to 1+$ 时，

$$\frac{1}{x^p(\ln x)^q} \sim \frac{1}{(\ln x)^q} \sim \frac{1}{(x-1)^q},$$

所以，结合例题 3.4, 当 $p > 1, q < 1$ 时，原积分收敛；当 $p \leq 1$ 或 $q \geq 1$ 时，原积分发散.

§5.3.3 $\Gamma-$ 函数与 $\beta-$ 函数

作为广义积分的应用，下面讨论在理论问题和实际问题中都有重要作用的 Γ−函数与 β−函数.

1. Γ− **函数**

广义积分

$$\Gamma(s)=\int_0^{+\infty}x^{s-1}\mathrm{e}^{-x}\,\mathrm{d}x,\ s>0$$

称为Γ-函数. 当 $x\to0+$ 时, $x^{s-1}\mathrm{e}^{-x}\sim x^{s-1}$; 当 $x\to+\infty$ 时, $x^2\cdot x^{s-1}\mathrm{e}^{-x}\to0$, 所以广义积分 $\Gamma(s)$ 在 $s>0$ 的条件下, 总是收敛的.

对于 Γ− 函数需要记住几个常用值

$$\Gamma(1)=1,\quad \Gamma\Big(\frac{1}{2}\Big)=\sqrt{\pi},\quad \Gamma(n+1)=n!$$

和一个递推公式

$$\Gamma(s+1)=s\Gamma(s).$$

其中递推公式可用分部积分法证明.

$$\begin{aligned}\Gamma(s+1)&=\int_0^{+\infty}x^s\mathrm{e}^{-x}\,\mathrm{d}x=-\int_0^{+\infty}x^s\,\mathrm{d}\mathrm{e}^{-x}\\&=-x^s\mathrm{e}^{-x}\Big|_0^{+\infty}+\int_0^{+\infty}\mathrm{e}^{-x}\,\mathrm{d}x^s=s\int_0^{+\infty}x^{s-1}\mathrm{e}^{-x}\,\mathrm{d}x=s\Gamma(s).\end{aligned}$$

例 3.10 计算概论积分 $\int_{-\infty}^{+\infty}\mathrm{e}^{-x^2}\,\mathrm{d}x$.

解 令 $x^2=t$, 则

$$\int_{-\infty}^{+\infty}\mathrm{e}^{-x^2}\,\mathrm{d}x=2\int_0^{+\infty}\mathrm{e}^{-x^2}\,\mathrm{d}x=\int_0^{+\infty}t^{-1/2}\mathrm{e}^{-t}\,\mathrm{d}t=\Gamma\Big(\frac{1}{2}\Big)=\sqrt{\pi}.$$

例 3.11 求 $\int_0^{+\infty}x^4\mathrm{e}^{-x^2}\,\mathrm{d}x$.

解 令 $x^2=t$, 则

$$\begin{aligned}\int_0^{+\infty}x^4\mathrm{e}^{-x^2}\,\mathrm{d}x&=\frac{1}{2}\int_0^{+\infty}t^{3/2}\mathrm{e}^{-t}\,\mathrm{d}t\\&=\frac{1}{2}\Gamma\Big(\frac{5}{2}\Big)=\frac{1}{2}\cdot\frac{3}{2}\cdot\frac{1}{2}\cdot\Gamma\Big(\frac{1}{2}\Big)=\frac{3\sqrt{\pi}}{8}.\end{aligned}$$

2. $\beta-$ **函数**

广义积分

$$B(p,q)=\int_0^1 x^{p-1}(1-x)^{q-1}\,\mathrm{d}x\ \ (p>0,q>0)$$

称为 $\beta-$ 函数. 由例题 3.8 知，广义积分 $B(p,q)$ 收敛.

利用变量代换 $u=1-x$ 可证 $\beta-$ 函数具有对称性，即 $B(p,q)=B(q,p)$. $\beta-$ 函数与 $\Gamma-$ 函数具有下列关系：

$$B(p,q)=\frac{\Gamma(p)\cdot\Gamma(q)}{\Gamma(p+q)}.$$

利用变量代换 $x=\sin^2\theta$, $\beta-$ 函数有等价表示：

$$B(p,q)=2\int_0^{\pi/2}\sin^{2p-1}\theta\cos^{2q-1}\theta\,\mathrm{d}\theta$$

或 $\displaystyle\int_0^{\pi/2}\sin^m\theta\cos^n\theta\,\mathrm{d}\theta=\frac{1}{2}B\Big(\frac{m+1}{2},\frac{n+1}{2}\Big)$.

例 3.12 求 $\displaystyle\int_0^2 x^2\sqrt{4-x^2}\,\mathrm{d}x$.

解 令 $x=2\sin t$, 则

$$\begin{aligned}\int_0^2 x^2\sqrt{4-x^2}\,\mathrm{d}x&=16\int_0^{\pi/2}\sin^2 t\cos^2 t\,\mathrm{d}t\\&=16\cdot\frac{1}{2}B\Big(\frac{3}{2},\frac{3}{2}\Big)=8\Gamma\Big(\frac{3}{2}\Big)\Gamma\Big(\frac{3}{2}\Big)\Big/\Gamma(3)=\pi.\end{aligned}$$

习 题 5.3 A

1. 计算下列广义积分：

(1) $\displaystyle\int_2^{+\infty}\frac{\mathrm{d}x}{x\ln x}$; (2) $\displaystyle\int_1^{+\infty}\mathrm{e}^{-x}\,\mathrm{d}x$;

(3) $\displaystyle\int_0^{+\infty}\frac{\mathrm{d}x}{(x+1)(x+2)}$; (4) $\displaystyle\int_1^{+\infty}x^{\alpha}\ln x\,\mathrm{d}x$;

(3) $\int_{\mathrm{e}}^{+\infty} \frac{(\ln x)^{\alpha}}{x} \, \mathrm{d}x$; (6) $\int_0^{+\infty} \mathrm{e}^{-ax} \sin bx \, \mathrm{d}x \ (a > 0)$.

2. 判断下列广义积分的敛散性:

(1) $\int_1^{+\infty} \sin \frac{1}{x^2} \, \mathrm{d}x$; (2) $\int_1^{+\infty} \frac{\mathrm{d}x}{x\sqrt[3]{x^2+1}}$;

(3) $\int_0^{+\infty} \frac{x^2 \, \mathrm{d}x}{x^4+x^2+1}$; (4) $\int_0^{+\infty} \frac{\mathrm{d}x}{1-\sqrt{x}}$.

习 题 5.3 B

1. 判断下列广义积分的敛散性:

(1) $\int_{1/2}^{2} \frac{\ln x}{|1-x|^{\alpha}} \, \mathrm{d}x \ (\alpha > 0)$; (2) $\int_0^{+\infty} \frac{\mathrm{d}x}{x^p + x^q}$;

(3) $\int_0^{\pi} \frac{\mathrm{d}x}{\sin^{\alpha} x} \ (\alpha > 0)$; (4) $\int_0^{\pi/2} \frac{\mathrm{d}x}{\sin^p x \cos^q x} \ (p > 0, q > 0)$;

(5) $\int_0^1 \frac{\mathrm{d}x}{\sqrt{\sin x}}$; (6) $\int_0^{\pi/2} \frac{\ln \sin x}{\sqrt{x}} \, \mathrm{d}x$;

(7) $\int_0^{+\infty} \mathrm{e}^{-x^2} \, \mathrm{d}x$; (8) $\int_1^{+\infty} \frac{\mathrm{d}x}{x\sqrt{1+x^2}}$;

(9) $\int_0^{+\infty} \frac{x^{3/2}}{1+x^2} \, \mathrm{d}x$; (10) $\int_1^{+\infty} \frac{\ln(1+x)}{x^p} \, \mathrm{d}x \ (p > 0)$;

(11) $\int_0^1 \frac{\mathrm{d}x}{\sqrt[3]{(1-x)x^2}}$; (12) $\int_0^1 \frac{\ln x}{1-x^2} \, \mathrm{d}x$.

2. 利用 Γ–函数和 β–函数求下列积分:

(1) $\int_0^{\pi/2} \sin^4 x \cos^6 x \, \mathrm{d}x$; (2) $\int_0^1 x^{-1/2}(1-x)^{-1/2} \, \mathrm{d}x$;

(3) $\int_0^{+\infty} x\mathrm{e}^{-x^2+2x} \, \mathrm{d}x$; (4) $\int_0^{+\infty} x^3 \mathrm{e}^{-2x} \, \mathrm{d}x$.

3. 证明:

(1) $\int_0^{+\infty} \frac{t^{x-1}}{(1+t)^{x+y}} \, \mathrm{d}t = B(y, x)$;

(2) $\int_0^1 \frac{x^{p-1}}{1+x}\,\mathrm{d}x = \int_1^{+\infty} \frac{x^{-p}}{1+x}\,\mathrm{d}x\ (p>0)$;

(3) $\int_0^{+\infty} \frac{x^{p-1}}{1+x}\,\mathrm{d}x = \int_0^{+\infty} \frac{x^{-p}}{1+x}\,\mathrm{d}x\ (0<p<1)$.

4. 设 D 是由曲线 $y=\ln x\ (0<x\le 1)$, $x=0$, $y=0$ 所围成的平面图形，求 D 分别绕 x 轴和 y 轴所得旋转体的体积.

5. 设 D 是由追踪线

$$x = a\ln\frac{a+\sqrt{a^2-y^2}}{y} - \sqrt{a^2-y^2}\ (a>0)$$

与 $x=0$ 所围成的平面图形，求 D 绕 x 轴所得旋转体的体积.

6. 设 $a>0$, $f(x)$ 在 $(-\infty,+\infty)$ 上连续，则下列等式在广义积分存在时成立：

$$\int_0^{+\infty} f\left(\frac{a}{x}+\frac{x}{a}\right)\cdot\frac{\ln x}{x}\,\mathrm{d}x = \ln a\int_0^{+\infty} f\left(\frac{a}{x}+\frac{x}{a}\right)\cdot\frac{\mathrm{d}x}{x}.$$

7. 设 $u(x)$ 是 $[a,+\infty)$ 到 $[u(a),b)$ 的连续可微函数， $f(u)$ 是 $[u(a),b)$ 上的连续函数，若 $u(x)>0$, $b=\lim\limits_{x\to+\infty}u(x)$, 则

$$\int_a^{+\infty} f\circ u(x)\cdot u'(x)\,\mathrm{d}x = \int_{u(a)}^{b} f(u)\,\mathrm{d}u.$$

8. 设 $u(x), v(x)$ 是 $[a,+\infty)$ 上的连续可微函数，当 $x\to+\infty$ 时，(1) $u(x)$ 或 $v(x)$ 单调，(2) $u(x)$ 有界且 $v(x)\to 0$, 则 $\int_a^{+\infty} u(x)v'(x)\,\mathrm{d}x$ 收敛.

总 习 题 五

1. 求两条抛物线 $y=x^2$ 与 $y=k(x^2-1)\ (k>1)$ 所围成图形的面积 S. 当 k 为何值时，面积 S 取最小值？

2. 设函数 $f(x)$ 在 $[0,\pi]$ 上连续，且

$$\int_0^{\pi} f(x)\,\mathrm{d}x = 0,\quad \int_0^{\pi} f(x)\cos x\,\mathrm{d}x = 0.$$

试证在 $(0,\pi)$ 内至少存在两个不同的点 ξ_1,ξ_2, 使 $f(\xi_1)=f(\xi_2)=0$.

3. 设 $y=f(x)$ 是区间 $[0,1]$ 上的任一非负连续函数.

(1) 试证存在 $x_0\in(0,1)$, 使得在区间 $[0,x_0]$ 上以 $f(x_0)$ 为高的矩形面积，等于在区间 $[x_0,1]$ 上以 $y=f(x)$ 为曲边的梯形面积;

(2) 又设 $f(x)$ 在区间 $(0,1)$ 内可导，且 $f'(x)>-\dfrac{2f(x)}{x}$, 证明 (1) 中的 x_0 是唯一的.

4. 设 D_1 是由抛物线 $y=2x^2$ 和直线 $x=a,x=2$ 及 $y=0$ 所围成的平面区域; D_2 是由抛物线 $y=2x^2$ 和直线 $y=0,x=a$ 所围成的平面区域，其中 $0<a<2$.

(1) 试求 D_1 绕 x 轴旋转而成的旋转体体积 V_1; D_2 绕 y 轴旋转而成的旋转体体积 V_2;

(2) 问当 a 为何值时， V_1+V_2 取得最大值？试求此最大值.

5. 过抛物线 $y=x^2$ 上一点 $P(a,a^2)$ 作切线，问 a 为何值时所作切线与抛物线 $y=-x^2+4x-1$ 所围成的图形面积最小.

6. 设 $f(x)$ 在 $\left[0,\dfrac{\pi}{2}\right]$ 上连续，且 $f(x)>1$, 证明方程

$$\int_0^x\sqrt{1+t^2}\,\mathrm{d}t+\int_{\cos x}^0\mathrm{e}^{-t^2}\,\mathrm{d}t=0$$

在 $\left(0,\dfrac{\pi}{2}\right)$ 内有唯一的实根.

7. 分别求曲线 $y=3-|x^2-1|$ 与 x 轴所围成的封闭图形绕 x 轴与直线 $y=3$ 旋转所得旋转体的体积.

8. 设曲线 $y=\cos x$ $(0\le x\le\dfrac{\pi}{2})$ 与 x 轴、 y 轴所围图形面积被曲线 $y=a\sin x,y=b\sin x$ $(a>b>0)$ 三等分，试确定 a,b 的值.

9. 在底半径为 r cm, 高为 h cm 的直圆锥形容器中注满了水 (尖端朝下), 在顶点处有一面积为 A cm^2 的小孔，水从孔中流出. 水深为 x cm 时，水流出的速度是 $\sqrt{2gx}$ cm/s. 问需多少时间才能把水流尽？

10. 求下列平面图形 G 的面积:

(1) G由曲线 $(x^2+y^2)^3=4a^2x^2y^2$ 围成;

(2) G介于心脏线 $r=a(1+\cos\theta)$ 和圆 $r=2a\cos\theta$ 之间;

(3) G是双纽线 $r^2=2a^2\cos 2\theta$ 之内与圆 $r=a$ 之外的部分;

(4) G是圆 $r=a$ 之外与心脏线 $r=a(1+\cos\theta)$ 之内的部分.

11. 求下列平面曲线 L 的弧长:

(1) L为抛物叶形线 $9ay^2=x(x-3a)^2$ $(a>0)$ 的叶形部分 $0\le x\le 3a$;

(2) L是心脏线 $r=a(1+\cos\theta)$;

(3) L是 $\theta=\dfrac{1}{2}\left(r+\dfrac{1}{r}\right)$ 在 $1\le r\le 3$ 之间的弧段.

12. 对一切实数 t, 函数 $f(t)$ 是连续的正函数且可导, 又 $f(-t)=f(t)$, 令

$$g(x)=\int_{-a}^{a}|x-t|f(t)\,\mathrm{d}t,\ (-a\le x\le a,\ a>0).$$

(1) 证明 $g'(x)$ 是单调增加的;

(2) 求出使函数 $g(x)$ 取最小值的 x 值;

(3) 将函数 $g(x)$的最小值作为 a的函数, 它等于 $f(a)-a^2-1$时, 求 $f(t)$.

13. 设函数 $f(x)$ 在区间 $[0,1]$ 上有连续的二阶导数 $f''(x)$, 试证明

$$\int_0^1 f(x)\,\mathrm{d}x=\frac{f(0)+f(1)}{2}-\frac{1}{2}\int_0^1 x(1-x)f''(x)\,\mathrm{d}x.$$

14. 设函数 $f(x)$ 在 $[0,+\infty)$ 可导, $f(0)=1$ 且

$$f'(x)+f(x)-\frac{1}{x+1}\int_0^x f(t)\,\mathrm{d}t=0.$$

(1) 求 $f'(x)$; (2) 证明当 $x\ge 0$ 时, 有 $\mathrm{e}^{-x}\le f(x)\le 1$.

15. 设 $f(x)$ 在 $[a,b]$ 上具有连续的二阶导数, 且 $f'(a)=f'(b)=0$. 证明存在 $\xi\in(a,b)$, 使得

$$\int_a^b f(x)\,\mathrm{d}x=(b-a)\frac{f(a)+f(b)}{2}+\frac{1}{6}(b-a)^3f''(\xi).$$

16. 设 $f(x)$ 在 $[a,b]$ 上连续且 $f(x)>0$. 证明

$$\ln\left[\frac{1}{b-a}\int_a^b f(x)\,\mathrm{d}x\right]\geq\frac{1}{b-a}\int_a^b \ln f(x)\,\mathrm{d}x.$$

17. 设 $f(x)$ 在 $[0,1]$ 上具有连续的导数，且 $f(1)-f(0)=1$. 证明

$$\int_0^1 [\,f'(x)\,]^2\,\mathrm{d}x\geq 1.$$

18. 设有一半径为 R, 中心角为 φ 的圆弧形细杆，其线密度为常数 ρ. 在圆心处有一质量为 m 的质点 M, 试求这细杆对质点 M 的引力.

第六章　无穷级数

无穷级数是表示函数、研究函数和计算函数的有力工具，内容涉及到数项级数、函数项级数、幂级数和三角级数等. 无穷级数在理论问题和实际问题中有着十分广泛的应用，而且是微积分进一步发展和微分方程求解的重要工具.

§6.1　数项级数

无穷级数是实数和函数表示的有力工具，例如圆周率 π 可以用无穷级数表示为

$$\frac{\pi}{4} = 1 - \frac{1}{3} + \frac{1}{5} - \cdots + (-1)^{n+1}\frac{1}{2n-1} + \cdots,$$

再比如，指数函数 e^x 可表示为

$$\mathrm{e}^x = 1 + x + \frac{1}{2!}x^2 + \frac{1}{3!}x^3 + \cdots + \frac{1}{n!}x^n + \cdots.$$

三角函数 $\sin x, \cos x$ 可表示为

$$\sin x = x - \frac{1}{3!}x^3 + \frac{1}{5!}x^5 + \cdots + (-1)^{n+1}\frac{1}{(2n-1)!}x^{2n-1} + \cdots,$$

$$\cos x = 1 - \frac{1}{2!}x^2 + \frac{1}{4!}x^4 + \cdots + (-1)^n\frac{1}{(2n)!}x^{2n} + \cdots,$$

对于不能用初等函数表示的复杂函数，也可以用级数来表示，例如

$$\begin{aligned}\int_0^x \mathrm{e}^{-t^2}\,\mathrm{d}t &= \int_0^x \left[1 - t^2 + \frac{1}{2!}\,t^4 + \cdots + \frac{(-1)^n}{n!}\,t^{2n} + \cdots\right]\mathrm{d}t \\ &= \int_0^x \mathrm{d}t - \int_0^x t^2\,\mathrm{d}t + \frac{1}{2!}\int_0^x t^4\,\mathrm{d}t + \cdots + \frac{(-1)^n}{n!}\int_0^x t^{2n}\,\mathrm{d}t + \cdots \\ &= x - \frac{1}{3}\,x^3 + \frac{1}{5}\cdot\frac{1}{2!}\,x^5 - \cdots + \frac{(-1)^n}{2n+1}\cdot\frac{1}{n!}\,x^{2n+1} + \cdots.\end{aligned}$$

在物理和力学中，常常用简谐振动的迭加来表示复杂振动，用数学语言来说，便是一个周期函数可以用一个三角级数来表示．无穷级数不仅是表示函数的工具，而且是微分方程的求解工具．

§6.1.1 级数的敛散性

一个给定数列 $a_1, a_2, \cdots, a_n, \cdots$ 的求和表示

$$\sum_{n=1}^{\infty} a_n = a_1 + a_2 + \cdots + a_n + \cdots$$

简称为数项级数．数项级数的敛散性按照部分和数列

$$S_n = a_1 + a_2 + \cdots + a_n, \quad n = 1, 2, 3, \cdots$$

的敛散性确定．如果部分和数列 $\sum\limits_{k=1}^{n} a_k$ 的极限为 S, 则称级数 $\sum\limits_{n=1}^{\infty} a_n$ 的和为 S 或 $\sum\limits_{n=1}^{\infty} a_n$ 收敛于 S.

例 1.1 讨论等比级数 $\sum\limits_{n=0}^{\infty} ar^n$, $(a \neq 0)$ 的敛散性.

解 令 $S_n = \sum\limits_{k=0}^{n} ar^k$, 则由

$$\lim_{n\to\infty} S_n = \begin{cases} \lim\limits_{n\to\infty} \dfrac{a(1-r^{n+1})}{1-r}, & r \neq 1 \\ \infty, & r = 1 \end{cases} = \begin{cases} \dfrac{a}{1-r}, & |r| < 1 \\ \text{不存在}, & |r| \geq 1 \end{cases},$$

可知，$\sum\limits_{n=0}^{\infty} ar^n$ 在 $|r| < 1$ 时收敛，在 $|r| \geq 1$ 时发散.

例 1.2 讨论级数 $\sum\limits_{n=1}^{\infty} \dfrac{1}{n(n+1)}$ 的敛散性.

解 由于

$$\begin{aligned} S_n &= \frac{1}{1\cdot 2} + \frac{1}{2\cdot 3} + \cdots + \frac{1}{n\cdot(n+1)} \\ &= \left(1 - \frac{1}{2}\right) + \left(\frac{1}{2} - \frac{1}{3}\right) + \cdots + \left(\frac{1}{n} - \frac{1}{n+1}\right) \end{aligned}$$

$$= 1 - \frac{1}{n+1} \to 1\ (n \to \infty),$$

所以原级数收敛于 1.

利用部分和数列的敛散性，可以直接验证数项级数的基本性质.

性质 1 若 $k \neq 0$, 则级数 $\sum\limits_{n=1}^{\infty} ka_n$ 与 $\sum\limits_{n=1}^{\infty} a_n$ 的敛散性相同且

$$\sum_{n=1}^{\infty} ka_n = k\sum_{n=1}^{\infty} a_n.$$

性质 2 改变级数的有限项不改变级数的敛散性.

性质 3 收敛级数的和差级数为收敛级数且

$$\sum_{n=1}^{\infty}(a_n \pm b_n) = \sum_{n=1}^{\infty} a_n \pm \sum_{n=1}^{\infty} b_n.$$

性质 4 收敛级数的加括号级数为收敛级数.

性质 5 收敛级数的通项极限必为零. 即 $\sum\limits_{n=1}^{\infty} a_n$ 收敛时，必有

$$\lim_{n\to\infty} a_n = 0.$$

§6.1.2 正项级数

每个项都非负的级数习惯上称为正项级数. 根据单调有界法则可知，正项级数收敛当且仅当它的部分和数列有界.

定理 1.1 (积分判别法) 若 $f(x)$ 是区间 $[1,+\infty)$ 上的非负递减函数，则 $\sum\limits_{n=1}^{\infty} f(n)$ 收敛 $\Longleftrightarrow$ $\displaystyle\int_1^{+\infty} f(x)\,\mathrm{d}x$ 收敛.

证 设 $n \leq A < n+1$, 则有

$$\int_1^A f(x)\,\mathrm{d}x \geq \sum_{k=2}^{n}\int_{k-1}^{k} f(x)\,\mathrm{d}x \geq \sum_{k=2}^{n} f(k);$$

$$\int_1^A f(x)\,\mathrm{d}x \leq \sum_{k=2}^{n+1}\int_{k-1}^{k} f(x)\,\mathrm{d}x \leq \sum_{k=2}^{n+1} f(k-1).$$

据此可知，$\sum\limits_{n=1}^{\infty} f(n)$ 与 $\Longleftrightarrow$ $\int_1^{+\infty} f(x)\,\mathrm{d}x$ 或者同时收敛，或者同时发散.

例 1.3 讨论 p-级数 $\sum\limits_{n=1}^{\infty}\dfrac{1}{n^p}$ 的敛散性.

解 当 $p\le 0$ 时，$\dfrac{1}{n^p}\not\to 0$, 所以原级数发散. 当 $p>0$ 时，令 $f(x)=\dfrac{1}{x^p}$, 则 $f(x)$ 在 $[1,+\infty)$ 上非负递减. 根据 $\displaystyle\int_1^{+\infty}\frac{1}{x^p}\,\mathrm{d}x$ 的敛散性，当 $p>1$ 时，原级数收敛；当 $p\le 1$ 时，原级数发散.

例 1.4 讨论级数 $\sum\limits_{n=2}^{\infty}\dfrac{1}{n^p(\ln n)^q}$ $(p>0,q>0)$ 的敛散性.

解 令 $f(x)=\dfrac{1}{x^p(\ln x)^q}$, 则 $f(x)$ 在 $[2,+\infty)$ 上非负递减. 根据

$$\int_2^{+\infty}\frac{1}{x^p(\ln x)^q}\,\mathrm{d}x$$

的敛散性，当 $p>1$ 或 $p=1,q>1$ 时，原级数收敛；当 $p<1$ 或 $p=1,q\le 1$ 时，原级数发散.

对于正项级数来说，要证明一个级数收敛，最基本的方法就是构造一个收敛的“大级数”；要证明一个级数发散，最基本的方法就是构造一个发散的“小级数”. “大级数”收敛时，“小级数”一定收敛；反过来，“小级数”发散时，“大级数”一定发散. 通常称这一判别法为比较法.

定理 1.2 (比较判别法) 设 $\sum\limits_{n=1}^{\infty}u_n,\sum\limits_{n=1}^{\infty}v_n$ 为正项级数且恒有 $u_n\le v_n$, 则

(1) $\sum\limits_{n=1}^{\infty}v_n$ 收敛 $\Longrightarrow\sum\limits_{n=1}^{\infty}u_n$ 收敛；(大级数收敛小收敛)

(2) $\sum\limits_{n=1}^{\infty}u_n$ 发散 $\Longrightarrow\sum\limits_{n=1}^{\infty}v_n$ 发散. (小级数发散大发散)

证 若 $\sum\limits_{n=1}^{\infty}v_n$ 收敛，则部分和数列 $\sum\limits_{k=1}^{n}v_k$ 有界. 由于 $\sum\limits_{k=1}^{n}u_k\le\sum\limits_{k=1}^{n}v_k$, 所以 $\sum\limits_{n=1}^{\infty}u_n$ 收敛，即 (1) 成立. 于是 (1) 的逆否命题 (2) 也成立.

推论 1.1 设 $\sum\limits_{n=1}^{\infty}u_n,\sum\limits_{n=1}^{\infty}v_n$ 为正项级数且当 $n\to\infty$ 时，恒有 $u_n\le kv_n$, 若 $k\ne 0$, 则

(1) $\sum\limits_{n=1}^{\infty}v_n$ 收敛 $\Longrightarrow\sum\limits_{n=1}^{\infty}u_n$ 收敛；

(2) $\sum\limits_{n=1}^{\infty}u_n$ 发散 $\Longrightarrow\sum\limits_{n=1}^{\infty}v_n$ 发散.

例 1.5 判别下列级数的敛散性.

(1) $1+\frac{1}{1!}+\frac{1}{2!}+\cdots+\frac{1}{n!}+\cdots$;

(2) $1+\frac{1}{3}+\frac{1}{5}+\cdots+\frac{1}{2n-1}+\cdots$;

(3) $\sum\limits_{n=1}^{\infty}\frac{1}{n}\sin\frac{1}{n}$.

解 (1) 由于 $\frac{1}{n!}\leq\frac{1}{(n-1)^2}\ (n>2)$, 且 $\sum\limits_{n=1}^{\infty}\frac{1}{n^2}$ 收敛, 所以 $\sum\limits_{n=1}^{\infty}\frac{1}{n!}$ 收敛.

(2) 由于 $\frac{1}{2n-1}>\frac{1}{2n}$ 且调和级数 $\sum\limits_{n=1}^{\infty}\frac{1}{n}$ 发散, 所以 $\sum\limits_{n=1}^{\infty}\frac{1}{2n-1}$ 发散.

(3) 由于 $\frac{1}{n}\sin\frac{1}{n}<\frac{1}{n^2}$ 且级数 $\sum\limits_{n=1}^{\infty}\frac{1}{n^2}$ 收敛, 所以 $\sum\limits_{n=1}^{\infty}\frac{1}{n}\sin\frac{1}{n}$ 收敛.

定理 1.3 (极限判别法) 设 $\sum\limits_{n=1}^{\infty}u_n$, $\sum\limits_{n=1}^{\infty}v_n$ 为正项级数, 若 $\lim\limits_{n\to\infty}\frac{u_n}{v_n}=A$, 则

(1) 当 $0<A<+\infty$ 时, 即 $u_n\sim Av_n$ 时, $\sum\limits_{n=1}^{\infty}u_n$ 与 $\sum\limits_{n=1}^{\infty}v_n$ 同时收敛同时发散;

(2) 当 $A=0$ 或 $A<+\infty$ 时, $\sum\limits_{n=1}^{\infty}u_n$ 发散 $\Longrightarrow\sum\limits_{n=1}^{\infty}v_n$ 发散;

(3) 当 $A=+\infty$ 或 $A>0$ 时, $\sum\limits_{n=1}^{\infty}u_n$ 收敛 $\Longrightarrow\sum\limits_{n=1}^{\infty}v_n$ 收敛.

证 (1) 由于 $n\to\infty$ 时, 恒有 $\frac{A}{2}<\frac{u_n}{v_n}<2A$, 即 $\frac{A}{2}v_n<u_n<2Av_n$, 所以 $\sum\limits_{n=1}^{\infty}u_n$ 与 $\sum\limits_{n=1}^{\infty}v_n$ 有相同的敛散性. (2), (3) 证明类似.

例 1.6 判别下列级数的敛散性.

(1) $\sum\limits_{n=1}^{\infty}\sin\frac{1}{n}$; (2) $\sum\limits_{n=1}^{\infty}\ln(1+\frac{1}{n^2})$; (3) $\sum\limits_{n=1}^{\infty}\frac{1}{\sqrt{n(n+1)}}$.

解 (1) 由于 $n\to\infty$ 时,

$$\sin\frac{1}{n}\sim\frac{1}{n},\quad \ln(1+\frac{1}{n^2})\sim\frac{1}{n^2},\quad \frac{1}{\sqrt{n(n+1)}}\sim\frac{1}{n},$$

所以 $\sum\limits_{n=1}^{\infty}\sin\frac{1}{n}$ 发散, $\sum\limits_{n=1}^{\infty}\ln(1+\frac{1}{n^2})$ 收敛, $\sum\limits_{n=1}^{\infty}\frac{1}{\sqrt{n(n+1)}}$ 发散.

定理 1.4 (比值判别法) 设 $\sum_{n=1}^{\infty} u_n$ 为正项级数，若 $\lim_{n\to\infty} \frac{u_{n+1}}{u_n} = l$, 则

(1) 当 $l < 1$ 时， $\sum_{n=1}^{\infty} u_n$ 收敛;

(2) 当 $l > 1$ 时， $\sum_{n=1}^{\infty} u_n$ 发散.

证 (1) 设 $l < r < 1$, 则存在自然数 N, 使当 $n \geq N$ 时，恒有 $\frac{u_{n+1}}{u_n} < r$. 于是

$$\begin{aligned}
&u_{N+1} < ru_N,\\
&u_{N+2} < ru_{N+1} < r^2 u_N,\\
&\cdots\cdots\cdots\cdots\cdots\cdots\\
&u_{N+k} < r^k u_N,\\
&\cdots\cdots\cdots\cdots\cdots\cdots
\end{aligned}$$

故由等比级数 $ru_N + r^2u_N + \cdots + r^k u_N + \cdots$ 的收敛性可推出小级数

$$u_{N+1} + u_{N+2} + \cdots + u_{N+k} + \cdots$$

的收敛性.

(2) 设 $1 < r < l$, 则存在自然数 N, 使当 $n \geq N$ 时，恒有 $\frac{u_{n+1}}{u_n} > r$. 于是

$$\begin{aligned}
&u_{N+1} > ru_N,\\
&u_{N+2} > ru_{N+1} > r^2 u_N,\\
&\cdots\cdots\cdots\cdots\cdots\cdots\\
&u_{N+k} > r^k u_N,\\
&\cdots\cdots\cdots\cdots\cdots\cdots
\end{aligned}$$

故由等比级数 $ru_N + r^2u_N + \cdots + r^k u_N + \cdots$ 的发散性可推出大级数

$$u_{N+1} + u_{N+2} + \cdots + u_{N+k} + \cdots$$

的发散性.

例 1.7 判别下列级数的敛散性.

(1) $\sum_{n=1}^{\infty} \frac{n!\, x^n}{n^n}\ (x > 0)$;　　　(2) $\sum_{n=1}^{\infty} \frac{n^k}{2^n}\ (k > 0)$.

解 (1) 由于 $n \to \infty$ 时,

$$\frac{u_{n+1}}{u_n} = x\left(\frac{n}{n+1}\right)^n \to \frac{x}{\mathrm{e}},$$

所以当 $x < \mathrm{e}$ 时原级数收敛, 当 $x > \mathrm{e}$ 时, 原级数发散.

如果 $x = \mathrm{e}$, 则由

$$\frac{u_{n+1}}{u_n} = \mathrm{e}\Big/(1+\frac{1}{n})^n > 1$$

可知, $u_n \not\to 0$, 原级数发散.

(2) 由于 $n \to \infty$ 时,

$$\frac{u_{n+1}}{u_n} = \frac{1}{2}\left(\frac{n+1}{n}\right)^k \to \frac{1}{2},$$

所以原级数收敛.

定理 1.5 (根值判别法) 设 $\sum\limits_{n=1}^{\infty} u_n$ 为正项级数, 若 $\lim\limits_{n\to\infty} \sqrt[n]{u_n} = l$, 则

(1) 当 $l < 1$ 时, $\sum\limits_{n=1}^{\infty} u_n$ 收敛;

(2) 当 $l > 1$ 时, $\sum\limits_{n=1}^{\infty} u_n$ 发散.

证 (1) 设 $l < r < 1$, 则存在自然数 N, 使当 $n \geq N$ 时, 恒有 $\sqrt[n]{u_n} < r$. 于是由等比级数 $\sum\limits_{n=1}^{\infty} r^n$ 的收敛性可推出 $\sum\limits_{n=1}^{\infty} u_n$ 的收敛性.

(2) 设 $1 < r < l$, 则存在自然数 N, 使当 $n \geq N$ 时, 恒有 $\sqrt[n]{u_n} > r > 1$. 于是 $u_n \not\to 0$, 所以 $\sum\limits_{n=1}^{\infty} u_n$ 发散.

例 1.8 判别下列级数的敛散性.

(1) $\sum\limits_{n=1}^{\infty}\left(\frac{n}{2n+1}\right)^n$; (2) $\sum\limits_{n=1}^{\infty} nx^n \ (x > 0)$.

解 (1) 由于 $\lim\limits_{n\to\infty} \sqrt[n]{\left(\frac{n}{2n+1}\right)^n} = \lim\limits_{n\to\infty} \frac{n}{2n+1} = \frac{1}{2}$, 所以原级数收敛.

(2) 由于 $\lim\limits_{n\to\infty} \sqrt[n]{nx^n} = x$, 所以当 $x < 1$ 时, 原级数收敛; 当 $x > 1$ 时, 原级数发散. 如果 $x = 1$, 则由 $nx^n = n \not\to 0$ 可知, 原级数发散.

§6.1.3 任意项级数

一般项级数的敛散性常用有限片断方法来研究，习惯上称为柯西准则.

定理 1.6 (Cauchy 准则) $\sum\limits_{n=1}^{\infty} u_n$ 收敛 $\Longleftrightarrow$ $\forall\varepsilon>0, \exists N$, 使当 $m>n>N$ 时，恒有 $\left|\sum\limits_{k>n}^{m} u_k\right|<\varepsilon$.

证 设 S_n 是 $\sum\limits_{n=1}^{\infty} u_n$ 的部分和数列，则 $\{S_n\}$ 收敛 $\Longleftrightarrow$ $\forall\varepsilon>0, \exists N$, 使当 $m>n>N$ 时，恒有 $|S_m-S_n|<\varepsilon$. 由此可知，原命题成立.

形如 $u_1-u_2+\cdots+(-1)^{n+1}u_n+\cdots$ 或 $-u_1+u_2-\cdots+(-1)^n u_n+\cdots$ 的级数称为交错级数，其中 $u_1, u_2, \cdots, u_n, \cdots$ 都是正数. 对于交错级数，常用莱布尼兹判别法确定收敛性.

定理 1.7 (Leibniz 判别法) 如果交错级数 $\sum\limits_{n=1}^{\infty}(-1)^n u_n$ 的绝对通项单调趋于 0, 即 $u_n \geq u_{n+1} \to 0 \ (n\to\infty)$, 则该级数收敛.

证 设 S_n 为部分和数列且 $m>n$, 由于 $m-n$ 为奇数和偶数时，分别有

$$|S_m-S_n|=u_{n+1}-(u_{n+2}-u_{n+3})-\cdots-(u_{m-1}-u_m)\leq u_{n+1},$$

$$|S_m-S_n|=u_{n+1}-(u_{n+2}-u_{n+3})-\cdots-(u_{m-2}-u_{m-1})-u_m\leq u_{n+1},$$

根据 $u_{n+1}\to 0$ 和柯西准则，原级数收敛.

按照莱布尼兹法则，下列三个交错级数都是收敛的.

(i) $1-\dfrac{1}{2}+\dfrac{1}{3}-\cdots+(-1)^{n+1}\dfrac{1}{n}+\cdots$,

(ii) $1-\dfrac{1}{3}+\dfrac{1}{5}-\cdots+(-1)^{n+1}\dfrac{1}{2n-1}+\cdots$,

(iii) $1-\dfrac{1}{\ln 2}+\dfrac{1}{\ln 3}-\cdots+(-1)^{n+1}\dfrac{1}{\ln n}+\cdots$.

一个级数 $\sum\limits_{n=1}^{\infty} u_n$ 的绝对化级数 $\sum\limits_{n=1}^{\infty} |u_n|$ 收敛，则称该级数绝对收敛；一个收敛级数的绝对化级数发散，则称该级数条件收敛.

定理 1.8 (绝对收敛法) 绝对收敛级数一定收敛.

证 设 $\sum\limits_{n=1}^{\infty}|u_n|$ 收敛，由于

$$0\le\frac{|u_n|+u_n}{2}\le|u_n|,\quad 0\le\frac{|u_n|-u_n}{2}\le|u_n|,$$

所以 $\sum\limits_{n=1}^{\infty}\frac{|u_n|+u_n}{2}$, $\sum\limits_{n=1}^{\infty}\frac{|u_n|-u_n}{2}$ 均收敛，由此可知

$$\sum_{n=1}^{\infty}u_n=\sum_{n=1}^{\infty}\frac{|u_n|+u_n}{2}-\sum_{n=1}^{\infty}\frac{|u_n|-u_n}{2}$$

收敛.

例 1.9 设 $u_n=\frac{(-x)^n}{n^p}$, $(x>0,p>0)$, 讨论级数 $\sum\limits_{n=1}^{\infty}u_n$ 的敛散性.

解 当 $x<1$ 时，$\left|\frac{u_{n+1}}{u_n}\right|=x\left(\frac{n}{n+1}\right)^p\to x\ (n\to\infty)$, 故原级数绝对收敛；当 $x>1$ 时，$\lim\limits_{n\to\infty}|u_n|=\lim\limits_{n\to+\infty}\frac{x^n}{n^p}=+\infty$, 所以 $\sum\limits_{n=1}^{\infty}u_n$ 发散；当 $x=1$ 时，如果 $p>1$, 则 $\sum\limits_{n=1}^{\infty}u_n$ 绝对收敛；如果 $p\le1$, 则根据莱布尼兹定理可知，$\sum\limits_{n=1}^{\infty}u_n$ 条件收敛.

例 1.10 若函数 $f(x)$ 在 $x=0$ 的某邻域内具有连续的二阶导数，且 $\lim\limits_{x\to0}\frac{f(x)}{x}=0$, 试证级数 $\sum\limits_{n=1}^{\infty}f\left(\frac{1}{n}\right)$ 绝对收敛.

证 1 由 $f(x)$ 二阶连续可导和 $\lim\limits_{x\to0}\frac{f(x)}{x}=0$ 可知，$f(0)=f'(0)=0$. 于是由

$$\lim_{n\to\infty}n^2\left|f\left(\frac{1}{n}\right)\right|=\lim_{x\to0}\left|\frac{f(x)}{x^2}\right|=\lim_{x\to0}\left|\frac{f'(x)}{2x}\right|=\frac{1}{2}\left|f''(0)\right|$$

可知，级数 $\sum\limits_{n=1}^{\infty}f\left(\frac{1}{n}\right)$ 绝对收敛.

证 2 由 $f(x)$ 二阶连续可导和 $\lim\limits_{x\to0}\frac{f(x)}{x}=0$ 可知，$f(0)=f'(0)=0$ 且 $x\to0$ 时，$|f''(x)|\le M$. 根据

$$\left|f\left(\frac{1}{n}\right)\right|=\left|f(0)+f'(0)\cdot\frac{1}{n}+\frac{f''(\xi)}{2}\cdot\frac{1}{n^2}\right|=\frac{|f''(\xi)|}{2n^2}\le\frac{M}{2n^2}$$

可知，级数 $\sum\limits_{n=1}^{\infty} f(\frac{1}{n})$ 绝对收敛.

关于级数的乘法问题和重排问题，可以用下列定理概括.

定理 1.9* 绝对收敛级数的重排级数一定收敛；条件收敛级数可以重排到任意实数；两个绝对收敛级数的乘积级数一定绝对收敛.

习 题 6.1 A

1. 计算下列级数：

(1) $\sum\limits_{n=1}^{\infty} \frac{1}{(n+1)(n+2)}$;　　(2) $\sum\limits_{n=1}^{\infty} \frac{1}{n(n+1)(n+2)}$;

(3) $\sum\limits_{n=1}^{\infty} \frac{1}{(2n-1)(2n+1)}$;　　(4) $\sum\limits_{n=1}^{\infty} \frac{3^n+4^n}{12^n}$.

2. 用比较法判别下列级数的敛散性：

(1) $\sum\limits_{n=1}^{\infty} \frac{1}{n^2+2^n}$;　　(2) $\sum\limits_{n=1}^{\infty} \frac{\sin^2 n}{3^n}$;

(3) $\sum\limits_{n=1}^{\infty} \frac{1}{\sqrt{1+n+n^2}}$;　　(4) $\sum\limits_{n=1}^{\infty} \frac{1}{\ln(n+1)}$;

(5) $\sum\limits_{n=1}^{\infty} \sin \frac{1}{\sqrt{n^2-n+1}}$;　　(6) $\sum\limits_{n=1}^{\infty} \frac{1}{n\sqrt[n]{n}}$;

(7) $\sum\limits_{n=2}^{\infty} \frac{1}{\sqrt{n}} \ln \frac{n+1}{n-1}$;　　(8) $\sum\limits_{n=1}^{\infty} \frac{\pi}{n} \arctan \frac{\pi}{n}$;

(9) $\sum\limits_{n=1}^{\infty} \ln(1+\frac{1}{n^2})$;　　(10) $\sum\limits_{n=1}^{\infty} \int_0^{1/n} \frac{\sqrt{x}}{1+x}\, dx$.

3. 判断下列级数的敛散性：

(1) $\sum\limits_{n=1}^{\infty} (\frac{2\sqrt{n}+1}{2n+1})^n$;　　(2) $\sum\limits_{n=1}^{\infty} \frac{(2n)!}{n^n}$;

(3) $\sum\limits_{n=1}^{\infty}\dfrac{n^2}{(2+\frac{1}{n})^n}$;　　(4) $\sum\limits_{n=1}^{\infty}n^3\sin\dfrac{\pi}{2^n}$;

(5) $\sum\limits_{n=1}^{\infty}\left(\arcsin\dfrac{1}{n}\right)^n$;　　(6) $\sum\limits_{n=2}^{\infty}\dfrac{1}{\sqrt[3]{n}\ln n}$;

(7) $\sum\limits_{n=1}^{\infty}\sqrt{\dfrac{1}{n+1}}\ln\dfrac{n+2}{2}$;　　(8) $\sum\limits_{n=2}^{\infty}\dfrac{1}{n\ln^2 n}$;

(9) $\sum\limits_{n=1}^{\infty}\dfrac{3^n}{4^n-2^n}$;　　(10) $\sum\limits_{n=2}^{\infty}\dfrac{n^{\ln n}}{\ln^n n}$.

4. 判断下列级数是绝对收敛、条件收敛还是发散:

(1) $\sum\limits_{n=1}^{\infty}\dfrac{(-1)^n}{\ln n}$;　　(2) $\sum\limits_{n=1}^{\infty}(-1)^n\dfrac{n}{n+1}$;

(3) $\sum\limits_{n=1}^{\infty}(-2)^n\sin\dfrac{\pi}{4^n}$;　　(4) $\sum\limits_{n=1}^{\infty}\dfrac{n^4}{4^n}\sin\dfrac{n\pi}{3}$;

(5) $\sum\limits_{n=1}^{\infty}\dfrac{(-1)^n}{\sqrt{n(n+1)}}$;　　(6) $\sum\limits_{n=1}^{\infty}\dfrac{(-1)^n}{n^2\ln(1+\frac{1}{n})}$;

(7) $\sum\limits_{n=1}^{\infty}(-1)^n\sin\dfrac{1}{n}$;　　(8) $\sum\limits_{n=1}^{\infty}(-1)^n(\sqrt[n]{2}-1)$;

(9) $\sum\limits_{n=1}^{\infty}n!\left(\dfrac{x}{n}\right)^n$;　　(10) $\sum\limits_{n=1}^{\infty}\dfrac{(-1)^n}{\sqrt{n+\sqrt{n}}}$.

习　题 6.1 B

1. 判断下列级数的敛散性:

(1) $\sum\limits_{n=1}^{\infty}\left(1-\cos\dfrac{1}{n}\right)$;　　(2) $\sum\limits_{n=1}^{\infty}(\sqrt[n]{a}-1)\ (a\geq 1)$;

(3) $\sum\limits_{n=1}^{\infty}|\sin nx|$;　　(4) $\sum\limits_{n=1}^{\infty}\left[\mathrm{e}-\left(1+\dfrac{1}{n}\right)^n\right]^p$;

(5) $\sum_{n=1}^{\infty}(\sqrt[n]{n}-1)^2$;　　(6) $\sum_{n=1}^{\infty}(\sqrt[n]{n}-1)$;

(7) $\sum_{n=1}^{\infty}\int_0^{1/n}\frac{\sqrt{x}}{1+x^2}\,\mathrm{d}x$;　　(8) $\sum_{n=2}^{\infty}\frac{\sqrt{n}-2}{n^2-n}$;

(9) $\sum_{n=1}^{\infty}\left(1-\frac{1}{n}\right)^{n^2}$;　　(10) $\sum_{n=1}^{\infty}\left(n^{\frac{1}{n^2+1}}-1\right)$.

2. 设 $u_n\neq 0$, 且 $\lim\limits_{n\to\infty}\frac{n}{u_n}=1$, 则

$$\sum_{n=1}^{\infty}(-1)^{n+1}\left(\frac{1}{u_n}+\frac{1}{u_{n+1}}\right)$$

条件收敛.

3. 设 $\{x_n\}$ 是递增有界的正数列, 判别级数 $\sum_{n=1}^{\infty}\left(1-\frac{x_n}{x_{n+1}}\right)$ 的敛散性.

4. 设 $a_n=\int_0^{\pi/4}\tan^n x\,\mathrm{d}x$,

(1) 求 $\sum_{n=1}^{\infty}\frac{1}{n}(a_n+a_{n+2})$ 的值;　　(2) 若 $\lambda>0$, 则 $\sum_{n=1}^{\infty}\frac{a_n}{n^\lambda}$ 收敛.

5. 设数列 $\{u_n\}$ 严格单调减，且级数 $\sum_{n=1}^{\infty}u_n$ 收敛，证明:

(1) $\lim\limits_{n\to\infty}nu_n=0$;　　(2) $\sum_{n=1}^{\infty}n(u_n-u_{n+1})$ 收敛;

(3) $\sum_{n=1}^{\infty}n(u_n-u_{n+1})=\sum_{n=1}^{\infty}u_n$.

6. 若正项级数 $\sum_{n=1}^{\infty}u_n$ 与 $\sum_{n=1}^{\infty}v_n$ 收敛，证明下列级数也收敛:

(1) $\sum_{n=1}^{\infty}\sqrt{u_nv_n}$;　　(2) $\sum_{n=1}^{\infty}(\sqrt{u_n}+\sqrt{v_n})^2$;

(3) $\sum_{n=1}^{\infty}\frac{\sqrt{u_n}}{n}$;　　(4) $\sum_{n=1}^{\infty}\left(u_n-\frac{1}{n}\right)^2$.

7. 若偶函数 $f(x)$ 在 $x=0$ 的某邻域内具有连续的二阶导数, 且 $f(0)=1$, 试证级数 $\sum\limits_{n=1}^{\infty}\left(f(\frac{1}{n})-1\right)$ 绝对收敛.

8. 设 $a_n>0$, $b_n>0$ 且 $\frac{a_{n+1}}{a_n}\le\frac{b_{n+1}}{b_n}$ $(n=1,2,\cdots)$, 证明

(1) 若 $\sum\limits_{n=1}^{\infty}b_n$ 收敛, 则 $\sum\limits_{n=1}^{\infty}a_n$收敛;

(2) 若 $\sum\limits_{n=1}^{\infty}a_n$ 发散, 则 $\sum\limits_{n=1}^{\infty}b_n$发散.

9. 证明下列命题:

(1) 若 $a_n>0$ 且 na_n 有界, 则 $\sum\limits_{n=1}^{\infty}a_n^2$ 收敛;

(2) 若 $\lim\limits_{n\to\infty}n^2a_n=C>0$, 则 $\sum\limits_{n=1}^{\infty}a_n$ 收敛;

(3) 若 $b_n>0$ 且 $\lim\limits_{n\to\infty}n\left(\frac{b_n}{b_{n+1}}-1\right)=C>0$, 则 $\sum\limits_{n=1}^{\infty}(-1)^nb_n$ 收敛;

(4) 若 a_n 单调减且 $\lim\limits_{n\to\infty}a_n=0$, 则

$$\sum_{n=1}^{\infty}(-1)^n\frac{a_1+a_2+\cdots+a_n}{n}$$

收敛.

10. 设 $f(x)$ 单调下降且非负, $a>1$, 则 $\sum\limits_{n=1}^{\infty}f(n)$ 与 $\sum\limits_{n=1}^{\infty}a^nf(a^n)$ 有相同的敛散性.

§6.2 函数项级数

数列与数项级数可以推广为函数列与函数项级数. 函数项级数除了与数项级数有一种相同的收敛性, 即点态收敛性外, 还有一种更重要的收敛性, 称为一致收敛性. 一致收敛性与函数项级数的连续性守恒、逐项微分和逐项积分密切相关.

§6.2.1 收敛与一致收敛

如果 $u_1(x), u_2(x), \cdots, u_n(x), \cdots$ 是定义在区间 I 上的函数列，则称

$$\sum_{n=1}^{\infty} u_n(x) = u_1(x) + u_2(x) + \cdots + u_n(x) + \cdots \tag{1}$$

为区间 I 上函数项级数.

数项级数的敛散性按照部分和数列的敛散性确定，同样函数项级数的敛散性可按部分和函数列的敛散性确定.

1\. **点态收敛**

对于任意的 $x_0 \in I$, 如果数项级数

$$u_1(x_0) + u_2(x_0) + \cdots + u_n(x_0) + \cdots$$

收敛，则称 x_0 是级数的收敛点，否则称为发散点. 收敛点的全体称为收敛域. 如果级数 (1) 在 I 上每一点都收敛，则称级数在 I 上收敛或点点收敛.

如果级数 (1) 在区间 I 上点点收敛,则唯一存在函数 $S(x)$, 使得 $\sum\limits_{n=1}^{\infty} u_n(x) = S(x)$. 通常称 $S(x)$ 为和函数. 如果记 (1) 的前 n 项的部分和为 $S_n(x)$, 则有 $\lim\limits_{n\to\infty} S_n(x) = S(x)$ $(x \in I)$, 并称 $S(x)$ 为 $S_n(x)$ 的极限函数.

有限个连续函数的和函数仍是连续函数，但无限个连续函数的和函数即使存在，也未必是连续函数. 例如

$$(1-x) + (x-x^2) + \cdots + (x^{n-1}-x^n) + \cdots = \begin{cases} 1, & 0 \le x < 1 \\ 0, & x = 1 \end{cases}.$$

由此可见，点态收敛不足以保证连续函数列的和函数是连续函数. 同样的问题还有逐项求导问题和逐项积分问题. 有限个可导函数 (可积函数) 的和函数是可导函数 (可积函数), 但可导 (可积) 函数列的和函数不一定可导 (可积).

为了解决和函数的连续性、可导性和可积性问题，有必要引入函数项级数的一致收敛概念.

2\. **一致收敛**

对于区间 I 上的函数列 $S_n(x)$ 与极限函数 $S(x)$, 如果 $S_n(x)$ 到 $S(x)$ 的距离为无穷小量，即存在一个数列 $\{M_n\}$, 使得

$$|S_n(x) - S(x)| \le M_n \to 0 \ \ (n \to \infty),$$

对一切 $x \in I$ 都成立，则称 $S_n(x)$ 在区间 I 上一致收敛于 $S(x)$. 撇开控制数列 $\{M_n\}$, 一致收敛可用 ε-N 语言定义为

定义 2.1 设 $S(x), S_n(x)$ 分别是级数 $\sum\limits_{n=1}^{\infty} u_n(x)$ 在区间 I 上的和函数与部分和，如果 $\forall\varepsilon > 0, \exists N$, 使当 $n > N, x \in I$ 时，恒有

$$|S_n(x) - S(x)| < \varepsilon,$$

则称 $S_n(x)$ 或级数 $\sum\limits_{n=1}^{\infty} u_n(x)$ 在区间 I 上一致收敛于 $S(x)$.

在难以求出和函数的情况下，可以用柯西准则判别级数的一致收敛性.

定理 2.1 (Cauchy 准则) 级数 $\sum\limits_{n=1}^{\infty} u_n(x)$在区间 I 上一致收敛 $\Longleftrightarrow \forall\varepsilon > 0, \exists N$, 使当 $m > n > N, x \in I$ 时，恒有

$$|S_m(x) - S_n(x)| < \varepsilon.$$

其中 $S_n(x) = u_1(x) + u_2(x) + \cdots + u_n(x)$.

证 必要性 设 $\sum\limits_{n=1}^{\infty} u_n(x)$ 在 I 上一致收敛于 $S(x)$, 则 $\forall\varepsilon > 0, \exists N$, 使当 $m > n > N, x \in I$ 时，恒有

$$|S_m(x) - S(x)| < \frac{\varepsilon}{2}, \ |S_n(x) - S(x)| < \frac{\varepsilon}{2}.$$

由此可知，$|S_m(x) - S_n(x)| < \varepsilon$.

充分性 由数项级数的柯西准则，$\sum\limits_{n=1}^{\infty} u_n(x)$ 在 I 上点点收敛，故可设和函数为 $S(x)$. 由于 $\forall\varepsilon > 0, \exists N$, 使当 $m > n > N, x \in I$ 时，恒有

$$|S_m(x) - S_n(x)| < \varepsilon,$$

所以当 $m \to \infty$ 时，有

$$|S(x) - S_n(x)| \leq \varepsilon.$$

故 $\sum\limits_{n=1}^{\infty} u_n(x)$ 在区间 I 上一致收敛.

要断定函数项级数的一致收敛性，常用的方法是构造一个收敛的数项控制级数. 只要控制级数收敛，便有被控制级数的一致收敛. 这一方法称为控制判别法或 Weierstrass 判别法.

定理 2.2 (控制判别法) 设非负项级数 $\sum\limits_{n=1}^{\infty} M_n$ 收敛, 如果对所有的 n 和 $x \in I$, 都有 $|u_n(x)| \leq M_n$, 则 $\sum\limits_{n=1}^{\infty} u_n(x)$ 在 I 上一致收敛.

证 由于 $\sum\limits_{n=1}^{\infty} M_n$ 收敛, 所以 $\forall \varepsilon > 0, \exists N$, 使当 $m > n > N$ 时, 恒有 $\sum\limits_{k>n}^{m} M_k < \varepsilon$. 于是 $x \in I$ 时, 恒有

$$\left|\sum_{k>n}^{m} u_k(x)\right| \leq \sum_{k>n}^{m} M_k < \varepsilon.$$

因此 $\sum\limits_{n=1}^{\infty} u_n(x)$ 在 I 上一致收敛.

例 2.1 证明 $\sum\limits_{n=0}^{\infty} \dfrac{\sin nx}{n^2}$ 在 $(-\infty, +\infty)$ 上一致收敛.

证 由于 $x \in (-\infty, +\infty)$ 时, 恒有 $\left|\dfrac{\sin nx}{n}\right| \leq \dfrac{1}{n^2}$. 所以 $\sum\limits_{n=0}^{\infty} \dfrac{\sin nx}{n^2}$ 在 $(-\infty, +\infty)$ 上一致收敛.

例 2.2 证明 $\sum\limits_{n=0}^{\infty} x^n$ 在 $(-1, 1)$ 的每个闭子区间上一致收敛.

证 设 $[a, b] \subset (-1, 1)$ 且 $M = \max(|a|, |b|)$, 则 $x \in [a, b]$ 时, 恒有 $|x^n| \leq M^n$. 于是由等比级数 $\sum\limits_{n=0}^{\infty} M^n$ 的收敛性可知, $\sum\limits_{n=0}^{\infty} x^n$ 在 $[a, b]$ 上一致收敛.

例 2.3 讨论级数 $\sum\limits_{n=1}^{\infty} \dfrac{1}{n^2} \mathrm{e}^{-nx}$ 的一致收敛性.

解 当 $x < 0$ 时, 由于 $\lim\limits_{n \to \infty} \dfrac{1}{n^2}\mathrm{e}^{-nx} = +\infty$, 所以原级数发散; 当 $x \geq 0$ 时, 由于 $0 \leq \dfrac{1}{n^2} \mathrm{e}^{-nx} \leq \dfrac{1}{n^2}$, 所以原级数一致收敛.

§6.2.2 和函数的性质

有了一致收敛便可以讨论函数项级数的连续性守恒问题、逐项求导问题和逐项积分问题. 即一致收敛的连续项级数的和函数连续且逐项可积, 导级数一致收敛且通项连续时原级数可逐项求导.

定理 2.3 (和函数的连续性) 设 $\sum\limits_{n=1}^{\infty} u_n(x)$ 在区间 I 上一致收敛于 $S(x)$,

如果每个 $u_n(x)$ 都在 I 上连续，则和函数 $S(x)$ 也在 I 上连续.

证 设 $S_n(x)=\sum\limits_{k=1}^{n}u_k(x), x_0\in I$, 下证 $\lim\limits_{x\to x_0}S(x)=S(x_0)$. $\forall\varepsilon>0$, 由级数的一致收敛性可知，存在自然数 N, 使得 $|S_N(x)-S(x)|<\dfrac{\varepsilon}{3}$ 对一切 $x\in I$ 成立. 由 $S_N(x)$ 的连续性，存在 $\delta>0$, 使当 $|x-x_0|<\delta$ 时，恒有

$$|S_N(x)-S_N(x_0)|<\frac{\varepsilon}{3}.$$

于是当 $|x-x_0|<\delta$ 时，恒有

$$|S(x)-S(x_0)|\le|S_N(x)-S(x)|+|S_N(x)-S_N(x_0)|+|S_N(x_0)-S(x_0)|<\varepsilon.$$

因此 $\lim\limits_{x\to x_0}S(x)=S(x_0)$.

定理 2.4 (和函数的可积性) 设 $\sum\limits_{n=1}^{\infty}u_n(x)$ 在区间 $[a,b]$ 上一致收敛于 $S(x)$, 如果每个 $u_n(x)$ 都在 $[a,b]$ 上连续，则和函数 $S(x)$ 在 $[a,b]$ 上可积，且

$$\int_a^b S(x)\mathrm{d}x=\sum_{n=1}^{\infty}\int_a^b u_n(x)\mathrm{d}x.$$

证 设 $S_n(x)=\sum\limits_{k=1}^{n}u_k(x)$. 由定理 2.3, $S(x)$ 连续. 对任意的 $\varepsilon>0$, 由一致收敛性可知，存在 N, 使当 $n>N$ 时，恒有

$$|S_n(x)-S(x)|<\frac{\varepsilon}{b-a}.$$

于是

$$\left|\int_a^b S(x)\,\mathrm{d}x-\int_a^b S_n(x)\,\mathrm{d}x\right|\le\int_a^b|S_n(x)-S(x)|\,\mathrm{d}x<\int_a^b\frac{\varepsilon}{b-a}\,\mathrm{d}x=\varepsilon.$$

由此可知

$$\lim_{n\to\infty}\int_a^b S_n(x)\,\mathrm{d}x=\int_a^b S(x)\,\mathrm{d}x.$$

定理 2.5 (和函数的可微性) 设 $\sum\limits_{n=1}^{\infty}u_n(x)$ 在区间 I 上点点收敛于 $S(x)$, 如果每个 $u_n'(x)$ 都在 I 上连续且 $\sum\limits_{n=1}^{\infty}u_n'(x)$ 在区间 I 上一致收敛，则和函数

$S(x)$ 在 I 上可导，且 $S'(x)=\sum\limits_{n=1}^{\infty}u_n'(x)$.

证 设 $a\in I$ 且 $\sum\limits_{n=1}^{\infty}u_n'(x)$ 在 I 上一致收敛于 $T(x)$, 则由定理 2.4 可知,

$$\int_a^x T(t)\,\mathrm{d}t=\sum_{n=1}^{\infty}\int_a^x u_n'(t)\,\mathrm{d}t=\sum_{n=1}^{\infty}[u_n(x)-u_n(a)]=S(x)-S(a).$$

由此可知， $T(x)=S'(x)$, 即 $S'(x)=\sum\limits_{n=1}^{\infty}u_n'(x)$.

习 题 6.2 A

1. 求 $\sum\limits_{n=0}^{\infty}\dfrac{(-1)^n x}{(1+x^2)^n}$ 的收敛域及和函数.

2. 求下列函数级数的收敛域:

(1) $\sum\limits_{n=1}^{\infty}\dfrac{x^n}{n!}$; (2) $\sum\limits_{n=1}^{\infty}\dfrac{\sin nx}{n^2}$;

(3) $\sum\limits_{n=1}^{\infty}\dfrac{x^n}{n}$; (4) $\sum\limits_{n=1}^{\infty}\dfrac{x^n}{\sqrt{n}}$.

3. 讨论下列级数在给定区间上的一致收敛性:

(1) $\sum\limits_{n=1}^{\infty}\dfrac{\sin nx}{n^2}$, $|x|<+\infty$; (2) $\sum\limits_{n=1}^{\infty}\dfrac{1}{n^2+x^2}$, $|x|<+\infty$;

(3) $\sum\limits_{n=1}^{\infty}\dfrac{nx}{1+n^2x^2}$, $|x|<1$; (4) $\sum\limits_{n=1}^{\infty}x^2\mathrm{e}^{-nx}$, $0<x<+\infty$.

4. 证明函数 $f(x)=\sum\limits_{n=1}^{\infty}\dfrac{1}{n^x}$ 在 $(1,+\infty)$ 内连续.

5. 证明函数 $f(x)=\sum\limits_{n=1}^{\infty}\dfrac{\cos nx}{n^3}$ 在 $(-\infty,+\infty)$ 内连续, 且有连续的导数.

6. 证明函数 $f(x)=\sum\limits_{n=0}^{\infty}\dfrac{x^{3n}}{(3n)!}$ 满足微分方程

$$f''(x)+f'(x)+f(x)=\mathrm{e}^x.$$

习 题 6.2 B

1. 证明函数列 $S_n(x)$ 在区间 I 上一致收敛于函数 $S(x)$ 的充要条件是存在数列 $\{a_n\}$，使得

$$|S_n(x) - S(x)| \leq a_n \to 0$$

对一切 n 及 $x \in I$ 都成立.

2. 证明函数项级数 $\sum\limits_{n=1}^{\infty} x^n$ 在 $[0,a]$ $(a<1)$ 上一致收敛，但在 $[0,1)$ 上非一致收敛.

3. 证明函数项级数

$$\sum_{n=1}^{\infty}\Big(\frac{\sin nx}{n} - \frac{\sin(n+1)x}{n+1}\Big)$$

在 $(-\infty,+\infty)$ 内一致收敛.

4. 已知数项级数 $\sum\limits_{n=1}^{\infty} a_n$ 绝对收敛，证明函数项级数 $\sum\limits_{n=1}^{\infty} a_n \dfrac{nx}{1+n^2x^2}$ 在 $(-\infty,+\infty)$ 内一致收敛.

5. 证明函数项级数 $\sum\limits_{n=1}^{\infty} \dfrac{1}{n^3}\ln(1+nx^2)$ 在 $[0,a]$ 上一致收敛.

6. 证明：若函数项级数 $\sum\limits_{n=1}^{\infty} |u_n(x)|$ 在区间 I 上一致收敛，则函数项级数 $\sum\limits_{n=1}^{\infty} u_n(x)$ 也在 I 上一致收敛.

7. 证明函数 $f(x) = \sum\limits_{n=0}^{\infty} \dfrac{x^{4n}}{(4n)!}$ 满足微分方程 $f^{(4)}(x) = f(x)$.

8. 证明函数 $f(x) = \sum\limits_{n=0}^{\infty} \dfrac{x^n}{(n!)^2}$ 满足微分方程

$$xf''(x) + f'(x) - f(x) = 0.$$

9. 证明函数列 $f_n(x) = nx(1-x)^n$ 在闭区间 $[0,1]$ 上收敛且

$$\lim_{n\to\infty}\int_0^1 f_n(x)\,\mathrm{d}x = \int_0^1 \lim_{n\to\infty} f_n(x)\,\mathrm{d}x,$$

但不一致收敛.

10. 设数列 $\{a_n\}$ 满足 $a_1 = a_2 = 1$, 且当 $n > 1$ 时，恒有

$$a_{n+1} = a_n + a_{n-1},$$

证明当 $|x| < \frac{1}{2}$ 时，级数 $\sum\limits_{n=1}^{\infty} a_n x^{n-1}$ 收敛，并求其和函数.

11. 设函数 $f_0(x)$ 在区间 $[0, a]$ 上连续，且

$$f_n(x) = \int_0^x f_{n-1}(x)\,\mathrm{d}x \quad (x \in [0, a],\ n = 1, 2, \cdots)$$

证明函数项级数 $\sum\limits_{n=1}^{\infty} f_n(x)$ 在 $[0, a]$ 上绝对收敛.

12. 已知 $f_n(x)$ 满足

$$f_n'(x) = f_n(x) + x^{n-1}\mathrm{e}^x$$

且 $f_n(1) = \frac{\mathrm{e}}{n}$, 求函数项级数 $\sum\limits_{n=1}^{\infty} f_n(x)$ 的和.

13. 设 $S(x) = \sum\limits_{n=1}^{\infty} \frac{x^n}{n^2}$, $x \in [0, 1]$, 则当 $x \in (0, 1)$ 时，恒有

$$S(x) + S(1-x) + \ln x \cdot \ln(1-x) = S(1).$$

§6.3 幂级数

形如

$$a_0 + a_1 x + a_2 x^2 + \cdots + a_n x^n + \cdots$$

的函数项级数称为幂级数. 幂级数具有结构简单，计算方便，应用广泛等特点，利用幂级数可以表示和计算许多函数及函数值.

§6.3.1 幂级数的敛散性

幂级数的收敛域可能是一个区间，也可能退化为一个点. 如果幂级数在一个非零点 a 收敛，那么它一定在对称开区间 $(-|a|,|a|)$ 之内收敛；如果幂级数在一个非零点 a 发散，那么它一定在对称闭区间 $[-|a|,|a|]$ 之外发散，这一性质称为阿贝尔定理. 如果幂级数在开区间 (a,b) 内点点收敛，那么它一定在 (a,b) 内的每个闭子区间上一致收敛，这一性质称为幂级数的内闭一致收敛性.

定理 3.1 (Abel 定理) 若幂级数 $\sum\limits_{n=0}^{\infty} a_n x^n$ 在非零点 a 收敛，则在开区间 $(-|a|,|a|)$ 内绝对收敛.

证 由于 $\sum\limits_{n=0}^{\infty} a_n a^n$ 收敛，所以 $\lim\limits_{n\to\infty} a_n a^n = 0$. 故 $\{a_n a^n\}$ 有界，设 $|a_n a^n| \le M$ $(n = 0,1,2,\cdots)$. 若 $|x| < |a|$, 则 $|a_n x^n| \le M\left|\dfrac{x}{a}\right|^n$. 由于 $\sum\limits_{n=0}^{\infty} M\left|\dfrac{x}{a}\right|^n$ 收敛，所以 $\sum\limits_{n=0}^{\infty} |a_n x^n|$ 收敛.

推论 3.1 若幂级数 $\sum\limits_{n=0}^{\infty} a_n x^n$ 在 a 点发散，则当 $|x| > |a|$ 时，幂级数 $\sum\limits_{n=0}^{\infty} a_n x^n$ 发散.

根据阿贝尔定理，幂级数 $\sum\limits_{n=0}^{\infty} a_n x^n$ 的收敛域只有三种情况. 一是单点集 $\{0\}$, 二是全数集 $(-\infty,+\infty)$, 三是有限区间 $(-R,R),(-R,R],[-R,R)$ 或 $[-R,R]$ 之一. 其中 R 称为级数的收敛半径，并且规定 $R=0$ 表示级数的收敛域为单点集， $R=+\infty$ 表示级数的收敛域为全数集. 如果 $0<R<\infty$, 则特别称 $(-R,R)$ 为收敛开区间.

定理 3.2 如果 $\lim\limits_{n\to\infty}\left|\dfrac{a_{n+1}}{a_n}\right| = l$ 或 $\lim\limits_{n\to\infty}\sqrt[n]{|a_n|} = l$, 则幂级数 $\sum\limits_{n=0}^{\infty} a_n x^n$ 的收敛半径为

$$R = \begin{cases} 0, & l = +\infty \\ \dfrac{1}{l}, & 0 < l < +\infty \\ +\infty, & l = 0 \end{cases}.$$

证 设 $x \neq 0$, 则 (1) 当 $l = +\infty$ 时,

$$\lim_{n\to\infty}\left|\frac{a_{n+1}x^{n+1}}{a_n x^n}\right| = +\infty.$$

由此可知, $\lim\limits_{n\to\infty}|a_n\, x^n| \neq 0$, 因此原级数 $\sum\limits_{n=0}^{\infty} a_n x^n$ 发散. 这表明收敛半径为 $R = 0$;

(2) 当 $l = 0$ 时,

$$\lim_{n\to\infty}\left|\frac{a_{n+1}x^{n+1}}{a_n x^n}\right| = 0.$$

由此可知, 级数 $\sum\limits_{n=0}^{\infty}|a_n x^n|$ 收敛. 这表明收敛半径为 $R = +\infty$;

(3) 当 $l \in (0, +\infty)$ 时,

$$\lim_{n\to\infty}\left|\frac{a_{n+1}x^{n+1}}{a_n x^n}\right| = l\,|x|.$$

于是当 $l\,|x| < 1$, 即 $|x| < R$ 时, 原级数收敛; 当 $l\,|x| > 1$, 即 $|x| > R$ 时, $\lim\limits_{n\to\infty}|a_n\, x^n| \neq 0$, 这表明原级数发散. 因此收敛半径为 $R = \dfrac{1}{l}$.

例 3.1 求下列幂级数的收敛半径及收敛域.

(1) $\sum\limits_{n=1}^{\infty}\dfrac{x^n}{n}$;　　(2) $\sum\limits_{n=1}^{\infty}\dfrac{(x-1)^n}{n^2}$;　　(3) $\sum\limits_{n=0}^{\infty}\dfrac{x^n}{n!}$;

(4) $\sum\limits_{n=0}^{\infty} n\, x^n$;　　(5) $\sum\limits_{n=0}^{\infty} n^2(x+1)^n$;　　(6) $\sum\limits_{n=0}^{\infty} n!\, x^n$.

解 利用比值法计算收敛半径 R.

(1) $R = 1$, 收敛域为 $[-1, 1)$;

(2) $R = 1$, 收敛域为 $[0, 2]$;

(3) $R = +\infty$, 收敛域为 $(-\infty, +\infty)$;

(4) $R = 1$, 收敛域为 $(-1, 1)$;

(5) $R = 1$, 收敛域为 $(-2, 0)$;

(6) $R = 0$, 收敛域为 $\{0\}$.

例 3.2 求幂级数 $\sum\limits_{n=0}^{\infty}\dfrac{1}{3^n}(x-2)^{2n}$ 的收敛域.

解 令 $t=(x-2)^2$. 由于级数 $\sum\limits_{n=0}^{\infty}\frac{1}{3^n}t^n$ 的收敛域为 $(-3,3)$, 所以有 $(x-2)^2\in(-3,3)$. 由此可知，原级数的收敛域为 $(2-\sqrt{3},2+\sqrt{3})$.

定理 3.3 (内闭一致收敛性) 若幂级数 $\sum\limits_{n=0}^{\infty}a_nx^n$ 的收敛半径为 R 且 $R>0$, 则该级数在 $(-R,R)$ 的每个闭子区间 $[a,b]$ 上一致收敛.

证 设 $r=\max(|a|,|b|)$, 则对一切 $x\in[a,b]$ 及 $n=0,1,2,\cdots$, 都有

$$|a_nx^n|\leq|a_nr^n|.$$

由于 $0<r<R$, 所以 $\sum\limits_{n=0}^{\infty}a_nr^n$ 绝对收敛. 根据控制判别法, 原级数在 $(-R,R)$ 上内闭一致收敛.

根据幂级数的内闭一致收敛性，幂级数在收敛区间内和函数连续，并且可任意次逐项求导和逐项积分，收敛半径始终保持不变.

例 3.3 求级数 $1-\frac{1}{3}+\frac{1}{5}-\cdots+(-1)^{n+1}\frac{1}{2n-1}+\cdots$ 的和.

解 数项级数的求和问题通常可以转化为函数项级数的求和问题，再通过分析运算解决. 令

$$S(x)=x-\frac{1}{3}x^3+\frac{1}{5}x^5-\cdots+(-1)^{n+1}\frac{1}{2n-1}x^{2n-1}+\cdots,$$

则在收敛域 $[-1,1]$ 的内部，即收敛区间 $(-1,1)$ 内，有

$$\begin{aligned}S'(x)&=x'-(\frac{1}{3}x^3)'+(\frac{1}{5}x^5)'-\cdots+[(-1)^n\frac{1}{2n-1}x^{2n-1}]'+\cdots\\&=1-x^2+x^4-\cdots+(-1)^nx^{2n}+\cdots=\frac{1}{1+x^2}.\end{aligned}$$

于是,

$$S(x)=\int_0^x\frac{1}{1+t^2}\,\mathrm{d}t=\arctan x.$$

由此可知

$$1-\frac{1}{3}+\frac{1}{5}-\cdots+(-1)^{n+1}\frac{1}{2n-1}+\cdots=S(1-)=\arctan 1=\frac{\pi}{4}.$$

例 3.4 求下列幂级数的和函数.

(1) $\sum\limits_{n=1}^{\infty}nx^{n-1}$; (2) $\sum\limits_{n=1}^{\infty}n(n+1)x^n$.

解 (1) 令 $S(x)=\sum\limits_{n=1}^{\infty} nx^{n-1}$, 则当 $|x|<1$ 时，有

$$\int_0^x S(x)\,\mathrm{d}x=\sum_{n=1}^{\infty} n\int_0^x x^{n-1}\,\mathrm{d}x=\sum_{n=1}^{\infty} x^n=\frac{x}{1-x}.$$

两端求导可得

$$S(x)=\left(\frac{x}{1-x}\right)'=\frac{1}{(1-x)^2}.$$

(2) 令 $S(x)=\sum\limits_{n=1}^{\infty} n(n+1)x^n$, 则当 $|x|<1$ 时，有

$$\int_0^x S(x)\,\mathrm{d}x=\sum_{n=1}^{\infty} n(n+1)\int_0^x x^n\,\mathrm{d}x=x^2\sum_{n=1}^{\infty} nx^{n-1}=\frac{x^2}{(1-x)^2}.$$

两端求导可得

$$S(x)=\left[\frac{x^2}{(1-x)^2}\right]'=\frac{2x}{(1-x)^3}.$$

例 3.5 求幂级数 $\sum\limits_{n=0}^{\infty}\dfrac{x^n}{n+1}$ 的和函数.

解 令 $S(x)=\sum\limits_{n=0}^{\infty}\dfrac{x^n}{n+1}$, 则当 $0<|x|<1$ 时，有

$$[xS(x)]'=\sum_{n=0}^{\infty}\left(\frac{x^{n+1}}{n+1}\right)'=\sum_{n=0}^{\infty} x^n=\frac{1}{1-x}.$$

于是 $xS(x)=\displaystyle\int_0^x \frac{1}{1-t}\,\mathrm{d}t=-\ln(1-x)$. 由此可知,

$$S(x)=-\frac{1}{x}\ln(1-x),$$

当 $x=0$ 时， $S(x)=1$, 当 $x=-1$ 时，有

$$\ln 2=1-\frac{1}{2}+\frac{1}{3}-\cdots+(-1)^{n-1}\frac{1}{n}+\cdots.$$

§6.3.2 函数的幂级数展开

在实际问题中，一方面需要计算幂级数的和函数，另一方面需要将函数表示为幂级数.

1. **泰勒级数定理**

对于函数 $f(x)$, 如果存在 $R>0$, 使当 $|x-x_0|<R$ 时，恒有

$$f(x)=a_0+a_1(x-x_0)+a_2(x-x_0)^2+\cdots+a_n(x-x_0)^n+\cdots, \tag{1}$$

则称幂级数 (1) 为函数 $f(x)$ 在 $x=x_0$ 点的幂级数展开.

函数 $f(x)$ 在 $|x-x_0|<R$ 内可展为幂级数 (1), 则 $f(x)$ 作为幂级数在 $|x-x_0|<R$ 内的和函数必然存在任意阶导数，并且有

$$f^{(n)}(x)=n!\,a_n+\frac{(n+1)!}{1!}a_{n+1}(x-x_0)+\frac{(n+2)!}{2!}a_{n+2}(x-x_0)^2+\cdots.$$

特别当 $x=x_0$ 时，有

$$a_n=\frac{f^{(n)}(x_0)}{n!}\ \ (n=1,2,\cdots).$$

由此可知，如果函数 $f(x)$ 在 x_0 点附近可展开为幂级数，则其展开形式必为

$$f(x)=\sum_{n=0}^{\infty}\frac{f^{(n)}(x_0)}{n!}(x-x_0)^n=f(x_0)+\frac{f'(x_0)}{1!}(x-x_0)$$

$$+\frac{f''(x_0)}{2!}(x-x_0)^2+\cdots+\frac{f^{(n)}(x_0)}{n!}(x-x_0)^n+\cdots. \tag{2}$$

级数 (2) 通常称为函数 $f(x)$ 在 x_0 点的泰勒级数. 当 $x_0=0$ 时，泰勒级数

$$f(x)=f(0)+\frac{f'(0)}{1!}x+\frac{f''(0)}{2!}x^2+\cdots+\frac{f^{(n)}(0)}{n!}x^n+\cdots.$$

称为马克劳林级数.

定理 3.4 设函数 $f(x)$ 在 $|x-x_0|<R$ 内有各阶导数，则 $f(x)$ 在该邻域内可展为泰勒级数当且仅当 $|x-x_0|<R$ 时，恒有 $\lim\limits_{n\to\infty}R_n(x)=0$. 其中 $R_n(x)$ 为泰勒展式的余项，即

$$R_n(x)=f(x)-\sum_{k=0}^{n}\frac{f^{(k)}(x_0)}{k!}(x-x_0)^k.$$

证 设

$$S_n(x)=\sum_{k=0}^{n}\frac{f^{(k)}(x_0)}{k!}(x-x_0)^k,$$

则当 $|x-x_0|<R$ 时，有 $\lim\limits_{n\to\infty} S_n(x)$ 存在 $\Longleftrightarrow$ $\lim\limits_{n\to\infty} R_n(x)=0$, 所以原命题成立.

2. **常用泰勒级数**

(1) 指数函数的泰勒级数

$$e^x=1+x+\frac{x^2}{2!}+\cdots+\frac{x^n}{n!}+\cdots\quad(-\infty<x<\infty).$$

由于

$$R_n(x)=\frac{x^{n+1}e^{\theta x}}{(n+1)!}\ (0<\theta<1),$$

所以对任意 $K>0$, 当 $|x|<K, n\to\infty$ 时，恒有

$$|R_n(x)|\leq\frac{|x|^{n+1}e^K}{(n+1)!}\to 0.$$

(2) 三角函数的泰勒级数

$$\sin x=x-\frac{x^3}{3!}+\frac{x^5}{5!}-\cdots+(-1)^{n+1}\frac{x^{2n-1}}{(2n-1)!}+\cdots\ (-\infty<x<+\infty);$$

$$\cos x=1-\frac{x^2}{2!}+\frac{x^4}{4!}-\cdots+(-1)^n\frac{x^{2n}}{(2n)!}+\cdots\ (-\infty<x<+\infty);$$

由于对任意 $K>0$, 当 $|x|<K$ 时，有

$$|R_{2n-1}(x)|\leq\frac{K^{2n+1}}{(2n+1)!}\ \text{或}\ |R_{2n}(x)|\leq\frac{K^{2n+2}}{(2n+2)!},$$

所以当 $n\to\infty$ 时，有 $|R_n(x)|\to 0$.

(3) 对数函数的泰勒级数

$$\ln(1+x)=x-\frac{1}{2}x^2+\frac{1}{3}x^3-\cdots+(-1)^{n+1}\frac{1}{n}x^n+\cdots\ (-1<x\leq 1).$$

上式可由下式逐项积分求得.

$$\frac{1}{1+x}=1-x+x^2-\cdots+(-1)^n x^n+\cdots\ (-1<x<1).$$

(4) $\arctan x$ 的泰勒级数

$$\arctan x = x - \frac{x^3}{3} + \cdots + (-1)^{n+1}\frac{x^{2n-1}}{2n-1} + \cdots \ (-1 \leq x \leq 1).$$

上式可由下式逐项积分求得.

$$\frac{1}{1+x^2} = 1 - x^2 + x^4 - \cdots + (-1)^n x^{2n} + \cdots \ (-1 < x < 1).$$

(5) 二项式的泰勒级数

$$(1+x)^\alpha = 1 + \alpha x + C_\alpha^2 x^2 + \cdots + C_\alpha^n x^n + \cdots \ (-1 < x < 1).$$

其中

$$C_\alpha^n = \frac{\alpha(\alpha-1)\cdots(\alpha-n+1)}{n!}.$$

令

$$S(x) = 1 + \alpha x + C_\alpha^2 x^2 + \cdots + C_\alpha^n x^n + \cdots,$$

则在 $(-1,1)$ 内，通过逐项求导可以验证 $(1+x)S'(x) = \alpha S(x)$. 由此可知 $S(x) = (1+x)^\alpha$.

例 3.6 将函数 $\sin x$ 展开成 $x - \frac{\pi}{4}$ 的幂级数.

解 令 $t = x - \frac{\pi}{4}$, 则有 $\sin x = \frac{1}{\sqrt{2}}(\cos t + \sin t)$, 于是

$$\begin{aligned}\sin x &= \frac{1}{\sqrt{2}}\left(1 + t - \frac{t^2}{2!} - \frac{t^3}{3!} + \cdots\right) \\ &= \frac{1}{\sqrt{2}}\left[1 + \left(x - \frac{\pi}{4}\right) - \frac{1}{2!}\left(x - \frac{\pi}{4}\right)^2 - \frac{1}{3!}\left(x - \frac{\pi}{4}\right)^3 + \cdots\right].\end{aligned}$$

例 3.7 计算 $\ln 2$ 的近似值，要求误差不超过 0.0001.

解 计算 $\ln 2$ 的近似值，虽然可用展开式:

$$\ln 2 = 1 - \frac{1}{2} + \frac{1}{3} - \cdots + (-1)^{n-1}\frac{1}{n} + \cdots,$$

但这种算法速度太慢，不实用. 因此需选用快速算法. 考虑到 $-1<x<1$ 时,

$$\ln\frac{1+x}{1-x} = \ln(1+x) - \ln(1-x) = 2\left(x + \frac{1}{3}x^3 + \frac{1}{5}x^5 + \cdots\right),$$

则 $\ln 2$ 可如下计算:

$$\ln 2 = \ln\frac{1+x}{1-x}\Big|_{x=1/3} \approx 2\left(\frac{1}{3} + \frac{1}{3}\cdot\frac{1}{3^3} + \frac{1}{5}\cdot\frac{1}{3^5} + \frac{1}{7}\cdot\frac{1}{3^7}\right) \approx 0.6931.$$

其截断误差为

$$R_4 = 2\left(\frac{1}{9}\cdot\frac{1}{3^9}+\frac{1}{11}\cdot\frac{1}{3^{11}}+\cdots\right) < \frac{2}{3^{11}}\left(1+\frac{1}{3^2}+\frac{1}{3^4}+\cdots\right) < 0.0001.$$

习 题 6.3 A

1. 求下列幂级数的收敛半径:

(1) $\sum\limits_{n=1}^{\infty}\frac{n!\,x^n}{n^n}$; (2) $\sum\limits_{n=1}^{\infty}\frac{(3n)!}{(n!)^2}x^n$;

(3) $\sum\limits_{n=1}^{\infty}\frac{2^n}{n^2+1}x^n$; (4) $\sum\limits_{n=1}^{\infty}\frac{n^2x^n}{(2+\frac{1}{n})^n}$.

2. 求下列幂级数的收敛域:

(1) $\sum\limits_{n=1}^{\infty}\sin\frac{\pi}{2^n}x^n$; (2) $\sum\limits_{n=1}^{\infty}\frac{(x+2)^{2n}}{n(n+1)}$;

(3) $\sum\limits_{n=1}^{\infty}\sqrt[n]{n}\,x^{2n-1}$; (4) $\sum\limits_{n=1}^{\infty}\frac{(4x-1)^n}{\sqrt{n}}$;

(5) $\sum\limits_{n=1}^{\infty}\frac{1}{3^n+(-2)^n}\cdot\frac{x^n}{n}$.

3. 求下列幂级数或数项级数的和:

(1) $\sum\limits_{n=1}^{\infty}\frac{x^n}{n(n+1)}$; (2) $\sum\limits_{n=1}^{\infty}(n-1)x^n$;

(3) $\sum\limits_{n=1}^{\infty}\frac{n^2}{n!}x^n$; (4) $\sum\limits_{n=1}^{\infty}\frac{x^{2n-1}}{2n-1}$;

(5) $\sum\limits_{n=1}^{\infty}\frac{n^2}{2^n}$; (6) $\sum\limits_{n=1}^{\infty}\frac{n^2}{n!}$;

(7) $\sum\limits_{n=1}^{\infty}\frac{(-1)^n}{n(n+1)}$; (8) $\sum\limits_{n=1}^{\infty}\frac{2^n(n+1)}{n!}$.

4. 将下列函数展成 x 的幂级数：

(1) $\int_0^x \frac{\sin t}{t}\mathrm{d}t$; (2) $\int_0^x \mathrm{e}^{-t^2}\mathrm{d}t$;

(3) $\sin^2 x$; (4) $\frac{x^2}{1+x}$.

5. 求下列函数在 x_0 点的泰勒级数：

(1) $4-2x+3x^2+5x^3, \quad x_0=1$; (2) $\cos x, \quad x_0=\frac{\pi}{4}$;

(3) $\ln(x^2+2x-3), \quad x_0=3$; (4) $\ln x, \quad x_0=2$.

6. 利用幂级数展开式求下列积分的近似值，精确到 0.001:

(1) $\int_0^1 \frac{\sin x}{x}\mathrm{d}x$; (2) $\int_0^1 \frac{\arctan x}{x}\mathrm{d}x$;

(3) $\int_0^1 \frac{1}{1+x^3}\mathrm{d}x$; (4) $\int_0^1 \mathrm{e}^{-x^2}\mathrm{d}x$.

习 题 6.3 B

1. 求下列级数的和.

(1) $\sum_{n=1}^{\infty}\frac{1}{2^n(n^2-1)}$; (2) $\sum_{n=1}^{\infty}\frac{(-3)^n}{(2n-1)\,4^n}$;

(3) $\sum_{n=1}^{\infty}\frac{2n-1}{2^n}$; (4) $\sum_{n=0}^{\infty}\frac{(-1)^n}{3n+1}$.

2. 设

$$f(x)=\begin{cases}\dfrac{1+x^2}{x}\arctan x, & x\neq 0\\ 1, & x=0\end{cases},$$

试将 $f(x)$ 展开成 x 的幂级数，并求级数 $\sum\limits_{n=1}^{\infty}\frac{(-1)^n}{1-4n^2}$ 的和及导数 $f^{(n)}(0)$.

3. 求下列幂级数的和函数：

(1) $\sum_{n=1}^{\infty}\frac{x^n}{n(n+2)}$; (2) $\sum_{n=1}^{\infty}\frac{(-1)^n x^{2n-1}}{2n-1}$;

(3) $\sum_{n=1}^{\infty} n(n+1)(x+1)^n$;

(4) $\sum_{n=1}^{\infty} \frac{(2n-1)x^{2n-2}}{3^n}$;

(5) $\sum_{n=0}^{\infty} \frac{x^{2n}}{(2n)!}$;

(6) $\sum_{n=0}^{\infty} \frac{n^2+1}{2^n\, n!}\, x^n$.

4. 求函数 $f(x) = \int_0^x \left(\frac{\sin t}{t}\right)^2 \mathrm{d}t$ 的马克劳林级数.

5. 试将级数 $\sum_{n=1}^{\infty} \frac{(-1)^{n-1}}{(2n-1)!\, 2^{2n-2}}\, x^{2n-1}$ 展成 $x-1$ 的幂级数.

6. 按指定形式将下列函数 $f(x)$ 展为函数级数:

(1) $f(x) = \sqrt{x^3}$, 按 $(x-1)$ 的幂;

(2) $f(x) = \frac{1}{1-x}$, 按 $\frac{1}{x}$ 的幂;

(3) $f(x) = \ln x$, 按 $\frac{x-1}{x+1}$ 的幂;

(4) $f(x) = \frac{1}{x^2+3x+2}$, 按 $(x+4)$ 的幂.

7. 将 $\int_0^{\pi/2} \ln\left(\frac{1+x\sin t}{1-x\sin t}\right) \frac{\mathrm{d}t}{\sin t}$ 展为马克劳林级数.

§6.4 傅立叶级数

在实际问题中，常把比较复杂的周期运动看成是一系列不同频率和不同振幅的简谐振动的迭加. 用数学语言来说，就是一个结构比较复杂的周期函数通常可以用一系列三角函数来任意逼近.

§6.4.1 2π 周期的傅立叶级数

形如

$$\frac{a_0}{2} + \sum_{n=1}^{\infty}(a_n \cos nx + b_n \sin nx). \tag{1}$$

的函数项级数称为三角级数. 其中 $a_0, a_1, b_1, \cdots$ 称为三角级数的系数.

1. **三角函数系的正交性**

构成三角级数的函数系

$$1, \cos x, \sin x, \cdots, \cos nx, \sin nx, \cdots$$

在区间 $[-\pi, \pi]$ 上具有正交性，即函数系中任意两个不同函数按照内积运算

$$\langle f(x), g(x)\rangle = \int_{-\pi}^{\pi} f(x)g(x)\,\mathrm{d}x$$

的内积都为零. 具体来说，有

$$\langle 1, \cos nx\rangle = \int_{-\pi}^{\pi} \cos nx\,\mathrm{d}x = 0;$$

$$\langle 1, \sin nx\rangle = \int_{-\pi}^{\pi} \sin nx\,\mathrm{d}x = 0;$$

$$\langle \cos mx, \cos nx\rangle = \int_{-\pi}^{\pi} \cos mx \cos nx\,\mathrm{d}x = 0\ (m \neq n);$$

$$\langle \sin mx, \sin nx\rangle = \int_{-\pi}^{\pi} \sin mx \sin nx\,\mathrm{d}x = 0\ (m \neq n);$$

$$\langle \sin mx, \cos nx\rangle = \int_{-\pi}^{\pi} \sin mx \cos nx\,\mathrm{d}x = 0.$$

在三角函数系中，两个相同函数的内积为

$$\langle 1, 1\rangle = 2\pi;\ \langle \cos nx, \cos nx\rangle = \langle \sin nx, \sin nx\rangle = \pi.$$

2. **函数的傅立叶展开**

如果函数 $f(x)$ 在 $[-\pi, \pi]$ 上可以展成三角级数 (1), 或者说 (1) 在 $[-\pi, \pi]$ 上收敛于 $f(x)$, 即

$$f(x) = \frac{a_0}{2} + \sum_{n=1}^{\infty}(a_n \cos nx + b_n \sin nx). \tag{2}$$

则在逐项可积的条件下，由三角函数系的正交性可以推出

$$a_0 = \frac{1}{\pi}\langle f(x), 1\rangle = \frac{1}{\pi}\int_{-\pi}^{\pi} f(x)\,\mathrm{d}x;$$

$$a_n = \frac{1}{\pi}\langle f(x), \cos nx\rangle = \frac{1}{\pi}\int_{-\pi}^{\pi} f(x)\cos nx\,\mathrm{d}x;$$

$$b_n = \frac{1}{\pi}\langle f(x), \sin nx\rangle = \frac{1}{\pi}\int_{-\pi}^{\pi} f(x)\sin nx\,\mathrm{d}x.$$

反过来，按照这种方法确定的系数 a_0, a_n, b_n 称为 Fourier 系数．一个可积函数 $f(x)$ 按照 Fourier 系数确定的三角级数 (1)称为 Fourier 级数，记作

$$f(x) \sim \frac{a_0}{2} + \sum_{n=1}^{\infty}(a_n\cos nx + b_n\sin nx). \tag{3}$$

定理 4.1 (Dirichlet收敛定理) 若函数 $f(x)$在 $[-\pi,\pi]$上满足 Dirichlet条件：

(1) 最多只有有限个第一类间断点，

(2) 最多只有有限个极值点，

则函数 $f(x)$ 的 Fourier 级数收敛，并且当 x 是 $f(x)$ 的连续点时，级数收敛于 $f(x)$; 当 x 是 $f(x)$ 的间断点时，级数收敛于 $\dfrac{f(x^-)+f(x^+)}{2}$; 当 $x=\pm\pi$ 时，级数收敛于 $\dfrac{f(-\pi^+)+f(\pi^-)}{2}$.

函数展开成 Fourier 级数的条件比展成幂级数的条件弱得多，只要函数在区间 $[-\pi,\pi]$ 上不作无限次振荡，间断点个数有限且左右极限存在，则函数在连续点收敛到函数值，在间断点收敛到左右极限的平均值.

例 4.1 求函数 $f(x)=x$ 在 $[-\pi,\pi]$ 上的 Fourier 级数.

解 由于 $f(x)$ 是 $[-\pi,\pi]$ 上的奇函数，所以有

$$a_n = 0 \ \ (n=0,1,2,\cdots),$$

$$\begin{aligned} b_n &= \frac{2}{\pi}\int_0^{\pi} f(x)\sin nx\,\mathrm{d}x = \frac{2}{\pi}\int_0^{\pi} x\sin nx\,\mathrm{d}x \\ &= -\frac{2}{n}\cos n\pi = \frac{2}{n}(-1)^{n-1} \ \ (n=1,2,3,\cdots). \end{aligned}$$

故 $f(x) \sim 2\sum\limits_{n=1}^{\infty}\dfrac{(-1)^{n-1}}{n}\sin nx = \begin{cases} x, & -\pi<x<\pi \\ 0, & x=\pm\pi \end{cases}.$

例 4.2 求函数 $f(x)=|x|$ 在 $[-\pi,\pi]$ 上的 Fourier 级数.

解 由于 $f(x)$ 是 $[-\pi,\pi]$ 上的偶函数，所以有

$$b_n=0,\quad a_0=\frac{2}{\pi}\int_0^{\pi}x\,\mathrm{d}x=\pi,$$

$$a_n=\frac{2}{\pi}\int_0^{\pi}x\cos nx\,\mathrm{d}x=\begin{cases}\dfrac{-4}{n^2\pi}, & n\text{为奇数}\\ 0, & n\text{为偶数}\end{cases}.$$

于是当 $x\in[-\pi,\pi]$ 时，有

$$f(x)=|x|=\frac{\pi}{2}-\frac{4}{\pi}\sum_{n=1}^{\infty}\frac{\cos(2n-1)x}{(2n-1)^2}.$$

特别当 $x=0$ 时，有

$$\frac{\pi^2}{8}=1+\frac{1}{3^2}+\frac{1}{5^2}+\cdots+\frac{1}{(2n-1)^2}+\cdots.$$

例 4.3 求函数

$$f(x)=\begin{cases}x, & -\pi\le x\le 0\\ 0, & 0<x\le\pi\end{cases}$$

在 $[-\pi,\pi]$ 上的 Fourier 级数.

解 计算 Fourier 系数，有

$$a_0=\frac{1}{\pi}\int_{-\pi}^{0}x\,\mathrm{d}x=-\frac{\pi}{2},$$

$$a_n=\frac{1}{\pi}\int_{-\pi}^{0}x\cos nx\,\mathrm{d}x=\begin{cases}\dfrac{2}{n^2\pi}, & n\text{为奇数}\\ 0, & n\text{为偶数}\end{cases},$$

$$b_n=\frac{1}{\pi}\int_{-\pi}^{0}x\sin nx\,\mathrm{d}x=\frac{(-1)^{n+1}}{n}.$$

于是

$$f(x)\sim-\frac{\pi}{4}+\frac{2}{\pi}\sum_{n=1}^{\infty}\frac{\cos(2n-1)x}{(2n-1)^2}+\sum_{n=1}^{\infty}\frac{(-1)^{n+1}}{n}\sin nx$$

$$=\begin{cases}x, & -\pi<x\le 0\\ 0, & 0<x<\pi\\ -\dfrac{\pi}{2}, & x=\pm\pi\end{cases}.$$

例 4.4 求函数 $f(x)=\begin{cases}-1, & -\pi\le x\le 0\\ 1, & 0<x\le\pi\end{cases}$ 在 $[-\pi,\pi]$ 上的 Fourier 级数.

解 计算 Fourier 系数，有 $a_n=0$ 及

$$b_n=\frac{1}{\pi}\int_{-\pi}^{0}(-1)\sin nx\,\mathrm{d}x+\frac{1}{\pi}\int_{0}^{\pi}\sin nx\,\mathrm{d}x=\begin{cases}\dfrac{4}{n\pi}, & n\text{为奇数}\\ 0, & n\text{为偶数}.\end{cases}$$

于是

$$f(x)\sim\frac{4}{\pi}\sum_{n=1}^{\infty}\frac{1}{2n-1}\sin(2n-1)x=\begin{cases}-1, & -\pi<x<0\\ 1, & 0<x<\pi\\ 0, & x\in\{-\pi,0,\pi\}\end{cases}.$$

§6.4.2 一般周期的傅立叶级数

在实际问题中，有时候需要将函数展为正弦级数或余弦级数，有时候还需要在区间 $[-l,l]$ 上将函数展开为 Fourier 级数，这些情况只要作一些简单的数学处理，如函数的奇延拓、偶延拓或线性变换，即可化为 $[-\pi,\pi]$ 上的 Fourier 展开问题.

定理 4.2 如果函数 $f(x)$ 在 $[0,\pi]$ 上可以展为正弦级数

$$f(x)=b_1\sin x+b_2\sin 2x+\cdots+b_n\sin nx+\cdots,$$

则有

$$b_n=\frac{2}{\pi}\int_{0}^{\pi}f(x)\sin nx\,\mathrm{d}x.$$

如果函数 $f(x)$ 在 $[0,\pi]$ 上可以展为余弦级数

$$f(x)=\frac{a_0}{2}+a_1\cos x+a_2\cos 2x+\cdots+a_n\cos nx+\cdots,$$

则有

$$a_n=\frac{2}{\pi}\int_{0}^{\pi}f(x)\cos nx\,\mathrm{d}x.$$

证 令

$$F(x)=\begin{cases}f(x), & 0<x\le\pi\\ 0, & x=0\\ -f(-x), & -\pi\le x<0\end{cases},\quad G(x)=\begin{cases}f(x), & 0\le x\le\pi\\ f(-x), & -\pi\le x<0\end{cases}.$$

在 $[-\pi,\pi]$ 上，分别计算 $F(x),G(x)$ 的 Fourier 系数可证原命题.

例 4.5 求函数 $f(x)=x^2$ 在 $[0,\pi]$ 上的正弦级数和余弦级数.

解 计算正弦级数的系数，有

$$b_n=\frac{2}{\pi}\int_0^{\pi}x^2\sin nx\,\mathrm{d}x=\frac{2}{\pi}\left[\frac{(-1)^{n+1}\pi^2}{n}+\frac{2}{n^3}((-1)^n-1)\right].$$

于是，有

$$2\pi\sum_{n=1}^{\infty}\frac{(-1)^{n+1}}{n}\sin nx-\frac{8}{\pi}\sum_{n=1}^{\infty}\frac{\sin(2n-1)x}{(2n-1)^3}=\begin{cases}x^2, & 0\le x<\pi\\ 0, & x=\pi\end{cases}.$$

计算正弦级数的系数，有

$$a_0=\frac{2}{\pi}\int_0^{\pi}x^2\,\mathrm{d}x=\frac{2}{3}\pi^2,\quad a_n=\frac{2}{\pi}\int_0^{\pi}x^2\cos nx\,\mathrm{d}x=\frac{4}{n^2}(-1)^n.$$

于是当 $x\in[0,\pi]$ 时，有

$$f(x)=x^2=\frac{\pi^2}{3}+4\sum_{n=1}^{\infty}\frac{(-1)^n}{n^2}\cos nx.$$

定理 4.3 *如果函数 $f(x)$ 在 $[-l,l]$ 上可以展为 Fourier 级数*

$$f(x)=\frac{a_0}{2}+\sum_{n=1}^{\infty}(a_n\cos\frac{n\pi x}{l}+b_n\sin\frac{n\pi x}{l}).$$

则有

$$a_n=\frac{1}{l}\int_{-l}^{l}f(x)\cos\frac{n\pi x}{l}\,\mathrm{d}x\ \ (n=0,1,2,\cdots);$$

$$b_n=\frac{1}{l}\int_{-l}^{l}f(x)\sin\frac{n\pi x}{l}\,\mathrm{d}x\ \ (n=1,2,3,\cdots).$$

证 令 $F(x)$=$f(\frac{lx}{\pi})$, 在 $[-\pi,\pi]$上, 计算 $F(x)$的 Fourier 系数可证原命题.

例 4.6 求函数 $f(x)=x^2$ 在 $[-1,1]$ 上的 Fourier 级数.

解 由于 $f(x)$ 是偶函数，所以有

$$b_n=0,\ \ a_0=2\int_0^1 x^2\,\mathrm{d}x=\frac{2}{3},$$

$$a_n=2\int_0^1 x^2\cos nx\,\mathrm{d}x=\frac{(-1)^n 4}{(n\pi)^2}.$$

于是 $f(x)=x^2$ 在 $[-1,1]$ 上的 Fourier 级数为

$$f(x)=x^2=\frac{1}{3}+\frac{4}{\pi^2}\sum_{n=1}^{\infty}(-1)^n\frac{\cos n\pi x}{n^2}.$$

特别当 $x=1,\ 0$ 时，有

$$\frac{\pi^2}{6}=1+\frac{1}{2^2}+\frac{1}{3^2}+\cdots+\frac{1}{n^2}+\cdots;$$

$$\frac{\pi^2}{12}=1-\frac{1}{2^2}+\frac{1}{3^2}-\cdots+(-1)^{n+1}\frac{1}{n^2}+\cdots.$$

例 4.7 求函数 $f(x)=x$ 在 $[0,2]$ 上的正弦级数和余弦级数.

解 计算正弦级数的系数，有

$$b_n=\int_0^2 x\sin\frac{n\pi x}{2}\,\mathrm{d}x=\frac{4(-1)^{n+1}}{n\pi}.$$

于是有

$$\frac{4}{\pi}\sum_{n=1}^{\infty}\frac{(-1)^{n+1}}{n}\sin\frac{n\pi x}{2}=\begin{cases}x, & 0\le x<2\\ 0, & x=2\end{cases}.$$

计算余弦级数的系数，有

$$a_0=\int_0^2 x\,\mathrm{d}x=2,\ \ a_n=\int_0^2 x\cos\frac{n\pi x}{2}\,\mathrm{d}x=\frac{4[(-1)^n-1]}{n^2\pi^2}.$$

于是 $f(x)$ 在 $[0,2]$ 上的 Fourier 级数为

$$x=1-\frac{8}{\pi}\sum_{n=1}^{\infty}\frac{1}{(2n-1)^2}\cos\frac{(2n-1)\pi x}{2}.$$

习 题 6.4 A

1. 写出函数 $f(x)=\sin^4 x$ 的 Fourier 系数.

2. 证明三角多项式 $p_n(x)=\dfrac{a_0}{2}+\sum\limits_{k=1}^{n}(a_k\cos kx+b_k\sin kx)$ 的 Fourier 级数就是其本身，并且

$$\frac{1}{\pi}\int_{-\pi}^{\pi}p_n^2(x)\,\mathrm{d}x=\frac{a_0^2}{2}+\sum_{k=1}^{n}(a_k^2+b_k^2).$$

3. 设 $f(x)$ 是以 2π 为周期的可积函数，证明对任何实数 T 和自然数 n，都有

$$a_n=\frac{1}{\pi}\int_T^{T+2\pi}f(x)\cos nx\mathrm{d}x,\ b_n=\frac{1}{\pi}\int_T^{T+2\pi}f(x)\sin nx\mathrm{d}x.$$

其中 a_n,b_n 为 Fourier 系数.

4. 将下列函数展成 Fourier 级数：

(1) $f(x)=x^2,\ -\pi\le x\le\pi$; (2) $f(x)=|\sin\dfrac{x}{2}|,\ -\pi\le x\le\pi$;

(3) $f(x)=\cos\dfrac{x}{2},\ -\pi\le x\le\pi$; (4) $f(x)=\mathrm{e}^{2x},\ -\pi\le x\le\pi$;

(5) $f(x)=\begin{cases}0, & -\pi\le x<0\\ \mathrm{e}^x, & 0\le x<\pi\end{cases}.$

5. 将下列函数在 $[0,\pi]$ 上展为正弦级数：

(1) $f(x)=x-1$; (2) $f(x)=\dfrac{\pi}{2}-x$;

(3) $f(x)=\cos\dfrac{x}{2}$; (4) $f(x)=2x^2$.

6. 将下列函数在 $[0,\pi]$ 上展为余弦级数：

(1) $f(x)=x+1$; (2) $f(x)=\dfrac{\pi-x}{2}$;

(3) $f(x)=\sin\dfrac{x}{2}$; (4) $f(x)=x^2-1$.

7. 选择题：

(1) 设 $f(x)=\begin{cases}x, & 0\le x\le \dfrac{1}{2}\\ 2-2x, & \dfrac{1}{2}<x<1\end{cases}$,

$$S(x)=\frac{a_0}{2}+\sum_{n=1}^{\infty}a_n\cos n\pi x,\ -\infty<x<+\infty,$$

其中 $a_n=2\int_0^1 f(x)\cos n\pi x\,\mathrm{d}x,(n=0,1,2,\cdots)$, 则 $S(-\frac{5}{2})$ 等于

(A) $\frac{1}{2}$; (B) $-\frac{1}{2}$; (C) $\frac{3}{4}$; (D) $-\frac{3}{4}$.

(2) 若 $f(x)$ 在 $[-\pi,\pi]$ 上满足 $f(x+\pi)=-f(x)$, 则其在 $[-\pi,\pi]$ 上的 Fourier 系数 b_{30} 是

(A) $\frac{1}{2}$; (B) -1; (C) 0; (D) π.

习 题 6.4 B

1. 将下列函数在给定区间上展为 Fourier 级数：

(1) $f(x)=x^2+1,\ -2\le x\le 2$; (2) $f(x)=-x^2+x,\ -\frac{1}{2}\le x\le\frac{1}{2}$;

(3) $f(x)=\cos\frac{\pi x}{3},-\frac{3}{2}\le x\le\frac{3}{2}$.

2. 将函数 $f(x)=\begin{cases}0, & -2\le x\le 0,\\ k, & 0<x\le 2\end{cases}$ (k为非 0 常数) 在区间 $[-2,2]$ 上展开成 Fourier 级数.

3. 将下列周期函数展成 Fourier 级数：

(1) $f(x)=\arcsin(\sin x)$; (2) $f(x)=\mathrm{sgn}(\cos x)$;

(3) $f(x)=|\sin x|$; (4) $f(x)=x-\lfloor x\rfloor$.

4. 把函数 $f(x)=\begin{cases}-\pi/4, & -\pi<x<0\\ \pi/4, & 0\le x\le\pi\end{cases}$ 展成 Fourier 级数, 并由它推出:

(1) $\frac{\pi}{4}=1-\frac{1}{3}+\frac{1}{5}-\frac{1}{7}+\cdots$;

(2) $\frac{\pi}{3}=1+\frac{1}{5}-\frac{1}{7}-\frac{1}{11}+\frac{1}{13}+\frac{1}{17}+\cdots$;

(3) $\frac{\sqrt{3}\pi}{6}=1-\frac{1}{5}+\frac{1}{7}-\frac{1}{11}+\frac{1}{13}-\frac{1}{17}+\cdots$.

5. 将函数 $f(x)=\begin{cases}1, & 0\le x<1\\ 0, & 1\le x<2\end{cases}$ 分别展成正弦级数和余弦级数.

总 习 题 六

1. 讨论下列级数的敛散性:

(1) $\sum\limits_{n=1}^{\infty}\frac{1}{n^p\sqrt[n]{n}}$;

(2) $\sum\limits_{n=2}^{\infty}\frac{1}{n\ln^p n}$;

(3) $\sum\limits_{n=1}^{\infty}\ln(1+\frac{1}{n^p})$;

(4) $\sum\limits_{n=1}^{\infty}\int_n^{n+1}\mathrm{e}^{-\sqrt{x}}\mathrm{d}x$.

2. 讨论下列级数的绝对收敛性与条件收敛性:

(1) $\sum\limits_{n=1}^{\infty}(-1)^n\frac{1}{n^p}$;

(2) $\sum\limits_{n=1}^{\infty}(-1)^n\frac{\sin\frac{\pi}{n+1}}{3^n}$;

(3) $\sum\limits_{n=2}^{\infty}(-1)^n\ln\frac{n-1}{n+1}$;

(4) $\sum\limits_{n=1}^{\infty}(-1)^n\frac{n!}{n^n}$.

3. 求下列幂级数的收敛域:

(1) $\sum\limits_{n=1}^{\infty}\frac{2^n+3^n}{n}x^n$;

(2) $\sum\limits_{n=1}^{\infty}(1+\frac{1}{n})^n x^{2n}$;

(3) $\sum\limits_{n=1}^{\infty} n(n+1)x^n$; (4) $\sum\limits_{n=1}^{\infty} \frac{1}{n\sqrt{n+1}}x^n$.

4. 设 $a_1=2, a_{n+1}=\frac{1}{2}(a_n+\frac{1}{a_n}), (n=1,2,\cdots)$, 证明:

(1) $\lim\limits_{n\to\infty} a_n$ 存在;

(2) 级数 $\sum\limits_{n=1}^{\infty}\left(\frac{a_n}{a_{n+1}}-1\right)$ 收敛.

5. 将下列函数展成 x 的幂级数:

(1) $f(x)=\ln(x+\sqrt{x^2+1})$; (2) $f(x)=\frac{1}{(2-x)^2}$;

(3) $f(x)=\frac{1}{4}\ln\frac{1+x}{1-x}+\frac{1}{2}\arctan x - x$.

6. 设

$$f(x)=\begin{cases} x, & 0\le x\le 1 \\ 2-x, & 1<x\le 2 \end{cases},$$

若 $S_n=\int_{2n}^{2n+2} f(x-2n)\mathrm{e}^{-x}\,\mathrm{d}x$, 求 $\sum\limits_{n=0}^{\infty} S_n$.

7. 设正项数列 $\{a_n\}$ 单调减少，且级数 $\sum\limits_{n=1}^{\infty}(-1)^n a_n$ 发散，证明级数 $\sum\limits_{n=1}^{\infty}\left(\frac{1}{a_n+1}\right)^n$ 收敛.

8. 选择题:

(1) 设级数 $\sum\limits_{n=1}^{\infty} u_n$ 收敛，则必收敛的级数为

(A) $\sum\limits_{n=1}^{\infty}(-1)^n\frac{u_n}{n}$; (B) $\sum\limits_{n=1}^{\infty} u_n^2$;

(C) $\sum\limits_{n=1}^{\infty}(u_{2n-1}-u_{2n})$; (D) $\sum\limits_{n=1}^{\infty}(u_n+u_{n+1})$.

(2) 设 $a_n > 0$ $(n = 1, 2, \cdots)$, 且 $\sum\limits_{n=1}^{\infty} a_n$ 收敛，常数 $\lambda \in (0, \frac{\pi}{2})$, 则级数 $\sum\limits_{n=1}^{\infty} (-1)^n (n \tan \frac{\lambda}{n}) a_{2n}$

(A) 绝对收敛;　　(B) 条件收敛;

(C) 发散;　　(D) 敛散性与 λ 有关.

(3) 设 $u_n = (-1)^n \ln\left(1 + \frac{1}{\sqrt{n}}\right)$, 则级数

(A) $\sum\limits_{n=1}^{\infty} u_n$ 与 $\sum\limits_{n=1}^{\infty} u_n^2$ 都收敛;　　(B) $\sum\limits_{n=1}^{\infty} u_n$ 与 $\sum\limits_{n=1}^{\infty} u_n^2$ 都发散;

(C) $\sum\limits_{n=1}^{\infty} u_n$ 收敛而 $\sum\limits_{n=1}^{\infty} u_n^2$ 发散;　　(D) $\sum\limits_{n=1}^{\infty} u_n$ 发散而 $\sum\limits_{n=1}^{\infty} u_n^2$ 收敛.

(4) 设常数 $\lambda > 0$ 且级数 $\sum\limits_{n=1}^{\infty} a_n^2$ 收敛，则级数 $\sum\limits_{n=1}^{\infty} (-1)^n \frac{|a_n|}{\sqrt{n^2 + \lambda}}$

(A) 发散;　　(B) 条件收敛;

(C) 绝对收敛;　　(D) 敛散性与 λ 有关.

(5) 设 $u_n > 0$ $(n = 1, 2, \cdots)$ 且 $\lim\limits_{n \to \infty} \frac{n}{u_n} = 1$, 则 $\sum\limits_{n=1}^{\infty} (-1)^n \left(\frac{1}{u_n} + \frac{1}{u_{n+1}}\right)$

(A) 发散;　　(B) 绝对收敛;

(C) 条件收敛;　　(D) 敛散性不确定.

(6) 若 $\sum\limits_{n=1}^{\infty} a_n (x-1)^n$ 在 $x = -1$ 处收敛，则此级数在 $x = 2$ 处

(A) 条件收敛;　　(B) 绝对收敛;

(C) 发散;　　(D) 敛散性不确定.

(7) 已知级数 $\sum\limits_{n=1}^{\infty} (-1)^{n-1} a_n = 2$, $\sum\limits_{n=1}^{\infty} a_{2n-1} = 5$, 则级数 $\sum\limits_{n=1}^{\infty} a_n$ 等于

(A) 3;　　(B) 7;　　(C) 8;　　(D) 9.

(8) 设函数 $f(x)=x^2,\ 0\leq x<1$, 而

$$S(x)=\sum_{n=1}^{\infty}b_n\sin n\pi x,\ -\infty<x<+\infty,$$

其中

$$b_n=2\int_0^1 f(x)\sin n\pi x\,\mathrm{d}x,\ n=1,2,\cdots,$$

则 $S(-\frac{1}{2})$ 等于

(A) $-\frac{1}{2}$; (B) $-\frac{1}{4}$; (C) $\frac{1}{4}$; (D) $\frac{1}{2}$.

(9) 设 $a>0$ 为常数, 则级数 $\sum\limits_{n=1}^{\infty}(-1)^n(1-\cos\frac{a}{n})$

(A) 条件收敛; (B) 绝对收敛;

(C) 发散; (D) 敛散性与 a 有关.

9. 设 $f(x)$ 在点 $x=0$ 的某邻域内具有二阶连续导数, 且 $\lim\limits_{x\to0}\frac{f(x)}{x}=0$, 证明级数 $\sum\limits_{n=1}^{\infty}f(\frac{1}{n})$ 绝对收敛.

10. 将函数 $f(x)=2+|x|,\ (-1\leq x\leq 1)$ 展开成以 2 为周期的傅立叶级数, 并求此级数 $\sum\limits_{n=1}^{\infty}\frac{1}{n^2}$ 的和.

第七章 常微分方程 I

在实际问题中，量与量之间的函数关系可以是直接的，也可以是间接的，通过导数建立的函数模型称为微分方程．微分方程既是描述自然现象的科学方法，又是解决实际问题的有效途径和有力工具．本章主要介绍常微分方程的一般概念及若干简单类型的微分方程的解法．

§7.1 微分方程的基本概念

微分方程起源于对力学问题的研究，现已成为研究自然现象和社会现象的强有力工具，在自然科学乃至人文科学的许多领域中都有着广泛的应用．

例 1.1 人口问题 假设某地现有人口总数为 N_0，按照当前的人口增长率 r，试确定 t 年后该地人口总数 N．

解 假设人口基数 N_0 充分大，则 t 时刻的人口总数 N 可以视为连续变量．人口增长率指的是单位增长率 $\frac{1}{N}\frac{\mathrm{d}N}{\mathrm{d}t}$，即人口增长指数的变化率 $\frac{\mathrm{d}\ln N}{\mathrm{d}t}$．

在正常情况下，即没有特殊的天灾人祸的条件下，人口增长率 $\frac{1}{N}\frac{\mathrm{d}N}{\mathrm{d}t}$ 与当前人口增长率 r 的误差可以忽略不计．因此有

$$\frac{1}{N}\frac{\mathrm{d}N}{\mathrm{d}t}=r,$$

亦即 $\frac{\mathrm{d}\ln N}{\mathrm{d}t}=r$ 或

$$\mathrm{d}\ln N=r\mathrm{d}t.$$

两端积分可得，

$$\ln N=rt+C \text{ 或 } N=C\mathrm{e}^{rt}.$$

由于 $t=0$ 时， $N=C=N_0$，所以 t 年后该地人口总数为

$$N=N_0\mathrm{e}^{rt}.$$

如果人口基数为 $N_0 = 13$ 亿，人口增长率分别为 $r = 1/10, 1/100, 1/1000$, 那么 20 年后的人口总数分别为 96 亿， 16 亿和 13.3 亿. 由此可见，人口增长率的微小变化可能会带来灾难性后果，科学地建立各种各样的人口问题的微分方程对于人口的控制和预测有着十分重要和不可替代的指导作用.

例 1.2 衰变问题 放射性元素，比如铀，由于不断地有原子放射出微粒子而变成其它元素，铀的含量就不断地减少，这种现象称为衰变. 对于单位质量的铀，其衰变速度是一个不变量. 已知 $t = 0$ 时铀的含量为 M_0, 试确定 t 时刻的铀含量 M.

解 由于铀的单位衰变速度为 $\dfrac{1}{M}\dfrac{\mathrm{d}M}{\mathrm{d}t}$, 所以铀的衰变方程为

$$\frac{1}{M}\frac{\mathrm{d}M}{\mathrm{d}t} = -r.$$

其中 r 为铀的衰变系数. 按照前面的结果，有

$$M = M_0\mathrm{e}^{-rt}.$$

利用衰变方程，人们可以确定古生物化石的生存年代，也可以用来鉴定文物真伪. 比如要确定某种古生物的生存年代，人们可以通过测定化石中的放射性元素的现有含量 M 和估计初始含量 M_0, 然后按照公式

$$t = -\frac{1}{r}\ln\frac{M}{M_0}$$

推算出生存年代.

例 1.3 冷却问题 将某物体放置于空气中，在时刻 $t = 0$ 时，测量得它的温度为 $u_0 = 150°\mathrm{C}$,10 分钟后测量得温度为 $u_1 = 100°\mathrm{C}$. 现在要求确定此物体的温度 u 和时间 t 的关系，并计算 20 分钟后物体的温度. 假设空气的温度保持为 $u_a = 24°\mathrm{C}$.

解 设物体在 t 时刻的温度为 u, 由于热量总是从温度高的物体向温度低的物体传导，所以按照 Newton 冷却定律，即物体的温度变化率 $\dfrac{\mathrm{d}u}{\mathrm{d}t}$ 与物体关于所在介质的温差 $u - u_a$ 成正比，有

$$\frac{\mathrm{d}u}{\mathrm{d}t} = -k(u - u_a).$$

其中 $k>0$ 是比例常数.

为了确定物体的温度 u 与时间 t 的关系，只要从上述冷却方程中解出 u 即可，为此将冷却方程变为可积分形式，即

$$\frac{\mathrm{d}(u-u_a)}{u-u_a}=-k\mathrm{d}t.$$

两端积分，有 $\ln(u-u_a)=-kt+C$ 或

$$u=u_a+C\mathrm{e}^{-kt}.$$

根据初始条件 $u|_{t=0}=u_0$ 可知 $C=u_0-u_a$, 于是有

$$u=u_a+(u_0-u_a)\mathrm{e}^{-kt}.$$

根据特定条件 $u|_{t=10}=u_1$ 可知

$$u_1=u_a+(u_0-u_a)\mathrm{e}^{-10k}.$$

由此可得 $k=\dfrac{1}{10}\ln\dfrac{u_0-u_a}{u_1-u_a}$. 将 $u_0=150, u_1=100, u_a=24$ 代入可得

$$k=\frac{1}{10}\ln\frac{150-24}{100-24}=0.051.$$

因此

$$u=24+126\mathrm{e}^{-0.051t}.$$

现在将 $t=20$ 代入上式便可以推算出

$$u|_{t=20}=70^\circ\mathrm{C}.$$

用微分方程解决实际问题，基本要点是：(1) 建模，即建立实际问题的微分方程；(2) 求解，即用数学方法得到微分方程的解；(3) 应用，即用所得数学结果解释客观现象，预测发展趋势，达到解决实际问题的目的.

定义 1.1 *含有未知函数的导数的方程称为微分方程.*

未知函数是一元函数的微分方程称为常微分方程，未知函数是多元函数的微分方程称为偏微分方程. 本书只限于讨论常微分方程，其一般形式为

$$F(x,y,y',\cdots,y^{(n)})=0. \tag{1}$$

其中 F 是一个已知的 $n+2$ 元函数， $y=y(x)$ 是未知函数， n 称为方程的阶数. 上列方程也称为 n 阶隐式方程，而下列方程则称为 n 阶显式方程.

$$y^{(n)}=f(x,y,y',\cdots,y^{(n-1)}). \tag{2}$$

如果 F 为线性函数，即当 $y=\lambda u+\mu v$ 且 λ,μ 为常数时，恒有

$$F(x,y,y',\cdots,y^{(n)})=\lambda F(x,u,u',\cdots,u^{(n)})+\mu F(x,v,v',\cdots,v^{(n)}),$$

则称微分方程 (1) 为 n 阶线性 (齐次) 微分方程.

定义 1.2 *设函数 $y=y(x)$ 在区间 I 上有定义，且存在 n 阶导数. 如果 $x\in I$ 时，恒有*

$$F(x,y(x),y'(x),\cdots,y^{(n)}(x))=0, \tag{3}$$

则称 $y=y(x)$ 为方程 (1) 在区间 I 上的一个解.

不含任意常数的解称为特解，含有 n 个独立的任意常数的 n 阶方程的解称为通解。确定任意常数的条件称为定解条件. 常见的定解条件为初始条件. 一般地说， n 阶微分方程的初始条件为

$$y\big|_{x=x_0}=y_0,y'\big|_{x=x_0}=y_1,\cdots,y^{(n)}\big|_{x=x_0}=y_{n-1}.$$

其中 $y_0,y_1,\cdots,y_{n-1}$ 为已知数. 特别一阶微分方程的初值问题为

$$\begin{cases}y'=f(x,y)\\ y\big|_{x=x_0}=y_0\end{cases}.$$

二阶微分方程的初值问题为

$$\begin{cases}y''=f(x,y,y'')\\ y\big|_{x=x_0}=y_0\\ y'\big|_{x=x_0}=y_1\end{cases}.$$

通常微分方程的解是一条曲线，称为积分曲线. 特解可用一条积分曲线表示，通解则为一族积分曲线.

习 题 7.1 A

1. 确定下列微分方程的阶数:

(1) $y''^2+(x^2+y^2)y'-xy=0$;

(2) $f(x,y'^4)\,y'''+3y'y''=g(x,y)$;

(3) $\sin^2 x\,\mathrm{d}y+(x\cos x+y^2)\,\mathrm{d}x=0$.

2. 验证下列函数是相应微分方程的解:

(1) $x=C_1\cos kt+C_2\sin kt,\quad \dfrac{\mathrm{d}^2x}{\mathrm{d}t^2}+k^2x=0$;

(2) $y=\mathrm{e}^x,\quad y'\mathrm{e}^{-x}+y^2-2y\mathrm{e}^x=1-\mathrm{e}^{2x}$;

(3) $y=\sin x,\quad y'+y^2-2y\,\sin x+\sin^2 x-\cos x=0$;

(4) $y=-\dfrac{1}{x},\quad x^2y'=x^2y^2+xy+1$;

(5) $y=x^2+1,\quad y'=y^2-(x^2+1)y+2x$;

(6) $y=-\dfrac{g(x)}{f(x)},\quad y'=\dfrac{f'(x)}{g(x)}\cdot y^2-\dfrac{g'(x)}{f(x)}$.

3. 验证函数 $y=-6\cos 2x+8\sin 2x$ 是微分方程初值问题:

$$\begin{cases} y''+y'+\dfrac{5}{2}y=25\cos 2x \\ y(0)=-6,\ y'(0)=16 \end{cases}$$

的解.

4. 设降落伞从跳伞塔下落后，所受空气阻力与速度成正比，并设降落伞离开跳伞塔时的速度为 0. 试写出降落伞下落速度与时间满足的微分方程.

5. 求下列曲线族所满足的微分方程:

(1) $y=C(x-C)^2$; (2) $(x-C)^2+y^2=1$;

(3) $y=\sin(x+C)$; (4) $(x-C_1)^2+(y-C_2)^2=1$.

6. 建立下列曲线方程：

(1) 曲线上任意一点的切线与切点向径的夹角为 α;

(2) 曲线上任意一点的切线介于两坐标轴之间的部分等于定长 l;

(3) 曲线上任意一点的切线与两坐标轴所围成的三角形的面积都等于常数 a^2;

(4) 曲线上任意一点的切线介于两坐标轴之间的部分被切点等分；

(5) 曲线上任意一点的切线的纵截距等于切点横坐标的平方；

(6) 曲线上任意一点的切线的纵截距是切点的横坐标和纵坐标的等差中项；

(7) 曲线上任意一点的切线斜率与切点的横坐标成正比.

习　题 7.1 B

1. 行船在水的阻力作用下不断变慢，其变慢的速度与船行的速度成正比. 设船开始时的速度为 10 米 / 秒，过了 5 分钟后，它的速度减为 8 米 / 秒. 问何时它的速度减少到 1 米 / 秒？

2. 一质量为 m 的质点，以初速度 v_0 铅直上抛，空气阻力等于 kv^2 (k 为正常数， v 为速度), 试求质点到达最高点的时间.

3. 列车在平直线路段以速度 $v\,\mathrm{m/s}$ 行驶, 当制动时列车获得加速度 $-a\,\mathrm{m/s^2}$ ($a > 0$), 问开始制动后多长时间列车才能停住，以及列车在这段时间里行驶了多少路程？

4. 已知曲线上点 $P(x, y)$ 处的法线与 x 轴的交点为 Q, 且线段 PQ 被 y 轴平分，试确定曲线所满足的方程.

5. 在过原点和 $(2, 3)$ 的单调光滑曲线上任取一点, 作两坐标轴的平行线, 其中一条平行线与 x 轴及曲线围成的面积是另一条平行线与 y 轴及曲线所围成面积的两倍，求此曲线所满足的微分方程和定解条件.

6. 已知某养鱼池最多可养 1000 条鱼, 鱼的存池数 $y(t)$ 是时间 t 的函数, 且变化率与 y 以及 $1000 - y$ 成正比，现在养鱼数为 100 条，三个月后变为 250 条，试求 $y(t)$ 以及六个月后的养鱼数.

§7.2 一阶微分方程

一阶微分方程的一般形式为

$$f(x,y,y')=0,$$

显式形式为 $y'=f(x,y)$, 也可以写成对称形式 $M(x,y)\mathrm{d}x+N(x,y)\mathrm{d}y=0$.

一阶微分方程的常见可解类型有分离变量方程、齐次方程、准齐次方程和线性方程等.

§7.2.1 可分离变量方程

分离变量方程，齐次方程，准齐次方程等统称为可分离变量方程，这类方程都可以通过简单的代数运算或简单的变量代换化为不定积分，从而求出问题的通解.

1. 分离变量方程

形如

$$y'=f(x)g(y)$$

方程称为分离变量方程. 如果 $g(y)\neq 0$, 则上述方程等价于

$$\frac{\mathrm{d}y}{g(y)}=f(x)\mathrm{d}x.$$

两端积分即可得到方程的通解

$$\int\frac{\mathrm{d}y}{g(y)}=\int f(x)\mathrm{d}x.$$

例 2.1 求方程 $y'=y^2\cos x$ 的通解并求满足初始条件 $y\big|_{x=0}=1$ 的特解.

解 分离变量得 $\dfrac{\mathrm{d}y}{y^2}=\cos x\mathrm{d}x$. 两端积分得 $-\dfrac{1}{y}=\sin x+C$. 其中 C 为任意常数. 故通解为

$$y=-\frac{1}{\sin x+C}.$$

此外， $y=0$ 也是方程的解.

将 $x=0, y=1$ 代入通解可得 $C=-1$, 故所求特解为

$$y=\frac{1}{1-\sin x}.$$

例 2.2 在某一人群中推广新技术是通过其中已掌握新技术的人进行的. 设该人群的总人数为 N, 在 $t=0$ 时刻已掌握新技术的人数为 x_0, 在任意时刻 t 已掌握新技术的人数为 $x(t)$, 其变化率与已掌握新技术人数和未掌握新技术人数之积成正比，比例常数为 $k>0$, 求 $x(t)$.

解 将 $x(t)$ 视为可微变量建立微分方程为

$$\begin{cases}\dfrac{\mathrm{d}x}{\mathrm{d}t}=kx(N-x)\\ x(0)=x_0\end{cases}.$$

分离变量得 $\dfrac{\mathrm{d}x}{x(N-x)}=k\mathrm{d}t$. 解得 $x=\dfrac{NC\mathrm{e}^{kNt}}{1+C\mathrm{e}^{kNt}}$. 根据 $x(0)=x_0$ 可得 $C=\dfrac{x_0}{N-x_0}$. 于是所求特解为

$$x=\frac{Nx_0\mathrm{e}^{kNt}}{N-x_0+x_0\mathrm{e}^{kNt}}.$$

例 2.3 试根据化合反应方程 $A_2+B_2=2AB$ 讨论化学反应的速度. 其中一个 A_2 分子由两个 A 原子构成，一个 B_2 分子由两个 B 原子构成，化合反应的速度与 A_2 和 B_2 两分子的浓度之积成正比. 假设生成物 AB 在时刻 t 的浓度为 $x(t)$, A_2 和 B_2 两分子的初始浓度分别为 a, b 且 $a\neq b$.

解 按照题意， A_2 和 B_2 两分子在时刻 t 的浓度分别为

$$a(t)=a-\frac{1}{2}x(t),\quad b(t)=b-\frac{1}{2}x(t).$$

$x(t)$ 满足的微分方程为

$$\frac{\mathrm{d}x}{\mathrm{d}t}=k(a-\frac{x}{2})(b-\frac{x}{2}).$$

其中 k 为比例常数.

分离变量得 $\dfrac{\mathrm{d}x}{(a-\frac{x}{2})(b-\frac{x}{2})}=k\,\mathrm{d}t$. 解得通解为 $\dfrac{x-2a}{x-2b}=C\mathrm{e}^{\frac{1}{2}k(b-a)t}$.
于是所求特解为

$$\frac{x-2a}{x-2b}=\frac{a}{b}\,\mathrm{e}^{\frac{1}{2}k(b-a)t}.$$

例 2.4 有一盛满了水的圆锥形漏斗，高为 1m, 顶角为 60°, 漏斗下面有面积为 1cm^2 的小孔，求水面高度 h 的变化规律及水流完所需时间.

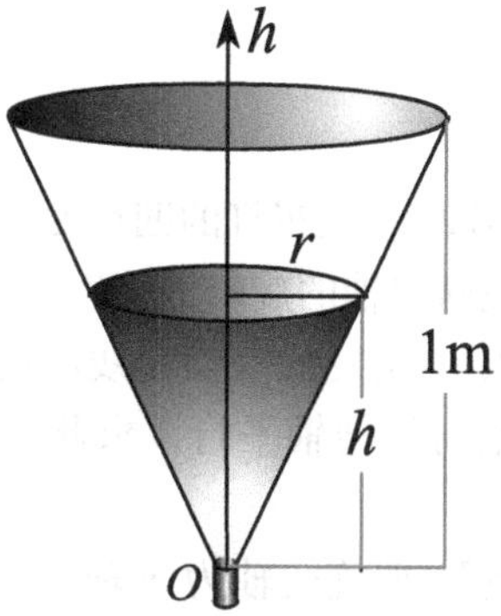

图 2.1

解 水从小孔流出的流量公式为

$$\frac{\mathrm{d}V}{\mathrm{d}t}=0.62\,S\sqrt{2gh}.$$

其中 0.62 为流量系数，S 为小孔面积. 在时间间隔 $[t,t+\mathrm{d}t]$ 内，水面从 h 下降到 $h+\mathrm{d}h$, 下降的体积为

$$\mathrm{d}V=-\pi r^2\mathrm{d}h.$$

其中 $r=h\tan 30^\circ$. 于是有

$$\begin{cases}-\dfrac{\pi}{3}\,h^2\mathrm{d}h=0.62\times 1\times\sqrt{2gh}\,\mathrm{d}t\\ h\big|_{t=0}=100\end{cases}.$$

解之可得

$$t=\frac{\pi}{4.65\sqrt{2g}}\,(10^5-h^{5/2}).$$

水流完所需时间为 $\dfrac{10^5\pi}{4.65\sqrt{2g}}$.

2. **齐次方程**

如果一阶微分方程

$$y'=f(x,y)$$

中的函数 $f(x,y)$ 可以写成 $\dfrac{y}{x}$ 的函数，即 $f(x,y)=g\big(\dfrac{y}{x}\big)$, 则称此方程为齐次方程.

对于齐次方程，只要令 $\dfrac{y}{x}=z$, 则有

$$y=xz,\quad \frac{\mathrm{d}y}{\mathrm{d}x}=z+x\frac{\mathrm{d}z}{\mathrm{d}x}.$$

代入原方程，可得分离变量方程

$$\frac{\mathrm{d}z}{\mathrm{d}x}=\frac{g(z)-z}{x}.$$

例 2.5 汽车灯的凹镜面是一平面曲线绕固定轴的旋转面. 假设由旋转轴上一点 O 出发的一切光线经此凹镜反射后都与旋转轴平行，求此曲线的方程.

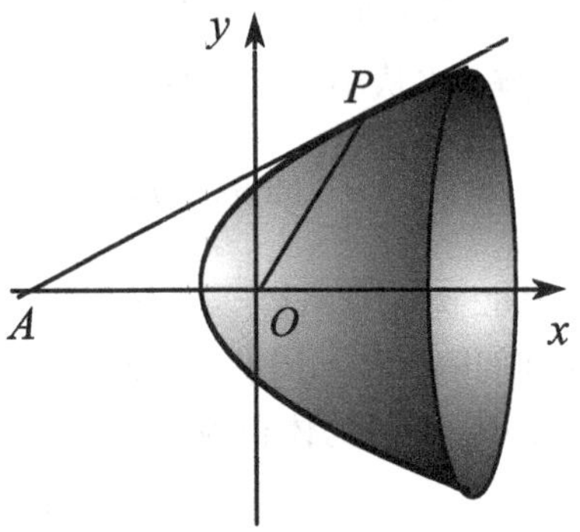

图 2.2

解 取旋转轴为 x 轴，光源位置为原点，并设所求曲线 Γ 位于 xOy 平面. 设 $P(x,y)$ 为曲线 Γ 上任意一点，则 Γ 的过 (x,y) 点的切线方程为

$$Y-y=y'(X-y).$$

该切线与 x 轴的交点为 $A(x-\dfrac{y}{y'},0)$. 按照反射定律，有 $OP=OA$, 即

$$\frac{y}{y'}-x=\sqrt{x^2+y^2}.$$

不妨设 $y>0$, 视 x 为未知函数， y 为自变量，则上述方程可变为齐次方程

$$\frac{\mathrm{d}x}{\mathrm{d}y}=\frac{x}{y}+\sqrt{1+(\frac{x}{y})^2}.$$

令 $\dfrac{x}{y}=z$, 则有

$$\frac{\mathrm{d}z}{\mathrm{d}y}\cdot y=\sqrt{z^2+1}\quad 或\quad \frac{\mathrm{d}z}{\sqrt{z^2+1}}=\frac{\mathrm{d}y}{y}.$$

积分得通解

$$\operatorname{arsh} z=\ln(z+\sqrt{z^2+1})=\ln(Cy).$$

由此可知所求曲线方程为

$$x = \frac{1}{2}\left(Cy^2 + \frac{1}{C}\right).$$

例 2.6 有一船欲从河的渡口 A 驶向正对岸渡口 O, 河宽 $OA = h$, 两岸为平行线, 水流速度为常数 a, 船的指向 O 的速度为常数 $b(b > a)$. 试求船的运行轨迹方程.

解 取 O 为坐标原点, 水流方向为 x 轴, OA 方向为 y 轴. 设船在 t 时刻的位置为 $P(x,y)$. 则船的实际速度为

$$\begin{cases} \dfrac{\mathrm{d}x}{\mathrm{d}t} = a - b\cdot \dfrac{x}{\sqrt{x^2+y^2}} \\ \dfrac{\mathrm{d}y}{\mathrm{d}t} = -b\cdot \dfrac{y}{\sqrt{x^2+y^2}} \end{cases}.$$

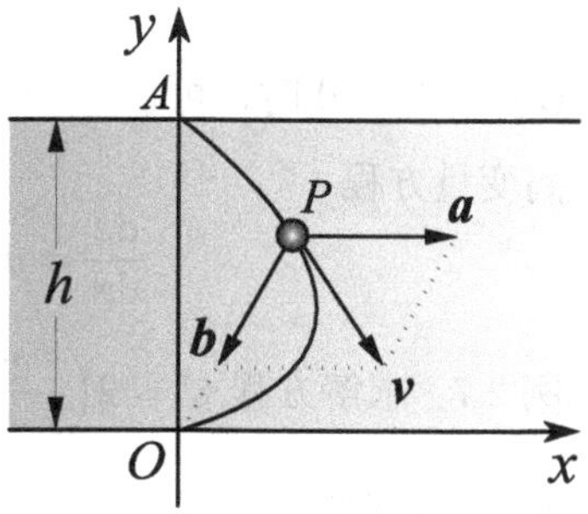

图 2.3

消去 $\mathrm{d}t$ 可得齐次方程

$$\frac{\mathrm{d}x}{\mathrm{d}y} = -\frac{a}{b}\sqrt{\left(\frac{x}{y}\right)^2 + 1} + \frac{x}{y}.$$

令 $\dfrac{x}{y} = z$ 可得

$$\frac{z}{y}\cdot y = -\frac{a}{b}\sqrt{z^2+1} \quad 或 \quad \frac{\mathrm{d}z}{\sqrt{z^2+1}} = -\frac{a}{b}\cdot\frac{\mathrm{d}y}{y}.$$

解之可得通解

$$x = \frac{1}{2C}\left[(Cy)^{1-a/b} - (Cy)^{1+a/b}\right].$$

将 $(x,y) = (0,h)$ 代入可得 $C = 1/h$, 故船的运行方程为

$$x = \frac{h}{2}\left[\left(\frac{y}{h}\right)^{1-a/b} - \left(\frac{y}{h}\right)^{1+a/b}\right],\ 0 \le y \le h.$$

3. 准齐次方程

形如

$$\frac{\mathrm{d}y}{\mathrm{d}x} = f\left(\frac{a_1x + b_1y + c_1}{a_2x + b_2y + c_2}\right)$$

的方程称为准齐次方程. 当 $c_1 = c_2 = 0$ 时, 该方程变为齐次方程; 当 c_1, c_2 不全为 0 时, 可经过适当的线性变换将其化为齐次方程.

(1) 当系数行列式 $\Delta = \begin{vmatrix} a_1 & b_1 \\ a_2 & b_2 \end{vmatrix} \neq 0$ 时，方程

$$\begin{cases} a_1x + b_1y + c_1 = 0 \\ a_2x + b_2y + c_2 = 0 \end{cases}$$

存在唯一解 $(x, y) = (\alpha, \beta)$. 令 $x = X + \alpha$, $y = Y + \beta$, 则原方程等价于齐次方程

$$\frac{\mathrm{d}Y}{\mathrm{d}X} = f\Big(\frac{a_1X + b_1Y}{a_2X + b_2Y}\Big).$$

(2) 当 $\Delta = 0$ 时，可设 $\dfrac{a_2}{a_1} = \dfrac{b_2}{b_1} = \lambda$. 若令 $z = a_1x + b_1y$, 则原方程等价于分离变量方程

$$\frac{\mathrm{d}z}{\mathrm{d}x} = a_1 + b_1 f\Big(\frac{z + c_1}{\lambda z + c_2}\Big).$$

例 2.7 求解方程 $y' = 2\Big(\dfrac{y+2}{x+y-1}\Big)^2$.

解 解代数方程组

$$\begin{cases} y + 2 = 0 \\ x + y - 1 = 0 \end{cases}$$

得 $(x, y) = (3, -2)$. 令 $x = X + 3, y = Y - 2$, 则有

$$\frac{\mathrm{d}Y}{\mathrm{d}X} = 2\Big(\frac{Y}{X+Y}\Big)^2.$$

令 $\dfrac{Y}{X} = z$, 则有

$$\frac{(1+z)^2}{z(1+z^2)}\,\mathrm{d}z = -\frac{1}{X}\,\mathrm{d}X.$$

解之可得通解

$$y = -2 + C\mathrm{e}^{-2\arctan\frac{y+2}{x-3}}.$$

§7.2.2 一阶线性方程

许多非线性问题都可以局部地近似为线性问题，因此线性问题在微分方程中占有特别重要的基础地位.

1. 一阶线性方程

形如

$$y'+P(x)y=Q(x)$$

的方程称为一阶线性方程, 当 $Q(x)=0$ 时, 称为线性齐次方程. 其中 $P(x), Q(x)$ 是某一区间上的连续函数.

由于 $$y'+Py=Q \iff \left(y\,\mathrm{e}^{\int P\mathrm{d}x}\right)'=\mathrm{e}^{\int P\mathrm{d}x}Q$$
$$\iff y\,\mathrm{e}^{\int P\mathrm{d}x}=\int \mathrm{e}^{\int P\mathrm{d}x}Q\mathrm{d}x+C,$$

所以一阶线性方程的通解为

$$y=\mathrm{e}^{-\int P\,\mathrm{d}x}\left[\int \mathrm{e}^{\int P\,\mathrm{d}x}Q\,\mathrm{d}x+C\right].$$

例 2.8 求方程 $\dfrac{\mathrm{d}y}{\mathrm{d}x}=\dfrac{1}{x\cos y+\sin 2y}$ 的通解.

解 原方程可变为线性方程 $\dfrac{\mathrm{d}x}{\mathrm{d}y}-x\cos y=\sin 2y$, 故其通解为

$$\begin{aligned}x&=\mathrm{e}^{-\int(-\cos y)\,\mathrm{d}y}\left[\int \mathrm{e}^{\int(-\cos y)\,dy}\cdot\sin 2y\,\mathrm{d}y+C\right]\\&=\mathrm{e}^{\sin y}\left[-2\int\sin y\,\mathrm{d}\mathrm{e}^{-\sin y}+C\right]=C\mathrm{e}^{\sin y}-2(1+\sin y).\end{aligned}$$

例 2.9 有一电路如图 2.4 所示，电源电动势为 $E=A\sin\omega t$, 其中 A,ω 及电阻 R, 电感 L 都是常量，求电流 $I(t)$.

解 由 Kirchhoff 定律知,

$$E-L\frac{\mathrm{d}I}{\mathrm{d}t}-IR=0,$$

即

$$\frac{\mathrm{d}I}{\mathrm{d}t}+\frac{R}{L}I=\frac{A}{L}\sin\omega t.$$

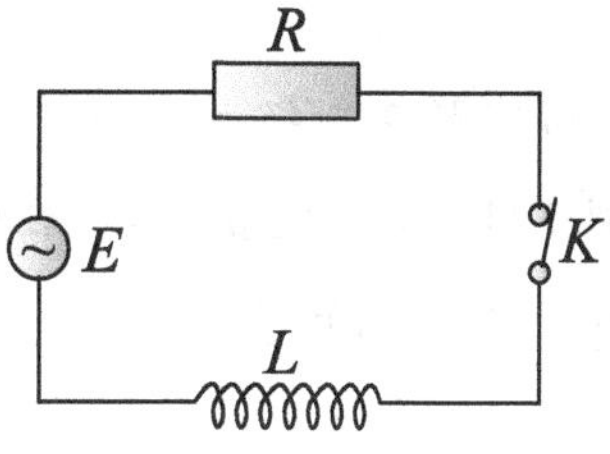

图 2.4

解之得通解

$$\begin{aligned} I(t) &= \mathrm{e}^{-\frac{R}{L}t}\Big(\int \frac{A}{L}\,\mathrm{e}^{\frac{R}{L}t}\sin\omega t\,\mathrm{d}t + C\Big) \\ &= \frac{A}{R^2+\omega^2L^2}\cdot(R\sin\omega t - \omega L\cos\omega t) + C\mathrm{e}^{-\frac{R}{L}t}. \end{aligned}$$

将初始条件 $I(0)=0$ 代入可得 $C=\dfrac{\omega LA}{R^2+\omega^2L^2}$. 因此所求函数为

$$I(t)=\frac{\omega LA}{R^2+\omega^2L^2}\,\mathrm{e}^{-\frac{R}{L}t}+\frac{A}{R^2+\omega^2L^2}\,(R\sin\omega t-\omega L\cos\omega t).$$

例 2.10 已知曲线过 $(1,1)$ 点，如果把曲线上任一点 P 处的切线与 y 轴的交点记作 Q, 则以 PQ 为直径所做的圆都经过点 $F(1,0)$, 求此曲线方程.

解 设所求曲线为 $y=f(x)$, 则切线方程为 $Y-y=y'(X-x)$. 于是 Q 点的坐标为 $(0,y-xy')$, PQ 的中点坐标为 $M\Big(\dfrac{x}{2},y-\dfrac{xy'}{2}\Big)$. 按照题意，有 $QM=MF$. 由此可知，

$$\Big(\frac{x}{2}\Big)^2+\Big(\frac{xy'}{2}\Big)^2=\Big(\frac{x}{2}-1\Big)^2+\Big(y-\frac{xy'}{2}\Big)^2.$$

于是所求方程为

$$\begin{cases} yy'=\dfrac{y^2}{x}-1+\dfrac{1}{x} \\ y\big|_{x=1}=1 \end{cases}.$$

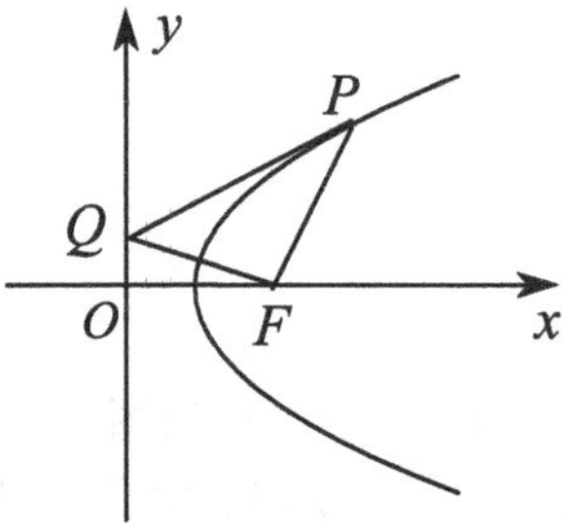

图 2.5

令 $y^2=z$, 则上述方程可变为线性方程

$$z'-\frac{2}{x}\,z=\frac{2}{x}-2.$$

解之可得通解 $z=2x-1+Cx^2$. 于是所求曲线为 $y^2=2x-1$.

例 2.11 求方程 $y'+x\sin 2y=x\mathrm{e}^{-x^2}\cos^2 y$ 的通解.

解 原方程可变为

$$\sec^2 y\cdot y'+2\tan y\cdot x=x\mathrm{e}^{-x^2}.$$

令 $z=\tan y$, 则有 $z'+2xz=x\mathrm{e}^{-x^2}$. 解之可得

$$\tan y=z=\mathrm{e}^{-x^2}\Big(\frac{1}{2}x^2+C\Big).$$

2 Bernoulli(贝努里) 方程

形如

$$y' + P(x)y = Q(x)y^n$$

的方程称为贝努里方程. 当 $n \neq 0, 1$ 时, 令 $z = y^{1-n}$, 则原方程可化为线性方程

$$z' + (1-n)Pz = (1-n)Q.$$

整个过程可概括为“贝努里, $1-n$, 幂代换, 变线性.”

例 2.12 求方程 $y' + \dfrac{y}{x} = 2(\ln x)\, y^2$ 的通解.

解 令 $z = y^{-1}$, 则原方程可变为 $z' - \dfrac{z}{x} = -2\ln x$. 解之可得 $z = x\left[C - (\ln x)^2\right]$. 故原方程的通解为 $xy\left[C - (\ln x)^2\right] = 1$.

习 题 7.2 A

1. 求下列微分方程的通解:

(1) $x\dfrac{\mathrm{d}y}{\mathrm{d}x} + 2\sqrt{xy} = y\ (x<0)$; (2) $(x^2+1)(y^2-1)\,\mathrm{d}x + xy\,\mathrm{d}y = 0$;

(3) $y' = y\ln x$; (4) $\sqrt{1-x^2}\,y' = \sqrt{1-y^2}$;

(5) $y' = 2\sqrt{\dfrac{y}{x}} + \dfrac{y}{x}$; (6) $y' = \dfrac{x+2y+1}{2x+4y-1}$;

(7) $\dfrac{\mathrm{d}y}{\mathrm{d}x} = \dfrac{y}{2x-y^2}$; (8) $y' = \dfrac{2}{x+1}y + (x+1)^{5/2}$;

(9) $\dfrac{1}{2}(x^2+y)\,\mathrm{d}y - xy\,\mathrm{d}x = 0$; (10) $(x+1)y' - ny = \mathrm{e}^x(x+1)^{n+1}$.

2. 求下列微分方程的特解:

(1) $y' = \mathrm{e}^{2x-y},\ y\big|_{x=0} = 0$; (2) $y = \mathrm{e}^x + \displaystyle\int_0^x y(t)\,\mathrm{d}t$

(3) $\begin{cases} \cos y\,\mathrm{d}x + (1+\mathrm{e}^{-x})\sin y\,\mathrm{d}y = 0, \\ y\big|_{x=0} = \dfrac{\pi}{4}; \end{cases}$ (4) $\begin{cases} y' = \dfrac{x}{y} + \dfrac{y}{x}, \\ y\big|_{x=1} = 1; \end{cases}$

(5) $\begin{cases} y\sqrt{1+x^2}\,y' + x\sqrt{1+y^2} = 0, \\ y\big|_{x=0} = 1; \end{cases}$　　(6) $\begin{cases} y' + x\sin 2y = x\mathrm{e}^{-x^2}\cos^2 y, \\ y\big|_{x=0} = \dfrac{\pi}{4} \end{cases}$ (令$z = \tan y$).

3. 求满足方程 $f(x) = \int_0^x \mathrm{e}^{-f(t)}\mathrm{d}t$ 的连续可微函数 $f(x)$.

4. 已知方程 $y' = y^2 - \dfrac{2}{x^2}$ 有一个特解 $y_1 = \dfrac{1}{x}$, 试求该方程的通解 (提示：令 $y = y_1 + z$).

习 题 7.2 B

1. 用适当变换求解下列方程的通解:

(1) $xy' + y = y(\ln x + \ln y)$;　　(2) $y' = \dfrac{1}{x-y} + 1$;

(3) $(y')^2 + 4y^2(\ln y - 1) = 0$;　　(4) $2yy'\sin^2 x + y^2 \sin 2x = 2$;

(5) $(y^2 + 4\sin x)y' = \cos x$;　　(6) $y' + x\sin 2y = x\mathrm{e}^{-x^2}\cos^2 y$.

2. 用给定变量代换求解下列方程的通解:

(1) $y' = y^2 - \dfrac{2}{x^2}$, 令 $y = \dfrac{1}{x} + z$;　　(2) $x^2yy'' = (y - xy')^2$, 令 $y = \mathrm{e}^{\int z\,\mathrm{d}x}$;

(3) $y' + \sin y + x\cos y + x = 0$, 令 $z = \tan\dfrac{y}{2}$;

(4) $x(x^2 + y^2 - a)y' - y(x^2 + y^2 + a) = 0$, 令 $u = xy, v = y/x$.

3. 设 $f(x) = \sum\limits_{n=1}^{\infty} a_n x^n$, $f(0) = 0$, 且 $\sum\limits_{n=0}^{\infty} \big[(n+1)a_{n+1} - a_n\big]x^n = \mathrm{e}^x$, 求 $f(x)$ 及 a_n.

4. 已知函数 $f_n(x)$ 满足微分方程 $f_n'(x) = f_n(x) + x^{n-1}\mathrm{e}^x$, n 为正整数, 且 $f_n(1) = \dfrac{\mathrm{e}}{n}$, 求函数项级数 $\sum\limits_{n=1}^{\infty} f_n(x)$ 之和.

5. 某不溶性物质中含有 2 千克食盐，把它放入 30 升的水中， 5 分钟后溶解掉 1 千克食盐. 假设食盐的溶解速度与未溶解的食盐量成正比，与指定时刻的溶液浓度和溶液饱和度 (每 3 升中溶解 1 千克) 之差成正比，问经过多少时间，食盐可溶解掉 99%?

6. 有高为 1m 的半球形容器, 水从它的底部小孔流出, 小孔面积为 1cm^2. 开始时容器盛满了水, 求水从小孔流出过程中容器里水面的高度 h 的变化规律.

7. 有一船欲从河的渡口 A 驶向正对岸渡口 O, 河宽 $OA = h$, 两岸为平行线, 河中任一点的水流速度与该点到两岸距离之积成正比 (比例系数为 k), 船的指向 O 的速度为常数 b. 试求船的运行轨迹方程.

8. 有一平底容器, 其内侧壁是由曲线 $x = \varphi(y)$ $(y \geq 0)$ 绕 y 轴旋转而成的旋转曲面 (如图), 容器的底面圆的半径为 2 m. 根据设计要求, 当以 $3\ \text{m}^3/\text{min}$ 的速率向容器内注入液体时, 液面的面积将以 $\pi\ \text{m}^2/\text{min}$ 的速率均匀扩大 (假设注入液体前, 容器内无液体).

(1) 根据 t 时刻液面的面积, 写出 t 与 $\varphi(y)$ 之间的关系式;

(2) 求曲线 $x = \varphi(y)$ 的方程.

(其中 m 表示长度单位米, min 表示时间单位分.)

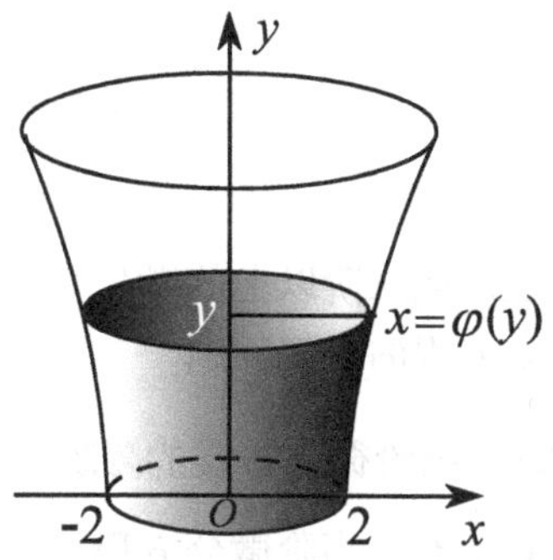

图 2.6

9. 设曲线 L 位于 xOy 平面的第一象限内, L 上任一点 M 处的切线与 y 轴总相交, 交点记为 A. 已知 $MA = OA$, 且 L 过点 $\left(\frac{3}{2}, \frac{3}{2}\right)$, 求 L 的方程.

10. 一个质量为 m 的质点在一个与时间成正比的外力作用下作直线运动, 假设质点受到的介质阻力与速度成正比且质点的初始速度为 0, 求质点的速度函数.

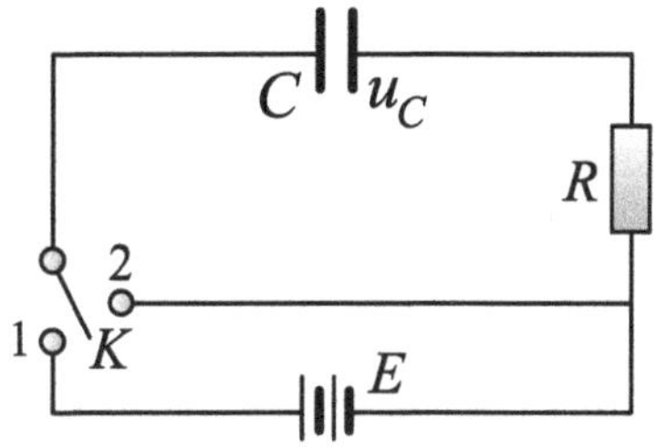

图 2.7

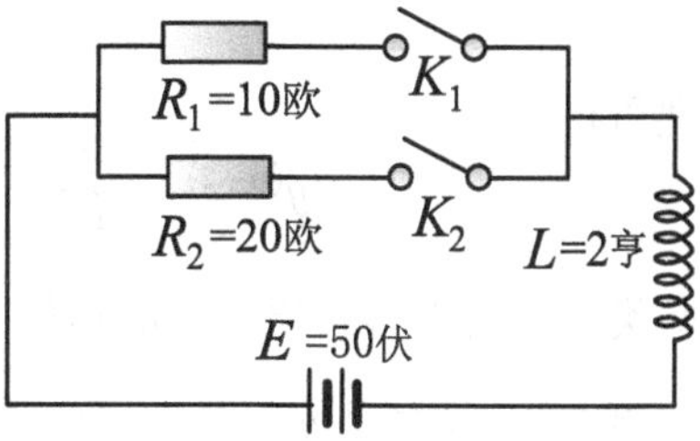

图 2.8

11. 如图 2.7 所示 $R-C$ 电路, 开始时电容 C 上没有电荷, 电容两端的电压为零. 当开关合向 1 时, 电池 E 便对电容 C 充电, 电容 C 两端的电压 u_C

逐渐升高. 经过相当时间后, 电容充电完毕, 再把开关 K 合向 2, 这时电容开始放电. 试求充、放电过程中, 电容 C 两端电压 u_C 随时间 t 的变化规律.

12. 如图 2.8 所示 $R\text{–}L$ 电路, 试求 (1) 当开关 K_1 合上 10 秒后, 电感 L 上的电流; (2) 当 K_1 合上 10 秒后再合上 K_2, 求 K_1 合上 20 秒后, 电感 L 上的电流.

§7.3 高阶微分方程

二阶或二阶以上的微分方程称为高阶微分方程. 本章主要讨论一些特殊类高阶方程的求解问题。

§7.3.1 高阶微分方程的降阶

对于有些高阶微分方程, 可以通过适当的变量代换将其化成阶数比较低的方程来求解.

1. **纯导型方程**

微分方程

$$y^{(n)} = f(x)$$

的右端项 $f(x)$ 仅是 x 的一元函数, 与 y 无关, 只要两端直接积分, 便可以得到一个 $n-1$ 阶微分方程

$$y^{(n-1)} = \int f(x)\mathrm{d}x + C_1.$$

同理可得

$$y^{(n-2)} = \iint f(x)\mathrm{d}x\mathrm{d}x + C_1 x + C_2.$$

以此类推便可以得到原方程的通解.

例 3.1 求方程 $y'' = \ln x$ 的通解.

解 方程两端连续积分两次可得

$$y' = \int \ln x\mathrm{d}x + C_1 = x\ln x - x + C_1,$$

$$y = \int (x\ln x - x + C_1)\mathrm{d}x + C_2$$
$$= \frac{1}{2}x^2\ln x - \frac{3}{4}x^2 + C_1x + C_2.$$

2. **缺 y 型方程**

微分方程

$$y'' = f(x, y')$$

的右端项 $f(x,y')$ 不显含未知变量 y, 此时可设 $y' = p$, 则有 $y'' = p'$ 及一阶微分方程

$$p' = f(x, p).$$

如果 $p = \varphi(x, C)$ 为其通解，则由 $y' = p$ 可得一阶微分方程

$$y' = \varphi(x, C).$$

因此原方程的通解为

$$y = \int \varphi(x, C)\mathrm{d}x + C_1.$$

例 3.2 设物体 A 从点 $(0,1)$ 出发，以速度大小为常数 v 沿 y 轴正向运动. 物体 B 从点 $(-1,0)$ 与 A 同时出发，其速度大小为 $2v$, 方向始终指向 A. 求物体 B 的运动曲线.

解 设物体 B 在时刻 t 位于 (x,y) 点，则

$$\frac{\mathrm{d}y}{\mathrm{d}x} = \frac{y-(1+vt)}{x}.$$

两端对 x 求导得

$$x\frac{\mathrm{d}^2y}{\mathrm{d}x^2} = -v\frac{\mathrm{d}t}{\mathrm{d}x}.$$

由于

$$2v = \frac{\mathrm{d}s}{\mathrm{d}t} = \sqrt{1+\left(\frac{\mathrm{d}y}{\mathrm{d}x}\right)^2}\cdot\frac{\mathrm{d}x}{\mathrm{d}t},$$

所以有微分方程

$$x\frac{\mathrm{d}^2y}{\mathrm{d}x^2} + \frac{1}{2}\sqrt{1+\left(\frac{\mathrm{d}y}{\mathrm{d}x}\right)^2} = 0.$$

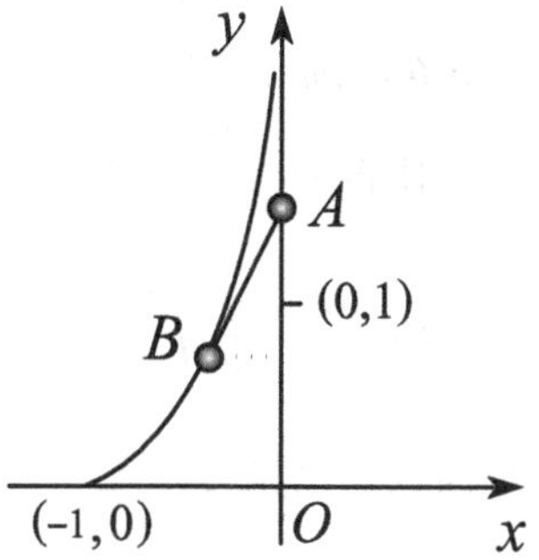

图 3.1

其初始条件为

$$y\big|_{x=-1}=0,\ y'\big|_{x=-1}=1.$$

令 $y'=p$, 则上述方程变为

$$xp'+\frac{1}{2}\sqrt{1+p^2}=0.$$

分离变量得

$$\frac{\mathrm{d}p}{\sqrt{1+p^2}}=-\frac{\mathrm{d}x}{2x}.$$

解之得

$$\operatorname{arsh}p=-\frac{1}{2}\ln|x|+C.$$

于是有

$$y'=\frac{1}{2}\Big(\frac{1+\sqrt{2}}{\sqrt{|x|}}-\frac{\sqrt{|x|}}{1+\sqrt{2}}\Big).$$

故所求曲线为

$$y=(1+\sqrt{2})\,|x|^{1/2}-\frac{\sqrt{2}-1}{3}|x|^{3/2}-\frac{2}{3}.$$

例 3.3 设有一均匀、柔软的绳索，两端固定，绳索仅受重力的作用而下垂. 试求该绳索在平衡状态时的曲线方程.

解 设绳索位于坐标平面 xOy, 其最低点为 $A(0,a)$. 考察绳索上从 A 到另一点 $P(x,y)$ 长为 s 的一段弧 $\overset{\frown}{AP}$, 假设该弧在 A,P 两点的张力分别为 T_A,T_P, 则按照力的平衡法则有

$$T_P\sin\theta=\rho gs,\quad T_P\cos\theta=T_A.$$

调整坐标系使得 $a=\dfrac{T_A}{\rho g}$, 则有

$$y'=\tan\theta=\frac{s}{a}=\frac{1}{a}\int_0^x\sqrt{1+y'^2}\,\mathrm{d}x.$$

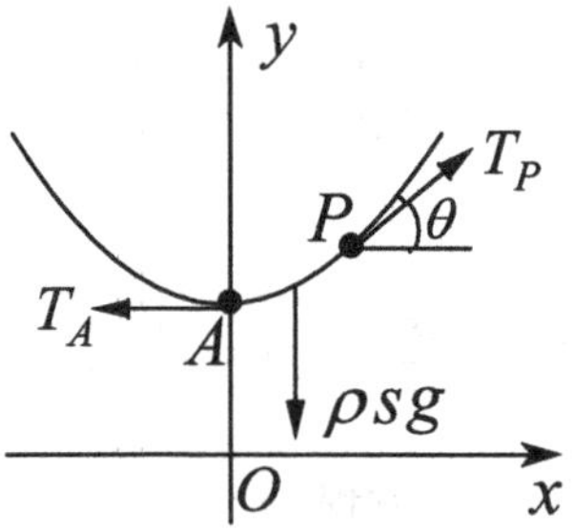

图 3.2

于是所求曲线满足微分方程

$$\begin{cases}y''=\dfrac{1}{a}\sqrt{1+y'^2}\\ y\big|_{x=0}=a,\ y'\big|_{x=0}=0\end{cases}.$$

令 $y'=p$, 则有

$$\frac{\mathrm{d}p}{\sqrt{1+p^2}}=\frac{\mathrm{d}x}{a}.$$

解之可得

$$y'=\operatorname{sh}\frac{x}{a},\quad y=a\operatorname{ch}\frac{x}{a}=\frac{a}{2}(\mathrm{e}^{x/a}+\mathrm{e}^{-x/a}).$$

3 缺 x 型方程

微分方程

$$y''=f(y,y')$$

的右端项 $f(y,y')$ 不显含自变量 x, 此时可设 $y'=p$, 则有

$$y''=\frac{\mathrm{d}p}{\mathrm{d}x}=\frac{\mathrm{d}p}{\mathrm{d}y}\cdot\frac{\mathrm{d}y}{\mathrm{d}x}=p\frac{\mathrm{d}p}{\mathrm{d}y}$$

及一阶微分方程

$$p\frac{\mathrm{d}p}{\mathrm{d}y}=f(y,p).$$

如果 $p=\varphi(y,C)$ 为其通解，则由 $y'=p$ 可得一阶微分方程

$$y'=\varphi(y,C).$$

因此原方程的通解为

$$\int\frac{\mathrm{d}y}{\varphi(y,C)}=x+C_1.$$

例 3.4 在上半平面求一条下凸曲线，其上任一点 $P(x,y)$ 处的曲率等于此曲线在该点的法线段 PQ 长度的倒数 (Q 是法线与 x 轴的交点), 且曲线在点 $(1,1)$ 处的切线与 x 轴平行.

解 法线段 PQ 的方程为

$$Y-y=-\frac{1}{y'}(X-x).$$

由此可知 PQ 长度为

$$\sqrt{(yy')^2+y^2}=y(1+y'^2)^{1/2}.$$

按照题意，有

$$\frac{|y''|}{(1+y'^2)^{3/2}}=\frac{1}{y(1+y'^2)^{1/2}}.$$

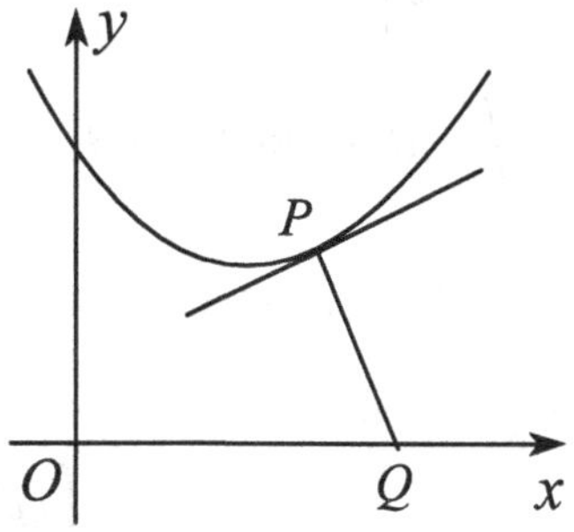

图 3.3

由下凸性可知， $y''>0$, 所以有

$$yy''=1+y'^2.$$

初始条件为

$$y\big|_{x=1}=1,\ y'\big|_{x=1}=0.$$

令 $y'=p$, 则有

$$\frac{p\,\mathrm{d}p}{1+p^2}=\frac{\mathrm{d}y}{y}.$$

解之并将 $y'=p$, $y'\big|_{x=1}=0$ 代入可得

$$y'=\pm\sqrt{y^2-1}.$$

于是所求曲线为

$$y=\frac{1}{2}\left(\mathrm{e}^{x-1}+\mathrm{e}^{1-x}\right).$$

例 3.5 设函数 $y(x)(x\geq 0)$ 二阶可导且 $y'(x)>0, y(0)=1$. 过曲线 $y=y(x)$ 上任意一点 $P(x,y)$ 作该曲线的切线及 x 轴的垂线，上述两直线与 x 轴所围成的三角形的面积记为 S_1, 区间 $[0,x]$ 上以 $y=y(x)$ 为曲边的曲边梯形的面积记为 S_2. 如果 $2S_1-S_2$ 恒为 1, 试求此曲线的方程.

解 所求曲线的切线方程为

$$Y-y=y'(X-x).$$

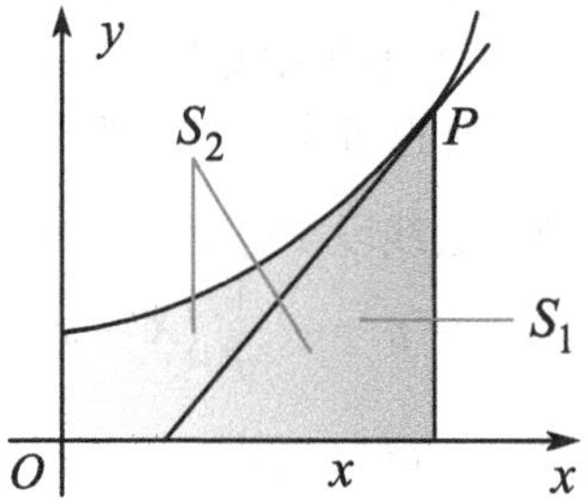

图 3.4

据此可知三角形的面积为

$$S_1=\frac{1}{2}y\left|x-\left(x-\frac{y}{y'}\right)\right|=\frac{y^2}{2y'}.$$

由 $S_2=\displaystyle\int_0^x y(t)\,\mathrm{d}t$ 和 $2S_1-S_2=1$ 可知,

$$\frac{y^2}{y'}-\int_0^x y(t)\,\mathrm{d}t=1.$$

于是所求问题为

$$\begin{cases}yy''=y'^2\\ y(0)=y'(0)=1\end{cases}.$$

令 $y' = p$, 则有

$$\frac{\mathrm{d}p}{p} = \frac{\mathrm{d}y}{y}.$$

解之得 $y = \mathrm{e}^x$.

例 3.6 从船上向海中沉放某种探测仪器，按探测器要求，需确定仪器的下沉深度 y (从海平面算起) 与下沉速度 v 之间的函数关系. 设仪器在重力作用下，从海平面由静止开始铅直下沉，在下沉过程中还受到阻力和浮力的作用. 设仪器的质量为 m, 体积为 B, 海水比重为 ρ, 仪器所受的阻力与下沉速度成正比，比例系数为 $k(k > 0)$. 试建立 y 与 v 所满足的微分方程并求出函数关系式 $y = y(v)$.

解 根据牛顿运动定律有

$$m\,\frac{\mathrm{d}^2y}{\mathrm{d}t^2} = mg - B\rho - k\,\frac{\mathrm{d}y}{\mathrm{d}t}.$$

令 $\dfrac{\mathrm{d}y}{\mathrm{d}t} = v$, 则有

$$\begin{cases} \mathrm{d}y = \dfrac{mv}{mg - B\rho - kv}\,\mathrm{d}v \\ v\big|_{y=0} = 0 \end{cases}.$$

解之可得

$$y = -\frac{m}{k}v - \frac{m(mg - B\rho)}{k^2}\,\ln\frac{mg - B\rho - kv}{mg - B\rho}.$$

4. **齐次方程**

若用 ty 置换 y 时，方程 $F(x, y, y', y'') = 0$ 的结构不变，即 $F(x, y, y', y'')$ 关于 y, y', y'' 为齐次函数，亦即

$$F(x, ty, ty', ty'') = t^k\,F(x, y, y', y''),$$

则称方程 $F(x, y, y', y'') = 0$ 为齐次方程. 对于齐次方程可用 e代换 $y = \mathrm{e}^{\int z\,\mathrm{d}x}$ 降阶. 对于线性齐次方程，如果知道一个特解 y_1, 则可用特解乘新变量的倍代换 $y = y_1 z$ 降阶. 简言之 “齐次 e代换，线齐特乘新”.

例 3.7 求方程 $x^2yy'' = (y - xy')^2$ 的通解.

解 用 ty 替换 y 时, 方程结构不变, 故为齐次方程. 按照 "齐次 e代换", 令 $y = \mathrm{e}^{\int z\,\mathrm{d}x}$, 代入原方程则有

$$z' + \frac{2}{x}\,z = \frac{1}{x^2}.$$

解之可得 $z = \frac{1}{x^2}(x+C)$. 由此可知

$$y = C_1 x \mathrm{e}^{-C_2/x}.$$

例 3.8 求方程 $xy''' + 3y'' - xy' - y = 0$ 的通解.

解 这是一个线性齐次方程, 通过验证可知, $y_1 = \frac{1}{x}$ 是一个特解, 按照 "线齐特乘新", 令 $y = \frac{1}{x}\cdot z$, 代入原方程可得

$$z''' - z' = 0.$$

令 $z' = p$, 则 $p'' - p = 0$. 解之可得

$$z' = p = C_1\mathrm{e}^x + C_2\mathrm{e}^{-x}.$$

积分得 $z = C_1\mathrm{e}^x - C_2\mathrm{e}^{-x} + C_3$. 因此

$$y = \frac{1}{x}\,(C_1\mathrm{e}^x - C_2\mathrm{e}^{-x} + C_3).$$

§7.3.2 高阶线性方程

n 阶线性微分方程的一般形式为

$$y^{(n)} + p_1\,y^{(n-1)} + \cdots + p_n y = f.$$

齐次形式为

$$y^{(n)} + p_1\,y^{(n-1)} + \cdots + p_n y = 0.$$

其中 $p_1, \cdots, p_n, f$ 都是某个区间上的连续函数. 由于 n 阶线性方程与二阶线性方程的理论与求解类似, 所以只需讨论二阶线性微分方程.

1. **二阶线性方程的通解结构**

对于二阶齐次线性方程

$$y'' + P(x)y' + Q(x)y = 0, \tag{1}$$

通解定理为

定理 3.1 设函数 $y_1(x), y_2(x)$ 是方程 $y''+P(x)y'+Q(x)y=0$ 的线性无关解，则其通解为

$$y=C_1y_1(x)+C_2y_2(x).$$

其中 C_1, C_2 为任意常数.

由于 $y_1(x), y_2(x)$ 是特解，所以直接验证可知 $C_1y_1(x)+C_2y_2(x)$ 也是齐次方程的解. 需要说明的是 $y_1(x), y_2(x)$ 的线性无关性.

函数 $y_1(x), y_2(x)$ 线性无关意指函数 $y_1(x), y_2(x)$ 不成比例. 换句话说, $y_1(x), y_2(x)$ 线性无关 $\Longleftrightarrow$ 线性方程

$$\lambda y_1(x)+\mu y_2(x)=0$$

只有 0 解 $\lambda=\mu=0$. 一般地，函数 $y_1(x), \cdots, y_n(x)$ 线性无关 $\Longleftrightarrow$ 线性方程

$$\lambda_1 y_1(x)+\cdots+\lambda_n y_2(x)=0$$

只有 0 解 $\lambda_1=\cdots=\lambda_n=0$. 其中 $\lambda_1, \cdots, \lambda_n$ 为常数.

定理 3.2 设函数 $y_1(x), y_2(x)$ 是方程 $y''+P(x)y'+Q(x)y=0$ 的线性无关解，又设 $y^*(x)$ 是非齐次方程

$$y''+P(x)y'+Q(x)y=f(x) \tag{2}$$

的特解，则该非齐次方程的通解为

$$y=C_1y_1(x)+C_2y_2(x)+y^*(x).$$

其中 C_1, C_2 为任意常数.

只需将 $y=C_1y_1(x)+C_2y_2(x)+y^*(x)$ 代入方程直接验证即可.

非齐次方程的特解有时可以通过下列方法求出.

定理 3.3 (叠加原理) 设函数 $y_1^*(x), y_2^*(x)$ 分别是方程

$$y''+P(x)y'+Q(x)y=f_1(x),$$
$$y''+P(x)y'+Q(x)y=f_2(x)$$

的特解，则 $y_1^*(x)+y_2^*(x)$ 是方程

$$y''+P(x)y'+Q(x)y=f_1(x)+f_2(x)$$

的特解.

直接验证即可.

2. **常数变易法** *

非齐次方程 (2) 的特解也可以通过齐次方程 (1) 的通解

$$Y(x)=C_1y_1(x)+C_2y_2(x)$$

经过常数变易法求得. 视常数 C_1,C_2 为变量 $u=u(x),v=v(x)$, 可设

$$y=y_1(x)u+y_2(x)v$$

是非齐次方程的待定解. 两端求导有 $y'=y_1u'+y_2v'+y_1'u+y_2'v$. 为了方便可令 $y_1u'+y_2v'=0$. 于是有

$$y'=y_1'u+y_2'v,\quad y''=y_1'u'+y_2'v'+y_1''u+y_2''v.$$

将 y,y',y'' 代入方程 (2) 可得

$$y_1'u'+y_2'v'=f.$$

这表明原方程按照“常数变导设为 0, 同时变导必右项”的方法可转化为代数方程组

$$\begin{cases}y_1u'+y_2v'=0\\ y_1'u'+y_2'v'=f\end{cases}.$$

由于 y_1,y_2 线性无关，所以系数行列式非零，即

$$W=\begin{vmatrix}y_1 & y_2\\ y_1' & y_2'\end{vmatrix}\neq 0.$$

因此有

$$u'=-\frac{y_2f}{W},\quad v'=\frac{y_1f}{W}.$$

于是积分可得 u,v, 由此可知非齐次方程 (2) 的通解为

$$y=C_1y_1+C_2y_2-y_1\int\left(\frac{y_2f}{W}\right)\mathrm{d}x+y_2\int\left(\frac{y_1f}{W}\right)\mathrm{d}x.$$

例 3.9 已知齐次方程 $y''+y=0$ 的通解为

$$Y(x)=C_1\cos x+C_2\sin x.$$

求非齐次方程 $y''+y=\dfrac{1}{\cos x}$ 的通解.

解 根据常数变易法有

$$\begin{cases}u'\cos x+v'\sin x=0\\ -u'\sin x+v'\cos x=\dfrac{1}{\cos x}\end{cases}.$$

解得

$$\begin{cases}u'=\begin{vmatrix}0 & \sin x\\ 1/\cos x & \cos x\end{vmatrix}\Bigg/\begin{vmatrix}\cos x & \sin x\\ -\sin x & \cos x\end{vmatrix}=-\tan x,\\ \\ v'=\begin{vmatrix}\cos x & 0\\ -\sin x & 1/\cos x\end{vmatrix}\Bigg/\begin{vmatrix}\cos x & \sin x\\ -\sin x & \cos x\end{vmatrix}=1,\end{cases}$$

于是原方程的通解为

$$y=(\ln|\cos x|+C_1)\cos x+(x+C_2)\sin x.$$

例 3.10 已知齐次方程 $y''-3y'+2y=0$ 的通解为

$$Y(x)=C_1\mathrm{e}^x+C_2\mathrm{e}^{2x}.$$

求非齐次方程 $y''-3y'+2y=f(x)$ 的通解.

解 根据常数变易法有

$$\begin{cases}u'\mathrm{e}^x+v'\mathrm{e}^{2x}=0\\ -u'\mathrm{e}^x+2v'\mathrm{e}^{2x}=f(x)\end{cases}.$$

解得

$$\begin{cases} u' = \begin{vmatrix} 0 & \mathrm{e}^{2x} \\ f(x) & \mathrm{e}^{2x} \end{vmatrix} \Bigg/ \begin{vmatrix} \mathrm{e}^{x} & \mathrm{e}^{2x} \\ \mathrm{e}^{x} & \mathrm{e}^{2x} \end{vmatrix} = -\mathrm{e}^{-x} f(x), \\ \\ v' = \begin{vmatrix} \mathrm{e}^{x} & 0 \\ \mathrm{e}^{x} & f(x) \end{vmatrix} \Bigg/ \begin{vmatrix} \mathrm{e}^{x} & \mathrm{e}^{2x} \\ \mathrm{e}^{x} & \mathrm{e}^{2x} \end{vmatrix} = \mathrm{e}^{-2x} f(x), \end{cases}$$

于是原方程的通解为

$$y = C_1 \mathrm{e}^{x} + C_2 \mathrm{e}^{2x} - \int \mathrm{e}^{x-t} f(t) \mathrm{d}t + \int \mathrm{e}^{2x-2t} f(t) \mathrm{d}t.$$

§7.3.3 常系数线性方程

若二阶线性方程

$$y'' + p y' + q y = f$$

中的 p, q 均为常数，则称其为常系数微分方程.

1. **二阶齐次方程**

将 $y = \mathrm{e}^{rx}$ 代入齐次方程

$$y'' + p y' + q y = 0,$$

则有特征方程

$$r^2 + p r + q = 0.$$

如果 r 是特征方程的根，则 $y = \mathrm{e}^{rx}$ 是齐次方程的解. 按照这一特性，齐次方程的通解可构造如下.

(1) 当特征根是不相等实数 r_1, r_2 时，齐次方程的通解为

$$y = C_1 \mathrm{e}^{r_1 x} + C_2 \mathrm{e}^{r_2 x}.$$

(2) 当特征根是重根 $r_1 = r_2 = r$ 时，齐次方程的通解为

$$y = \mathrm{e}^{rx}(C_1 + C_2 x).$$

(3) 当特征根是一对共轭复根 $r_{1,2} = \alpha \pm i\beta$ 时，齐次方程的通解为

$$y = \mathrm{e}^{\alpha x}(C_1 \cos \beta x + C_2 \sin \beta x).$$

例 3.11 求下列微分方程的通解:

(1) $y''-2y'-3y=0$; (2) $y''-2y'+y=0$;

(3) $y''-y'+y=0$.

解 (1) 特征方程为 $r^2-2r-3=0$, 特征根为 $r_1=-1,r_2=3$, 通解为

$$y=C_1\mathrm{e}^{-x}+C_2\mathrm{e}^{3x}.$$

(2) 特征方程为 $r^2-2r+1=0$, 特征根为 $r_1=r_2=1$, 通解为

$$y=\mathrm{e}^{x}(C_1+C_2x).$$

(3) 特征方程为 $r^2-r+1=0$, 特征根为 $r_{1,2}=\dfrac{1}{2}\pm\dfrac{\sqrt{3}}{2}i$, 通解为

$$y=\mathrm{e}^{x/2}\Big(C_1\cos\frac{\sqrt{3}}{2}x+C_2\sin\frac{\sqrt{3}}{2}x\Big).$$

例 3.12 用变量代换 $x=\cos t\ (0<t<\pi)$ 化简微分方程

$$(1-x^2)y''-xy'+y=0,$$

并求其满足 $y\big|_{x=0}=1,\ y'\big|_{x=0}=2$ 的特解.

解 由于

$$y'=\frac{\mathrm{d}y}{\mathrm{d}x}=\frac{\mathrm{d}y}{\mathrm{d}t}\Big/\frac{\mathrm{d}x}{\mathrm{d}t}=-\frac{1}{\sin t}\frac{\mathrm{d}y}{\mathrm{d}t}.$$

$$y''=\frac{\mathrm{d}}{\mathrm{d}t}\Big(\frac{\mathrm{d}y}{\mathrm{d}x}\Big)\Big/\frac{\mathrm{d}x}{\mathrm{d}t}=\frac{1}{\sin^2 t}\frac{\mathrm{d}^2y}{\mathrm{d}t^2}-\frac{\cos t}{\sin^3 t}\frac{\mathrm{d}y}{\mathrm{d}t},$$

所以原方程可变为

$$\frac{\mathrm{d}^2y}{\mathrm{d}t^2}+y=0.$$

解特征方程可得 $r_{1,2}=\pm i$, 于是有通解

$$y=C_1\cos t+C_2\sin t,$$

从而原方程有通解 $y=C_1x+C_2\sqrt{1-x^2}$. 将 $y\big|_{x=0}=1,\ y'\big|_{x=0}=2$ 代入可得特解

$$y=2x+\sqrt{1-x^2}.$$

例 3.13 两个质量相同的重物挂于弹簧的下端，其中一个脱落，求另一个重物的运动规律. 已知弹簧挂一个重物时伸长为 a.

解 如图所示，建立坐标系，设弹簧自由状态时的长度为 l, 取 $l+a$ 处，即挂一个重物的平衡位置为坐标原点，坐标轴为 x 轴且方向铅直向下. 又设 t 时刻重物在 x 处，于是根据牛顿运动定理，有

$$\begin{cases} m\dfrac{\mathrm{d}^2x}{\mathrm{d}t^2}=-kx, \\ x(0)=a, \\ x'(0)=0. \end{cases}$$

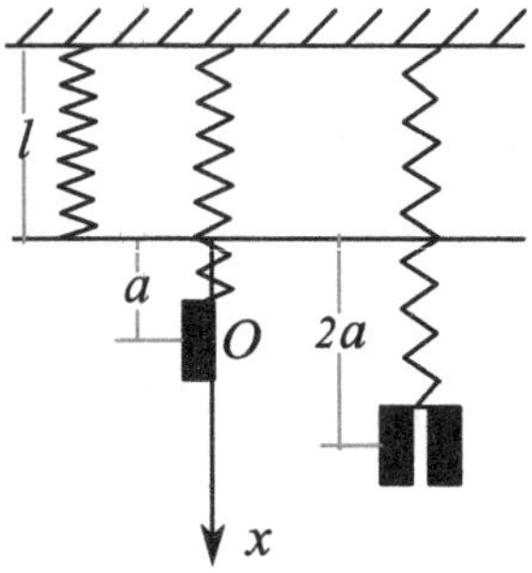

图 3.5

由于挂两个重物时，弹簧伸长为 $2a$, 所以有

$$2mg=k\cdot 2a.$$

由此可知， $k=\dfrac{mg}{a}$.

于是原方程变为 $\dfrac{\mathrm{d}^2x}{\mathrm{d}t^2}=-\dfrac{g}{a}x$, 其特征方程和特征根分别为

$$r^2+\frac{g}{a}=0,\quad r=\pm\sqrt{\frac{g}{a}}\,i.$$

故方程的通解为

$$x=C_1\cos\sqrt{\frac{g}{a}}\,t+C_2\sin\sqrt{\frac{g}{a}}\,t.$$

根据 $x(0)=a$, $x'(0)=0$ 及

$$x'(t)=-C_1\sqrt{\frac{g}{a}}\sin\sqrt{\frac{g}{a}}\,t+C_2\sqrt{\frac{g}{a}}\cos\sqrt{\frac{g}{a}}\,t$$

可知， $C_1=a$, $C_2=0$. 因此所求重物的运动规律为

$$x=a\cos\sqrt{\frac{g}{a}}\,t.$$

2. 二阶非齐次方程

对于常系数非齐次方程

$$y''+py'+qy=f, \tag{5}$$

一般情况下，可用常数变易法．当 $f(x)$ 是下列两种特殊情况时，可以通过其形式解用待定系数法求解．

(1) 如果 $f(x)=\mathrm{e}^{\lambda x}P_m(x)$, 其中 $P_m(x)$ 为 m 次多项式，λ 为常数，则方程 (5) 的形式特解为

$$y=x^kQ_m(x)\,\mathrm{e}^{\lambda x}.$$

其中 $Q_m(x)$ 是一个系数待定的 m 次多项式，而 k 按照下列法则确定：

$$k=\begin{cases}0, & \lambda\text{ 不是特征方程的根}\\ 1, & \lambda\text{ 是特征方程的单根}\\ 2, & \lambda\text{ 是特征方程的重根}\end{cases}$$

(2) 如果

$$f(x)=\mathrm{e}^{\lambda x}[P_l(x)\cos\omega x+Q_n(x)\sin\omega x],$$

其中 $P_l(x),Q_n(x)$ 分别为 l,n 次多项式，λ 为常数，则方程 (5) 的形式特解为

$$y=x^k\,\mathrm{e}^{\lambda x}[A_m(x)\cos\omega x+B_m(x)\sin\omega x].$$

其中 $m=\max(l,n)$, $A_m(x),B_m(x)$ 是系数待定的 m 次多项式，而 k 按照下列法则确定：

$$k=\begin{cases}0, & \lambda\pm i\omega\text{ 不是特征方程的根}\\ 1, & \lambda\pm i\omega\text{ 是特征方程的根}\end{cases}.$$

例 3.14　求方程 $y''-3y'+2y=x\mathrm{e}^{2x}$ 的通解．

解　由特征方程 $r^2-3r+2=0$ 可知，特征根为 $r_1=1,r_2=2$, 齐次通解为 $Y=C_1\mathrm{e}^x+C_2\mathrm{e}^{2x}$, 形式特解为

$$y=x(Ax+B)\mathrm{e}^{2x}.$$

将其代入原方程可得

$$2Ax+2A+B=x.$$

由此可知 $2A=1$, $2A+B=0$. 于是原方程的通解为

$$y=C_1\mathrm{e}^x+C_2\mathrm{e}^{2x}+x\Big(\frac{1}{2}x-1\Big)\mathrm{e}^{2x}.$$

例 3.15 求方程 $y''+2y'+2y=\mathrm{e}^{-x}(x\cos x+3\sin x)$ 的通解.

解 由特征方程 $r^2+2r+2=0$ 可知，特征根为 $r_{1,2}=-1\pm i$，齐次通解为 $Y=\mathrm{e}^{-x}(C_1\cos x+C_2\sin x)$，形式特解为

$$y=x\mathrm{e}^{-x}\big[(Ax+B)\cos x+(Cx+D)\sin x\big].$$

将其代入原方程可得 $A=0$, $B=-\dfrac{5}{4}$, $C=\dfrac{1}{4}$, $D=0$. 于是原方程的通解为

$$y=\mathrm{e}^{-x}(C_1\cos x+C_2\sin x)+x\,\mathrm{e}^{-x}\Big[-\frac{5}{4}\cos x+\frac{x}{4}\sin x\Big].$$

3. **振动问题** *

作为应用，考察在工程技术中经常遇到的振动问题，例如各种机械振动和电磁振荡.

例 3.16 设有一铅锤弹簧，它的上端固定，下端挂一质量为 m 的重物，受重力 mg 作用，重物将拉伸弹簧与弹力处于平衡状态. 如果将重物下拉到另一个位置后放开，重物就会上下振动. 试就下述三种情况确定重物的运动后放开，重物就会上下振动. 试就下述三种情况确定重物的运动规律.

(1) 不计阻力；

(2) 阻力的大小与速率成正比；

(3) 重物在运动时受周期性外力的作用.

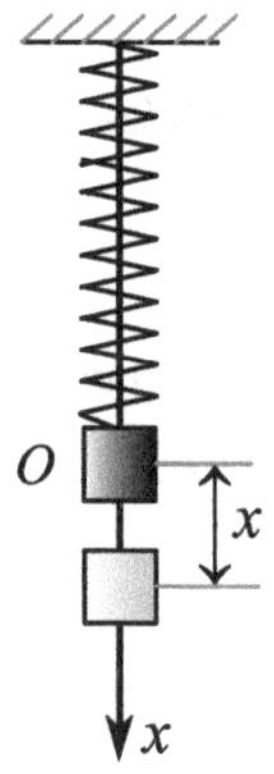

图 3.6

(1) 不计阻力 —— 无阻尼自由振动

取平衡位置为坐标原点，记重物在 t 时刻的位置为 $x(t)$. 根据 Hooke 定律，弹性恢复力为 $f=-kx$，其中 k 为弹簧的弹性系数. 于是根据牛顿第二定律有

$$m\frac{\mathrm{d}^2x}{\mathrm{d}t^2}=-kx.$$

记 $\dfrac{k}{m}=\omega_0^2$，则有

$$\frac{\mathrm{d}^2x}{\mathrm{d}t^2}+\omega_0^2x=0.$$

解之可得

$$x = C_1 \cos \omega_0 t + C_2 \sin \omega_0 t = A \sin(\omega_0 t + \varphi). \tag{6}$$

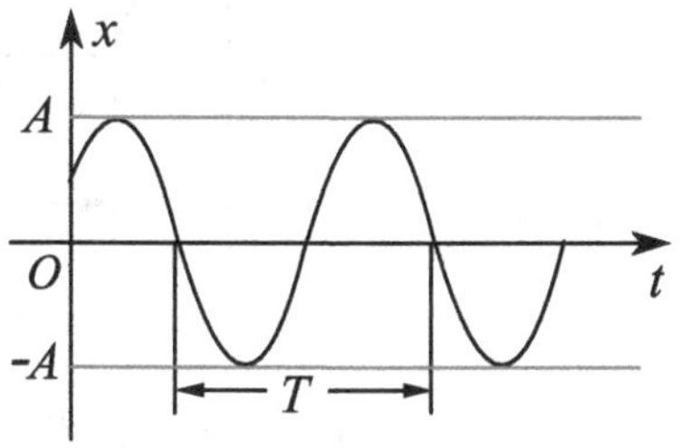

图 3.7

其中 $A = \sqrt{C_1^2 + C_2^2}$, $\varphi = \arctan \dfrac{C_1}{C_2}$.

根据 (6) 式，弹簧悬挂的重物总是在平衡位置附近作往返的周期运动，其周期为 $T = \dfrac{2\pi}{\omega_0} = 2\pi \sqrt{\dfrac{m}{k}}$, 振幅为 A. 这种运动称为无阻尼振动或简谐振动，φ 称为初位相，每单位时间的振动次数 $\nu = \dfrac{1}{T}$ 称为频率，$\omega_0 = 2\pi\nu$ 称为固有频率. 不难看出，如果弹簧的强度增加或重物的质量减少，则简谐振动的频率增大.

(2) 受大小与速率成正比的阻力 —— 有阻尼自由振动

设阻力系数为 μ, 则阻力为 $f = -\mu \dfrac{\mathrm{d}x}{\mathrm{d}t}$. 于是有

$$m \frac{\mathrm{d}^2 x}{\mathrm{d}t^2} = -\mu \frac{\mathrm{d}x}{\mathrm{d}t} - kx.$$

记 $\dfrac{\mu}{m} = 2n$, $\dfrac{k}{m} = \omega_0^2$, 则有

$$\frac{\mathrm{d}^2 x}{\mathrm{d}t^2} + 2n \frac{\mathrm{d}x}{\mathrm{d}t} + \omega_0^2 x = 0. \tag{7}$$

解特征方程 $r^2 + 2nr + \omega_0^2 = 0$ 可得

$$r_{1,2} = -n \pm \sqrt{n^2 - \omega_0^2}.$$

对于不同的阻尼值 n, 方程 (7) 有不同形式的解. 下面分三种情况进行讨论.

(i) 小阻尼情况 ($n < \omega_0$)

此时， r_1 与 r_2 为一对共轭复根

$$r_{1,2} = -n \pm \omega_1 i.$$

其中 $\omega_1 = \sqrt{\omega_0^2 - n^2}$. 于是 (7) 的通解为

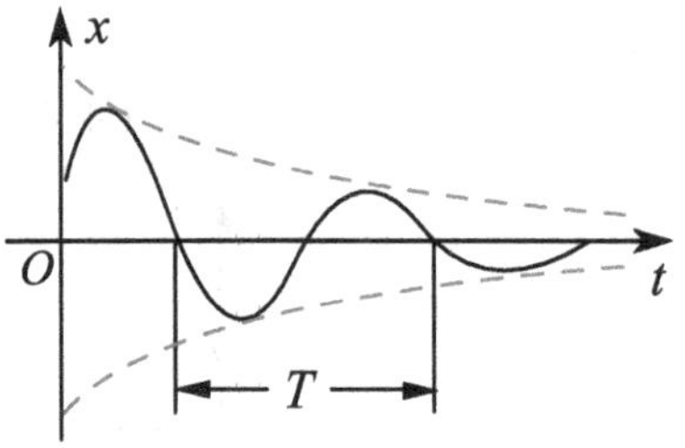

图 3.8

$$x = \mathrm{e}^{-nt}(C_1 \cos \omega_1 t + C_2 \sin \omega_1 t) = A\mathrm{e}^{-nt} \sin(\omega_1 t + \varphi).$$

由此看出，运动不再是周期的，当时间 t 增大时振动的最大偏离急剧减小，重物从一个最大偏离到达同侧下一个最大偏离所需时间为 $T = \dfrac{2\pi}{\omega_1}$.

(ii) 大阻尼情况 ($n > \omega_0$)

此时， r_1 与 r_2 为不同的负数，可设 $r_2 < r_1 < 0$. 于是方程 (7) 的通解为

$$x = C_1\mathrm{e}^{r_1 t} + C_2\mathrm{e}^{r_2 t}.$$

由于方程 $C_1\mathrm{e}^{r_1 t} + C_2\mathrm{e}^{r_2 t} = 0$ 关于 t 最多只有一个根，所以重物最多只通过平衡位置一次；又因 $\dfrac{\mathrm{d}x}{\mathrm{d}t} = \mathrm{e}^{r_1 t}(C_1 r_1 + C_2 r_2 \mathrm{e}^{(r_2 - r_1)t})$, 于是当 t 充分大时， $\dfrac{\mathrm{d}x}{\mathrm{d}t}$ 的符号与 C_1 的符号相反，这表明重物经过一段时间后，就单调地趋于平衡位置. 故在大阻尼情况下，重物的运动不再是振动.

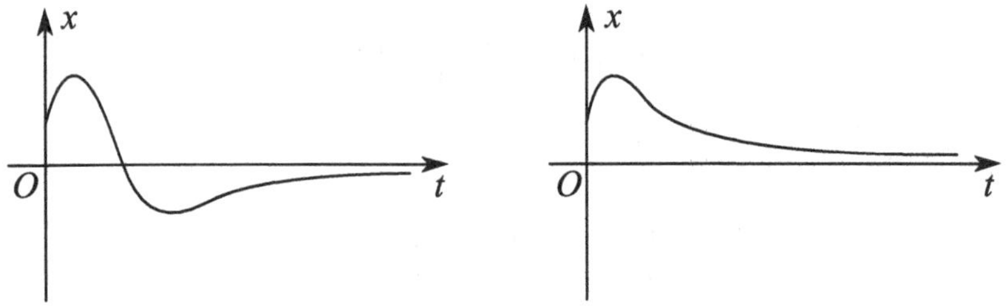

图 3.9

(ii) 临界阻尼情况 ($n = \omega_0$)

此时， $r_1 = r_2 = -n$, 方程 (7) 的通解为

$$x = (C_1 + C_2 t)\mathrm{e}^{-nt}.$$

由此可见，重物的运动也不是振动．通常称 $n=\omega_0$ 为阻尼的临界值，它是重物的振动状态与不振动状态的分界值．当 $n\geq\omega_0$ 时，不出现振动；当 $n<\omega_0$ 时，出现振动．

(3) 受周期性的外力作用 —— 强迫振动

记周期性外力为 $F=h\sin\omega t$, 分两种情况讨论．

(i) 无阻尼强迫振动

此时重物的运动为 $m\dfrac{\mathrm{d}^2x}{\mathrm{d}t^2}+kx=h\sin\omega t$, 即

$$\frac{\mathrm{d}^2x}{\mathrm{d}t^2}+\omega_0^2x=H\sin\omega t. \tag{8}$$

相应的齐次通解为 $x=A\sin(\omega_0t+\varphi)$.

若 $\omega\neq\omega_0$, 则由待定系数法可得特解 $x=\dfrac{H}{\omega_0^2-\omega^2}\sin\omega t$. 于是方程 (8) 的通解为

$$x=A\sin(\omega_0t+\varphi)+\frac{H}{\omega_0^2-\omega^2}\sin\omega t.$$

这个解由两部分组成，第一项是简谐振动，它代表固有振动；第二项与外力有相同的角频率 ω, 而振幅 $\dfrac{H}{\omega_0^2-\omega^2}$ 随 ω 接近于 ω_0 而无限增大．这一部分代表因外力而引起的强迫振动．

若 $\omega=\omega_0$, 则方程 (8) 的通解为

$$x=A\sin(\omega_0t+\varphi)-\frac{H}{2\omega_0}t\cos\omega_0t.$$

这表明， x 偏离平衡位置可随 t 的增大而无限增大，这种现象称为共振．

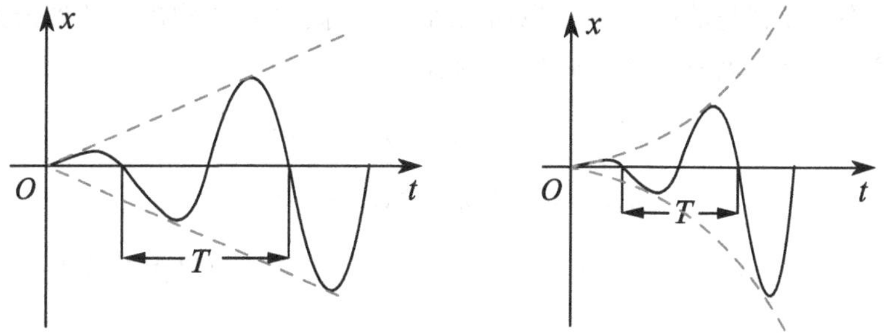

图 3.10

(ii) 有阻尼强迫振动

此时重物的运动为 $m\dfrac{\mathrm{d}^2x}{\mathrm{d}t^2}+\mu\dfrac{\mathrm{d}x}{\mathrm{d}t}+kx=h\sin\omega t$, 即

$$\frac{\mathrm{d}^2x}{\mathrm{d}t^2}+2n\frac{\mathrm{d}x}{\mathrm{d}t}+\omega_0^2x=H\sin\omega t. \tag{9}$$

在小阻尼情况下，相应的齐次通解为 $x=A\mathrm{e}^{-nt}\sin(\omega_1t+\varphi)$. 其中 $\omega_1=\sqrt{\omega_0^2-n^2}$. 设方程 (9) 的形式特解为

$$x=M\cos\omega t+N\sin\omega t.$$

代入方程 (9) 比较系数可得

$$M=\frac{-2n\omega H}{(\omega_0^2-\omega^2)^2+4n^2\omega^2}=G\sin\alpha,\ N=\frac{(\omega_0^2-\omega^2)H}{(\omega_0^2-\omega^2)^2+4n^2\omega^2}=G\cos\alpha.$$

其中 $G=\dfrac{H}{(\omega_0^2-\omega^2)^2+4n^2\omega^2}$, $\tan\alpha=\dfrac{-2n\omega}{\omega_0^2-\omega^2}$. 于是方程 (9) 有特解

$$x=G\sin(\omega t+\alpha).$$

从而方程 (9) 有通解

$$x=A\mathrm{e}^{-nt}\sin(\omega_1t+\varphi)+\frac{H\sin(\omega t+\alpha)}{(\omega_0^2-\omega^2)^2+4n^2\omega^2}.$$

上式表明，重物的运动由两部分组成，第一项是阻尼自由振动，它是系统本身的固有振动，其振幅随时间的增加而衰减，称为暂态解. 第二项是由外力引起的强迫振动，它的振幅不随时间的增加而衰减，称为稳态解. 讨论强迫振动主要应考虑这一项，它与外力具有同一角频率，但其初位相和振幅与外力都不相同.

现在需要讨论的问题是 ω 取何值时，强迫振动项的振幅 G 达到最大值.

令 $g(\omega)=(\omega_0^2-\omega^2)^2+4n^2\omega^2$, 则有

$$g'(\omega)=-4\omega(\omega_0^2-\omega^2)+8n^2\omega,$$

$$g''(\omega)=-4\omega_0^2+12\omega^2+8n^2.$$

由此可知，$\omega^*=\sqrt{\omega_0^2-2n^2}$ 是 $g(\omega)$ 的最小值点. 所以最大振幅为

$$G_{\max}=G(\omega^*)=\frac{H}{2n\sqrt{\omega_0^2-2n^2}}.$$

ω^* 称为共振频率，相应现象也称为共振.

在发生共振时，如果 $\omega_0^2-2n^2$ 接近于 0, 那么一个振动系统在不太大的外力作用下，会产生很大振幅的振动，常常会产生破坏性的后果，在工程技术中往往要避免共振现象的发生．另一方面，无线电的发射与接收，乐器的构造等则是利用了共振原理.

例 3.17　设有一个由电阻 R, 自感 L, 电容 C 和电源 E 串联组成的电路，电源电动势为 $E=E_0\sin\omega t$, 其中 R,L,C,E_0,ω 为常数．试确定电容器的电量 Q.

设电路中的电流为 I, 则有 $I=\dfrac{\mathrm{d}Q}{\mathrm{d}t}$. 根据回路电压定律，有

$$E-L\frac{\mathrm{d}I}{\mathrm{d}t}-\frac{Q}{C}-RI=0.$$

令 $n=\dfrac{R}{2L}$, $\omega_0=\dfrac{1}{\sqrt{LC}}$, $H=\dfrac{E_0}{LC}$, 则有

$$\frac{\mathrm{d}^2Q}{\mathrm{d}t^2}+2n\frac{\mathrm{d}Q}{\mathrm{d}t}+\omega_0^2Q=H\sin\omega t.$$

由此可见电磁振荡方程与机械振动方程是完全类似的，因此也有类似的结论.

4.　**常系数 n 阶线性方程 ***

常系数 n 阶线性方程的求解与二阶类似．齐次方程

$$y^{(n)}+p_1y^{(n-1)}+\cdots+p_ny=0$$

的特征方程为

$$r^n+p_1r^{n-1}+\cdots+p_nr=0.$$

一个特征根对应一个特解，也对应通解的一个项，对应关系如下：

(1) k 重实根 r 的对应项为

$$\mathrm{e}^{rx}(C_1+C_2x+\cdots+C_kx^{k-1});$$

(2) k 重复根 $\alpha\pm i\beta$ 的对应项为

$$\mathrm{e}^{\alpha x}[(A_1+A_2x+\cdots+A_kx^{k-1})\cos\beta x+(B_1+B_2x+\cdots+B_kx^{k-1})\sin\beta x].$$

非齐次方程

$$y^{(n)}+p_1y^{(n-1)}+\cdots+p_ny=f(x)$$

的形式特解也类似，比如

$$f(x)=\mathrm{e}^{\lambda x}[P_l(x)\cos\omega x+Q_n(x)\sin\omega x]$$

的形式特解为

$$y=x^k\mathrm{e}^{\lambda x}[A_m(x)\cos\omega x+B_m(x)\sin\omega x].$$

其中 $m=\max(l,n)$, k 表示 $\lambda\pm\omega i$ 是特征根的重数.

5. Euler **方程** *

形如

$$x^ny^{(n)}+p_1x^{n-1}y^{(n-1)}+\cdots+p_{n-1}xy'+p_ny=f(x)$$

的常系数方程称为欧拉方程. 令 $x=\mathrm{e}^t$, 则原方程可变为常系数线性方程

$$\frac{\mathrm{d}^ny}{\mathrm{d}t^n}+a_1\frac{\mathrm{d}^{n-1}y}{\mathrm{d}t^{n-1}}+\cdots+a_ny=f(\mathrm{e}^t).$$

其特征方程 $r^n+a_1r^{n-1}+\cdots+a_n=0$ 等价于

$$r(r-1)\cdots(r-n+1)+p_1r(r-1)\cdots(r-n+2)+\cdots+p_n=0.$$

例 3.18 解欧拉方程 $x^3y'''+x^2y''-4xy'=3x^2$.

解 根据特征方程 $r(r-1)(r-2)+r(r-1)-4r=0$, 即

$$r^3-2r^2-3r=0$$

可知，特征根为 $r=0,-1,3$ 且原方程在 $x=\mathrm{e}^t$ 下的变换方程为

$$\frac{\mathrm{d}^3y}{\mathrm{d}t^3}-2\frac{\mathrm{d}^2y}{\mathrm{d}t^2}-3\frac{\mathrm{d}y}{\mathrm{d}t}=3\mathrm{e}^{2t}.$$

解之可得齐次方程的通解为

$$Y=C_1+C_2\mathrm{e}^{-t}+C_3\mathrm{e}^{3t}=C_1+\frac{C_2}{x}+C_3x^3.$$

将形式特解 $y^*=A\mathrm{e}^{2t}=Ax^2$ 代入变换方程或原方程可知 $A=-\dfrac{1}{2}$. 于是原方程的通解为

$$y=C_1+\frac{C_2}{x}+C_3x^3-\frac{x^2}{2}.$$

习 题 7.3 A

1. 求下列微分方程的通解：

(1) $y''+y=\dfrac{1}{\sin x}$；　(2) $y''-\dfrac{1}{x}y'=x$；

(3) $y''-2y'+5y=0$；　(4) $y''-5y'+6y=xe^{2x}$；

(5) $y''-2y'-3y=3\sin x+xe^{-x}$；　(6) $y''+y=x\cos 2x$.

2. 求下列微分方程的特解：

(1) $y''+y=-\sin 2x,\ y\big|_{x=\pi}=1,\ y'\big|_{x=\pi}=1$；

(2) $y''+y=e^x+\cos x,\ y\big|_{x=0}=1,\ y'\big|_{x=0}=0$；

(3) $y''-3y'+2y=2e^{3x},\ y\big|_{x=0}=0,\ y'\big|_{x=0}=0$；

(4) $yy''-y'^2=0,\ y\big|_{x=0}=2,\ y'\big|_{x=0}=1$；

(5) $y''+\dfrac{1}{x}y'=x^2,\ y\big|_{x=1}=1,\ y'\big|_{x=1}=1$.

3. 用降阶法求下列方程的通解或特解：

(1) $yy''-y'^2+y'^3=0$；　(2) $y''-\dfrac{1}{x}y'+y'^2=0$；

(3) $\begin{cases}(x^2+1)y''-xy'=0\\ y(0)=0,\ y'(0)=1\end{cases}$；　(4) $x^3y''=(y-xy')^2$.
(提示：令 $x=e^v,\ y=ue^v$)

4. 设函数 $y=y(x)$ 在 $(-\infty,+\infty)$ 内具有二阶导数，且 $x=x(y)$ 是 $y=y(x)$ 的反函数.

(1) 试将 $x=x(y)$ 所满足的微分方程

$$\frac{d^2x}{dy^2}+(y+\sin x)\left(\frac{dx}{dy}\right)^3=0$$

变换为 $y=y(x)$ 满足的微分方程；

(2) 求变换后的微分方程满足初始条件 $y(0)=0,\ y'(0)=\dfrac{3}{2}$ 的解.

5. 一平面曲线 $y=y(x)$ 的曲率半径与法线长 $|y|\sqrt{1+y'^2}$ 成正比，求曲线方程.

6. 设对任意 $x>0$, 曲线 $y=f(x)$ 上点 $(x,f(x))$ 处的切线在 y 轴上的截距等于 $\dfrac{1}{x}\int_0^x f(t)\mathrm{d}t$, 建立 $f(x)$ 满足的微分方程.

7. 在 R、L、C 含源串联电路中，电动势为 E 的电源对电容器 C 充电. 已知 $E=20\text{V}, C=0.2\mu\text{F}, L=0.1\text{H}, R=1000\Omega$, 试求合上开关 K 后的电流 $i(t)$ 及电压 u_C.

8. 设 $y''+p(x)y'=f(x)$ 有一特解 $\dfrac{1}{x}$, 对应齐次方程有一特解 x^2, 试求 (1) $p(x)$ 和 $f(x)$ 的表达式； (2) 此方程的通解.

习 题 7.3 B

1. 求下列微分方程的通解：

(1) $y''-2y=2\tan^3 x$; (2) $y''-2y'+y=\ln x-\dfrac{1+2x}{x^2}$;

(3) $x^3y'''-x^2y''+2xy'-2y=x^3$; (4) $x^2y''+xy'+4y=2(\cos\ln x)^2$;

(5) $x^2y''+2xy'-2y=x^2\ln x+3x$; (6) $x^2y''-xy'+2y=x\ln x$.

2. (1) 验证函数

$$y(x)=1+\frac{x^3}{3!}+\frac{x^6}{6!}+\frac{x^9}{9!}+\cdots+\frac{x^{3n}}{(3n)!}+\cdots\ (-\infty<x<+\infty)$$

满足微分方程 $y''+y'+y=\mathrm{e}^x$;

(2) 利用 (1) 的结果求幂级数 $\sum\limits_{n=0}^{\infty}\dfrac{x^{3n}}{(3n)!}$ 的和函数.

3. 已知齐次线性方程

$$x^2y''-xy'+y=0$$

的通解为 $y=C_1x+C_2x\ln|x|$, 求非齐次线性方程

$$x^2y''-xy'+y=\frac{1}{x\ln x}$$

的通解.

4. 求方程 $yy''-(y')^2=6xy^2$ 的通解 (提示：令 $y=\mathrm{e}^{\int z\,\mathrm{d}x}$).

5. 已知 $y_1=\mathrm{e}^x$ 是齐次线性方程

$$(2x-1)y''-(2x+1)y'+2y=0$$

的一个解，求此方程的通解 (提示：令 $y=y_1z$).

6. 长为 l 米的均匀链条放置在一光滑桌面上，链条在桌边挂下来的长度为 b 米，问链条全部滑落桌面需多长时间？

7. 一链条悬挂在一钉子上，开始时一端离开钉子 8m, 另一端离开钉子 12m. 分别在以下两种情况下求链条滑下来所需时间.

(1) 若不计钉子对链条所产生的摩擦力；

(2) 若摩擦力为链条 1m 长的重量.

8. 设圆柱形浮筒直径为 0.5 米，铅直放在水中，当稍向下压后突然放开，浮筒在水中上下振动的周期为 2 秒钟，求浮筒的振动方程及浮筒的质量.

9. 位于坐标原点的我舰向位于 Ox 轴上 $A(1,0)$ 点处的敌舰发射制导鱼雷，使鱼雷永远对准敌舰. 设敌舰以最大速度 v_0 沿平行于 Oy 轴的直线行驶，又设鱼雷的速度大小为 $6v_0$, 求鱼雷的航行轨迹方程. 又敌舰行驶多远时将被击中？

10. 设有质量为 1kg 的物体，从水面上方 0.1 m 处自由落下 (不计空气阻力), 恰好落在水面上质量为 0.4kg 的物体上，结合成一体后在水中下沉，下沉阻力与速度成正比，比例系数 $k=0.7$, 试建立结合体在水中下沉的距离与时间的关系 (重力加速度 $g=9.8\mathrm{m/s^2}$).

11. 有一个质量 m 的质点 M 用长为 l 的细线悬挂于固定点 O, 在重力作用下沿圆周在平衡位置 A 点附近作摆动. 如果质点受到的空气阻力与质点的速度 v 成正比，试建立质点的摆动方程.

12. 一条曲线通过坐标原点，其上任意一点的切线和过这点的纵坐标线及 Ox 轴所构成的三角形的面积，与过这点的纵坐标线和曲线及 Ox 轴围成的曲边梯形的面积成正比，求曲线方程.

总 习 题 七

1. 填空题:

(1) 微分方程 $yy''-(y')^2=0$ 满足初始条件 $y\big|_{x=0}=1$, $y'\big|_{x=0}=\dfrac{1}{2}$ 的特解是 ________.

(2) 微分方程 $xy''+3y'=0$ 的通解为 ________.

(3) 微分方程 $y''-4y=\mathrm{e}^{2x}$ 的通解为 ________.

(4) 微分方程 $y''-2y'+2y=\mathrm{e}^{x}$ 的通解为 ________.

(5) 微分方程 $y'+y\tan x=\cos x$ 的通解为 ________.

(6) 微分方程 $xy'+2y=x\ln x$ 满足 $x(1)=-\dfrac{1}{9}$ 的解为 ________.

(7) 设 $y=\mathrm{e}^{x}(C_1\sin x+C_2\cos x)$ (C_1,C_2 为任意常数) 为某二阶常系数线性齐次方程的通解, 则该方程为 ________.

2. 一质量为 m 的船以速度 v_0 行驶, 在 $t=0$ 时, 动力关闭. 假设水的阻力正比于 v^n, 其中 n 为一常数, v 为瞬时速度, 求速度与滑行距离的函数关系.

3. 求满足方程 $\displaystyle\int_0^x f(t)\,\mathrm{d}t=x+\int_0^x tf(x-t)\,\mathrm{d}t$ 的连续可微函数 $f(x)$.

4. 设函数 $f(x)$ 连续且满足

$$f(x)=\mathrm{e}^{x}+\int_0^x tf(t)\mathrm{d}t-x\int_0^x f(t)\mathrm{d}t,$$

求 $f(x)$.

5. 一池内原有 100 公升盐水, 其中含有 10 公升盐, 现以匀速每分钟注入 2 公升的清水, 又流出 2 公升的盐水, 求 t 时刻池内的含盐量.

6. 有一房间容积为 $100\mathrm{m}^3$, 开始时房间空气中含有二氧化碳 0.12%, 为了改善房间的空气质量, 用一台风量为 $10\mathrm{m}^3/\mathrm{min}$ 的排风扇通入含 0.04% 二氧化碳的新鲜空气，同时以相同的风量将混合均匀的空气排出，求排出 10min 后，房间中二氧化碳的含量的百分比.

7. 某种飞机在机场降落时，为了减少滑行距离，在触地的瞬间，飞机尾部张开减速伞，以增大阻力，使飞机迅速减速并停下. 现有一质量为 9000kg 的飞机，着陆时的水平速度为 700km/h. 经测试，减速伞打开后，飞机所受的总阻力与飞机的速度成正比 (比例系数为 k=6.0×10^6). 问从着陆点算起，飞机滑行的最长距离是多少？

8. 在一个生物种群中，其生长率是平均出生率与平均死亡率之差. 设某生物种群的平均出生率为正的常数 β, 由于拥挤以及对食物的竞争加剧等原因，平均死亡率与种群的大小成正比，其比例常数为 $\delta > 0$. 求该种群数量 N 与时间 t 的函数关系式.

9. 摩托艇以 5m/s 的速度在静水上运动，全速时停止了发动机，过了 20s 后，艇的速度减至 $v_1 = 3$m/s. 确定发动机停止 2min 后艇的速度. 假定水的阻力与艇的运动速度成正比.

10. 一曲线的曲率半径为常数，求此曲线方程.

11. 物体在空气中的冷却速度与物体和空气的温差成正比，如果物体在 20min 内由 100°C 冷至 60°C, 那么在多久的时间内，这个物体的温度达到 30°C? 假设空气的温度为 20°C.

12. 有一子弹以 $v_0 = 200$m/s 的速度射入厚度为 $h = 10$cm 的木板，穿过木板后仍有速度 80m/s. 假设木板对子弹的阻力与其速度的平方成正比，求子弹通过木板所需要的时间.

附录一　常用不等式

1. 三角不等式　$|x-y| \le |x-z| + |z-y|$.

2. 平均不等式　设 $x_1, x_2, \cdots, x_n > 0$, 则有

$$\frac{n}{\dfrac{1}{x_1}+\dfrac{1}{x_2}+\cdots+\dfrac{1}{x_n}} \le \sqrt[n]{x_1 x_2 \cdots x_n} \le \frac{x_1+x_2+\cdots+x_n}{n},$$

且仅当 $x_1 = x_2 = \cdots = x_n$ 时，等号成立.

证 1　先证辅助命题：设 $a_1, a_2, \cdots, a_n$ 为正数且 $a_1 \cdot a_2 \cdot \cdots \cdot a_n = 1$, 则

$$a_1 + a_2 + \cdots + a_n \ge n.$$

用归纳法. 当 $n = 1, a_1 = 1$ 时，有 $a_1 \ge 1$. 假设 $a_1 \cdot a_2 \cdot \cdots \cdot a_n = 1$ 时，有 $a_1 + a_2 + \cdots + a_n \ge n$. 下证 $a_1 \cdot a_2 \cdot \cdots \cdot a_{n+1} = 1$ 时，有

$$a_1 + a_2 + \cdots + a_{n+1} \ge n + 1.$$

当 $a_1 = a_2 = \cdots = a_{n+1} = 1$ 时，结论显然. 否则可设 $a_1 < 1, a_{k+1} > 1$, 于是有 $(a_1 - 1)(1 - a_{n+1}) > 0$, 即

$$a_1 a_{n+1} \le a_1 + a_{n+1} - 1. \tag{*}$$

若令 $b = a_1 a_{k+1}$, 则 $b \cdot a_2 \cdot \cdots \cdot a_n = 1$, 所以根据归纳假设，有

$$b + a_2 + \cdots + a_n \ge n. \tag{**}$$

有 $(*), (**)$ 可知， $a_1 + a_2 + \cdots + a_{n+1} \ge n + 1$. 由此可知，辅助命题成立.

若令 $X = \sqrt[n]{x_1 x_2 \cdots x_n}, a_i = \dfrac{x_i}{X}$, 则根据辅助命题, 有 $a_1 + a_2 + \cdots + a_n \ge n$, 此即

$$\sqrt[n]{x_1 x_2 \cdots x_n} \le \frac{x_1 + x_2 + \cdots + x_n}{n},$$

且仅当 $x_1 = x_2 = \cdots = x_n$ 时，等号成立.

对 $\frac{1}{x_1}, \frac{1}{x_2}, \cdots, \frac{1}{x_n}$ 应用上述不等式可得原不等式的另一半.

证 2　令 $f(x) = \ln x$, 由于 $f''(x) = -\frac{1}{x^2} < 0$, 所以 $f(x)$ 是上凸函数，故由琴森不等式可知，对任意正数 $x_1, x_2, \cdots, x_n$, 都有

$$f(\frac{x_1 + x_2 + \cdots + x_n}{n}) \geq \frac{f(x_1) + f(x_2) + \cdots + f(x_n)}{n},$$

即 $\ln \frac{x_1 + x_2 + \cdots + x_n}{n} \geq \ln \sqrt[n]{x_1 x_2 \cdots x_n}$, 取反对数得

$$\sqrt[n]{x_1 x_2 \cdots x_n} \leq \frac{x_1 + x_2 + \cdots + x_n}{n},$$

且仅当 $x_1 = x_2 = \cdots = x_n$ 时，等号成立.

对 $\frac{1}{x_1}, \frac{1}{x_2}, \cdots, \frac{1}{x_n}$ 应用上述不等式可得原不等式的另一半.

3. 面积不等式

(1) $\cos x < \frac{\sin x}{x} < 1$;　　(2) $\frac{x}{1+x} < \ln(1+x) < x \ (x > -1,\ x \neq 0)$.

证　(1) 不妨设 $0 < x < \frac{\pi}{2}$. 作单位圆如图 1, 设圆心角 $\angle AOC$ 为 x. 由于 $\triangle AOB$的面积 $<$ 扇形 AOB的面积 $< \triangle AOC$的面积 , 所以有

$$\frac{1}{2}\sin x < \frac{1}{2}x < \frac{1}{2}\tan x.$$

因此，当 $0 < x < \frac{\pi}{2}$ 时，必有 $\cos x < \frac{\sin x}{x} < 1$.

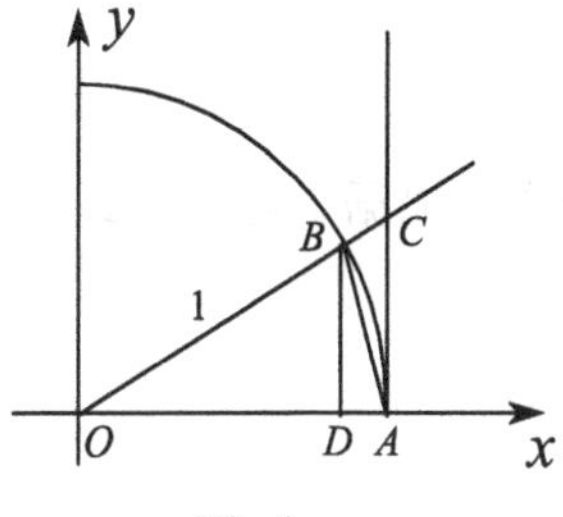

图 1

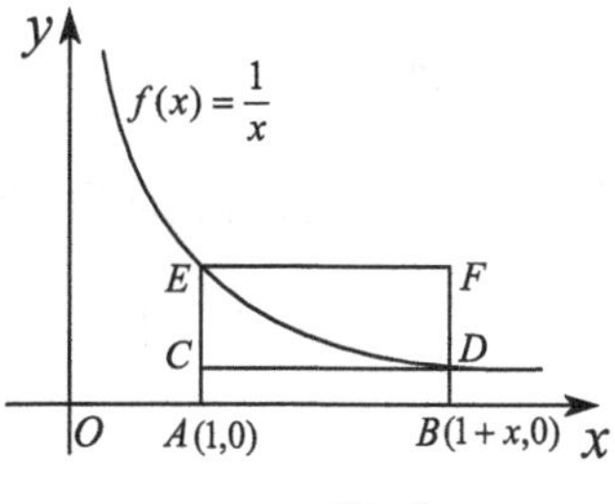

图 2

(2) 令 $f(x) = x - \ln(1+x)$, 则 $f'(x) = 1 - \frac{1}{1+x} = \frac{x}{1+x}$, 所以当 $x > -1,\ x \neq 0$ 时， $f(x) > f(0) = 0$, 即 $x > \ln(1+x)$.

令 $f(x)=\ln(1+x)-\dfrac{x}{1+x}$, 则 $f'(x)=\dfrac{x}{(1+x)^2}$, 所以当 $x>-1$, $x\neq 0$ 时, $f(x)>f(0)=0$, 即 $\ln(1+x)>\dfrac{x}{1+x}$.

几何证明. 根据图 2 有, 小矩形 $ABDC$ 的面积 < 曲边梯形 $ABDE$ 的面积 < 大矩形 $ABFE$ 的面积, 由此可知, $\dfrac{x}{1+x}<\ln(1+x)<x$.

4. 压缩不等式

$|\sin x-\sin y|\leq|x-y|,\qquad |\cos x-\cos y|\leq|x-y|.$

证 1 $$|\sin x-\sin y|=|2\cos\frac{x+y}{2}\sin\frac{x-y}{2}|\leq|2\sin\frac{x-y}{2}|\leq|x-y|,$$
$$|\cos x-\cos y|=|2\sin\frac{x+y}{2}\sin\frac{x-y}{2}|\leq|2\sin\frac{x-y}{2}|\leq|x-y|.$$

证 2 由拉格朗日中值定理, 有

$$|\sin x-\sin y|=|\cos\xi\cdot(x-y)|\leq|x-y|,$$
$$|\cos x-\cos y|=|\sin\eta\cdot(x-y)|\leq|x-y|.$$

5. 阶乘不等式

(1) $2^n<n!<(\dfrac{n+1}{2})^n$, $(n>4)$; (2) $n!\geq n^{n/2}$.

证 (1) 用归纳法. 当 $n=5$ 时, 有 $32=2^5<5!=100$. 若 $n>4, 2^{n-1}<(n-1)!$, 则有 $2^n<(n-1)!\cdot 2<n!$.

根据平均不等式, 有 $\sqrt[n]{n!}\leq\dfrac{1+2+\cdots+n}{n}=\dfrac{n+1}{2}$. 由此可知, 当 $n>1$ 时, $n!<(\dfrac{n+1}{2})^n$.

(2) 当 $n<5$ 时, 直接验证可知结论成立. 根据平均不等式, 有

$$\sqrt[n]{n!}>\frac{n}{1+\frac{1}{2}+\cdots+\frac{1}{n}}.$$

令 $x_n=1+\dfrac{1}{2}+\cdots+\dfrac{1}{n}-\sqrt{n}$, 则有 $x_5<0$, 并当 $n>3$ 时, 有

$$x_{n+1}-x_n=\frac{1}{n+1}+\sqrt{n}-\sqrt{n+1}=\frac{1}{n+1}-\frac{1}{\sqrt{n}+\sqrt{n+1}}$$

$$< \frac{1}{n+1} - \frac{1}{2\sqrt{n+1}} = \frac{2-\sqrt{n+1}}{2(n+1)} < 0.$$

由此可知，当 $n \geq 5$ 时， $1 + \frac{1}{2} + \cdots + \frac{1}{n} < \sqrt{n}$,

因此，当 $n \geq 5$ 时， $\sqrt[n]{n!} > \frac{n}{\sqrt{n}} = \sqrt{n}$. 这表明 $n! \geq n^{n/2}$.

6. 乘幂不等式

(1) $(1+\frac{1}{n})^n < 3$; (2) $(1+\frac{1}{n})^n < (1+\frac{1}{n+1})^{n+1}$;

(3) $(1+x)^n \geq 1+nx \ \ (x \geq 0)$; (4) $(1+x)^n \geq \frac{n^2}{4}x^2 \ \ (x \geq 0, n \geq 2)$.

证 (1) $$\left(1+\frac{1}{n}\right)^n = 1 + \frac{n}{1!}\cdot\frac{1}{n} + \frac{n(n-1)}{2!}\cdot\frac{1}{n^2} + \cdots + \frac{n!}{n!}\cdot\frac{1}{n^n}$$

$$< 1 + \frac{1}{1!} + \frac{1}{2!} + \cdot + \frac{1}{n!} < 1 + \frac{1}{2^0} + \frac{1}{2^1} + \cdot + \frac{1}{2^{n-1}}$$

$$= 1 + \frac{1-\frac{1}{2^n}}{1-\frac{1}{2}} = 3 - \frac{1}{2^{n-1}} < 3.$$

(2) 设 $x_n = \left(1+\frac{1}{n}\right)^n$, 由平均不等式，有

$$\sqrt[n+1]{x_n} = \sqrt[n+1]{\left(1+\frac{1}{n}\right)^n \cdot 1} < \frac{n\left(1+\frac{1}{n}\right)+1}{n+1} = \frac{n+2}{n+1} = 1 + \frac{1}{n+1}.$$

于是有 $x_n < x_{n+1}$.

(3) $(1+x)^n = 1 + nx + C_n^2x^2 + \cdots + x^n \geq 1 + nx$.

(4) $(1+x)^n = 1 + nx + \frac{n(n-1)}{2}x^2 + \cdots + x^n \geq \frac{n(n-1)}{2}x^2 \geq \frac{n^2}{4}x^2$.

7. 夹挤不等式

(1) $2(\sqrt{n+1}-\sqrt{n}) < \frac{1}{\sqrt{n}} < 2(\sqrt{n}-\sqrt{n-1})$;

(2) $\ln(1+\frac{1}{n}) < \frac{1}{n} < \ln(1+\frac{1}{n-1})$.

证 (1)

$$2(\sqrt{n+1}-\sqrt{n})=\frac{2}{\sqrt{n+1}+\sqrt{n}}<\frac{1}{\sqrt{n}},$$

$$2(\sqrt{n}-\sqrt{n-1})=\frac{2}{\sqrt{n}+\sqrt{n-1}}>\frac{1}{\sqrt{n}}.$$

(2) 由 $\ln(1+x)<x$ 知, $\ln(1+\frac{1}{n})<\frac{1}{n}$. 将 $x=\frac{1}{n-1}$ 代入 $\ln(1+x)>\frac{x}{1+x}$ 可得, $\ln(1+\frac{1}{n-1})>\frac{1}{n}$.

8. Jordan 不等式 设 $0<x<\frac{\pi}{2}$, 则

(1) $\frac{2}{\pi}<\frac{\sin x}{x}<1$; (2) $\frac{x^2}{\pi}<1-\cos x<\frac{x^2}{2}$.

证 (1) 令 $f(x)=\frac{\sin x}{x}$, 则由面积不等式可知, 当 $0<x<\frac{\pi}{2}$ 时, $f'(x)=\frac{x\cos x-\sin x}{x^2}<0$. 因此, $f(\frac{\pi}{2}-)<f(x)<f(0+)$, 即 $\frac{2}{\pi}<\frac{\sin x}{x}<1$.

(2) 令 $f(x)=\frac{x^2}{2}-1+\cos x$, $g(x)=1-\cos x-\frac{x^2}{\pi}$, 则当 $0<x<\frac{\pi}{2}$ 时, 有 $f'(x)=x-\sin x>0$, $g'(x)=\sin x-\frac{2x}{\pi}>0$. 因此, $f(x)>f(0+)$, $g(x)>g(0+)$, 即 $\frac{x^2}{\pi}<1-\cos x<\frac{x^2}{2}$.

9. 琴森不等式 设 $f(x)$ 在 (a,b) 内有二阶导数, 若 $x\in(a,b)$ 时, $f''(x)>0$, 则 $x_1,x_2,\cdots,x_n\in(a,b)$ 时, 恒有 $f(\sum\limits_{i=1}^{n}t_ix_i)\leq\sum\limits_{i=1}^{n}t_if(x_i)$, 且仅当 $x_1=x_2=\cdots=x_n$ 时, 等号成立. 其中 $t_i>0(i=1,2,\cdots,n)$, 且 $\sum\limits_{i=1}^{n}t_i=1$.

证 记 $\overline{x}=\sum\limits_{i=1}^{n}t_ix_i$, 则 $\overline{x}\in(a,b)$, 根据泰勒展式, 有

$$f(x_i)=f(\overline{x})+f'(\overline{x})(x_i-\overline{x})+\frac{f''(\xi_i)}{2}(x_i-\overline{x})^2,$$

其中, $\xi_i\in(a,b)$. 由于 $f''(\xi)>0$, 所以 $f(x_i)\geq f(\overline{x})+f'(\overline{x})(x_i-\overline{x})$, 且仅当 $x_i=\overline{x}$ 时等号成立 $(i=1,2,\cdots,n)$. 于是

$$\sum_{i=1}^{n}t_if(x_i)\geq\sum_{i=1}^{n}t_if(\overline{x})+\sum_{i=1}^{n}t_if'(\overline{x})(x_i-\overline{x})=f(\overline{x}).$$

且仅当 $x_1=x_2=\cdots=x_n=\overline{x}$ 时等号成立.

10. 下凸函数不等式

(1) 设 $f(x)$ 是 (a,b) 内的下凸函数，若 $a<x<y<z<b$, 则有面积不等式：

$$\begin{vmatrix} x & f(x) & 1 \\ y & f(y) & 1 \\ z & f(z) & 1 \end{vmatrix} \geq 0.$$

(2) 设 $f(x)$ 是 (a,b) 内的下凸函数，若 $a<x<y<z<b$, 则有差商不等式

$$\frac{f(y)-f(x)}{y-x} \leq \frac{f(z)-f(x)}{z-x} \leq \frac{f(z)-f(y)}{z-y}.$$

(3) 设 $f(x)$ 是 (a,b) 内的下凸函数，若 $a<x<b$, 则有斜率不等式

$$f'_-(x) \leq f'_+(x).$$

(4) 设 $f(x)$ 是 (a,b) 内的下凸函数，若 $a<x<y<b$, 则有斜率–差商不等式

$$f'_+(x) \leq \frac{f(y)-f(x)}{y-x} \leq f'_-(y).$$

证 (1) 令 $t=\dfrac{y-x}{z-x}$, 则 $y=(1-t)x+tz$. 由 $x<y<z$ 可知，$0<t<1$. 于是，有

$$\begin{vmatrix} x & f(x) & 1 \\ y & f(y) & 1 \\ z & f(z) & 1 \end{vmatrix} = (y-x)(f(z)-f(x))-(z-x)(f(y)-f(x))$$

$$= (z-x)[(1-t)f(x)+tf(z)-f(y)] \geq 0.$$

几何意义：如果 $f(x)$ 是 (a,b) 内的下凸函数且 $a<x<y<z<b$, 则以 $(x,f(x)),(y,f(y)),(z,f(z))$ 为顶点的三角形的面积为

$$\frac{1}{2}\begin{vmatrix} x & f(x) & 1 \\ y & f(y) & 1 \\ z & f(z) & 1 \end{vmatrix}.$$

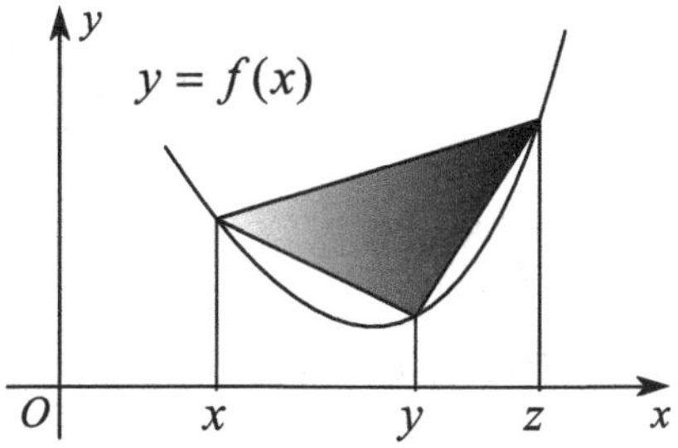

图 3

(2) 由于

$$\begin{vmatrix} x & f(x) & 1 \\ y & f(y) & 1 \\ z & f(z) & 1 \end{vmatrix} = (y-x)(f(z)-f(x))-(z-x)(f(y)-f(x))$$

$$= (z-x)(f(z)-f(y))-(z-y)(f(z)-f(x)) \geq 0.$$

所以原不等式成立.

(3) 设 $y<x<z$, 则由 (2) 的结论可知, 差商 $\dfrac{f(y)-f(x)}{y-x}$, $\dfrac{f(z)-f(x)}{z-x}$ 分别是 y,z 的增函数且

$$\frac{f(y)-f(x)}{y-x} \leq \frac{f(z)-f(x)}{z-x},$$

故 $f'_-(x), f'_+(x)$ 存在并且有

$$\frac{f(y)-f(x)}{y-x} \leq f'_-(x) \leq f'_+(x) \leq \frac{f(z)-f(x)}{z-x}.$$

(4) 由结论 (3) 可直接推出.

11. 柯西不等式 设 $a_i>0, b_i>0, (i=1,2,\cdots,n)$, 则

$$\sum_{i=1}^n a_ib_i \leq \Big(\sum_{i=1}^n a_i^p\Big)^{1/p}\Big(\sum_{i=1}^n b_i^q\Big)^{1/q},$$

其中 $p>0, q>0, \dfrac{1}{p}+\dfrac{1}{q}=1$.

证 令 $f(x)=x^{1/q}$, $x>0$, 则

$$f''(x)=\frac{1}{q}(\frac{1}{q}-1)x^{\frac{1}{q}-2}<0.$$

取 $t_i=a_i^p\Big/\sum\limits_{i=1}^n a_i^p$, $x_i=\dfrac{b_i^q}{a_i^p}$, 则 $t_i>0$, $x_i>0$, $\sum\limits_{i=1}^n t_i=1$, 且

$$f(t_1x_1+t_2x_2+\cdots+t_nx_n) \geq t_1f(x_1)+t_2f(x_2)+\cdots+t_nf(x_n).$$

即

$$\frac{a_1b_1+a_2b_2+\cdots+a_nb_n}{\sum\limits_{i=1}^{n}a_i^p}\leq\frac{b_1^q+b_2^q+\cdots+b_n^q}{(\sum\limits_{i=1}^{n}a_i^p)^{1/q}}.$$

由此可知，$\sum\limits_{i=1}^{n}a_ib_i\leq\Big(\sum\limits_{i=1}^{n}a_i^p\Big)^{1/p}\Big(\sum\limits_{i=1}^{n}b_i^q\Big)^{1/q}$.

12. Yong 不等式 设 $A\geq 0,B\geq 0,p>0,q>0$, 且 $\dfrac{1}{p}+\dfrac{1}{q}=1$, 则

$$AB\leq\frac{1}{p}A^p+\frac{1}{q}B^q.$$

证 不妨设 $p\geq 2$. 令 $f(x)=\dfrac{x^p}{p}+\dfrac{1}{q}-x,\ x\geq 0$, 则 $f'(x)=x^{p-1}-1$, 因此，$f(x)\geq f(1)=0$. 特别当 $x=AB^{-q/p}$ 时，有

$$\frac{A^pB^{-q}}{p}+\frac{1}{q}-AB^{-q/p}\geq 0,$$

此即 $AB\leq\dfrac{1}{p}A^p+\dfrac{1}{q}B^q$.

13. Hölder **不等式** 设 $p>0,q>0,\dfrac{1}{p}+\dfrac{1}{q}=1$, 若 $f(x),g(x)$ 在 $[a,b]$ 上可积，则

$$\int_a^b|f(x)g(x)|\mathrm{d}x\leq\Big(\int_a^b|f(x)|^p\mathrm{d}x\Big)^{1/p}\Big(\int_a^b|g(x)|^q\mathrm{d}x\Big)^{1/q}.$$

证 令

$$\varphi(x)=\frac{f(x)}{\Big(\int_a^b|f(x)|^p\mathrm{d}x\Big)^{1/p}},\ \psi(x)=\frac{g(x)}{\Big(\int_a^b|g(x)|^q\mathrm{d}x\Big)^{1/q}},$$

则由 Yong 不等式，有

$$|\varphi(x)\psi(x)|\leq\frac{1}{p}|\varphi(x)|^p+\frac{1}{q}|\psi(x)|^q.$$

于是

$$\int_a^b|\varphi(x)\psi(x)|\mathrm{d}x\leq\frac{1}{p}\int_a^b|\varphi(x)|^p\mathrm{d}x+\frac{1}{q}\int_a^b|\psi(x)|^q\mathrm{d}x=\frac{1}{p}+\frac{1}{q}=1,$$

此即

$$\int_a^b|f(x)g(x)|\mathrm{d}x\leq\Big(\int_a^b|f(x)|^p\mathrm{d}x\Big)^{1/p}\Big(\int_a^b|g(x)|^q\mathrm{d}x\Big)^{1/q}.$$

14. 闵可夫斯基不等式 设 $p>1$, 若 $f(x),g(x)$ 在 $[a,b]$ 上可积，则

$$\left(\int_a^b |f(x)+g(x)|\mathrm{d}x\right)^{1/p} \leq \left(\int_a^b |f(x)|^p\mathrm{d}x\right)^{1/p} + \left(\int_a^b |g(x)|^p\mathrm{d}x\right)^{1/p}.$$

证 设 $\dfrac{1}{p}+\dfrac{1}{q}=1$, 则根据 Hölder 不等式，有

$$\int_a^b |f(x)|\cdot|f(x)+g(x)|^{p/q}\mathrm{d}x \leq \left(\int_a^b |f(x)|^p\mathrm{d}x\right)^{1/p}\left(\int_a^b |f(x)+g(x)|^p\mathrm{d}x\right)^{1/q},$$

$$\int_a^b |g(x)|\cdot|f(x)+g(x)|^{p/q}\mathrm{d}x \leq \left(\int_a^b |g(x)|^p\mathrm{d}x\right)^{1/p}\left(\int_a^b |f(x)+g(x)|^p\mathrm{d}x\right)^{1/q},$$

于是 $\displaystyle\int_a^b |f(x)+g(x)|\mathrm{d}x$

$$\leq \int_a^b |f(x)|\cdot|f(x)+g(x)|^{p/q}\mathrm{d}x + \int_a^b |g(x)|\cdot|f(x)+g(x)|^{p/q}\mathrm{d}x$$

$$\leq \left[\left(\int_a^b |f(x)|^p\mathrm{d}x\right)^{1/p} + \left(\int_a^b |g(x)|^p\mathrm{d}x\right)^{1/p}\right]\left(\int_a^b |f(x)+g(x)|^p\mathrm{d}x\right)^{1/q}.$$

由此可知原不等式成立.

15. Gronwall 不等式 设 $a,b>0, f(x)$ 在 $[0,+\infty)$ 上非负连续，若 $x\geq 0$ 时， $f(x)\leq a+b\displaystyle\int_0^x f(t)\mathrm{d}t$, 则 $x\geq 0$ 时，必有 $f(x)\leq a\mathrm{e}^{bx}$.

证 令 $F(x)=\mathrm{e}^{-bx}\left(\displaystyle\int_0^x f(t)\mathrm{d}t+\frac{a}{b}\right)$, 则

$$F'(x)=\mathrm{e}^{-bx}\left(f(x)-b\int_0^x f(t)\mathrm{d}t-a\right)\leq 0.$$

故有 $F(x)\leq F(0)$, 即 $\displaystyle\int_0^x f(t)\mathrm{d}t+\frac{a}{b}\leq\frac{a}{b}\mathrm{e}^{bx}$. 由此可知， $f(x)\leq a\mathrm{e}^{bx}$.

16. Abel 不等式

(1) (有限形式) 设 $a_0\geq a_1\geq\cdots\geq a_n\geq 0$, 则

$$m\,a_0\leq a_0b_0+a_1b_1+\cdots+a_nb_n\leq M\,a_0.$$

其中 $m=\min\limits_{0\leq k\leq n}(b_0+b_1+\cdots+b_k)$, $M=\max\limits_{0\leq k\leq n}(b_0+b_1+\cdots+b_k)$.

(2) (积分形式) 设 $f(x)$ 是 $[a,b]$ 上的非负减函数， $g(x)$ 是 $[a,b]$ 上的可积函数，则有

$$m\,f(a) \leq \int_a^b f(x)g(x)\mathrm{d}x \leq M\,f(a).$$

其中 $m = \min\limits_{a\leq t\leq b}\int_a^t g(x)\mathrm{d}x$, $M = \max\limits_{a\leq t\leq b}\int_a^t g(x)\mathrm{d}x$.

证 只需证积分形式. 设 $G(t) = \int_a^t g(x)\mathrm{d}x$, 且 M_0 是 $|g(x)|$ 在 $[a,b]$ 上的上界. 对自然数 n, 记 $x_i = a + \dfrac{i}{n}(b-a)$, 并设 $x_{i-1} \leq x < x_i$ 时， $f_n(x) = f(x_{i-1})$, 则 $f_n(x)$ 是 $[a,b]$ 上的非负减函数， $f_n(x) \geq f(x)$, 且

$$\lim_{n\to\infty}\int_a^b f_n(x)\mathrm{d}x = \int_a^b f(x)\mathrm{d}x.$$

由于

$$\left|\int_a^b f_n(x)g(x)\mathrm{d}x - \int_a^b f(x)g(x)\mathrm{d}x\right| \leq M_0\int_a^b [f_n(x) - f(x)]\mathrm{d}x,$$

所以

$$\lim_{n\to\infty}\int_a^b f_n(x)g(x)\mathrm{d}x = \int_a^b f(x)g(x)\mathrm{d}x.$$

由于

$$\begin{aligned}\int_a^b f_n(x)g(x)\mathrm{d}x &= \sum_{i=1}^n f(x_{i-1})\int_{x_{i-1}}^{x_i} g(x)\mathrm{d}x = \sum_{i=1}^n f(x_{i-1})[G(x_i) - G(x_{i-1})]\\ &= \sum_{i=1}^n [f(x_i) - f(x_{i-1})]G(x_i) + f(x_{n-1})G(x_n).\end{aligned}$$

所以 $f(a)m \leq \int_a^b f_n(x)g(x)\mathrm{d}x \leq f(a)M$. 于是

$$f(a)m \leq \int_a^b f(x)g(x)\mathrm{d}x \leq f(a)M.$$

附录二　低阶行列式

二元线性方程组

$$\begin{cases} a_{11}x_1 + a_{12}x_2 = b_1 \\ a_{21}x_1 + a_{22}x_2 = b_2 \end{cases}$$

有唯一解时其解为

$$x_1 = \frac{b_1a_{22} - b_2a_{12}}{a_{11}a_{22} - a_{12}a_{21}}, x_2 = \frac{b_1a_{11} - b_2a_{21}}{a_{11}a_{22} - a_{12}a_{21}}.$$

该解也可以用行列式表示为 $x_1 = \dfrac{D_1}{D}, x_2 = \dfrac{D_2}{D}$, 其中

$$D_1 = \begin{vmatrix} b_1 & a_{12} \\ b_2 & a_{22} \end{vmatrix}, D_2 = \begin{vmatrix} a_{11} & b_1 \\ a_{21} & b_2 \end{vmatrix}, D = \begin{vmatrix} a_{11} & a_{12} \\ a_{21} & a_{22} \end{vmatrix}.$$

这种表示有三个优点：一是结构明确，二是便于推广，三是容易记忆．二阶行列式 D 定义为主对角线元素之积 − 副对角线元素之积，即

$$\begin{vmatrix} a_{11} & a_{12} \\ a_{21} & a_{22} \end{vmatrix} = a_{11}a_{22} - a_{12}a_{21}.$$

类似地，三阶行列式可定义如下：

$$\begin{vmatrix} a_{11} & a_{12} & a_{13} \\ a_{21} & a_{22} & a_{23} \\ a_{31} & a_{32} & a_{33} \end{vmatrix} = \begin{array}{l} a_{11}a_{22}a_{31} + a_{12}a_{23}a_{31} + a_{13}a_{21}a_{32} \\ -a_{11}a_{23}a_{32} - a_{12}a_{21}a_{33} - a_{13}a_{22}a_{31}. \end{array}$$

其运算法则可用下图表示，即实对角之积的和 − 虚对角之积的和．

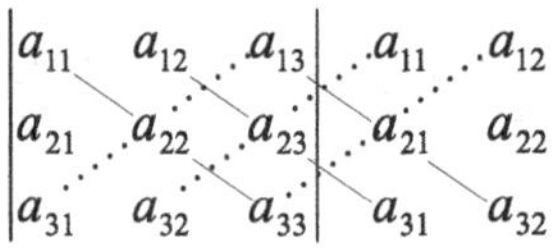

上三角行列式和下三角行列式均等于对角线元素的乘积，即

$$\begin{vmatrix} a_{11} & a_{12} & a_{13} \\ 0 & a_{22} & a_{23} \\ 0 & 0 & a_{33} \end{vmatrix} = a_{11}a_{22}a_{33}, \quad \begin{vmatrix} a_{11} & 0 & 0 \\ a_{21} & a_{22} & 0 \\ a_{31} & a_{32} & a_{33} \end{vmatrix} = a_{11}a_{22}a_{33}.$$

三阶行列式具有下列性质，将行换为列时结论也成立.

性质 1 互换行列式的两行，行列式变号.

性质 2 用数乘行列式等于用这个数去乘行列式的某一行.

性质 3 把行列式的某一行的若干倍加到另一行，行列式不变.

三阶行列式可以展为二阶行列式，例如

$$\begin{vmatrix} a_{11} & a_{12} & a_{13} \\ a_{21} & a_{22} & a_{23} \\ a_{31} & a_{32} & a_{33} \end{vmatrix} = a_{11}\begin{vmatrix} a_{22} & a_{23} \\ a_{32} & a_{33} \end{vmatrix} - a_{12}\begin{vmatrix} a_{21} & a_{23} \\ a_{31} & a_{33} \end{vmatrix} + a_{13}\begin{vmatrix} a_{21} & a_{22} \\ a_{31} & a_{32} \end{vmatrix}.$$

利用三阶行列式可以表示三角形的面积. 假设三角形的三个顶点的坐标按照逆时针方向依次为 $(x_1,y_1),(x_2,y_2),(x_3,y_3)$, 则该三角形的面积为

$$S = \frac{1}{2}\begin{vmatrix} x_1 & y_1 & 1 \\ x_2 & y_2 & 1 \\ x_3 & y_3 & 1 \end{vmatrix}.$$

如果 $(x_0,y_0,z_0),(x_1,y_1,z_1),(x_2,y_2,z_2),(x_3,y_3,z_3)$ 是四面体的顶点坐标，则该四面体的体积为

$$V = \pm\frac{1}{6}\begin{vmatrix} x_1-x_0 & y_1-y_0 & z_1-z_0 \\ x_2-x_0 & y_2-y_0 & z_2-z_0 \\ x_3-x_0 & y_3-y_0 & z_3-z_0 \end{vmatrix}.$$

三元线性方程组

$$\begin{cases} a_{11}x_1 + a_{12}x_2 + a_{13}x_3 = b_1 \\ a_{21}x_1 + a_{22}x_2 + a_{23}x_3 = b_2 \\ a_{31}x_1 + a_{32}x_2 + a_{33}x_3 = b_2 \end{cases}$$

在系数行列数 $D \neq 0$ 时存在唯一解： $x_1 = \dfrac{D_1}{D}, x_2 = \dfrac{D_2}{D}, x_3 = \dfrac{D_3}{D}$. 其中 D, D_1, D_2, D_3 分别为下列行列式：

$$\begin{vmatrix} a_{11} & a_{12} & a_{13} \\ a_{21} & a_{22} & a_{23} \\ a_{31} & a_{32} & a_{33} \end{vmatrix}, \quad \begin{vmatrix} b_1 & a_{12} & a_{13} \\ b_2 & a_{22} & a_{23} \\ b_3 & a_{32} & a_{33} \end{vmatrix}, \quad \begin{vmatrix} a_{11} & b_1 & a_{13} \\ a_{21} & b_2 & a_{23} \\ a_{31} & b_3 & a_{33} \end{vmatrix}, \quad \begin{vmatrix} a_{11} & a_{12} & b_1 \\ a_{21} & a_{22} & b_2 \\ a_{31} & a_{32} & b_3 \end{vmatrix}.$$

附录三 常用曲线图

(1) 三次抛物线

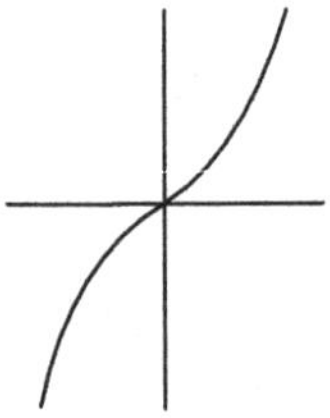

$$y = ax^3$$

(2) 半立方抛物线

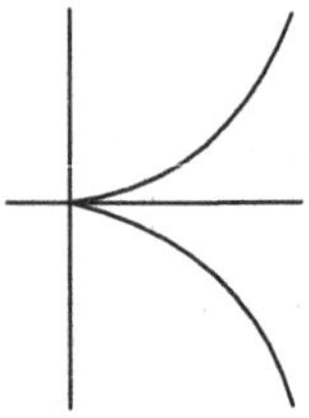

$$y^2 = ax^3$$

(3) 概率曲线

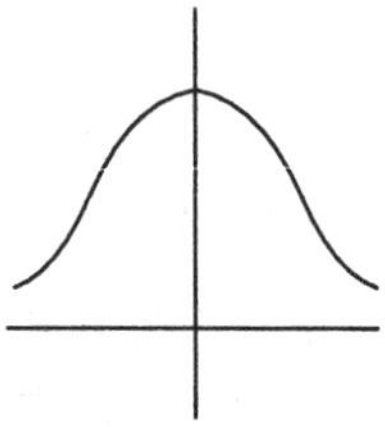

$$y = \mathrm{e}^{-x^2}$$

(4) 箕舌线

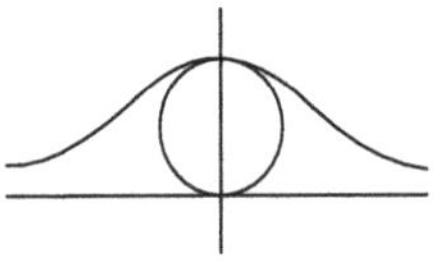

$$y = \frac{8a^3}{x^2 + 4a^2}$$

(5) 蔓叶线

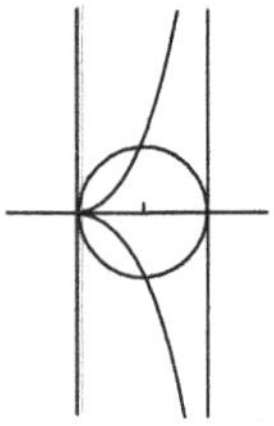

$$y^2(2a - x) = x^3$$

(6) 环索线

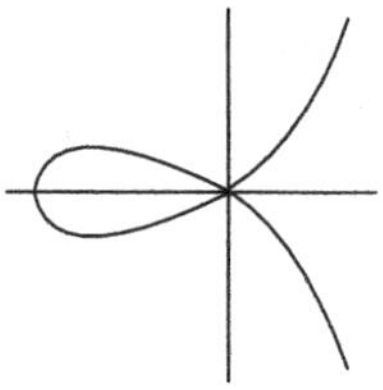

$$y^2 = x^2 \frac{a + x}{a - x}$$

(7) 叶形线

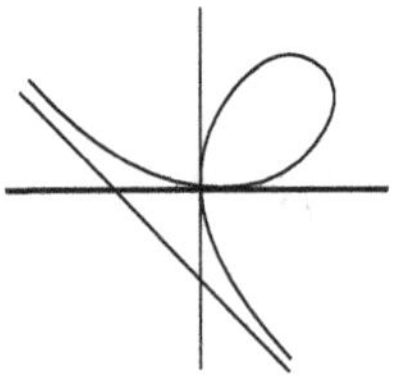

$$x^3 + y^3 - 3axy = 0$$

$$x = \frac{3at}{1+t^3}, y = \frac{3at^2}{1+t^3}$$

(8) 双纽线

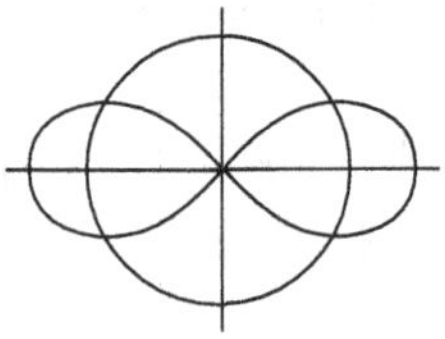

$$\rho^2 = a^2 \cos 2\theta$$

$$(x^2 + y^2)^2 = a^2(x^2 - y^2)$$

(9) 摆线

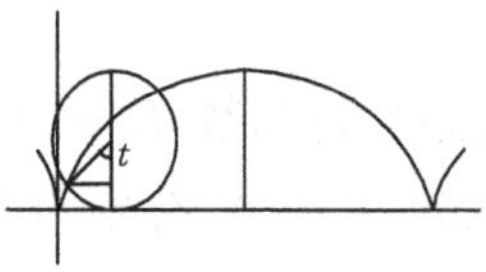

$$x = a(t - \sin t)$$

$$y = a(1 - \cos t)$$

(10) 内摆线

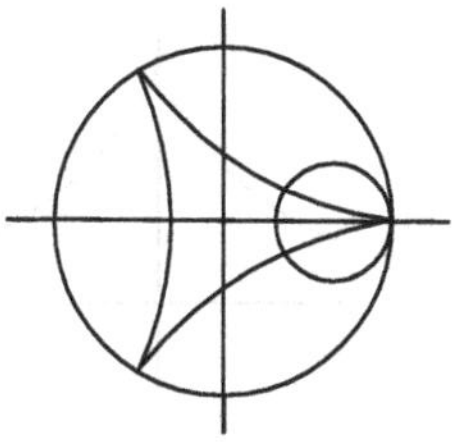

$x = A\cos t + b\cos\frac{At}{b}$

$y = A\sin t - b\sin\frac{At}{b}$

其中 $A = a - b, B = a + b.$

(11) 外摆线

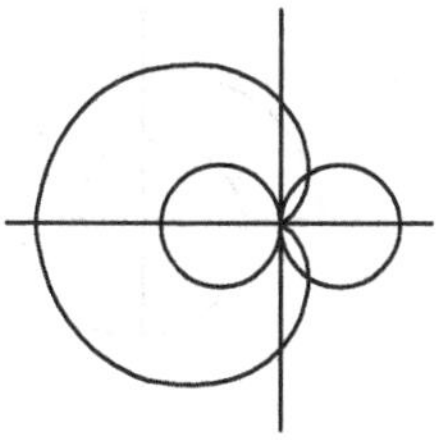

$x = B\cos t + b\cos\frac{Bt}{b}$

$y = B\sin t - b\sin\frac{Bt}{b}$

(12) 心脏线

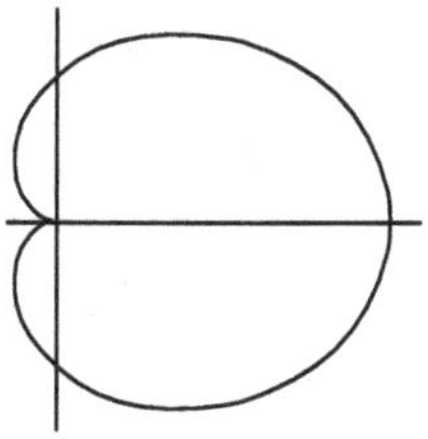

$\rho = a(1 + \cos\theta)$

(13) 悬链线

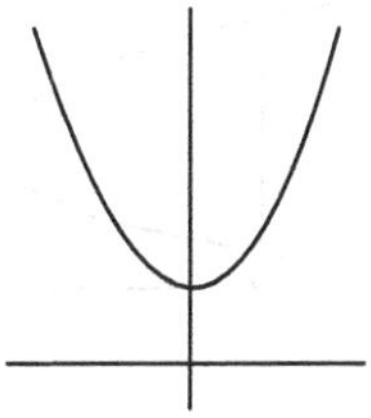

$y = a\,\mathrm{ch}\dfrac{x}{a}$

(14) 星形线

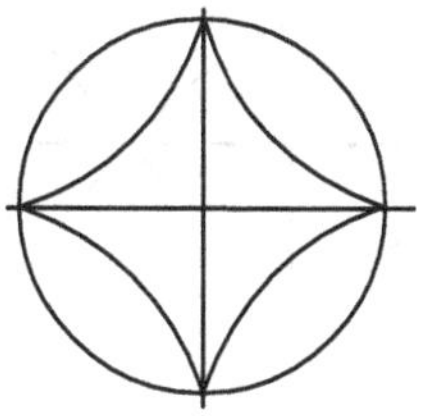

$x^{2/3} + y^{2/3} = a^{2/3}$

$x = a\cos^3 t, y = a\sin^3 t$

(15) 渐开线

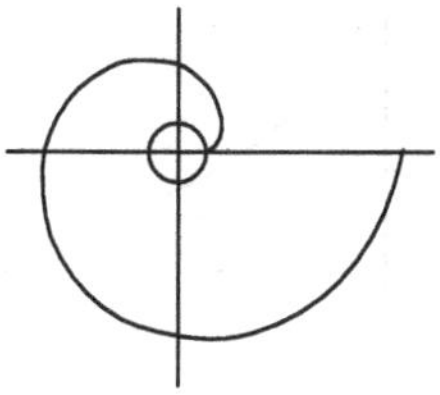

$x = a(\cos t + t\sin t)$

$y = a(\sin t - t\cos t)$

(16) 三叶玫瑰线

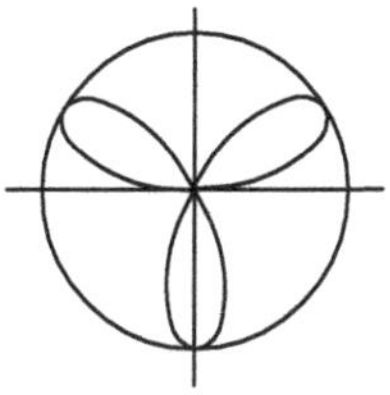

$\rho = a\sin 3\theta$

(17) 四叶玫瑰线

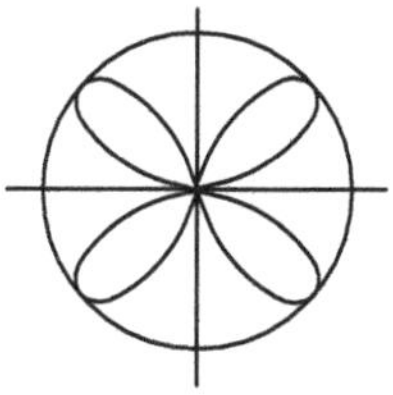

$\rho = a\sin 2\theta$

(18) 四叶玫瑰线

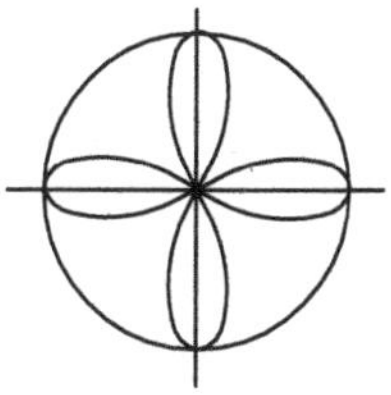

$\rho = a\cos 2\theta$

(19) 螺线

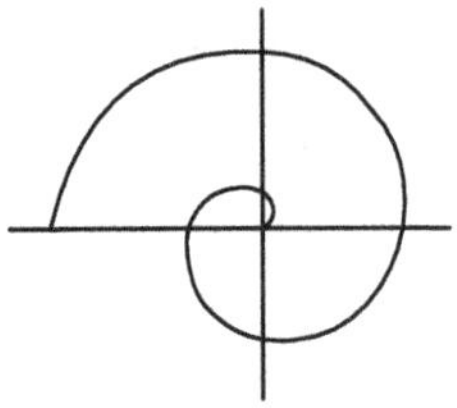

$$\rho = a\theta$$

(20) 对数螺线

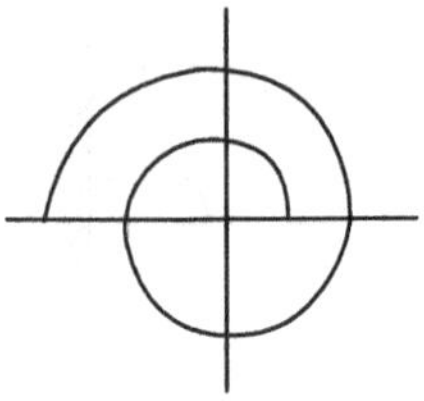

$$\rho = \mathrm{e}^{a\theta}$$

(21) 曳物线

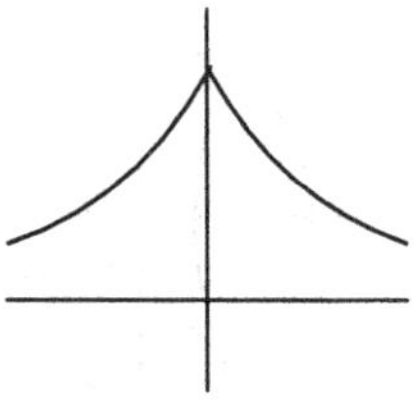

$$x = t - a\,\mathrm{th}\frac{t}{a}$$
$$y = a\,\mathrm{sh}\frac{t}{a}$$

(22) 追踪线

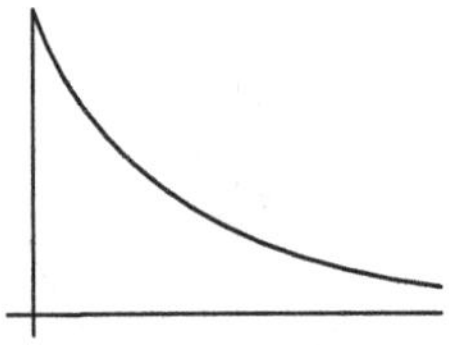

$$x = a\ln\frac{a+\sqrt{a^2-y^2}}{y} - \sqrt{a^2-y^2}$$

(23) 抛物叶形线

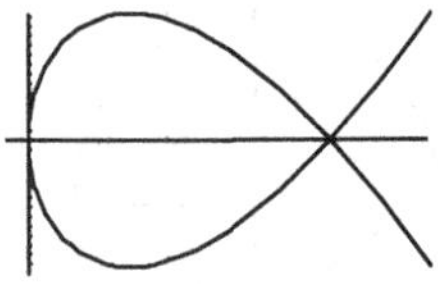

$$9ay^2 = x(x-3a)^2$$
$(a > 0)$

(24) Z型螺线

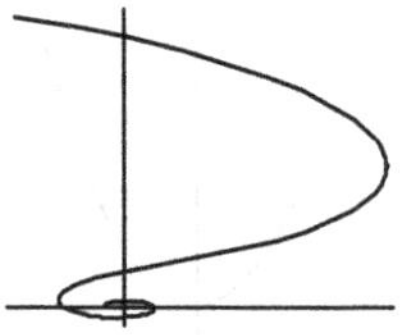

$$\theta = \frac{1}{2}\left(r + \frac{1}{r}\right)$$

参考文献

[1] 翟忠信，刘耀，陈知先．新编高等数学教程 (上册，下册)．兰州：兰州大学出版社， 1999 年 9 月

[2] 杨凤翔．新编高等数学 (下册), 兰州：兰州大学出版社， 1989 年 9 月

[3] 牛亚轩，段炎伏，杨凤翔．高等数学 (第二册), 兰州：兰州大学出版社， 1996 年 6 月

[4] 陈文灯，黄先开．数学复习指南．北京：世界图书出版公司， 2002 年 3 月

[5] 华罗庚．高等数学引论 (第一卷，第二分册)．北京：科学出版社， 1979 年 4 月

[6] 同济大学数学教研室主编．高等数学 (上册，下册)．北京：高等教育出版社， 1999 年 6 月

[7] 《大学数学》系列教材编委会．微积分 (上册，中册，下册)．长春：吉林大学出版社， 2003 年 8 月

[8] 强文久，李元章，黄文荣．数学分析的基本概念与方法．北京：高等教育出版社， 1989 年 4 月

[9] 欧阳光中，姚允龙，周渊．数学分析 (上册，下册)．上海：复旦大学出版社， 2003 年 10 月